건축설계수업
Architectual Design Studio

Spacetime

저자소개

| 1955년 경북생
| 영남대학교 건축학부 명예교수

* 한양대학교 건축공학과 및 대학원 졸업, 공학박사
* 한양대학교(1985-91) 등에서 설계강의를 하였으며, 주)무영건축 설계실장으로 근무하였다. 부산동의대학교(92-95) 조교수를 거쳐 1995년 영남대학교 건축학부 교수로 부임하여 현재까지 재직 중이다.
* 미국 동부의 Carnegie Mellon Univ.(2001)와 서부의 Univ. of Washington(2007)에서 방문교수로 설계수업에 참여한 것을 비롯하여 지난 20여 년간 세계 여러 나라의 건축대학들을 방문하여 설계수업을 관찰하고 자료를 수집하여 왔다.
* 관심분야는「건축설계교육방법」이며, 박사학위논문 제목은「건축디자인방법론을 통해 본 형태도출의 과정 및 관련 기법에 관한 연구(1989」이다. 저서로는;

· 건축의 이해, 문운당 (2015, 2018)
· 정형과 부정형, 문운당 (2008, 2015)
· 고등학교 주거, 인정도서 (2014, 4인 공저, 대표저자)
· 고등학교 건축설계제도, 인정도서 (2014, 4인 공저, 대표저자)가 있다.

E-mail : bdku@yu.ac.kr

건축설계수업

Architectural Design Studio

구본덕 저
2019년 3월 5일 1쇄 발행
2025년 9월 30일 3쇄 발행

발행인 김기현
발행처 시공문화사 *Spacetime*

등 록 1993년 3월 12일
주 소 서울시 서대문구 독립문공원길 13 극동프라자 5층
전 화 02) 3147-1212, 2323
전 송 02) 3147-2626
ISBN 978-89-5592-410-7
http://www.spacetime.co.kr
spacetime@korea.com

정가 24,000 원

건축설계수업

Architectural Design Studio

구 본 덕 저

서문
Preface

이 책은 건축설계를 배우는 학생들을 위한 설계수업의 안내서이다.

필자는 지난 30여 년간 대학에서 주로 설계과목을 맡아 지도해오면서 학생들이 과제설계를 수행해나가는데 도움이 될 만한 적절한 지침서가 있으면 좋겠다는 생각을 하여왔다. 보편적인 강의교재와 강의내용이 비교적 잘 정립되어있는 일반 이론과목들과는 달리, 설계수업은 담당교수의 특성과 개인적인 역량에 따라 영향을 크게 받으며 수업의 진행방식 또한 많이 달라진다.

이런 이유 때문에 설계수업에 관한 일반적인 안내서의 필요성은 더욱 커지지만 혼자서 쓰기에는 다루어야할 범위가 너무 넓고 내용이 방대하여 오랫동안 준비만 해오다가 용기를 내어 집필을 시작하게 되었다. 여기에는 지난 20여 년간 「건축설계교육」이라는 하나의 주제에만 매달려 연구하고 논문들을 발표해온 필자의 집념과 이를 오랫동안 후원해준 한국연구재단의 도움이 원동력이 되었다.

책의 내용은 필자가 그동안 설계수업 시 학생들에게 배부해주었던 자료들을 비롯하여 평소의 개별지도나 공개평가 시에 언급했던 사항들, 그리고 매 학기마다 5회 이상 실시하였던 설계합동강의 내용들을 바탕으로 하였다.

무엇보다 이 책에는 본문내용과 연관된 수많은 사진들이 수록되어 있는데, 이들 사진은 대부분 필자가 지난 30여 년간 국내는 물론 해외의 수많은 대학들을 방문하여 직접 촬영한 것들로서 구체적인 출처는 다음과 같다.

- 필자가 가장 오래 재직한 영남대학교 건축학부의 학생작품들
- 지난 20년간 매년 미국, 유럽, 아시아의 각 대학들을 방문하고 촬영한 사진들
- 건축대전을 비롯한 각종 공모전의 심사에 참여, 또는 참관하며 촬영한 사진들
- 국내 여러 대학의 건축학 인증실사를 다니면서 수집한 자료들

을 대상으로 하였다. 따라서 대부분의 사진들은 세련된 전문 건축가의 작품이 아니라 아직 서투른 점이 많은 학부학생들의 설계과정과 결과물을 담고 있다. 하지만 이러한 사진들이 설계를 배우는 학생들에게는 오히려 도움이 될 것으로 보았다. 이와 관련하여, 이 책에 수록된 수많은 작품들의 주인인 국내, 외 대학의 졸업생들과 재학생들에게 일부를 제외하고는 사전에 모두 양해를 구하지 못한 점에 대해 지면을 통해서나마 사과를 드린다.

내용의 구성은 전체 13개의 장으로 이루어졌고, 각각의 장은 다시 3~4개의 절로 나누었다. 그리고 2장「설계의 과정」부터 시작하여「대지분석」,「기능 및 요구조건 분석」,「개념설정과 발전」,「배치계획」,「평면계획」,「단면 및 입면계획」,「도면의 표현」,「모형의 표현」,「공개발표」,「포트폴리오 작성」에 이르기까지 학생들이 실제로 설계수업을 진행하는 순서에 맞추어 단계적으로 정보와 도움을 줄 수 있도록 내용을 배열하였다.

앞에서 언급했듯이 필자 역시 나름대로의 개인적 생각과 특성을 지닌 수많은 설계담당교수들 중의 한 사람에 지나지 않는 까닭에 내용 중에는 필자의 주관과 편견이 개입된 부분도 없지 않을 것으로 생각한다. 그리고 오늘날 CAD나 C.G.와 관련된 디지털설계에 관한 영역들이 중요함에도 불구하고 필자가 이러한 분야에 대해 능숙하게 알지 못하는 까닭에 책의 내용에 제대로 담지 못한 점은 안타깝게 여기는 부분이다.

이 책에서 다루는 내용은 상당히 방대하므로 여러 필진이 세부전공 영역별로 나누어 집필하는 방식도 고려해 보았다. 하지만 필자가 직전에 출간하였던 건축개론서인「건축의 이해」와 마찬가지로 한 사람의 일관된 관점과 서술로 이루어진 저서가 지니는 장점인 표현의 일관성과 서술의 연속성에 마음이 이끌려 결국 혼자서 집필을 마치게 되었다. 따라서 이 책을 읽어 보시는 독자 여러분들께서 책의 내용 중 부족한 부분이나 보완할 점에 대해서 책 표지의 이메일 주소로 지적하여 주신다면 큰 도움이 될 것으로 본다.

끝으로 일반적인 조판규격보다 큰 책을 전체 칼라로 인쇄하는데 따르는 부담을 기꺼이 감당하면서 이 책의 출간을 맡아주신 시공문화사의 김기현 대표에게 감사드리며, 책의 내용 속에 포함된 수많은 사진과 도판의 주인공인 학생 여러분들에게도 다시 한 번 고마운 마음을 전한다.

2019년 1월의 아침에 **구 본 덕**

목차
Contents

5장. 개념의 설정과 발전

6장. 배치계획

7장. 평면계획

1장. 설계수업과 설계스튜디오

● 건축설계의 학기말 최종발표

(예일대학교 학기말 최종발표, 2014년)

건축교육의 특징은 설계교육에서 찾을 수 있고,
설계교육의 중심은 스튜디오 교육과 발표를 통한 교육이다.
발표와 비평, 그리고 수정을 통해 설계안은 점차 완성되어 간다.

I. 설계수업과 설계스튜디오

설계교육은 건축교육의 핵심이다. 그리고 설계수업은 매우 독특하다.
교육학적 측면에서 보아도 수많은 전공분야의 교육방식들 중에서 건축설계수업 만큼 독특한 사례도 찾아보기 쉽지 않다. 미지의 과제에 대해 제대로 사전지식을 갖추기도 전에 해답을 얻기 위한 착수부터 해야 하고, 계속되는 비평을 통해 부족한 부분을 배워나가며, 시작과 끝을 알 수 없는 작업의 속성상 늘 마감시간에 쫓기게 된다. 더욱이 이러한 수업은 설계스튜디오라는 특수한 환경과 소규모 집단 속에서 때로는 24시간을 머물며 한 학기 내내 진행된다.
학생들은 생소한 설계과제와 수업방식, 수시로 밤샘하는 작업일정, 설계지도교수의 개인적 특성에 대응하는 동시에 사회의 축소판과도 같은 설계스튜디오라는 독특한 환경과 부분문화에도 잘 적응해 나갈 때 비로소 한 학기의 설계수업을 성공적으로 마칠 수 있게 된다.

01. 설계수업의 독특한 점

1. 실행을 통한 학습

어떤 과제나 문제를 해결하기 위해서는 주어진 조건과 변수, 그리고 기준이 명확해야 한다. 수학분야에서 다루는 연산적 문제는 대부분 이러한 조건과 변수가 사전에 잘 정의되어있다. 하지만 건축설계과제에서 해결해야 할 문제들은 최종 해답이라고 할 수 있는 설계안이 완성되기 전까지는 사전에 무엇을 파악하고 배워야 할지 그 범위와 내용을 완전히 파악할 수 없다.

이는 수영이나 자전거 타는 방법을 실제로 해보기 전에 말이나 이론으로는 완벽히 가르칠 수 없는 것과 마찬가지이다. 그래서 일단 물에 빠트리거나 자전거에 올려놓은 뒤, 허우적거리거나 넘어지면서 수영하는 방법과 자전거 타기를 몸으로 익히게 하는 것이다. 이를 소위「실행을 통해 배우는 (Learning by Doing)*****」 교육방식이라 부른다.

이제 겨우 2, 3학년이 되는 학생들이 미술관이나 집합주거를 설계하기 위해서는 사전에 많은 것들을 배우고 이해해야 한다. 하지만 학생들은 학기 초에 설계수업이 시작되는 즉시 부지조사를 나가고 곧 이어 그 부지 위에 미술관을, 또는 집합주택을 어떻게 배치할 것인가를 수주일 이내에 보여주어야만 한다. 집합주

* **실행(실천)을 통한 학습** (Learning by doing)
교육철학자인 존 듀이(John Dewey)가 보다 진보적인 교육이론을 설명하기 위해 언급한 용어이다. 학습이란 수동적인 상황에서 그저 이론적 설명으로 이루어지는 것이 아니라 학생의 경험과 자발적 참여에 바탕을 둔 보다 포괄적이고 실행적인 방식으로 이루어져야 한다는 의미이다.

그 반대로 건축가 피터 아이젠만(Peter Eisenman)은;
해당 건축물의 설계에 대해 아는 것이 별로 없는 학생들이 곧바로 설계에 착수함으로써 건축이 진정으로 어떠해야 하는지를 알지도 못하는 가운데 많은 가능성을 놓치고, 설계에 대한 막연한 습관만을 형성하게 되는 상황을 문제라고 보았다.

거는 학생들이 직 · 간접적으로 체험하고 있는 일상적인 주거형식이고, 미술관 역시 한두 번씩은 가본 경험이 있기에 큰 문제가 없을 것으로 여겼던 학기 초의 생각이 얼마나 안일하였던 것인지는 설계작업이 진행될수록 점차 구체적으로 깨닫게 된다.

그림 01. 01 (좌) **개별지도**(Desk Crits) (영남대 건축학부 3년, 2018)

그림 01. 02 (우) **발표수업**(Open Review) (영국, 런던 Bartlett 건축대학 Unit18 최종발표, 2018 여름)

2. 비평과 발표를 통한 수업

설계수업은 크게, ① 교수와의 개별지도수업(desk crits)과 ② 여러 사람 앞에서의 발표수업(open review)의 두 가지로 구분된다. 물론 이 외에도 교수들의 이론 강의, 각종 특강, 학생들의 세미나, 견학 및 답사 등 다양한 형태의 수업형식이 병행되지만 언제나 핵심은 위의 두 가지이다. (12장—개별지도와 공개발표—에서 구체적 내용 참조)

그리고 개별지도와 발표수업의 공통점은 시각적이건 언어적이건, 혹은 개인적이건 공개적이건 간에 학생들이 생각하거나 만들어 온 결과물에 대해 지도교수가 직접 비평, 평가하고 학생들은 이를 다시 반영하거나 수정하는 방식으로 진행된다는 것이다. 이런 과정을 통해 학생들은 어떤 자료를 추가적으로 찾아야 할지, 무엇을 더 알고 보충해야 하는지를 깨달으면서 자기 발견적heuristic 방식으로 설계과정을 진행해 나가게 된다.

따라서 학생들은 우선, 지도교수가 지적하는 내용이 무엇인지를 정확히 이해해야 하고, 그 다음 이러한 지적사항들 중 어떤 내용을 어느 정도까지 받아들일지를 선택한 뒤, 마지막으로 이를 어떤 방식으로 설계안에 적용시킬지를 결정해야 한다.

이러한 모든 과정에서 필요한 것이 정확한 의사전달communication이다. 이 때 지적과 비평의 내용 못지않게 중요한 역할을 하는 것이 학생과 교수 간의 신뢰와 인간관계이다. 이 관계가 무너지면 해당 학기의 설계수업도 함께 무너질 확률이 높아진다.

설계지도교수들은 학생들에 비해 지식, 경험, 지위 등의 여러 측면에서 강자의 입장에 있으므로 권위적이기 쉬우며, 알게 모르게 자신의 주관적이고 개인적인 생각을 학생들에게 주입시키고자 하는 경향이 있다. 이런 상황에서 학생들이 설계안에 대해 지도교수와 다른 생각을 가지고 있다 해도 현실적으로 지도교수와 동등한 입장에서 자신의 생각을 끝까지 주장하고 논리적으로 대응하기란 쉽지 않다.

다행인 것은 대부분의 학생들은 입학 후 졸업 때까지 학년이 바뀌면서 여러 명의 지도교수를 만나서 배울 수 있다는 점이다. 현명한 학생은 개성이 각기 다른 여러 지도교수들의 권위와 건축철학을 어느 정도 존중하는 가운데 자신의 생각도 적절히 표현하고 주장하면서 다양한 지도교수들의 서로 다른 장점과 특성을 하나씩 배워나가는 사람이다.

3. 일정관리가 중요한 수업

일반적으로 건축가들은 시간관리를 잘 못하는 경향이 있다. 다른 모든 분야에서도 마찬가지인 일정 및 시간 관리의 중요성이 유독 건축설계분야에서 강조되는 이유를 거꾸로 생각해보면 그만큼 건축설계작업에서 시간 관리를 불명확하고 어렵게 만드는 요인이 많이 잠재되어 있다는 것을 의미한다.

가) 설계작업이 지연되는 이유

① 설계행위의 특성

수학의 문제풀이 과정에서는 종료시점이 명확하다. 예를 들어 어떤 방정식에서 x=1, y=3의 근이 나오면 문제풀이의 상황은 종료된다. 하지만 건축설계의 경우, 명시적인 종료시점이란 존재하지 않는다. 아무리 훌륭한 설계안을 만들었다 하더라도 추가적인 시간이 주어지고 또 다른 측면에서의 비평이 가해진다면 수정하고 발전시켜나갈 부분은 끊임없이 발생하게 된다. 이 경우, 설계안을 종료시킬 수 있는 장치는 설계안의 제출이나 발표를 위한 마감시간일 뿐이다.*

이런 이유로 인해 학생들은 시간이 허락하는 한 언제나 추가적인 수정, 발전작업을 마지막 순간까지 거치면서 최선의 설계안을 이끌어 내고자 애쓴다. 그러다보면 최종안의 도면을 표현하고 모형을 제작하는 시간은 늘 부족하게 되고 결과적으로 밤샘작업을 피할 수 없게 된다. 이런 경험이 쌓이게 되면 최종 결론을 지연시키고 마지막 순간에 늘 시간에 쫓기게 되는 것이 습관화되기도 한다.*

*
어느 시점에서 연필을 놓고 더 이상 생각하기를 멈출 것인가?
건축물의 설계는 처음부터 한 가지의 생각만으로 진행되는 것이 아니라, 마치 직물을 짜듯이 수천가지의 생각들이 서로 꼬리에 꼬리를 물면서 연관되어진 결과로서 이루어지는 것이다.
그리고 각각의 작은 생각들이나 대안들은 보다 큰 생각이나 대안들에 영향을 주게 되어 결국은 전체의 안을 다시 만들게 된다. 화장실의 위치 하나로 인해 전체의 주택 평면이 다시 바뀌기도 하는 것은 이 때문이다.
(Kathryn H. Anthony, Design Juries on Trial, VNR, p.46)

*** 밤샘작업의 습관화**
건축가뿐만 아니라 디자인분야를 비롯한 창조작업에 종사하는 사람들은 다른 요소나 타인들로부터 방해받지 않는 조용한 야간에 집중하여 작업을 하는 것을 선호하는 부엉이 습성이 있다.
이처럼 학생시절에 밤을 새우면서 설계의 마감작업을 하는 습관이 몸에 배이게 되면 이는 졸업 후 실무작업에서도 그대로 이어진다.
하지만 건축주들은 자신이 설계를 의뢰한 건축가가 밤을 꼬박 새우고 비틀거리면서 설계안을 설명하는 것을 결코 원하지 않는다.

그림 01. 03 (좌) **밤샘작업** (미국, 예일대 대학원설계실, 2011)

그림 01. 04 (우) **밤샘작업** (미국, 카네기 멜런대 건축학부 2년, 2001)—부정형 조형구성의 2차 과제인 1/20 크기의 인테리어 모형제작

② 설계스튜디오의 특성

설계스튜디오에서 시간관리를 잘 하는 것이 어려운 이유 중 하나는 다른 사람들로부터 끊임없이 방해받는다는 점이다. 여기서 다른 사람들이란 담당교수일 수도 있고 옆자리의 동료나 우연히 들리는 일상의 친구일 수도 있다. 이 때문에 설계스튜디오가 아닌 자기 집이나 다른 곳에서 혼자 설계작업을 하는 것을 선호하는 학생들도 있다. 따라서 설계스튜디오에서 효과적으로 작업할 수 있다는 말은 이러한 방해요소들을 적절히 관리하고 나 자신의 작업리듬과 환경을 스스로 조절할 수 있다는 것을 의미한다. (설계사무소의 개방된 설계실에서도 이러한 상황은 마찬가지이므로 대학의 스튜디오에서 미리 적응하는 것이 좋다.)

대부분 과제설계의 일정은 다소 느슨하게 주어지며 시간계획도 그다지 조직적이지 못한 경우가 많다. 그리고 각각의 설계단계 속에서 학생들이 구체적으로 설계작업을 어떻게 다루고 발전시켜 나가야 할지는 대개 학생들 자신에게 맡겨져 있다. 이러한 상황에서 자신의 설계작업 과정을 미리 계획하여 시간계획을 짜고 이를 실천하는 것은 사실 매우 어려운 일이다.

나) 시간관리

이처럼 설계일정을 잘 짜고 이를 지키는 것은 설계를 잘하는 것만큼이나 어렵고도 중요한 일이므로 일정계획 그 자체도 또한 하나의 디자인 문제로 생각해야 한다. 특히 설계과제의 최종제출 시나 중요한 공개발표의 막바지에 시간에 쫓기지 않도록 하는 것이 매우 중요하다. 이 때 밤을 지새우는 것은 늘 하는 일이긴 하지만 별로 효율적이지 못하다. 특히 실무세계에서 설계안의 제출일은 반드시 지켜야 한다.

학생들의 과제설계이건 실무건축가들의 실무설계이건 간에 대개 설계일정을 최종 마감일인 D-day에서부터 거꾸로 짜보면 지금 해야 할 일이 무엇인지 알 수가 있다.(12장 3절 3항-발표의 준비와 유의사항 부분 참조) 따라서 효과적인 시간 관리를 위해 다음의 사항을 늘 명심해야 한다.

- 설계과정과 일정의 디자인도 설계 자체만큼 중요하다.
- 나의 일정을 스튜디오 수업의 일정에 맞추도록 노력한다.
- 너무 망설이거나 생각만 하지 말고 일단 무언가 그리거나 시작하고 본다. (다소 미흡하더라도 일단 시각화되고 나면 이것이 사고의 연쇄반응을 일으켜서 그 다음의 진행이 수월해진다.)
- 작은 부분의 해결과 표현에 너무 집착하지 말고 "완벽주의" 경향에 빠지는 것을 경계한다. (완벽한 설계란 없으며, 단지 끝마칠 뿐이다.)
- 최종 표현과 마무리에 소요되는 시간은 항상 예상보다 길어짐을 명심한다. (예상보다 1.5배 정도는 여유 있게 잡는다.)

4. 설계스튜디오

설계스튜디오 즉, 설계실은 설계교육의 핵심이다. 스튜디오는 강의실이자 사무실이며 많은 학생들에게는 집home과도 같은 곳이다. 어떤 심리학자는 설계스튜디오를 「제 3의 공간(장소) · third place」라고도 한다. 즉, 사람들이 만나고 그 자체로서의 특성을 형성하는 사회적 공간인 것이다.*

* Kathryn H. Anthony, Design Juries on Trial, VNR, p.38

설계교육이 다른 분야의 일반적인 교육과 구분되는 가장 독특한 부분도 바로 설계스튜디오에서 이루어지는 비평을 통한 과제중심(PBL*)의 개인 및 팀별 수업방식과 소단위의 수업환경이다. 이러한 스튜디오 교육방식은 과거 도제식 기술의 전수가 이루어지던 장인의 공방에서부터 프랑스의 보자르 교육시스템의 핵심인 아뜰리에atelier교육으로 이어져 오면서 오랜 시간에 걸쳐 정착되었다.

*** 학습장소로서 스튜디오**
설계스튜디오는 과제중심수업 (PBL-Project Based Learning)의 장소로서 팀별 학습, 소규모 학습, 그리고 실습을 위한 교육공간이다.

현대에 와서 대학의 설계스튜디오는 벽으로 구획된 소규모 스튜디오에서부터 한 층 전체가 개방된 대형스튜디오에 이르기까지 다양한 형태와 규모를 지니고 있으나, 스튜디오의 물리적인 크기에 관계없이 설계수업은 대개 10명~15명 단위의 소규모 집단으로 구성되고 진행된다.

설계스튜디오는 하나의 학습공간이면서 동시에 그 자체로 사회의 축소판이기도 하다. 한두 시간의 강의가 끝나면 흩어지는 일반강의실과는 달리 각자의 개인좌석이나 개인영역에서 많은 시간을 보내는 스튜디오는 보다 다양한 형태의 교육과 인간관계가 지속적으로 이루어지는 곳이다.

가) 학습장소로서 스튜디오

5년제 건축학 교육이 시작되면서 각 대학의 설계스튜디오는 이제 1인 1제도판을 사용하는 방식으로 정착되었다. 그 결과 학생들은 설계스튜디오 내의 자기 자리를 설계수업 외에도 한 학기 내내 책과 컴퓨터 및 소지품을 두고 공부하는 개인공간으로 활용하고 있다.

필자의 경험으로 볼 때, 이유가 어떻든 간에 설계스튜디오의 자기 자리에 오래, 그리고 많이 앉아있는 학생일수록 설계를 열심히 하고 성과도 좋은 경우가 많았다. 그 반대로, 설계수업시간 외에는 좀처럼 자리에 없거나, 자리에 가 보아도 한두 권의 책만 덩그러니 놓여있고 책상과 책꽂이가 휑하게 비어있는 학생들은 대개 설계에도 관심이 적고 개인행동을 하는 경향이 많았다. 따라서 지도교수의 입장에서 볼 때, 설계스튜디오 내의 각 학생들의 자리를 살펴보면 그 학생의 대체적인 성향을 알 수가 있고, 나아가서는 해당 스튜디오 전체의 분위기와 학기말의 성과도 어느 정도 예상할 수 있다.

그림 01. 05 **설계스튜디오의 개인 공간** (미국, 하바드대학교, 2011) 개방형 대형설계실 내에 적절히 구성된 개인공간

나) 커뮤니티 장소로서 스튜디오

설계스튜디오에서는 설계수업 외에도 옆자리의 친구들과 토론을 하고, 책을 읽는 등 개인적인 학습을 하며 다른 이론과목의 리포트를 쓰기도 한다. 또한 적지 않은 학생들이 컴퓨터게임을 하거나 음식을 먹으며, 심지어 취침을 하기도 한다. (이는 공식적으로는 금지된 행위들이다.) 그리고 지도교수와 학생들 간의 수직적 인간관계 외에도 스튜디오 내의 학생들 간에, 또는 남학생과 여학생간의 수평적 인간관계도 일상으로 이루어진다.

이런 의미에서 볼 때 설계스튜디오는 커뮤니티 공간이자 하나의 작은 사회이다. 따라서 이 속에서는 눈에 보이지 않는 여러 가지 힘들*과 나름대로 지켜야 할 불문율들이 있기도 하다. 결국 한 학기의 설계를 잘 진행하기 위해서는 설계 그 자체와 지도교수와의 관계뿐만 아니라, 스튜디오라는 작은 집단의 구성원으로서 원활한 인간관계 형성 또한 필수적인 요소이다.

* Hidden Curriculum
Thomas A. Dutton 「Voices in Architectural Education」, Bergin & Garvey, 1991 pp.165-194

듀턴은 이 책에서 교육학 분야에서는 이미 잘 알려진 감춰진 교과과정 (The Hidden Curriculum)이라는 개념을 설계스튜디오에 적용시켜 설명하고 있다.

● 감춰진 교과과정 (The Hidden Curriculum)

교육학이나 사회학적 측면에서 의미하는 〈감춰진 교과과정〉이란, 학교를 포함한 교육조직에서 명시적으로 드러내지는 않지만 여러 방식을 통해 학생들에게 전달되는 일련의 가치나 태도, 규범, 지식의 구조를 의미한다. 이러한 내용들은 학교의 정규교과목보다 더 강력하며, 사회적인 통제와 학교 및 사회의 권위적 구조를 학생들이 수용하도록 은연중에 주입시킨다.
듀턴(Thomas A. Dutton)은 건축설계스튜디오에서도 이와 유사한 현상이 있음을 밝힌다. 즉, 건축교육현장에서 가르치는 많은 지식들 역시 결코 중립적(neutral)인 것이 아니며, 그 시대의 지배적인 이념과 관점을 대변한다. 그리고 지도교수와 학생들이 대화를 통해 설계과정을 진행시켜 나가지만 이러한 대화 역시 수평적인 동등성보다는 수직적인 주종관계를 바탕으로 한다. 또한 학생들 간의 경쟁을 통해 진행되는 설계교육과 남녀 간의 성차별 등도 학생들 간의 순위와 힘의 불균형을 초래한다.
따라서 미래의 설계스튜디오에서는 교수-학생 및 학생-학생들 간에 보다 수평적이고 생산적인 상호작용이 이루어질 수 있도록 시스템을 개선하는 것이 시급하다고 보는 것이다.

* 우측 표 속의 조사는 1980년대 초,중, 후반동안 여러 단계에 걸쳐 건축설계수업의 진행과 관련하여 미국의 48개 대학의 건축과 학생들을 대상으로 이루어진 광범위한 설문조사의 일부이다.

● 설계스튜디오의 부분문화 (Subculture)

학생들에 있어서 스튜디오 내의 개인 작업공간은 각 학생들의 상징이며 집과도 같은 것이다.
실제로 많은 학생들은 자기의 집보다 학교의 스튜디오에서 더 많은 시간을 보낸다. 그리고 평가나 제출 마감시간이 가까워 오면 다른 수업을 듣거나 먹고 자는 시간 외에는 설계스튜디오에서 모든 시간을 보내게 된다.
80년대 중, 후반에 걸쳐 미국 대학의 학생들을 대상으로 한 조사결과에 의하면, * 설계분야를 전공하는 학생들과 다른 전공의 학생들 간의 먹고 자는 습성은 매우 다른 것으로 나타났다.

특히 중간발표나 최종발표 전날 밤의 경우, 조사 대상 학생들의 1/3 정도는 전혀 잠을 못자며, 나머지의 반 정도는 1시간에서 4시간 정도만을 잔다고 한다. 그리고 전체 학생들의 1/4 이하만이 5시간 혹은 그 이상 잠을 잔다고 한다. 하지만 아이러니하게도 학생들이 발표 전날 잠을 못자는 것이 발표 및 작업에 미치는 영향은 대부분 부정적인 것으로 응답하고 있다.

그 누구도 학생들에게 밤을 새우라고 하지 않지만 24시간 개방되고 접근 가능한 설계실의 운영구조는 이를 조장한다.
(Kathryn H. Anthony, Design Juries on Trial, VNR, 1991 p.39)

그림 01. 06 (좌상) **대형통합스튜디오** (독일, 뮌헨공대 2년 설계실, 2017)
그림 01. 07 (우상) **대형통합스튜디오** (미국, 코넬대학 대형설계실, 2016)
그림 01. 08 (좌하), 그림 01. 09 (우하) **소형설계스튜디오** 라이스 대학의 소규모로 구성된 설계스튜디오(좌)와 구석에 배치된 주방(우)(미국, 텍사스, 2016)

그림 01. 10 (상) **대형통합설계실** (미국, 하바드대학 GSD, 2011)
그림 01. 11 (상중좌) **개방설계실 내의 개인좌석** (미국, 하바드대학, 2011)
그림 01. 12 (상중우) **중규모설계실** (독일, 아헨공대, 2년 설계실, 2017)
그림 01. 13 (좌하) **소형설계스튜디오** (캐나다, 맥길대학, 3년 설계실, 2014)
(우하) **중 · 대형설계스튜디오** (중국, 북경 칭화대학, 2013) 중앙복도 좌우로 중 · 대형 개방설계실이 배치되어있다.

02. 과제설계의 특징과 어려운 점

설계수업은 건축학교육의 핵심이지만 배우는 학생들의 입장에서 보면 과제설계를 잘 해내는 것이 결코 쉽지만은 않다. 그 이유로는 앞부분에서 언급한 것과 같이 〈실행을 통한 학습〉이라는 특성과 〈기술과 예술의 결합〉, 〈이론과 실무의 결합〉으로서 건축의 특성에서 비롯되는 여러 가지 어려움이 있다. 또한 현대사회가 점차 복잡해지면서 과거에 비해 설계 시에 고려해야할 요소들이 갈수록 많아지고 있다는 점 등을 들 수 있다.

1. 설계작업의 시작과 끝

가) 설계작업 시작의 모호성

설계의 종료시점과 마찬가지로 설계작업이 시작되는 시점 또한 모호한 경우가 많다. 공식적인 과제설계의 시작은 학기 초에 지도교수를 처음으로 만나고 첫 수업이 시작되는 시점이며 종료는 최종결과물의 제출시점이다. 하지만 한 학기의 설계과제를 진행하는 동안 학생들은 어디서, 무엇부터 시작하고 손을 대야 할지에 대해 막막해 하는 경우가 많다.

특히 설계과정의 전반부인 프로그래밍 작업에 대한 이해도가 낮은 학생들의 경우, 부지답사 및 분석, 관련 자료의 수집 등과 같은 초기의 작업이 지니는 중요성을 깨닫지 못하는 경우가 많다. 그 결과, 시각적 표현이 본격적으로 이루어지는 시점을 설계작업의 시작이라고 오해할 수도 있고 학기 초의 귀중한 몇 주간을 별다른 성과 없이 흘려보내기도 한다.

이러한 혼돈은 각 설계담당교수마다, 또는 설계학년 및 설계과제의 특성에 따라 설계수업의 진행과정과 방식이 조금씩, 혹은 상당히 다른데서 비롯되는 것이기도 하다. 따라서 학생 개개인의 입장에서는 해당 학기 설계담당교수의 수업방식 및 지도특성이 자신의 사전지식이나 작업방식과 잘 맞는지의 여부에 따라 설계수업이 더 힘들거나 수월해질 수가 있다.

그림 01. 15 (좌) **학기 초 답사여행**
영남대 3학년 1학기 도시 저층집합주거설계를 위한 학기 초의 답사 (부산 감천문화마을, 2018)

그림 01. 16 (우) **학기 초 답사여행**
영남대 2학년 전시시설설계를 위한 학기 초의 답사 (서울 재능교육 혜화문화센터, 2015)

● **담당교수의 개인적 특성과 역량에 따라 설계수업은 다양하게 진행된다.**

해당과목의 교재 등이 확립되어있어 강의 내용과 범위, 방법 등이 어느 정도 객관화되고 예측 가능한 이론과목의 수업과는 달리, 건축설계수업은 일정한 교재나 방법을 확정하기 어렵다. 따라서 설계과목의 교수법과 강의내용은 그 속성상 개인적인 성향이 강하며, 담당교수의 개인적 역량과 특성에 전적으로 의존하는 경우가 많다.
예를 들어, 동일한 2학년 1학기의 주택설계라 하더라도 설계스튜디오 A의 담당교수는 첫 2주 동안 매주 2회씩 영화를 보여주면서 개념적인 접근을 시도하는가 하면, 스튜디오 B의 담당교수는 2주 동안 부지모형을 계속 만들게 하여 대지와 주변 환경과의 관련성을 강조하기도 한다. 이처럼 개인화의 성향이 강한 각 설계스튜디오의 수업방식과 맞지 않을 경우, 학생들은 어려움에 처하기도 한다. 이런 이유로 인해 많은 대학에서는 해당 학년 설계스튜디오를 1차적으로는 학생들이 선택하도록 하고 있다.

나) 설계안 탐구의 종료

앞에서 서술한 바와 같이 건축의 설계작업은 종료시점을 확정하기 어렵다. 따라서 건축주와의 브리핑 약속, 허가도면의 접수날짜, 실시설계도면의 납품일자 등과 같은 일정상의 시한이 설계작업을 종료시키는 가장 큰 요소가 된다. 학생들의 과제설계 시에도 중간발표, 최종발표, 학기말 작품전시 등과 같은 일정이 설계작업을 일단락 짓는 이정표가 된다.

프로그래밍 작업이 어느 정도 이루어지면 Massing Study*, 배치계획, 평면계획 등의 작업을 순차적으로 진행하게 된다. 이때까지는 대개 짜인 일정표에 따라 매주 정량적이고 가시적인 결과물을 단계적으로 제시하므로 자신의 설계작업이 어느 정도 진행되고 있는지 학생 스스로 확인하기 용이하다.

* Massing Study
매스검토, 블록플랜 등의 여러가지 다른 표현들도 가능하지만 이 책에서는 영어인 Massing Study로 통일하여 표기하기로 한다.

그러나 일단 설계 초안이 만들어지고 이를 바탕으로 매주 체크를 받으면서 이것저것을 수정·보완하는 design development의 단계에 들어서면 설계작업의 진행속도나 작업성과가 가시적으로 드러나지 않는 모호한 정체시점에 들어서게 된다. 때로는 2~3주에 걸쳐 작성한 수정안에 심각한 오류가 발견되면 수정안을 폐기하고 또 다른 대안을 모색하는 시행착오적 과정을 되풀이 하는 경우도 많다.

이런 과정을 반복하다보면 학생자신이 설계과정을 스스로 통제하고 있다는 느낌이 모호해진다. 이를 종결시켜주는 것이 바로 최종발표, 혹은 과제의 제출마감시간 등의 일정이다. 즉, 설계안의 완성도에 대한 학생 스스로의 만족이 아니라 마감시간에 의해 설계가 마무리되는 경우가 많다.

2. 가상과 현실성

오늘날 설계수업에서 이루어지는 전제조건들인 대지설정*, 프로그램 등은 과거 70~80년대에 비해 상당히 현실에 바탕을 둔 실제적인 상황에서 설정되는 경

*
1970~80년대 까지만 해도 상당수의 설계과제는 예를 들어,「숲으로 둘러싸인 남향의 완경사지」가 주택의 부지로 설정되는 것처럼 실제상황에 바탕을 두지 않은 경우가 많았다.

그림 01. 17 **집합주거설계의 부지**
가능하면 실제상황과 유사한 조건의 설계부지를 선정하는 것이 오늘날의 일반적 경향이다. (영남대 3년 설계, 2017)

그림 01. 18 **설계과목의 과제설명서**
매 학기마다 각 설계스튜디오별로 6~10페이지 분량의 자세한 과제설명서가 학부사무실 앞에 게시된다.
(미국 휴스턴, 라이스대학, 2016, 가을)

우가 대부분이다. 그러나 아직까지도 대부분의 설계수업에서는 설계의 중요한 부분이나 조건들을 학생들의 편의에 따라 임의적으로 설정, 변경하는 것이 일상화 되어있다.

학생들의 입장에서 이는 편리한 방식으로 느껴지겠지만 무의식 속에서는 설계과제에 대한 현실감과 동기부여가 퇴색되는 원인이 될 것이며, 졸업 후 실무세계에서는 통하지 않을 좋지 않은 습관을 키우는 것이 된다. 구체적인 예로써 설계의 가장 중요한 두 가지 전제조건인 설계부지와 프로그램에 대해 살펴본다.

가) 설계부지

대지site는 설계의 출발점이다. 설계부지를 아무리 실제의 도시상황 속에서 구체적으로 설정한다고 해도 해당 부지의 소유자인 건축주와 사용자, 그리고 건물의 기능과 프로그램은 대부분 가상의 조건과 상황 속에 놓여있기 때문에 설계를 위한 중요한 조건들은 학생들의 가정 속에서 만들어지기 마련이다.

설계부지가 크고 복잡한 형태로 된 경우, 애초에 설정한 설계부지의 상당부분을 설계과정의 도중에 잘라버리거나 그 반대로 설계부지를 늘리는 사례가 전형적인 예이다. 특히 최종학년의 졸업설계에서 이러한 사례가 종종 나타난다.

나) 프로그램

국내 · 외를 막론하고 전통적으로 대학의 과제설계에서 특히 취약한 부분이 바로 프로그램이다. 현재 대부분의 과제설계 프로그램은 지도교수가 요약하여 배부하는 간략한 브리프brief수준의 내용만을 담고 있다.

따라서 학생의 입장에서 보면 설계부지와 함께 설계작업의 핵심인 프로그램은 그저 하늘에서 떨어지듯이 〈주어지는 것〉일 뿐이며 이를 탐구의 대상으로 여기고 진지하게 검토, 연구하는 경우는 드물다. 그 결과, 먼저 평면과 공간부터 만들어 놓고 거꾸로 여기에 적당한 프로그램 즉, 실들과 기능을 끼워 넣고 맞추는 방식으로 마무리하는 경우가 많다.

하지만 실무세계에서 프로그램의 상당부분은 건축가가 임의로 변경할 수 없는 엄중한 사항들로 이루어져 있고 건축주의 목표와 경제성과 연관된 기본적인 전제인 경우가 대부분이다.

3. 현실적 이슈에 대한 대응

건축은 한편으로는 개념적, 이상적 측면을 다루지만 다른 한편으로는 구체적이고 현실적인 측면과 강하게 연결되어있다. 대학의 과제설계에서는 계획설계의 차원에서 주로 설계의 개념적이고 조형적인 측면을 다루지만, 실무설계에서는 건축주의 생각이나 사회적, 경제적, 기술적 측면이 오히려 더욱 중요하게 다루어지는 경우도 많다.

가) 미학적 이슈와 사회적 이슈

현대사회에서 건축가의 역할은 근대 이전의 사회에서처럼 조형적으로 가치있는 건축물을 만드는데 그치지 않는다. 공공의 리더leader로서 건축가는 불특정 다수의 사용자와 건축의 결과가 환경에 미치는 영향에 대해 배려하고, 이 외에도 현대사회가 마주하고 있는 수많은 이슈들을 고려하고 이에 대응해야 한다. 그리고 이러한 모든 것들은 현실성에 뿌리를 두고 있다.

그러나 과제설계에서는 아직까지도 공간 및 형태구성의 미학적 측면과 도면 및 모형의 표현에 치중하는 과거의 관습에서 벗어나지 못하고 있다. 그 결과, 학생들은 미래의 건축가로서 자신의 재능을 주로 조형적 구성능력과 연관시켜 판단하는 경향이 크다.*

*
대학의 설계수업에서 조형적 구성과 표현능력은 건축설계에 필요한 재능의 전부인 것처럼 인식되고 있다.
하지만 어떤 사람은 스케치를 잘하고, 또 다른 사람은 컴퓨터나 모형을 통해 생각을 표현하는데 능숙하다. 실무세계에 나가면 건축주를 포함한 인간관계를 원활하게 이끌어나가는 것이 디자인 능력보다 중요할 때도 많다.
따라서 미래의 건축가로서 자신의 능력과 적합성을 너무 좁은 잣대로서 속단해서는 안 된다.

나) 경제 · 사회적 측면의 대응

예를 들어 실무세계에서 중요한 이슈인 경제적, 사회적인 측면은 과제설계 시에 충분히 다루어지지 않고 있다. 그 결과, 설계부지의 설정에서부터 구체적인 건물의 설계에 이르기까지 타당성 검토가 생략된 채 주로 공간구성이나 건축의 시각적 측면에 집중하여 수업이 진행되는 것이 일반적이다.

해당 부지에 특정 건축물이 건립되어야 하는 타당성, 이에 따른 법규적 제반사항의 검토, 건립비용의 문제와 경제성 외에도 건축주와 건물 사용자의 측면에서 본 설계안의 검토가 과제설계 시에 어떠한 형태로든 보다 적극적으로 포함되어야 한다.

그림 01. 19 **다양한 테크놀로지와 현실적 상황을 반영한 설계과제**
미국 코넬대 2016년 가을학기 4, 5학년 선택스튜디오 과제설명서 표지

다) 테크놀로지의 수용

국내대학의 설계교육과 미국, 유럽을 포함한 서구의 설계교육은 각각 서로 장 · 단점을 지닌다. 하지만 국내대학 설계교육에서 아쉬운 점의 하나는 건축의 재료, 구조, 설비, 시공 등이 포함된 시스템 통합교육이 부족하여 〈건축의 구축적 측면〉에 대해 적극적으로 다루지 않는다는 점이다. 이 때문에 국내의 학생들은 〈어떻게 디자인 할 것인가?〉에 대해서는 능숙하지만 〈어떻게 지을 것인가?〉에 대해서는 제대로 알지 못한다.

건축학 인증제도가 정착되고 시스템 통합교육이 점차 강조되면서 과거에 비해 많은 개선이 이루어지고는 있지만 아직까지 특정 학기, 특정 주제의 설계과목을 제외하면 외벽단면도나 외피 디자인, 그리고 구조 및 외피의 부분 모형을 최종 결과물에 포함시키는 사례는 일부에 그치고 있다.

03. 변하지 않는 설계교육, 변해야 하는 설계교육

• 근 · 현대 건축교육의 뿌리로서 보자르 스쿨과 바우하우스

세상의 모든 분야에서 괄목할 만한 변화가 이루어졌음에도 불구하고 건축과 도시 분야의 설계교육은 오랫동안 〈보자르 스쿨〉*과 〈바우하우스〉의 교육방식에서 크게 벗어나지 못하고 과거의 교육방식을 따라왔다.

아뜰리에를 중심으로 진행된 보자르 스쿨의 설계교육은 고전양식이라는 과거의 선례와 아뜰리에를 지도하는 마스터master의 양식을 모방하고 전수하였으며, 멋진 렌더링에 치중하며 설계경기competition를 통해 예술적 천재성을 선발하는 엘리트 교육시스템이었다.

독일의 바우하우스Bauhaus는 디자인, 공예, 기술을 통합함으로써 기술학교와 예술학교를 결합하고자 하였다. 보자르 스쿨처럼 역사적 선례인 〈양식〉에 의존하는 것이 아니라, 개인적 창의성과 자기표현을 강조한 보편적 교육을 추구하였다. 이에 따라 순수 기하학, 재료와 색채 등과 같은 과목을 통해 건축과는 무관한 추상적 형태를 먼저 배우도록 하고 아뜰리에가 아닌 워크 숍workshop에서 자기발견적 방식으로 디자인을 완성시켜 나갔다.

• 보자르 스쿨 (Ecole des Beaux- Arts)
1819년 파리에서 Ecole Royale des Beaux- Arts로 설립되어 현재까지 존속되고 있다. 1968년에는 8개의 교육단위로 나뉘어 졌다. 건축부분은 Academie Royale d' Architecture (1671-1793)의 해체 이후, 이 아카데미의 통제를 받는 학교에 뿌리를 두고 있다. 이후 여러 차례 학교의 이름이 변경되었다가 세계 1차 대전 이후에는 Ecole Nationale Superieure des Beaux -Arts로 이름이 바뀌었다.

그림 01. 20 (좌) 에꼴 데 보자르 교사 (파리, 프랑스)

그림 01. 21 (우) 바우하우스 교사 (데사우, 독일)

• 설계교육에 대한 문제 제기와 개선

이처럼 보자르 스쿨과 바우하우스의 교육방법을 바탕으로 한 전통적인 설계교육에서는 기본계획과 최종표현final presentation의 두 측면에 초점을 맞추어 왔다. 그 결과, 설계의 과정과 결과에 영향을 미치는 수많은 현실적 요소들이 설계스튜디오에서 무시되거나 지나치게 단순화되어 왔다.

전 세계적으로 볼 때 1960년대 까지도 제도 및 렌더링 기술을 습득하는 과목과 기하학 연습, 스케치, 색채이론 등을 배웠고, 이를 보조하는 과목으로서 시공

이론과 실무, 설비, 그리고 역사와 디자인 이론 등을 배웠다. 한국의 경우는 일본의 영향으로 건축공학적 측면이 강조되어 상대적으로 구조 관련과목이 추가되었지만 기본 틀은 서구와 유사하였다.

이러한 전통적 건축교육에 대한 문제 제기는 1960년대 이후 70~80년대에 걸쳐 건축사조의 변화 및 건축교육에 대한 다양한 국제회의 등을 통해 꾸준히 진행되어 왔으며, 1990년대에 이르러서야 보다 다양한 설계교육방식이 전 세계적으로 확산되어져 오늘에 이르고 있다.*

오늘날 설계교육의 범위는 사회성을 중시한 것에서부터 환경친화건축을 주제로 한 것, 그리고 고도로 컴퓨터 화 된 디자인 방식까지 모든 방향으로 확산되어왔으며 대학의 교과과정과 내용도 보다 광범위하고 포괄적으로 발전되었다. 그 결과 학생과 교수 모두는 보자르식 교육의 중심적 과제였던 디자인과 제도라는 결과물 외에도 프로그래밍, 설계방법론, 시스템통합 등의 과정적인 것에도 보다 많은 흥미를 갖게 되었다.

* Ashraf Salama, New Trends in Architectural Education, Tailored Text Publishing, 1995 pp.39~69

1. 변하지 않는 설계교육

앞에서 서술한 것과 같이 1960대 이후 현재까지 설계수업에 대한 많은 변화와 개선이 지속적으로 이루어져 왔음에도 불구하고, • 설계스튜디오 수업을 중심에 두고 이를 보조하는 이론과목들로 구성된 교과과정 • 개별지도와 공개발표를 중심으로 하는 설계수업의 진행방식 • 개념의 형성과 기본계획 및 최종 표현에 중점을 두는 설계수업 내용 등과 같이 건축교육을 형성하는 주요형식과 내용은 크게 변하지 않았다. 여기에 더하여 창의성을 형태적 측면에 주로 관련시키고 조형적 표현에 치중하는 경향 역시 아직도 크게 변하지 않고 있는 부분의 하나이다.

가) 변하지 않는 건축교육의 7가지 의문사항

미국의 대표적 설계사무소의 하나였던 CRS사의 윌리엄 코딜W. Caudil은 저서를 통하여 건축교육의 변하지 않는 7가지 의문사항에 대해 오래전에 다음과 같이 서술한바 있다.*

* William Caudil, Architecture by Team(건축의 성공비결), 국제출판, 1987 pp.147~172

① 이론에 치중하여 가르칠 것인가, 실무적 기술을 강조해 가르칠 것인가

장기적 안목에서 학생들의 잠재력을 키워줄 수 있도록 이론적, 학제적으로 교육시킬 것인가, 아니면 졸업 후 실무에 즉시 적용할 수 있도록 직업훈련 학교처럼 실무적 부분을 집중 교육시킬 것인가의 문제는 모든 교수가 고민하는 딜레마이다. 결국은 건축을 논하는 생각 및 철학과 건축물을 구축하는 행동과 기술 모두를 갖추도록 교육시키지 않으면 안 된다.

② 거장에 의한 교육인가 팀에 의한 교육인가

편향성이나 배타성을 두려워하지 않고, 한사람의 뛰어난 교수가 자기 철학을 주입하는 것이 좋은가, 혹은 혼란의 가능성이 있지만 많은 교수들이 그 나름의 철학을 가르쳐서 학생이 자신만의 생각을 정립하도록 지도하는 것이 좋은가? 결론은 한사람의 뛰어난 교수도, 다수의 교수팀도 동시에 필요하다는 것이다.

③ 경쟁은 좋은 것인가 나쁜 것인가

과도한 경쟁 때문에 심성이 고약한 인간이 배출될 가능성을 두려워하지 않고 타인과의 경쟁을 촉구하는 교육을 할 것인가, 혹은 온실속의 교육이 될 가능성을 두려워하지 않고 자기 자신과만 싸울 수 있는 상황으로 끌고 가는 것이 좋은가?

④ 개인과제로 할 것인가, 공동과제로 할 것인가

자의적 성향이나 고립에 빠질 가능성이 있지만 각자의 상황에 따른 발전을 위해 개인제작 과제로 할 것인가, 혹은 자발성이 다소 결여되거나 타인데 대한 의존경향이 나타날 우려가 있지만 인간관계나 협동방식을 배울 수 있도록 공동제작 과제로 할 것인가? 개인 및 공동과제 모두를 두루 경험하게 하는 것이 좋지만, 가능하면 자신이 혼자서 모든 책임을 지고 많은 개인 과제를 처리하는 것이 중요하다.

⑤ 학생은 제너럴리스트여야 하는가, 스페셜리스트여야 하는가

지식의 깊이가 얕아지더라도 건축에 관한 다양한 측면을 폭넓게 배울 수 있는 일반교육을 해서 광범위한 문제에 대처할 수 있게 할 것인가, 혹은 시야가 좁아질 가능성이 있더라도 건축환경의 개선에 실제로 기여할 수 있는 깊은 지식을 습득할 수 있도록 소수 분야로 전문화할 것인가?

학생의 경우, 재학 중에는 건축의 일반적인 분야를 널리 섭렵하고, 전문화하는 것은 졸업 후로 하는 것이 좋을 것이다. 그리고 대학원 수준에서는 전문화할 필요가 있다.

⑥ 건축가로서의 교육은 언제 시작해야 하는가*

전문화가 지나치게 빨라지는데 대한 우려가 있지만, 1학년 때부터 건축교육을 시작하는 것이 좋은가, 혹은 건축을 공부하려는 욕구를 4년간 억제하는 문제는 있어도, 건축의 전문교육을 받기 전에 폭넓은 교양을 함양할 수 있도록 일반교양의 학사학위를 취득하게 할 것인가?

⑦ 교과목을 자유롭게 선택할 수 있게 할 것인가, 최대한 필수과목으로 규정해야 할 것인가

교육의 일관성이 없어지는 것을 감수하고 교과목을 학생이 자유롭게 선택할 수 있게 할 것인가? 아니면 다양한 교과목들을 체계적인 틀 속으로 통합하여, 목

*** 5년제 학부중심교육과 4+2, 4+3의 대학원 중심교육**

한국의 경우, 건축전문대학의 비전공자가 이수하는 4+3년 과정에 재학하는 학생이 아직은 많지 않다. 미국의 경우, 학부중심의 5년제 건축교육과 대학원 중심의 4+2, 또는 4+3 교육이 비슷한 비중을 차지한다. 그리고 미국의 우수한 건축대학의 상당수는 대학원 중심의 설계교육을 채택하고 있고, 이에 따라 학부시절에는 건축 이외의 다양한 전공을 이수하도록 하고 있다.

표로 하는 교육성과가 흐트러지지 않도록 할 것인가?

이상의 여러 의문사항들은 건축교육에 관련된 사람들에게는 언제나 따라다니는 문제이다. 결국 건축교육에 한 가지의 정답은 없으며 학교마다 다르기 마련이고, 이것이 해당 학교의 건축교육을 나타내는 특성이 될 것이다.

2. 변해야 하는 설계교육

앞의 1-2-과제설계의 특징과 어려운 점-에서도 서술하였듯이 급속히 변화하는 현대사회에서 건축의 교육은 과거보다 훨씬 많은 조건과 변수들에 대한 고려와 이해를 바탕으로 이루어져야 한다. 이 중 몇 가지에 대해 구체적으로 살펴보면 다음과 같다.

• **다양한 이슈에 대한 대응**

설계과정과 결과에 영향을 미치는 수많은 변수들이 설계스튜디오에서 무시되거나 지나치게 단순화되어 있다. 그 결과 실무설계에서 중요한 여러 측면에 대해 학생들은 무지하거나 안이한 자세를 지니게 되었다. 따라서 조형적이고 미학적인 측면 외에도 건축주와 사용자에 대한 생각, 사회적, 윤리적, 경제적, 정치적 측면에 대한 고려, 기술적 문제의 탐구, 설계사무소의 운영과 관리 등의 많은 요소들이 교육내용에 포함되어야 할 것이다.

• **프로그램에 대한 탐구**

건축가가 건축주에게 제공하는 서비스의 상당부분은 건축주의 요구사항을 조사, 분석, 종합하며 올바른 프로그램을 작성하는 일이다. 하지만 학교설계에서 학생들은 주로 개념의 형성과 기본계획 및 표현에 제한되어있기 때문에 프로그램이란 그저 학생들이 고수해야 하는 요구조건의 목록일 뿐이다. 프로그램을 정의하고 탐구하는 과정은 설계의 핵심적인 부분이므로 과제설계의 초기단계에서 반드시 포함되어야 할 부분이다.*

* Ashraf Salama, 같은 책 p.62

• **테크놀로지의 발전에 대한 대응**

테크놀로지의 급속한 발전은 건축의 시스템 통합적 측면에서 시공과 설계의 전 분야에 큰 변화를 가져오고 있다. 예를 들어 BIM 등을 통한 통합설계 역시 내일의 설계교육에서 보편화되어질 도구의 하나이다.

• **협동을 통한 팀 작업과 리더십의 연마**

개인 건축가의 천재성이 빛을 발하던 시대는 지나갔고 팀에 의한 협동작업이 주가 되는 것이 오늘의 상황이다. 즉, 문제를 해결하고 창의적인 결과를 만들어내기 위해 수많은 재능 있는 사람들이 동시에 협동하여 작업하는 것이다. 여러

* 설계과정에서의 낭비

대부분의 경우 설계과정을 통하여 적지 않은 낭비가 발생한다. 설계작업을 진행하면서 나중에는 결국 채택되지 않고 폐기될 대안들을 만들어 내는데 많은 시간과 노력을 투입하는 것이다.
건축주의 입장에서 보면 설계의 과정보다는 결과물에 주로 관심이 있다. 즉, 건축가가 최선의 결과물을 만들어내기 위해 10개의 대안을 만들어 보았는지 아니면 단 하나의 대안만을 진행해왔는지에 대해서는 진심으로 관심을 기울이지 않는다.
건축설계의 창의적 측면을 최고의 가치와 목표로 생각하는 건축가일수록 건축주가 기꺼이 지불할 수 있는 설계비의 범위를 초과하여 노력과 시간을 투자하는 경향이 있다. (James Cramer, The Next Architect, 2007, p.121)

사람이 팀으로 작업하는 경우의 위험성은「가장 못한 절충안」으로 결론지어지는 것이지만 리더십leadership을 통해 참여하는 모든 사람들이 상호간의 노력에 자극받아 최선의 능력을 발휘하게 함으로써 최상의 결과물을 만들어내는 과정을 학교설계에서부터 배워야 한다.

• 설계사무소의 운영자로서 건축가

현대의 건축가는 디자인뿐만 아니라 사업에도 능숙해야 한다. 스타 건축가를 흉내 내고 싶어 하는 학생들은 흔히 건축을 예술로만 보고 현실적인 문제에는 무관심한 경향이 있다. 따라서 하나의 전문가이자 설계사무소의 운영자로서 어떻게 하면 효과적으로 일을 수행할 수 있는가에 대해서는 혼란스러워 하고 있다.* 오늘날 일부 이론과목에서 설계사무소의 운영을 포함한 관련부분들을 교육시키고 있는 것은 이러한 이유에서이다.

• 설계지도교수

설계교육의 개선과 발전을 위한 실제적인 열쇠를 지니고 있는 사람은 바로 지도교수이다. 이상 열거한 수많은 고려사항들을 설계수업에 적절히 도입하여 학생들이 복잡한 현실사회에 효과적으로 적응하고 기여할 수 있는 미래의 건축가로 성장할 수 있도록 하기 위해서는 설계교육 방법에 대한 부단한 연구가 따라야 할 것이다.

• 세계 여러 대학의 다양한 설계수업 결과물들

그림 01. 22 (좌) **1학년의 실물크기 의자만들기 과제** (미국, 카네기멜런대, 2001)
그림 01. 23 (중) **4학년의 시스템통합설계 과제** (서울시립대, 이선영교수반, 2011)

그림 01. 24 (우) **생체모형을 유추한 키네틱 과제** (영국, 런던 AA스쿨 1학년 설계과제, 2012)

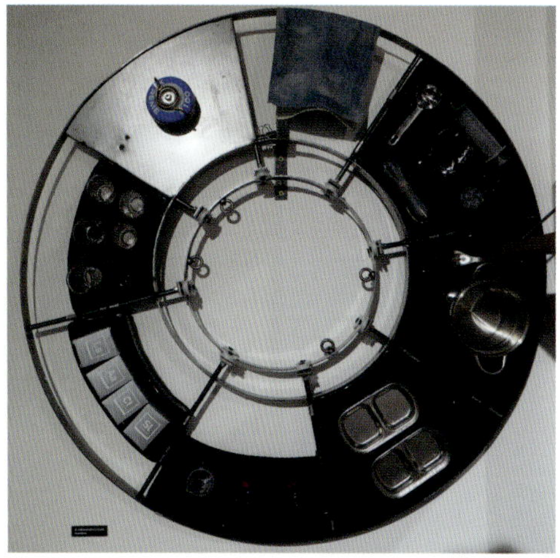

그림 01. 25 (좌) 런던 Bartlett 건축대학 2018년 여름전시회를 견학하는 초등학생
이 건축전시회는 런던시민 전체가 즐기는 행사이기도 하다.

그림 01. 26 (우) Bartlett 건축대학 UG-1의 전시물 (2018)

그림 01. 27 (좌상) 런던 AA스쿨의 Design & Make스튜디오 (2012)
그림 01. 28 (우상) 2학년의 목구조 모형실습 과제 (영남대, 2004)
그림 01. 29 (좌하) 워싱턴대(UW) 대학원스튜디오 구조모형 (2007)
그림 01. 30 (우하) 시스템통합과제의 외피모형 (서울시립대, 2011)

♠ 참고 및 인용문헌

- Ashraf Salama, New Trends in Architectural Education, Tailored Text & Unlimited Potentail Publishing, 1995
- Andy Pressman, Professional Practice 101, John Wiley, 1997
- James P. Cramer, Scott Simpson. The Next Architect. Greenway Communications, 2007
- Kathryn H. Anthony, Design Juries on Trial (The Renaissance of the Design Studio) VNR, 1991
- Martin Pearce, editor, Educating Architecture, Academy Editions, 1995
- Peter Buchanan, (What is Wronh with Architectural Education?), Architectural Review, July 1989
- Thomas A. Dutton, Voices in Architectural Education, Bergin & Garvey, 1991
- Andy Pressman, 건축디자인 스튜디오 101, 이경훈, 김은중 역, 국제출판사, 2000
- Roger K. Lewis, 디자이너로 자라기, 김현중 역, 국제출판사, 2000
- William Wayne Caudil, Architecture by Team, 국제출판사, 1987
- 이상헌, 근대적 건축설계교육의 기원과 형성에 대한 연구, 대한건축학회논문집 22권 3호, 2006년 3월
- 이상헌, 건축설계스튜디오 교육의 방법론과 이론에 관한 연구, 한국연구재단연구결과보고서, 2005년 8월

2장. 설계의 과정

● 전시시설의 설계과정

모든 설계는 나름대로의 과정과 방법을 지니지만 시행착오와 우연성이 아닌 지속적인 결과를 얻기 위해서는 논리적 설계방식과 직관적 설계방식에 대한 이해와 경험이 필요하다.

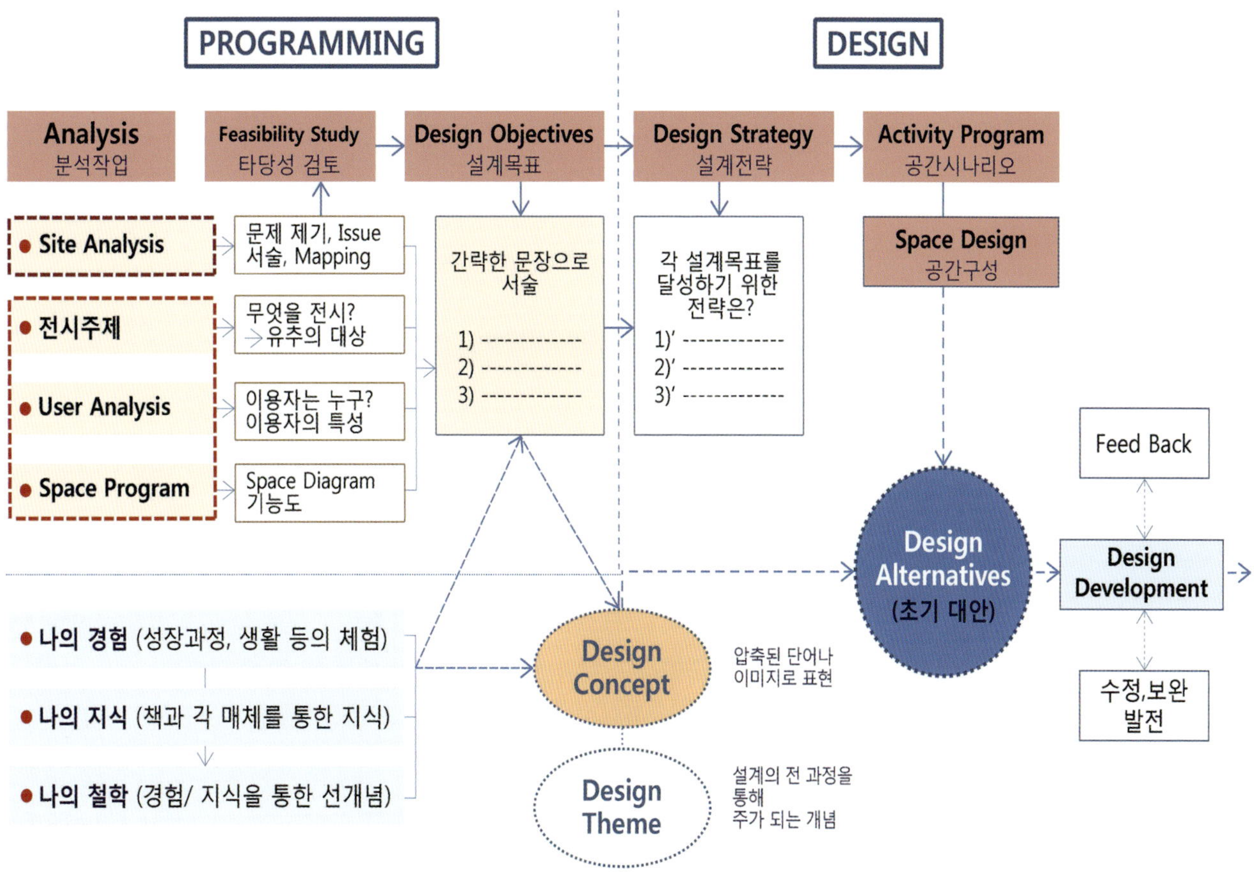

II. 설계의 과정

모든 건축물을 설계하는데 언제나 정답이 되는 특정한 설계과정이나 방법이란 있을 수 없다. 그렇지만 건축가가 건축물의 설계를 매번 시행착오적이고 즉흥적인 과정을 통해 일관성 없이 진행할 수는 없으며, 보다 안정되고 지속적인 과정과 방법을 통해 진행할 수 있어야 할 것이다.
특히 대학에서 설계를 배우는 학생의 입장에서는 한 학년, 혹은 한 학기의 설계과제에 대한 결과물이나 성적에 너무 집착하기 보다는 차후로도 여러 설계과제를 지속적으로 수행할 수 있는 나름대로의 과정과 방법을 익히는 것이 가장 중요하다. 한 학기의 설계과제에 대한 개인적인 시간계획 역시 설계의 과정에 대한 올바른 이해를 바탕으로 이루어질 수 있다.
이러한 이유 때문에 학생들은 우선 한 가지의, 혹은 몇 가지의 이상적인 설계과정이나 방법에 대해 이해하고, 실습을 통해 이를 몸으로 익히는 것이 필요하다. 비록 모든 설계에 적합한 설계의 과정은 없을지라도 나에게 적합한 설계의 과정과 방법은 있기 마련이다.
2장의 내용은 이후에 전개될 3장〈대지분석〉, 4장〈기능분석〉, 5장〈개념설정〉으로 이어지는 프로그래밍 과정의 구체적 내용들을 요약한 총론에 해당된다. 따라서 2장의 내용에 대한 보다 세부적인 서술과 구체적 사례의 소개는 3,4,5장에서 다룬다.

01. 과제설계의 초기단계

가) 대학에서 배우는 설계방법

대학에서는 대부분 체계적이고 논리적인 설계과정을 위주로 교육시킨다. 교육의 주요 목적이 시행착오적이고 우연한 결과물을 얻는 것이 아니라, 일관되고 지속적인 성과물을 얻기 위한 과학적 방법을 가르치는 것이라 생각하면 이는 당연한 것이다. 그렇다 하더라도 학생 또는 건축가 개인에 따라, 그리고 설계담당교수에 따라* 논리적 방식과 직관적 방식의 어느 한 쪽에 약간의, 혹은 상당한 무게를 두는 경우가 현실이다.

논리적 또는 직관적 방식을 포함한 다양한 설계의 접근방식에 관한 이론에 대해서는 2장 3절에서 자세히 서술하기로 하고 우선, 학생들이 과제설계의 초기단계에서 무엇을 해야 하는지에 대해 살펴보기로 한다.

* 설계교수에 따라 다양한 교수법과 건축대학의 특성

실무건축가와 마찬가지로 설계담당 교수들도 저마다의 고유한 교육철학과 가치관, 그리고 선호하는 설계방법이 있다.
물론 각 학년별, 각 설계주제별로 설계교육의 접근방법이 달라질 수 있기도 하지만 기본적으로는 설계담당교수의 교수법pedagogy이 중요하다. 그리고 개인 교수들의 이러한 교육방법이나 특성이 집단화되면 그 대학 건축과의 특성이 형성된다.
이처럼 특성 있는 건축교육을 잘 보여주었던 대학들을 예로 들면, 독일의 Bauhaus, 미스 반 데 로헤가 재직하였던 미국의 IIT, 콜린 로우가 재직하였던 미국의 Cornell대학, 앙리 시리아니가 주도하였던 파리 8대학의 UNO Studio, 런던의 AA스쿨, 뉴욕의 Cooper Union 등 수많은 대학들을 들 수 있다.

• 다양한 설계방식과 설계과정의 사례

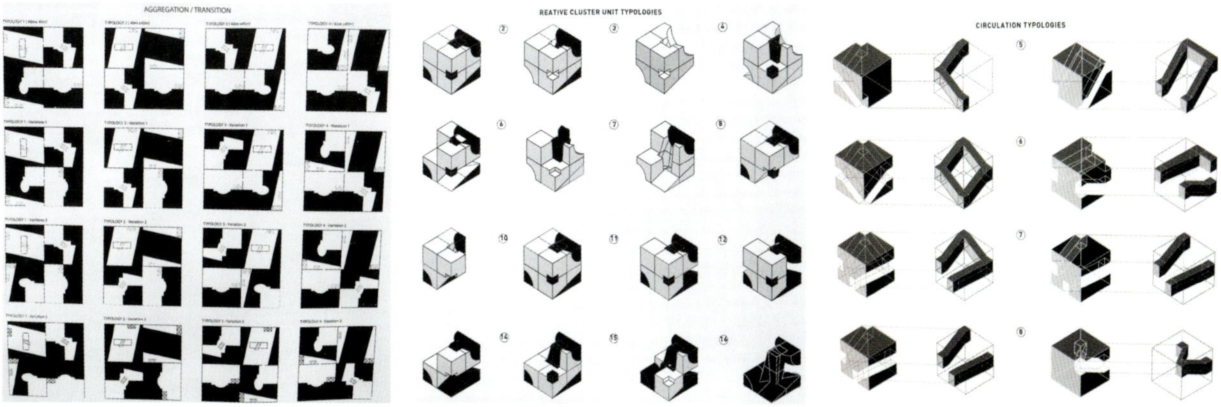

그림 02. 01 -1, 2, 3 **패턴의 설정과 변형을 통한 형상의 생성과 도시집합주거 설계의 중간과정** -패턴유형의 생성(좌), 단위주거의 클러스터 유형(중), 클러스터 내부동선의유형(우) (코넬대학 4학년 Leslie Lok 교수 스튜디오, 2016)

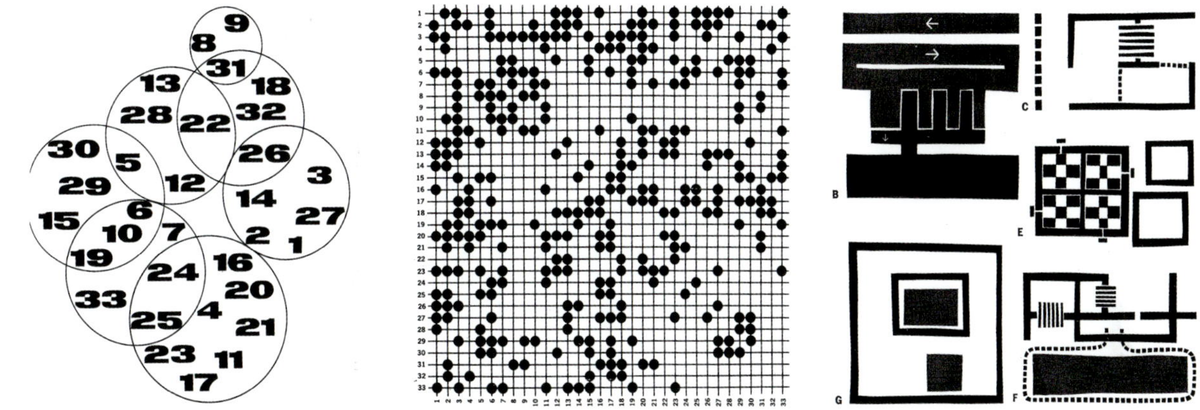

그림 02. 02 -1, 2, 3 **설계변수의 상호연관성 탐구를 통한 집합주거 배치패턴의 논리적 디자인과정** -설계요구조건의 그루핑(좌), 각 요구조건 상호간의 관계 매트릭스(중), 집합주거 영역별 배치패턴의 생성(우) (C. Alexander의 Community & Privacy,p.163)

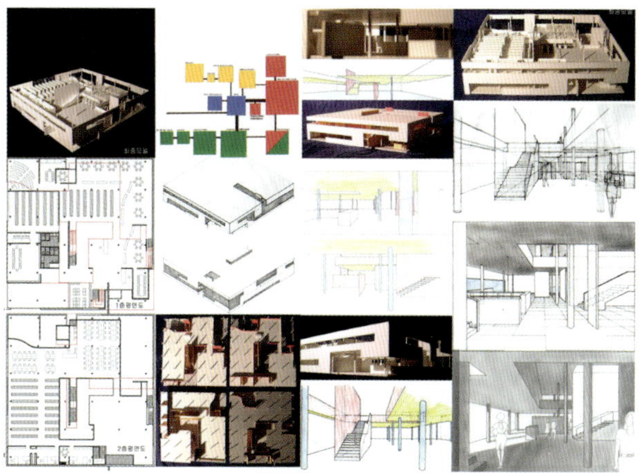

그림 02. 03 **공간의 구성방법을 위주로 한 설계과정과 결과물** (파리 8대학 UNO 스튜디오, 3년 1학기 과제)

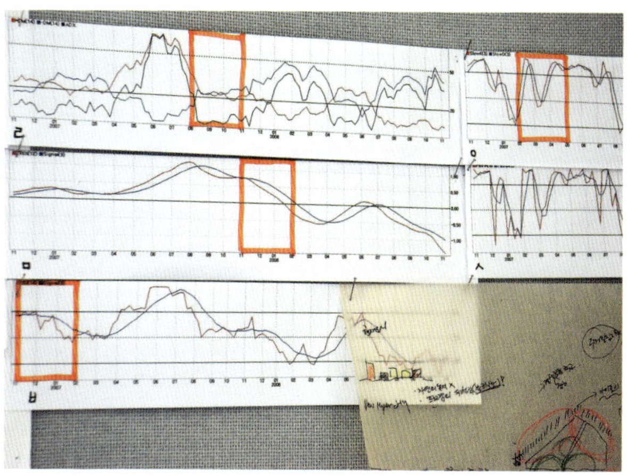

그림 02. 04 **유추적, 개념적 설계과정의 초기단계** -주식가격 그래프를 이용한 문화시설 설계의 초기단계 (영남대 4년 설계, 2008)

나) 과제설계의 초기단계에서 할 일

설계과정에 대한 디자인도 설계내용 못지않게 중요하다.

졸업설계와 같이 방학기간이나 학기 시작 전에 설계주제나 부지에 대해 미리 생각을 해두는 경우를 제외하면 학생들은 대부분의 경우 학기가 시작된 후, 설계주제나 설계부지에 접하게 된다.

이렇게 되면 우선 주어진 설계주제에 대한 이해가 선행되어야 하고, 지도교수에 의해 미리 주어지거나 학생 자신이 선택하는 설계부지를 답사하고 분석하며 설계를 위한 실마리를 찾아내야 하는 분주한 학기 초를 보내게 된다. 여기에 더하여 설계 이외의 여러 이론 교과목들도 동시에 시작되므로 자칫하면 귀중한 학기 초의 몇 주간을 어수선하게 흘려보내기 쉽다. 다른 일들과 마찬가지로 설계수업도 초기의 몇 주 동안을 어떻게 보내는지가 한 학기동안의 설계수업과정은 물론, 최종결과물에도 큰 영향을 미친다. 따라서 학기 초, 혹은 과제설계의 초기단계에서 시행착오 없이 설계작업을 체계적으로 진행하는 것이 중요하다.

건축의 일반적인 설계과정에 대한 구체적 이론은 2장 3절에서 다루기로 하고 우선, 학기 초에 과제설계의 원활한 진행을 위해 학생들이 해야 할 일들을 항목별로 열거하면 다음과 같다.

- **대지분석과 대지특성 및 문제점 파악**
- **기능분석과 요구조건 파악**
- **기존 사례의 조사 및 연구(Case Study)**
- **설계이슈(Design Issue)의 추출과 설계목표 설정**
- **설계개념의 설정**

이상의 모든 작업은 〈프로그래밍programming〉과정에 해당되며, 이 후에 진행될 〈디자인design〉과정의 바탕이 된다.

1. 대지분석과 특성 파악

가) 대지분석과 분석내용의 표현

대지분석은 건축프로그래밍의 핵심적 부분이다. 일부 학생들의 경우, 대지분석은 프로그래밍 작업이 아니라, 별도의 과정으로 생각한다. 또는 그 반대로 대지분석이 프로그래밍의 전부라고 여기는 경우도 본다. 이는 모두 프로그래밍 작업에 대한 이해가 부족한 때문이다. 그리고 학생들의 대지분석과정과 내용을 보면 일반적으로 몇 가지 측면에서 문제점이 보인다.

(첫째는) 대지분석의 내용이 형식적이고 천편일률적이며, 대지분석 다이어그램 등과 같은 분석내용의 시각적 표현 또한 서투르다는 점이다.

(둘째는) 대지분석의 결과를 어떻게 종합해야 하는지를 잘 모른다는 점이다. 예를 들면, 토지이용계획(land use plan)이 생략되는 경우 등이다.

(셋째는) 건물의 기능 및 공간 프로그램과 연계시킨 대지분석 내용이 부족하다는 점이다.

따라서 대지분석과 분석 결과물의 표현 및 정리과정에서 다음과 같은 사항들을 좀 더 유의할 필요가 있다.

① 대지분석작업과 병행하여 기능분석 및 space programming이 충실히 이루어져야 하고 이들 내용의 종합을 통해 설계이슈와 설계목표가 생성된다.
② 대지분석작업 시에는 단순하고 천편일률적인 요소들의 분석만 해서는 안되며 눈에 보이지는 않지만 설계에 영향을 미치는 여러 잠재적 요소들이 무엇인가를 찾는 노력을 게을리 하지 않는다. 즉, 나만의 관점이 있어야 한다.
③ 분석결과의 시각적 표현을 보다 세련되게 할 수 있도록 표현기법에 대한 연습을 한다. 때로는 형식이 내용을 결정하기도 한다.
④ 토지이용계획과 타당성 검토(feasibility study)를 빠트리지 않는다.
⑤ 최종적으로 대지의 특성과 문제점 서술을 통해 분석결과를 요약한다.

나) 대지의 특성과 문제점 파악

위의 ⑤항에서 언급한 바와 같이 대지분석의 결과물은 대지의 특성과 문제점에 대한 간략한 서술이다. 여기에 더하여 대지분석 다이어그램이라는 시각적 표현이 토지이용계획과 함께 완성되어 자연스럽게 설계의 다음 단계로 이어지게 된다. (대지분석에 관한 자세한 내용은 이어지는 3장-대지선정과 분석 참조)

2. 기능분석과 요구조건 파악

대지분석이 프로그래밍 작업의 자연적 · 환경적 · 물리적 부분을 다루는 중요한 영역이라면 또 다른 한편으로는 건립될 건축물의 공간구성, 건물 사용자들의 요구사항 및 특성을 포함하여 해당 시설이 갖추어야 할 기능과 요구조건들에 대한 파악이 필요하다. 여기에 더하여 비록 과제설계 시에는 지나치는 경우가 대부분이지만 건축에 소요되는 건축비용, 완공 후의 유지운영비 등의 예산과 소요비용에 대한 기본적인 분석이 이루어져야 한다.

가) 건물유형 연구와 요구조건 파악

우선 설계대상 건축물의 유형에 따라 계획각론적인 요소들을 포함하여 기본적으로 이해하고 분석해야 할 기능적 · 공간적 · 형태적 요소들이 대지분석 못지 않게 많을 것이다. 여기에 더하여 건축물의 거주자, 또는 이용자들과 같은 인간적 요소에 대한 분석결과 등이 대지분석 결과와 합해져서 설계를 위한 요구조건으로 종합되고 이는 간략한 문장으로 서술되어야 한다.

나) 기능분석과 공간 다이어그램(Space Diagram)

기능적 · 공간적 요소에 대한 분석의 결과는 소요 공간 및 실들의 개수와 크기, 그리고 이들 간의 상호관련 다이어그램이다. 숫자로 표기된 각 소요 공간들의 크기는 시각적인 형태로 변환시켜 직관적으로 이해할 수 있도록 해야 하는데, 그 결과물은 ① 공간의 상호관련도(기능도)와 ② 공간 다이어그램이다. 이 중 공간 다이어그램에 대한 구체적인 설명은 4장 2절에서 다루기로 한다.

3. 기존사례의 조사, 연구 (Case Study)

많은 학생들이 과제설계의 초기에 자발적으로, 혹은 지도교수의 지도일정에 따라 사례조사를 한다. 이러한 사례조사는 학생들뿐만 아니라 실무건축가들에게도 중요한 작업이다. 특히 자주 접하지 않던 생소한 설계를 의뢰받았을 때 가장 먼저 하는 작업의 하나가 유사한 건축물에 대한 타인들의 설계 및 계획자료 수집이다. 기존의 사례조사를 통해 짧은 시간 내에 생소한 건물유형에 대한 이해도를 높이고 초기작업의 많은 시간을 절약할 수 있기 때문이다.

그리고 기존 사례의 큰 장점은 추상적인 것이 아니라, 구체적이고 시각적인 형태로 우리 눈에 보이므로 즉각적으로 이해가 된다는 점이다. 이러한 이유 때문에 학기 초에 이루어지는 유사시설에 대한 답사여행은 의미가 있는 것이다.

가) 사례조사의 의의와 중요성

과제설계에서 사례조사는 다음과 같은 의미를 지닌다.

① 내가 설계하려는 시설유형에 대한 수많은 해결안을 미리 살펴봄으로써, 해당 시설에 대한 전반적인 개념을 형성하고, 최근의 설계경향에 대한 파악을 통해 단기간 내에 과제에 대한 이해도를 높인다.

② 유명건축가들의 해당 건축물의 설계에 사용한 주요 기법과 형태언어를 분석하고 배움으로써 나의 설계작업에 선택적으로 활용할 수가 있다. 이는 오랫동안 건축교육에서 사용되어온 주요 방식인 선례를 통한「유형학적typologic교육방식」이다.

③ 단순한 계획각론적 자료가 아닌 실제 해결안을 통한 자료수집이라는 중요한 의미를 지닌다. 이 부분에 대해서는 이어지는 나), 다), 라) 항에서 구체적으로 서술하기로 한다.

이러한 사례조사는 혼자서 하기 보다는 스튜디오 전체 학생들이 세부분야, 혹은 영역별로 서로 나누어 조사하여 그 결과를 발표하고 정리된 자료를 공유하는 것이 효과적이고 시간도 절약하는 방법이다. 사례조사의 대상은 다음과 같이 나누어 생각해볼 수 있다.

나) 나의 과제와 동일한 건물유형 조사

사례조사의 가장 일반적인 방법이다. 단독주택, 근린생활시설, 소규모 전시시설, 저층집합주거, 사무소, 초등학교 등과 같이 해당되는 건물유형에 따라 조사하는 것이다. 조사를 통해 각 건물의 특징과 내가 응용할 수 있는 것이 무엇인지를 찾는 것이 중요하다.

다) 나의 과제와 유사한 대지조건의 건축사례조사

비록 건물유형은 다르다고 해도 나의 설계부지와 평면적, 단면적, 혹은 입지적(예로, 철도변, 지하공간, 수공간 등)으로 유사한 대지의 설계사례에 대한 조사이다. 예를 들어 나의 설계부지가 형태적으로 특이하거나 급경사일 경우, 유효한 조사이다.

라) 나의 설계주제와 유사한 건축사례조사

환경친화건축, 도심 건축의 리노베이션, 전통가로의 회복 등과 같이 시설유형별이 아니라 주제(테마)에 초점을 두고 과제설계가 주어졌을 때는 해당 주제를 대상으로 한 다양한 건물유형을 조사한다.

마) 나의 개념과 유사한 설계사례 조사

중정과 마당, 전이공간, 투명성, weaving, 녹색마을 등과 같이 내가 설정한 설계개념과 유사한 기존의 해결안을 다양한 건물유형을 통해 조사하여 추상적인 개념을 물리적 형태로 전환시킨 방법을 조사한다.

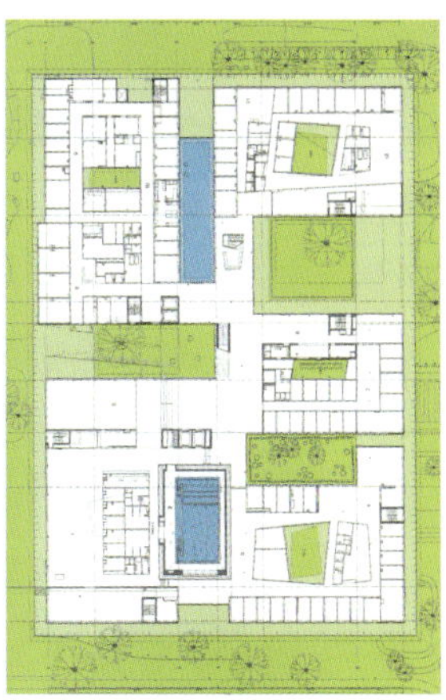

• 나의 설계개념과 유사한 기존의 설계사례 예시

그림 02. 05 (좌) **Leeum 미술관내 삼성아동교육문화센터** (Rem Koolhaas설계, 2004)
「집 속의 집(House in House)」의 개념은 여러 설계과제에 응용할 수 있는 개념의 하나이다.

그림 02. 06 (중) **척수, 뇌장애자 센터** (Basel, Swiss, 2002, Herzog & De Meuron설계)
재활병원으로 설계된 계획안이나, 다양한 중정의 삽입을 주제로 하는 전시시설, 학교 등의 여러 과제에 개념적으로 차용할 수 있는 설계안이다.

그림 02. 07 (우) **Crawford주택** (CA, 미국, 1997, Morphosis 설계) 반원 형태의 배치개념은 스케일을 달리하면서 다양한 건축설계에 개념적인 영감을 주었던 사례의 하나이다.

4. 설계이슈의 추출과 설계목표 설정

가) 설계의 이슈(design issue) 찾기

설계이슈issue*는 프로그래밍과정을 통해서 설정되는 설계의 쟁점이자 주제의 일종이라 할 수 있다. 미술관 설계를 통해 대지주변에 부족한 커뮤니티공간을 확보한다든지, 노후 단독주거지에 최대한 녹지공간을 많이 도입할 수 있는 집합주거단지를 계획한다는 것 등이 설계이슈의 예가 될 수 있다.

* Issue의 의미
Issue의 사전적 의미는 논쟁, 토론, 문제 등의 의미를 지닌다. 따라서 디자인 이슈(Design Issue)란, 대지분석을 포함한 프로그래밍 작업 결과, 앞으로 디자인 과정에서 고려해야할 주요한 사항이나 논점을 의미한다.
이 책에서는 Issue를 한국어로 번역하지 않고 원어 그대로 사용하고자 한다.

설계이슈를 설계목표와 동일하게 생각할 수도 있겠으나, 일반적으로 몇 가지의 간략한 문장으로 서술되는 「설계목표」는 설계의 최종결과물에서 달성되어야 할 설계의 「성과」와 「기준」을 의미한다. 한편 「설계이슈」는 설계의 전 과정을 통하여 「지속적으로 인식」하여야 할 구호와 같은 것으로, 설계과정에서 발생하는 다양한 정보와 의견들을 걸러주고 한 방향으로 선택할 수 있도록 해주며 최종적으로는 설계의 성격을 부여해주는 「동력의 역할」을 하는 주제개념과 같은 것이다.

나) 설계목표 정리

실무설계에서 어떤 건축물을 건립하고자 할 때 가장 먼저 할 일은 건축의 목표를 명확히 하는 것이다.* 그 반면 학생들의 과제설계의 경우는 (졸업설계를 제외하고) 건물의 종류, 설계주제, 설계부지의 개략적 상황 등의 주요 초기조건을 대개 담당교수가 부여한다. 따라서 학생들이 설계의 목표를 정하기 위해서는 먼저 대지를 확정한 뒤, 현장을 방문하고 대지분석을 하는 한편 설계주제와 시설유형에 대한 학습과 숙고를 어느 정도 진행하여야 한다. 그 이후에 비로소 설계목표가 추출되는 것이 순서이다. 따라서 과제설계에서 설계목표의 서술은 프로그래밍 작업의 후반부에 이루어지는 것이 일반적이다. (4장 4절 내용 참조)

* 실무설계에서 설계목표의 설정
실무설계에서 설계목표는 건축주에 의해 주어지는 경우가 많지만, 건축주는 건축에 대한 전문성이 부족하므로, 설계목표의 설정단계에서부터 건축가의 참여와 도움이 필요한 경우가 많다.
이러한 목표들 중에는 재정적 목표, 기능적 목표, 기술적 목표 등의 많은 부분이 있을 수 있다.

5. 설계개념의 설정

설계개념은 설계의 전 과정을 거쳐 지속성으로 생성, 변형, 발전된다. 때로는 실무설계작업에서 흔히 그렇듯이 특별한 개념이 없이 설계를 진행하는 경우도 많다. 하지만 현실성이 부족한 과제설계의 속성상 적절한 설계개념을 형성하는 것은 전체적인 설계작업을 이끌어 가는데 초점을 부여하므로 일반적으로 긍정적인 역할을 하게 된다.

다만 이러한 설계개념은 분석과정인 프로그램작업이 어느 정도 충실히 진행된 이후, 설계목표와 함께 신중히 설정되는 것이 바람직하며 결코 즉흥적으로, 또는 분석과정을 제대로 수행하지 않은 상태에서 성급히 설정되어서는 안 된다.* 설계개념의 설정과 발전에 관해서는 5장에서 별도로 서술하기로 한다.

* 잘 못 설정된 설계개념
잘 못 설정된 설계개념은 설계에 도움이 되기보다는 오히려 정상적인 설계과정을 왜곡시키고 시간을 지체하게 만드는 부정적 요소로 작용한다.
설계개념을 단기간에 즉흥적으로 설정하는 학생들일수록 중도에 설계개념을 취소, 재설정하는 경우가 많으며 결과적으로 설계개념이 부정적으로 작용할 확률이 높다.

6. 관련 자료와 정보 찾기

이번 학기의 과제설계를 위해 내가 원하는 모든 정보가 담겨져 있는 책이나 자료가 어디에 있을까 찾고 있는 학생들이 만일 있다면 그 대답은 명확하다.「그런 자료란 없다」이다.

현대와 같은 정보사회에서는 나에게 필요한 자료를 어디서 찾고 구체적인 정보를 어떻게 만들어나가는지를 아는 것은 매우 중요하다.(연구방법론 및 조사방법론에 관한 책이 적지 않은 이유가 여기에 있다.) 그리고 필요한 자료는 언제나 여러 곳에 다양한 형태로 분산되어 있기 마련이며 심지어는 공감각적인 형태로 있기도 하다.

대학의 중앙도서관, 건축학과의 도서실, 인터넷 검색, 각종 공모전 작품집, 선배들의 자료와 지도교수의 연구실 서가의 자료에 이르기까지 자료의 출처는 무한하다. 따라서 내가 원하는 자료가 어디에 있는지를 찾고 이를 적절히 구성, 종합하여 유용한 정보로 만들어나가는 것은 설계작업 못지않게 중요한 것이다.

• 도서관과 친해지기

굳이 설계 때문이 아니더라도 재학 중에 학교 도서실의 풍부한 자료와 정보를 제대로 이용하는 학생과 그렇지 못한 학생의 차이는 크다.

그림 02. 08 (좌상) **하바드대 건축학부 도서관** (2011)

그림 02. 09 (우상) **콜롬비아대 건축학부 Avery도서관**(2014) -도시,예술분야를 포함하여 건축학부 도서실로는 세계최대인 29만권의 장서를 보유하고 있다.

그림 02. 10 (좌하) **토론토대 건축학부 도서관** (캐나다, 2014)

그림 02. 11 (우하) **아헨대** (독일) **건축학부 도서관** (2017)

02. 과제설계과정의 모델 – 전시시설

이상 설명한 과제설계과정의 모델을 전시시설의 설계과제를 예로 작성한 것이 아래의 표 02-01이다. 전체 과정은 크게 프로그래밍과 디자인의 과정으로 구분한 뒤 다시 세분하였는데, 이를 단계적으로 나누어 부분적인 그림과 함께 설명하기로 한다.

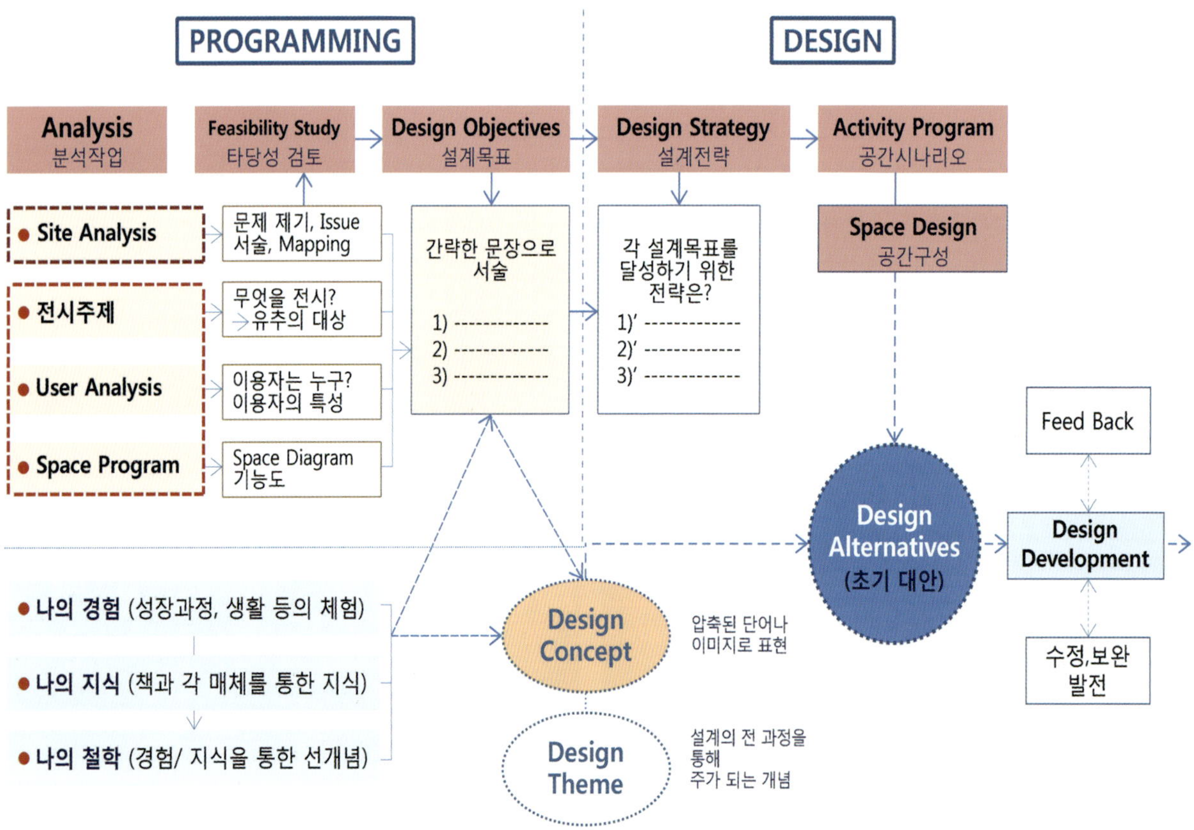

표 02. 01 전시시설 과제를 위한 설계진행과정의 모델

1. 프로그래밍과정의 1단계

가) 대지분석, 나) Space Program 작성, 다) 사용자 분석, 라) 전시대상 분석의 4가지 측면에서 자료수집 및 분석작업을 실시하며 세부내용은 다음과 같다.

가) 대지분석

대지 및 주변상황에 대한 분석을 하며 그 결과물은 ;

① 대지의 특징과 문제점에 대한 서술, 설계이슈의 추출

② 각종 대지분석의 매핑 및 다이어그램

③ 대지 종 · 횡단면도, 대지모형

나) 전시주제 분석

「무엇을 전시하는 전시시설인가?」는 전시시설계획에서 매우 중요한 요소로서, 설계주제 및 개념설정과 깊은 연관이 있다. 예를 들어, 동일한 전시시설이라 하더라도 ① 종로구 청소년미술관 ② 김환기미술관 ③ 백남준미술관 ④ 빛을 전시하는 미술관 ⑤ 김동리문학관 -은 각각 상이한 이슈와 개념을 내포한다. 전시주제가 내 · 외부공간의 구성에서부터 외부형태의 상징적 표현에 이르기까지 서로 다른 접근방식을 요구하기 때문이다.

따라서 전시주제 분석의 결과물은 다음과 같다 ;

① 전시주제가 요구하는 내 · 외부공간의 특별한 요구조건은 무엇인가?

② 전시주제의 성격 및 상징성은 어떤 방식으로 표현할 것인가?

③ 전시주제와 관련된 유추의 대상으로 활용할 수 있는 것은 무엇인가?

다) 사용자 분석

전시시설을 이용하는 주요 연령층, 계층, 이용자의 지역적 범위, 이용자 특성에 따라 예상되는 요구사항 등을 분석, 추정한다. 분석의 결과물은 해당 시설의 주 이용자의 계층과 특성 및 요구조건에 관한 서술과 예상이다.

라) Space Program

전시시설에 대한 각론적 자료수집, 유사시설에 대한 사례연구, 설계지침에 따른 각 소요공간의 종류와 규모, 각 공간들의 상호관계 파악 등의 작업을 하며 그 결과물은 ;

① 공간 다이어그램(Space Diagram)

② 각 공간들의 상호관계도(기능도)

③ 전시시설에 관한 기능분석 및 사례조사 결과물

등이다. 우측의 표 02-02는 프로그래밍과정의 1단계 내용과 항목간의 관계를 보여주는 도표이다.

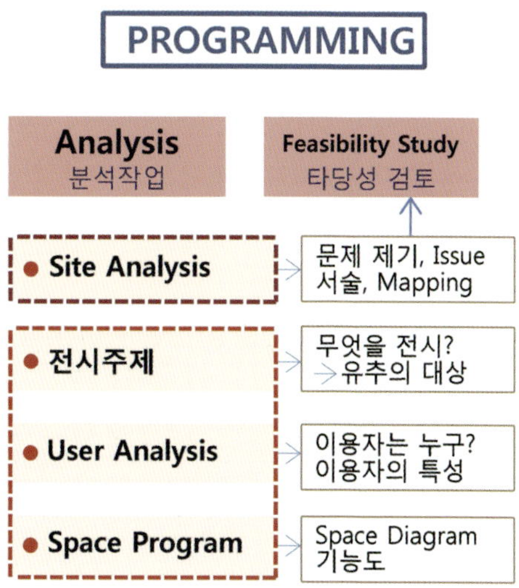

표 02. 02 전시시설의 프로그래밍과정 1단계

대지분석을 포함하여 초기에 달성해야 할 분석작업의 내용들을 담고 있다. 주로 대상물(객체)에 관한 분석과 자료수집이다.

2. 프로그래밍과정의 2단계

1단계 분석작업의 결과만으로 설계목표와 설계개념이 완전히 정리되고 형성되지는 않는다. 1단계 분석작업은 대부분 객체로서 대상물에 관한 것이다. 따라서 주체로서 나 자신의 선지식, 선개념과 이로부터 생성되는 나의 가치관이 분석결과의 해석과 정리에 영향을 미친다. 아래의 표 02-03에서 보듯이;

① 나의 경험 (성장과정과 생활을 통한 체험)

② 나의 지식 (학습과 매체를 통해 형성된 선지식)

③ 나의 철학 (삶과 건축에 대한 나의 기본적인 시각)

등의 요소는 비록 과제설계의 진행과정에서 명시적으로 서술될 내용은 아니지만 설계 지도교수가 학생들의 지도과정에 필요한 사항일 수도 있으므로 개별지도수업 중 필요하면 학생 자신의 가치관과 관련된 이러한 부분에 대해 구두로 밝힐 필요가 있다.

이상의 분석요소들과 학생자신의 관점이 통합되어 표 02-03과 같이 타당성 검토과정을 거쳐 설계목표의 서술과 디자인 개념의 설정단계에 이르게 된다.

표 02. 03 전시시설의 프로그래밍과정 2단계

1단계 분석내용에 설계주체로서 나 자신의 경험과 지식, 생각 등을 함께 반영하여 타당성 조사를 거친 후 설계목표를 설정한다.

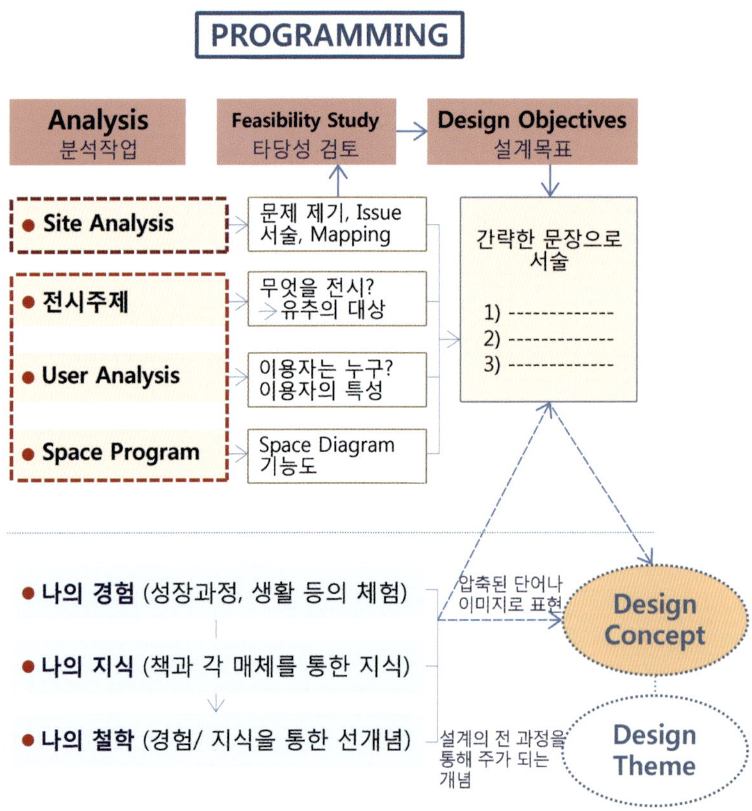

가) 타당성 검토

분석된 대지 속에 해당 전시시설의 기능과 제반 특성, 그리고 요구조건들이 무리 없이 수용될 수 있는가를 검증하는 단계로서 피드백의 과정이다. 이 작업은 1차적으로는 학생 자신에 의해, 또는 스튜디오 내의 동료 학생들에 의해 이루어질 수 있고, 최종적으로는 지도교수와의 피드백을 통해 이루어진다.

나) 설계목표의 서술

설계목표는 추상적이거나 막연하게 기술되어서는 안 되며 누구나 이해할 수 있는 명확하고 짧은 내용과 표현으로 구성되어야 한다. 설계목표는 하나 이상일 수 있으며, 설계목표가 해결해야 할 문제라면, 설계전략은 문제를 풀어가는 방법이자 설계과정 그 자체이다. (세부내용은 4장 4절 참조)

다) 설계개념의 설정

설계개념을 설명하고 정의하는 방법은 여러 가지가 있겠으나 여기서는;

「설계목표가 완성된 건축물이 달성해야 할 제반 성능을 규정하는 것이라면, 설계개념은 이러한 결과물을 완성시키기 위해 건축가가 설계과정을 통해 사용하는 특정한 생각들」이라고 정의하고자 한다.

또는,「설계개념이란 추상적이고 여러 개의 문장으로 된 설계목표를 한 두 개의 단어나 스케치, 혹은 다이어그램으로 압축한 것이다.」라고도 말할 수 있다. 즉, 구호와 같이 간단명료하고 가능하면 시각적으로 표현된 설계개념은 장황한 말이나 글보다 훨씬 전달력과 호소력이 강하다. 따라서 학생 자신의 잡다한 생각들에 초점을 부여해줌은 물론, 지도교수를 포함한 타인과의 의사소통을 용이하게 해주는 요소이다. 한편 설계주제는 하나 이상의 설계개념들 중 설계의 전 과정을 통해 주가 되는 개념을 의미한다. (이에 대한 세부내용은 4장 4절과 5장 2절을 각각 참조)

3. 디자인과정의 초기단계

프로그래밍의 후반부와 디자인 단계의 전반부는 상호 겹치고 여러 차례 피드백이 이루어지므로 명확히 구분하여 설명하기는 어렵다. 여기서는 편의상「설계전략의 설정단계」를 프로그래밍과 디자인 단계의 중간과정으로 보고 이후의 설계과정의 주요부분을 다음과 같이 설명한다.

가) 설계전략 (Design Strategy)

설계전략은 설계목표를 달성하기 위한 방법이다. 예를 들어「대지 주변의 옛 건물과의 조화」가 설계목표의 하나라면, 이를 달성하는 전략은 옛 건물의 형태요소를 차용하는 「유사조화」의 방법과, 그 반대로 현대적인 반사유리로 된 외관을 선택하여 옛 건물이 신축건물에 투영되도록 하는「대비기법」이 있을 것이다. 이 경우 설계의 목표는 동일하지만 이를 달성하는 설계전략은 상이한 것이다.

이처럼 각 설계목표에 대해 어떤 전략으로 대응할 것인가를 결정하는 것은 프로그래밍과 디자인과정을 연결해주는 중요한 단계이다.

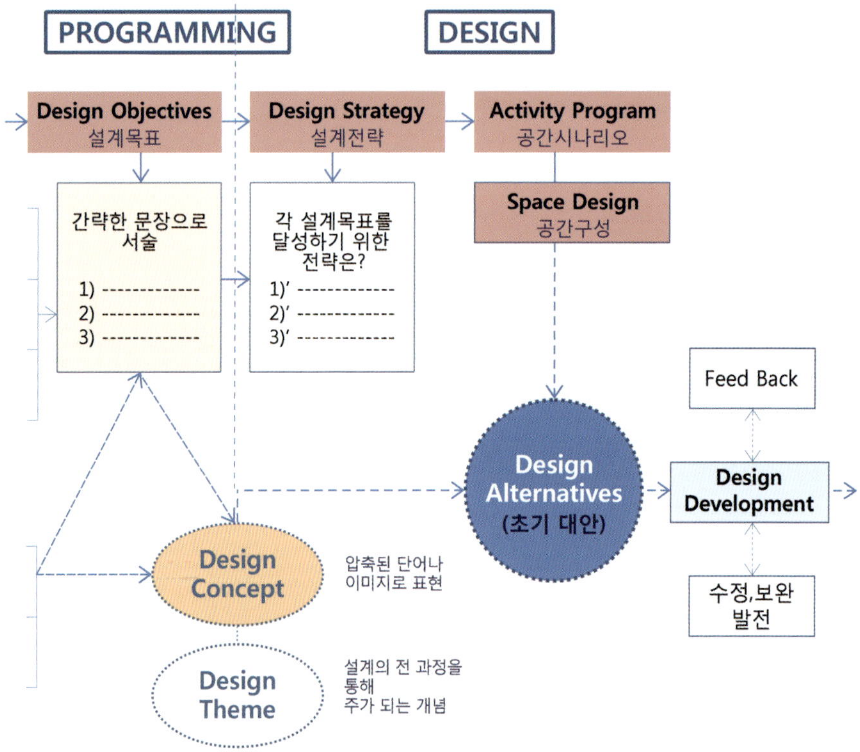

표 02. 04 **전시시설 설계에서 디자인과정의 초기단계**

설계목표를 달성하기 위한 설계전략의 수립과 공간시나리오의 작성을 거쳐서 전체적인 공간을 구성해 나가며, 이는 초기대안으로 연결된다.

나) 공간 시나리오 (Space Scenario)

전시시설의 경우, 관람객들은 「걸으면서 전시된 대상물을 보는」형식으로 건물내부를 체험한다. 따라서 관람객이; 대지로의 진입공간 → 건물 주진입부 →

현관 → 현관홀 → 수직 · 수평이동 동선 → 주 공간 → 다음 층으로 이동하면서 공간을 어떻게 보고 체험하도록 할 것인가를 스토리 보드storyboard에 스케치하고 기록하여 하나의 시나리오로 만들어 보는 것도 좋은 방법이다.

이러한 공간 시나리오는 공간 이용에 대한 프로그램으로서, 각각의 실들이나 단위공간이 어떤 순서로, 어떤 프로그램에 의해 순차적으로 엮이고 체험되는 가를 보여주는 것이므로 전시시설 이외의 여러 건축물의 설계에도 필요한 방법이

다. (4장 3절 참조)

다) 공간구성 (Space Composition)

이는 주로 시각적인 작업으로서 전통적으로 건축설계작업의 핵심적인 것으로 인식되는 부분이었다. 그리고 때로는 프로그램작업과는 무관하게 공간과 매스의 구성방식과 조형성의 우수함 그 자체만으로도 마치 설계의 성공여부를 보여주는 것으로 착각하게 만드는 부분이기도 하다.

대지분석을 비롯한 프로그램작업을 훌륭하게 수행하였음에도 막상 공간구성과 매스의 표현단계에서 평범한 계획안에 그치게 되는 경우도 너무나 많다. 따라서 체계적인 설계과정의 이해와 습득과는 별도로, 공간과 매스를 구성하는 다양한 방식에 대한 탐구도 빼놓을 수 없는 요소이다.

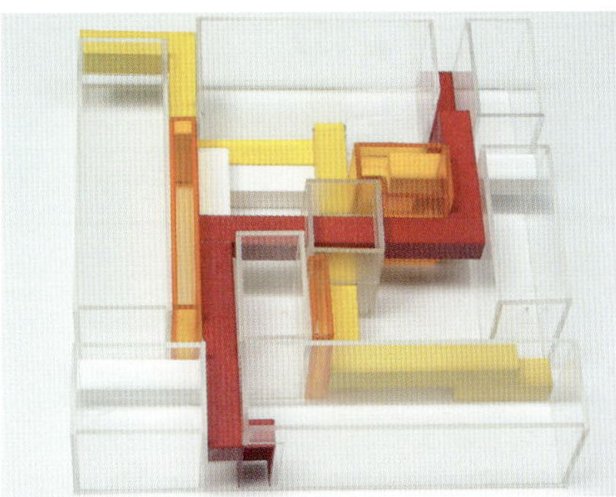

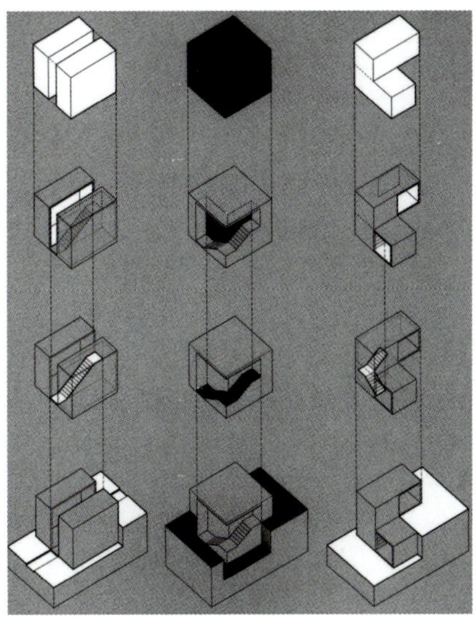

• 공간구성을 위한 다양한 연습

그림 02. 12 (좌상) **문화시설설계를 위한 공간구성** Study Model (영남대 디자인대학원, 2005)

그림 02. 13 (좌하) **전시시설 공간구성을 위한 2주 과제** (영남대2년 형태구성과제, 2008)

그림 02. 14 (우) **2단 경사지의 다양한 Mass 구성사례** (Anthony Di Mari, Conditional Design, BIS 2014)

라) 초기대안 설정

배치대안, 평면계획 등을 포함한 초기안과 그 대안alternatives들의 설정단계이며 이는 개별지도 및 공개발표 등의 과정을 통해 설계안의 수정 · 보완 · 발전과정을 거치면서 점차 완성단계로 나아간다. 좌측 표 02-04의 우측은 이러한 초기디자인단계를 보여주는 것이다.

03. 설계의 접근방식과 설계과정

건축의 설계과정은 창의성을 추구하기 위한 직관적 과정인가? 아니면 합리적 결과물을 이끌어 내기위한 위한 논리적 과정인가?

건축의 역사가 시작된 이래 오랫동안 건축의 설계는 주로 직관에 바탕을 둔 전통적 방식에 의해 이루어져 왔다. 그리고 대부분의 주거건물들은 마차의 바퀴를 만드는 장인들이 별도의 도면 없이 경험과 직관에 의지하여 훌륭한 수레바퀴를 만들어 왔듯이 이름 없는 장인들에 의해 오랜 세월에 걸쳐 인습적인 방식으로 건립되어왔다.

근대적 의미에서 건축설계분야에 합리적 방법이 주목받기 시작한 것은 19세기의 산업혁명 이 후, 도시화가 급속히 진행되면서 부터이다. 즉, 도시 건축물의 규모가 대형화되고 그 기능도 복잡해졌을 뿐 아니라 건물 사용자와 건축주가 분리되고 건축의 공익성이 강조됨에 따라 건축설계는 더욱 복잡해졌다. 또한 대규모 도시계획과 같은 경우, 설계가 잘 못 되었을 경우 감수해야 하는 막대한 손실을 생각할 때 설계에 임하는 사고방식을 보다 객관화, 체계화시켜야 할 필요성이 증가하였다. 이에 따라 1960년대 초부터 새로운 디자인방법론에 대한 이론이 전 세계적으로 활발히 연구, 발표되었다.

1. 건축설계의 접근방식

인간의 사고능력을 ; ① 분석하고 비교하며 선택하는 판단력과 ② 상상하며 시각화하고 아이디어를 만드는 창조력의 두 가지로 구성되어 있다고 볼 때, 건축설계에 대한 접근방식도 ; ① 체계적이고 논리적 접근방식과 ② 직관적이고 개념적 접근방식으로 크게 나누어 볼 수 있다. 대학에서는 대부분 체계적이고 논리적인 설계과정을 위주로 교육시키지만 설계학년과 설계과제의 성격에 따라, 그리고 설계교수의 특성에 따라 접근방식이 달라지기도 한다.

가) 논리적 설계방식

논리적 설계방식의 측면에서 보면 건축가는 하나의 유리상자glass box로서, 잘 분석되고 정리된 자료들을 바탕으로 객관적으로 설명할 수 있는 정확한 과정을 통해 체계적이고 단계적으로 설계를 진행하여 최종 해결안을 만드는 사람이다. 따라서 설계의 결과물도 중요하지만 이러한 결과에 이르는 과정 또한 마찬가지로 중요하다고 본다. 그래야만 현대의 설계작업에서 보편적인 팀작업에 대응할 수 있을 뿐 아니라, 설계작업 도중에 무언가가 잘 못되었을 때 정확하게 피드 백을 할 수 있다.

현대의 도시와 건축물이 점차 복잡해지고 규모 또한 커지고 있음을 볼 때 이러한 논리적 설계방식은 당연한 것이다. 하지만 인간이 건축물을 통해 기대하는 수많은 요소들 중에는 논리적 분석과 체계적 과정만으로는 얻기 힘든 것들도 많다. 건축공간에 대한 인간의 느낌, 상징성, 건물에 대한 전체적 이미지 등이 이러한 예이다. 그리고 무엇보다도 전에 없던 새로운 형태, 보다 창의적 디자인을 추구하다보면 논리적인 방식만으로는 무언가 부족함을 느끼게 된다.

특히 학생들의 과제설계 시에 step-by-step의 논리적 과정만을 따르다 보면, 어느 시점에선가 「나만의 무언가를 만들고 싶다.」는 바람과 아쉬움을 해결할 수 있는 무언가를 찾게 된다.

나) 직관적 설계방식

직관intuition이란 일반적으로,「판단 · 추리 등의 사유작용을 통하지 않고 대상을 직접적으로 파악하는 작용」을 말한다. 따라서 순간적이고 비약적으로 진행되며 결과에 대한 구체적인 예상을 배제한 채 잠정적이고 임시적인 결론을 내리는 특징이 있다. 블랙박스black box로서 직관적 설계과정에서 중요한 부분은 외부로 명확히 드러나는 것이 아니라 건축가의 머릿속에서, 또는 무의식 속에서 이루어지는 것들이 많다.

인간 고유의 사고능력과 「디자인 행위」의 독특한 속성을 잘 보여주는 것이 직관적 설계방식이지만, 현대에 와서는 과거와 같은 전통적, 인습적 의미로서 직관적 설계방식은 많은 문제를 지닌다. 특히 요즘처럼 여러 명의 건축가가 팀 작업을 통해 설계과제를 진행해나가는 방식이 일반화 된 상황에서는 결과만큼이나 과정의 객관화와 통제도 중요하다.

대학의 설계수업에서도 최종결과물로서만 평가를 받는 것이 아니라 전체 설계과정의 매 단계에서 수행해야 할 작업의 내용과 사고의 과정이 적절히 이루어졌는지도 중요한 평가요소로 인식되고 있는 것이 현실이다. 따라서 과제설계에 임하는 학생들은 논리적 방식과 직관적 방식이라는 두 가지의 접근방식 모두를 이해하고 이를 통합하여 자신의 설계작업에 적용, 실행할 수 있어야 할 것이다.

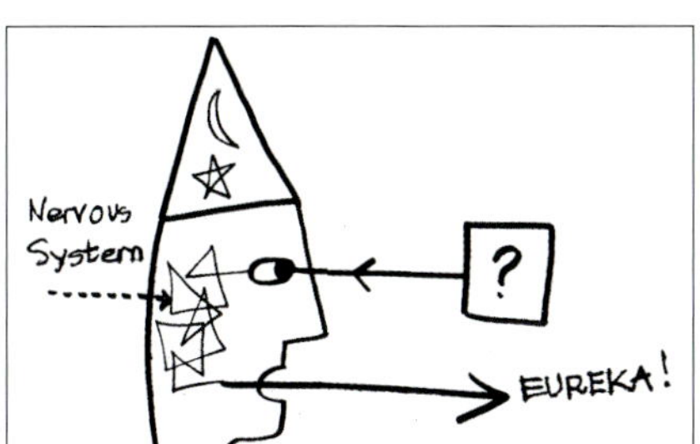

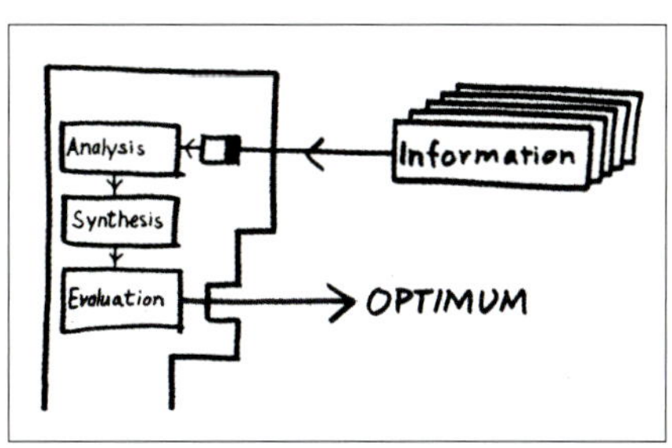

• Black Box Designer와 Glass Box Designer로서의 건축가

좌측 그림처럼 어떤 시스템 속으로 무언가 알 수 없는 자료가 입력되고 난 뒤, 그 결과물이 나오긴 하였지만 (Eureka!) 어떤 과정을 거쳐 결과가 만들어졌는지 알 수 없을 때, 이러한 시스템을 Black Box라고 한다. 따라서 Black Box로서 건축가는 일종의 마술사와 같은 존재이다. (좌측 그림 02-15)

그 반면, 어떤 시스템 속으로 구체적인 자료가 입력되고, 우리가 알 수 있는 투명한 과정을 거쳐 결과물이 출력되었을 때, 이러한 시스템을 Glass Box라고 한다.
Glass Box로서 건축가는 주어진 지료들을 논리적 과정을 거쳐 결과물로 이끌어 내는 인간 컴퓨터와 같은 존재이다. (좌측 그림 02-16)

그림 02. 15 (좌) Black Box Designer로서 건축가
그림 02. 16 (우) Glass Box Designer로서 건축가

2. 설계과정의 다양한 모델

건축설계의 과정은 크게 두 가지 측면에서 생각해볼 수 있다.

(첫째는), 어떤 설계과제가 주어지고, 설계안이 최종적으로 완성될 때까지 시간의 경과와 함께 설계작업이 단계적으로 진행되어가는 수직적 과정 즉, 설계의 과정(design process)을 들 수 있다.

(둘째는), 이러한 설계 진행과정의 각 단계별로 건축가의 머릿속에 작용하는 일련의 사고행위思考行爲로 이루어지는 수평적인 의사결정과정(decision sequences)으로 구분할 수 있다. 그리고 이 두 종류의 과정은 어떤 형태로든 서로 연관되어있다.

따라서 건축설계의 과정을 시간의 경과에 따른 설계작업의 진행적 차원에서 보는가, 혹은 건축가의 머릿속에서 이루어지는 생각의 흐름으로 보는가, 아니면 이들 두 가지 측면을 혼합하여 보는가에 따라 건축의 설계과정에 대한 이론과 모델은 무수히 많다.

표 02. 05 **설계과정과 의사결정과정의 관계**

우측표의 ①, ②, ③ 으로 이어지는 수직방향의 진행은 〈설계과정〉이며, 분석-종합-평가-결정으로 이어지는 수평방향의 진행은 각 설계과정마다 건축가의 머릿속에서 이루어지는 〈의사결정과정〉이다.

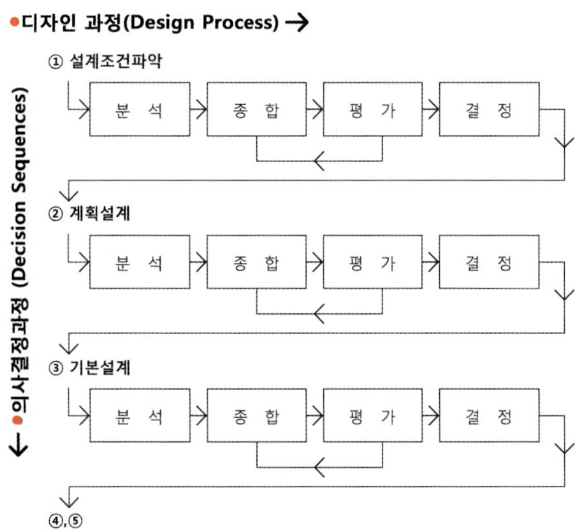

설계과정에 대한 다양한 이론과 모델들 중 몇 가지를 예시하면 다음과 같다.

- 영국건축가협회(RIBA)의 1965년도 경영 핸드북 :

  ① 착수 ② 실행가능성 검토 ③ 윤곽설정 ④ 예비설계 ⑤ 상세설계 ⑥ 기타 제반 업무

- 미국건축가협회(AIA)의 설계 기본업무과정 :

  ① 설계이전 업무 ② 계획설계 ③ 기본설계 ④ 실시설계도서 ⑤ 계약 집행 ⑥ 설계 후 업무

- 일본건축학회의 설계방법 위원회(1968) :
  ① 설계 목표 ② 프로그래밍 ③ 아이디어와 자료 ④ 모델분석 ⑤ 종합화 ⑥ 전개 ⑦ 설계 결정
- 헨리 사노프H. Sanoff의 설계과정 이론(1977) :
  ① 프로그래밍 ② 예비설계 ③ 본 설계 ④ 시공 ⑤ 평가
- 홀스트 리텔H. Rittel의 설계과정 모델(1970) :
  ① 문제규명 ② 자료수집 ③ 자료분석 ④ 창조적 도약 ⑤ 설계안 설정 ⑥ 설계안 평가 ⑦ 의사전달 및 실행
- 오오타 토시히코太田利彦의 설계과정 모델(1977) :
  ① 기획 ② 조건파악 ③ 기본계획 ④ 기본설계 ⑤ 실시설계 ⑥시공
- 시카고의 설계사무소 사례(1977) :
  ① 프로그래밍 ② 기본계획 ③ 계획안 발전 ④ 시공도면 작성 및 입찰

등의 단계로 설계과정을 나름대로 설명하고 있다. 이상의 여러 모델들을 정리하면 아래의 표 02-06과 같다.

표 02. 06 건축의 설계과정에 대한 다양한 모델들

RIBA의 경영 핸드북(1965)	AIA의 기본 업무과정	Henry Sanoff의 설계과정	太田利彦의 설계과정	시카고의 설계사무소	한국의 설계사무소
착수 실행가능성검토	설계 이전 업무	프로그래밍	기획 조건파악	프로그래밍	분석 및 기초작업
윤곽설정 예비설계	예비설계 기본설계	예비설계	기본계획 기본설계	기본계획 계획안의 발전	계획설계 기본설계
상세설계 기타 제반업무	계약도서 입찰 계약집행 설계 후 업무	본설계 시공 평가	실시설계 시공	시공도면 작성 입찰	실시설계 감리

한편 존 웨이드J. Wade는 설계를 자료data의 변환과정으로 인식하고 건축가는 사람에 대한 정보로부터 시작하여 구체적인 대상물(건물의 형태)에 대한 정보로써 설계과정을 마무리한다고 보았다.

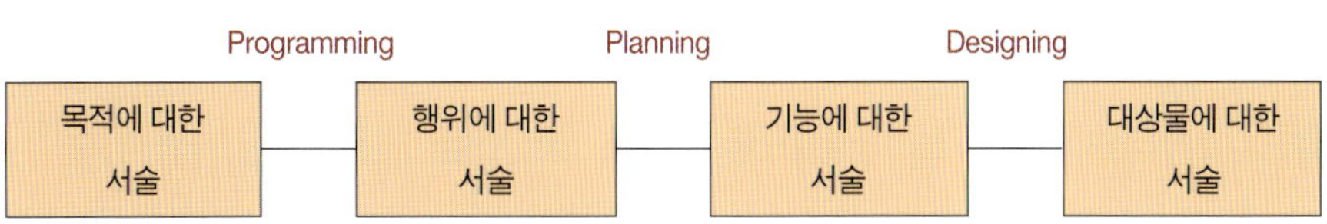

표 02. 06 **정보변환과정으로서 건축설계과정** (J. Wade, Architecture, Problems and Purposes, 1977 p.83~86)

즉, 프로그래밍과정에서는 사람(건축주)과 그의 목표에 대한 정보를 모으고, 이를 행위activity에 대한 정보로 변환시킨다. 그리고 계획planning과정에서는 행위

에 관한 정보를 기능function에 관한 정보로 변환시키며, 디자인과정에서는 기능에 관한 정보를 대상물(건물)에 관한 정보로 바꾼다고 생각하고 이를 표 02-07과 같은 도식으로 표현하였다.

그리고 필자의 경우, 국내·외의 여러 모델들을 종합하여 표 02-07과 같이 6단계로 설계의 진행과정을 제시하였다.

표 02.07 **6단계 건축설계과정**
(구본덕, 건축디자인방법론을 통해 본 형태도출의 과정 및 관련기법의 연구, 1989, p.58)
시공,감리의 과정에서도 추가설계를 비롯하여 건축가의 역할이 계속되므로 넓은 의미의 설계과정에 포함하였다.

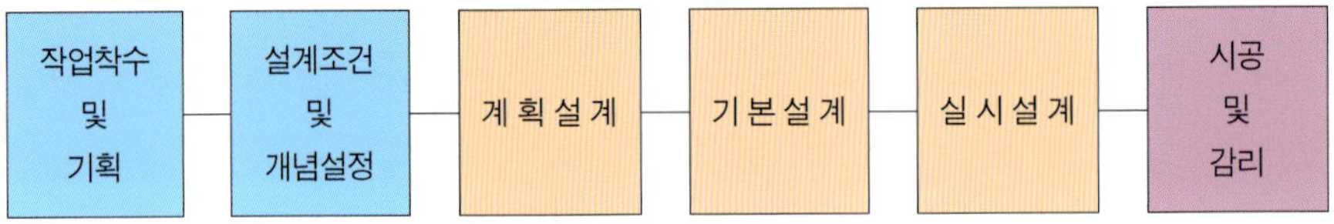

이러한 여러 이론과 모델들을 종합하면 건축의 설계과정은 대체로 ;

(첫째), 설계에 필요한 기본조건과 자료들을 모으고 분석하며 구성하는 〈분석의 과정〉과,

(둘째), 분석된 자료들을 종합하고 활용하여 무언가 형태를 만들어가는 〈종합의 과정〉이라는 두 과정을 공통적으로 포함하는 것을 알 수 있다.

이에 따라 시공을 제외한 건축의 설계과정만을 중심으로 구분하면 ;
① Programming(기획)－② Planning(계획)－③ Design(디자인)의 3단계로 설명할 수 있으며, 이를 더욱 압축하여 ① Programming－② Design의 2단계로 간략히 설명하기도 한다.

이 중 〈분석과정〉은 ① 기획의 과정 + ② 계획과정의 전반부가 되고, 〈종합과정〉은 ② 계획과정의 후반부 + ③ 디자인 과정이 된다.

표 02.08 **3단계 및 6단계로 구분한 건축설계과정의 예시**
아래쪽의 5단계 과정의 두 번째 단계인 기본계획 단계는 프로그래밍과 디자인 단계의 혼합과정이다.

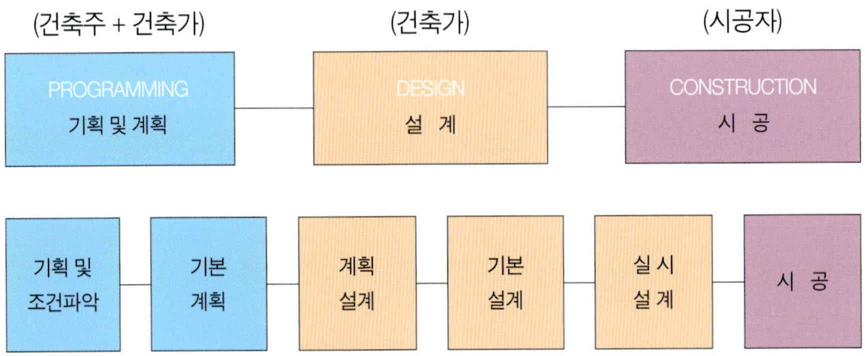

이처럼 건축의 설계과정은 2단계, 3단계, 4단계, 5단계, 6단계 등과 같이 보는 관점에 따라 다르게 표현될 수 있다. 여기서는 분석과 종합이라는 대비되는 두 가지 속성이 가장 명확히 비교될 수 있도록 ① 프로그래밍, ② 디자인이라는 두

단계로 구분하여 설계과정을 설명하기로 한다.

3. 설계과정의 2대 특성

건축설계작업을 어떤 문제(과제)를 해결하는 과정으로 비유할 때, 윌리엄 페나W. Pena는「프로그래밍은 문제를 찾는 problem seeking 단계로, 디자인은 문제를 해결하는 problem solving 단계」라고 요약한다.

이 두 과정은 이론적으로는 분리하여 설명할 수 있으나, 실제로는 아래의 표 02-09처럼 설계과정에서 하나로 통합되거나 교대로 진행되기도 한다. 그 이유 중 하나는 건축가가 자료나 정보를 수집하고 분석하는 순간, 이에 대응하는 종합과정으로서 물리적 형태나 이미지가 의식적, 무의식적으로 머릿속에 떠오르는 것을 멈출 수가 없는 경우가 많다는 점이다.

또 다른 중요한 이유는 분석과정의 중요한 부분들 중 상당수는 종합과정으로서 디자인 작업이 어느 정도 진행되어야만 비로소 인식할 수 있기 때문이다.

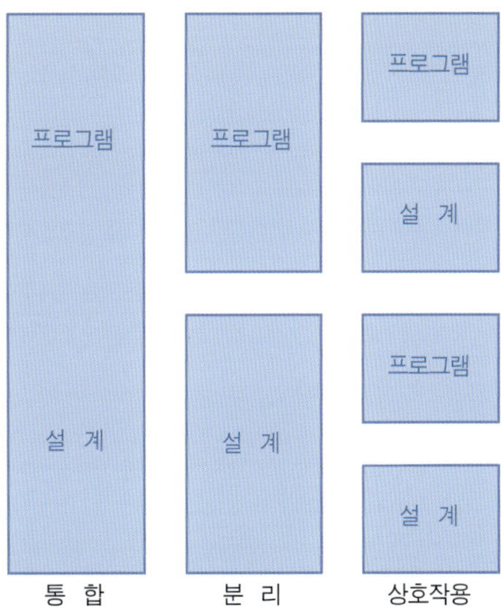

가) 프로그래밍 과정

프로그래밍programming이란 설계의 분석적인 측면을 말하는 것이다.

다시 말하면, 건축물의 설계에 필요한 모든 정보 및 기본적인 요구조건을 파악하는 작업으로, 일종의 정보처리 과정이다. 파악 및 분석의 내용으로는, 건축주의 요구사항을 포함하여 설계에 영향을 미칠 인간적, 물리적, 외적 요인에 대한 모든 것을 포함한다. 따라서 프로그래밍 과정에서는 자료의 수집 · 분석 · 종합 · 표현 및 의사전달과 평가에 필요한 다양한 차원의 방법들이 동원된다.

• 용어로서「설계」와「디자인」

「디자인」이란「design」의 외래어 표기이다.「설계 · 設計」역시 design을 의미하는 한자 표기이므로 일반적으로 디자인과 설계는 동일한 의미로 사용된다.

하지만 설계과정을 세부적으로 설명하기 위해「프로그래밍」이란 용어와 함께 사용할 경우에는,「설계」라는 용어보다는「디자인」이라는 표현을 사용하는 것이 의미를 보다 명확히 전달해줄 수 있다.

즉, 이 책에서는「설계」라는 큰 틀 속에서 보다 분석적 측면을 의미하는 용어로 프로그래밍을 사용하고, 프로그래밍에 대응하는 의미로서 디자인이라는 용어를 사용하기로 한다.

표 02. 09 **프로그래밍 과정과 디자인과정에 대한 3가지 해석**

① 프로그래밍과정과 디자인과정은 서로 분리될 수 없는 하나이다.

② 프로그래밍은 설계 전반의 분석적 단계이고, 디자인은 설계후반의 종합적 단계로 분리된다.

③ 프로그래밍과 디자인은 상호 교차되면서 교대로 실행되는 상호작용의 과정들이다.

이런 속성 때문에 일부에서는 프로그래밍과정은 설계과정이 아니라고도 말하지만, 설계의 분석적인 측면이라고 생각하는 것이 일반적이다. 프로그래밍이란 용어를 영국에서는「브리핑briefing」이라고도 부르고 있으며, 일본에서는 기획企劃이라는 용어로 유사한 과정을 설명하고 있다.

● 프로그래밍과「브리프(brief)」

영국에서는 프로그램을「brief」로 언급하여 왔다. 말 그대로 이 브리프는 일반적으로 요구되는 실들과 그 면적, 건물의 기능과 각 실들 간의 관계와 기본적인 요구조건 정도만을 간략하게 서술한 것이다. 브리프와 같이 간단한 프로그램 형식은 건축물의 기능이 단순하고 건축의 변화도 완만하게 이루어지던 시대에 건축가가 설계에 필요한 사항들을 직관적으로 이해할 수 있었을 때 가능한 방식이었다. 그 결과 브리프와 같은 건축주 중심(client-based)의 프로그램 접근방식은 20세기 중반에 이르러 한계를 드러내기 시작했다. 현대의 건축물은 과거보다 훨씬 복잡해졌고 이런 건축물을 설계하기 위한 조건을 파악하고 이해하는 것도 더 어려워졌기 때문이다.

국내 · 외를 막론하고 건축과의 학생들이 전체 설계과정에서 가장 소홀히 하는 작업 중의 하나가 바로 프로그래밍 작업이다. 대부분의 학생들은 대지분석작업을 마치면 곧 바로 배치계획과 기본계획, 즉 디자인과정으로 들어가는 경향이 있다.
따라서 프로그래밍 과정의 중요한 요소인 설계의 목표, 건물의 특별한 요구조건과 기능적 세부사항, 각 공간들의 적정 규모와 상호관계 및 위치를 포함한 Space Program, 건물 사용자의 분석, 예산, 장래 증축에 대한 대비 등의 수많은 부분들을 간과한 채 형태도출을 위한 시각적 작업을 서두르게 된다.

이러한 잘못은 실제가 아닌 가상의 설계를 하는 과제설계가 지니는 한계에서 비롯되는 것이기도 하며, 지난 수십 년간 전 세계의 모든 대학 건축과에서 인식은 하면서도 쉽사리 개선되지 못하고 있는 설계교육의 중요한 문제점의 하나이다.

프로그래밍단계에서 요구되는 능력은 분석적, 합리적, 객관적 사고체계이다. 국내에서는 설계담당자들이 프로그래밍 작업을 함께 맡고 있는 경우가 대부분이지만 외국의 대형 건축 설계사무소에서는 이러한 분석작업만을 담당하는 전문 프로그래머들을 고용하기도 한다. 그리고 경우에 따라 프로그래밍 전문가는 건축전공자가 아닐 수도 있다.

프로그래밍과정도 전반부와 후반부로 구분할 수 있는데, 전반부는 주로「기획 및 조건파악」을, 그리고 후반부에는「기본계획」의 초반작업을 하게 되는데 이를 구체적으로 살펴보면 다음과 같다.

① 기획 및 조건파악 (프로그래밍의 전반 단계)

• 기획

대개 건축주 또는 발주자가 직접 행하는 것으로 건축의 기본방향을 설정하는 과정이다. 예산편성, 대지구입, 설계에 대한 요구사항, 제약사항 등, 설계 및 공사에 필수적인 기본사항들을 정리한다. 가능하면 이 단계부터 건축가가 참여하는 것이 바람직하다.

• 조건파악

기획의 과정에서 개략적으로 제시된 내용들을 더욱 세밀하게 조사, 분석하는 과정으로서 설계에 대한 요구사항 등의 내부적 요구나 대지의 자연적, 사회적 조건 등의 외부적 제약조건 등을 구체적으로 파악하는 과정이다.

② **기본계획 (프로그래밍의 후반단계)**

조건파악을 포함한 분석작업이 어느 정도 진행되었다 해서 이로부터 바로 설계도면 위에 형태가 그려지는 것은 아니다. 분석작업을 바탕으로 건물의 공간구성을 어떤 방식과 형태로 할 것인가를 여러 방향에서 모색하고 기획 및 조건파악 과정에서 정리된 내용들을 상호 검토하여 차후 구체적인 형태가 될 수 있도록 준비하는 단계가 기본계획(Schematic Planning)이다.

기본계획단계는 디자인과정의 전반부인 계획설계의 단계와 겹쳐지는 전이적인 과정이기도 하다.

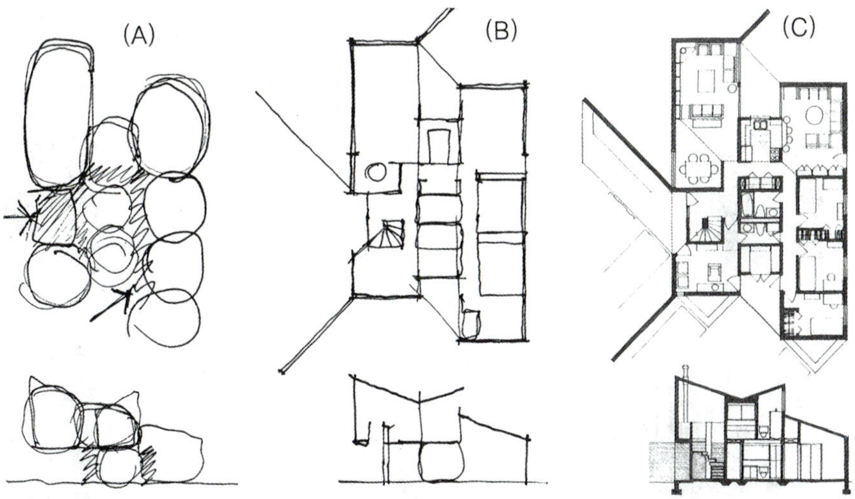

그림 02. 17 **주택설계를 통해 본 프로그래밍 단계의 후반부와 기본계획의 완성단계**(W.Kirby Lockard, Design Drawing, Pepper Pub. p. 244에서 그림 인용)

(A) **기본계획 전반부의 추상적 스케치 단계** : 건축도면이라기 보다는 추상적 다이어그램을 그리는 단계이다. 풍선과 같은 원들은 각 실을 의미한다.

(B) **기본계획의 후반 단계** : 프리핸드 선으로 그리는 경우가 많으며, 어느 정도 도면으로서의 윤곽이 드러나는 단계이다.

(C) **계획설계의 완성 단계** : 치수개념이 정확히 표현된 도면으로, 여기에 치수를 기입하고 완성도를 높이면 기본설계도와 동일한 수준이 된다.

나) 디자인 과정

프로그래밍과정을 통하여 설계를 위한 여러 조건들이 파악되면 스케치나 다이어그램, 또는 스터디 모델작업 등을 통하여 무언가 시각적인 형태를 만들어 나가는 작업을 하게 되는데, 이를 일반적으로 디자인(설계)과정이라 한다. 디자인과정은 전통적으로 건축가들이 하는 작업의 핵심이자 대부분을 차지하는 것으로 인식되어왔으며 요구되는 능력은 직관적 창의성과 종합하는 통찰력이다.

디자인과정의 전반부는 프로그래밍과정의 후반부와 대개 겹치게 되고 때로는 피드백 과정을 통하여 프로그래밍과정과 디자인과정이 교대로 반복되어 진행되기도 한다. 디자인과정은 다음과 같은 3단계로 다시 구분된다.

① 계획설계 (Schematic Design)

② 기본설계 (Preliminary Design 또는－Design Development)

③실시설계 (Working Drawing)

이들 ①, ②, ③의 세부내용은 이어지는 4.-실무설계업무의 과정에 서술되어 있다. 과제설계의 최종결과물로서 설계도면은 실무설계과정의 측면에서 보면 주로 계획설계의 내용을 담고 있으며, 학년과 과제의 성격에 따라 일부는 기본설계의 설비부분이나 실시설계의 상세부분을 표현하기도 한다.

4. 실무설계 업무의 과정

실무건축가들의 설계과정 역시 기본적으로는 학생들의 과제설계와 크게 다르지 않지만 건축주의 역할, 법규 및 규준 적용의 엄격함, 실시설계과정에서 외주부분과의 협의 문제, 공사예산의 문제, 설계와 시공의 행정처리 문제 등 여러 부분에서 과제설계와는 차이를 보이기도 한다.

여기서는 미국 건축가협회에서 발행한「실무설계를 위한 건축가의 핸드북 (The Architect's Handbook of Professional Practice」을 바탕으로, 대한건축사협회 부설 연구소에서 제안한 보고서인「건축설계 메뉴얼(1998)」을 인용하여 건축사를 중심으로 한 설계업무의 과정을 간략하게 소개하기로 한다.

전체 과정은 ① 기획 ② 계획설계 ③ 기본설계 ④ 실시설계 ⑤ 입찰 ⑥ 공사계약관리 ⑦ 완료 후 업무 등으로 구분되며, 이를 항목별로 보면 다음과 같다.

① 기획 (Programming)

건축 및 관련 사항들에 대한 협조 · 자문 · 추천서비스이다. 국내에서 기획(설계)단계란 건축사가 하는 설계행위의 최초단계로서, 모든 기획업무와 타당성 분석 및 법규 검토, 공간구성 및 기능분석 등의 내용을 포함한다.

② 계획설계 (Schematic Design)

건축주와 함께 설계프로젝트의 기본적인 사항들을 결정하여 건축주의 이해와 승인을 얻는 것이 목적이다. 이를 위해 건축주의 의도, 소요 공간, 예산, 공정 등을 정리하고 배치도, 평면도, 입면도, 투시도 혹은 스케치 등의 기본도면을 준비한다.

③기본설계 (Preliminary Design 또는 －Design Development)

계획설계에서 결정된 기본구상이 실시설계에서 반영되도록 설계프로젝트의 모든 중요한 사항들을 정의, 설명하여 실시설계를 준비하는 단계이다. 국내의 경우, 건축의 기본도면들과 교통, 주차, 조경, 토목, 구조 및 기계 · 전기설비의 기본도면들을 작성하고 해당 관청에 건축허가도서를 제출한다.

④ **실시설계** (Working Drawing)

시공을 할 수 있도록 설계자의 의도를 시공자에게 정확히 전달하는 것이 목적이다. 이를 위해 기본설계단계에서 부족한 각종 상세도와 계산서, 시방서 및 공사예산서 등을 작성 또는 보완한다.

⑤ **입찰** (bidding)

실시설계가 끝나면 설계프로젝트로서 업무가 종결되는 경우도 있지만 대개의 경우, 시공자를 선정하는 과정에서 건축주에게 시공관련 제반사항을 자문하거나 입찰서류를 준비하는 등 건축주에 대한 지원업무가 남게 된다.

⑥ **공사계약관리**

시공자가 결정되면 시공에 착수하게 된다. 시공과정에서 건축사의 역할은 공사계약관리(설계협의) 업무이다. 시공계약관리자로서 건축가는 도서를 해석하고 공사의 진행과정을 파악하며 건축주와 공사 참여자들과의 상충된 이해를 조정한다.

⑦ **완료 후 업무**

건축사가 설계한대로 건축주가 시설물을 이용하고 운영할 수 있도록 도움을 주는 것으로서, 건물로 이주하고, 시스템을 이용하며 유지 관리하는 것을 도우는 일을 한다. 이런 서비스를 통해 건축주와의 지속적인 관계를 유지하며 새로운 프로젝트를 수주할 기회를 얻기도 한다.

♠ 참고 및 인용문헌

- Anthony Di Mari, Conditional Design, BIS Publishers, 2014
- C. Alexander, S. Chermayeff, Community and Privacy, Anchor Books, 1965
- Donna P. Duerk, Architectural Programming, J-Wiley, 1993
- Geoffrey Broadbent, Design in Architecture, 1988, Adlard & Son
- G. T. Moore, Emerging Methods in Environmental Design and Planning, MIT, 1970
- J. W. Wade, Architecture, Problem & Purpose, J-Wiley, 1977
- M.A. Palmer, The Architect's Guide to Facility Programming, AIA, 1981
- Robert G. Hershberger, Architectural Programming, MGH, 1999
- William Pena, Problem Seeking, AIA Press, 1987
- W. Kirby Lockard, Design Drawing, Pepper Publish
- Joseph A. Demkin, editor, The Architect' s Handbook of Professional Practice 건축설계실무 핸드북 (이상준 외 역), 대가출판, 2006
- 太田利彦, 설계방법론 (강병희, 유길준 역), 기문당, 1985
- 구본덕, 건축의 이해, 문운당, 2018
- 구본덕, 건축디자인 방법론을 통해 본 형태도출의 과정 및 관련기법에 관한 연구, 한양대학교 박사학위논문, 1989
- 대한건축사협회 부설 건축연구소, 건축설계 Manual, 1998, 대한건축사협회

3장. 대지선정과 분석

● **대지분석 다이어그램의 중첩 표기**

(대구박물관 설계경기의 S건축사사무소 보고서에서 발췌)

대지분석의 각 요소들에 대한
다이어그램들을 서로 겹치게 중첩표기 함으로써
이 후의 토지이용계획과 배치계획으로 쉽게 전환할 수 있게 한다.

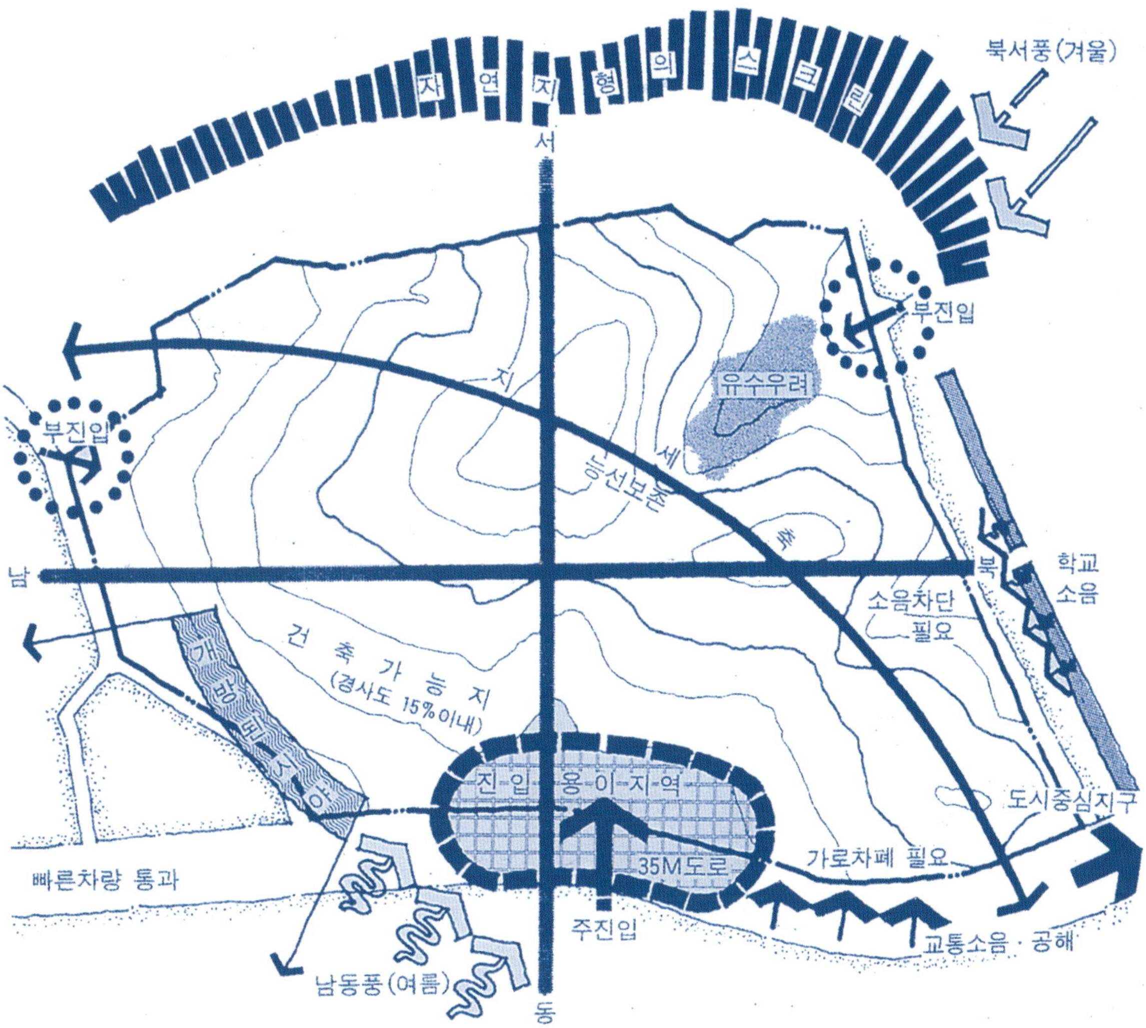

III. 대지선정과 분석

* 대지(垈地 · building site)와 부지(敷地 · site)

대지란, 지적법에 의해 각 필지로 구획된 토지로 정의한다.(건축법) 하나의 건축물을 두 개 이상의 필지에 걸쳐 건축할 때는 그 건축물이 세워지는 모든 필지의 최외곽선으로 구획된 토지를 대지라 말한다. (두산백과사전)

부지란, 대지와 동일한 의미로 사용되지만 아파트부지, 하천부지, 철도부지처럼 대지나 택지보다 포괄적 의미, 혹은 용도적 의미를 포함할 때 주로 사용한다. (부동산 용어사전)

이 책에서는 문장의 맥락상 대지와 부지라는 두 용어 중 적합한 용어를 혼용하기로 한다. 예를 들어「설계대지」보다는「설계부지」라는 자연스러운 표현을 쓰기로 한다.

대지분석은 건축프로그래밍의 핵심적인 부분이다.
대지는 정적靜的이고 생기 없는 단순한 지표면이 아니라, 인간(이용자) 및 건축공간과 함께 얽혀서 복잡한 상호관계가 이루어지는 활발한 네트워크이다. 과제설계의 경우, 건축주와 건물이용자 등과 같은 인간적 요소와 건축공간의 기능과 공간프로그램과 같은 기능적 요소는 가상의 설정을 바탕으로 하고 있는 까닭에 상대적으로 현실감이 결여되고 구속력이 약하다고 생각하기 쉽다.
이에 비해 대지는 비록 설정된 것이긴 하지만 구체적으로 눈에 보이는 물리적 실체이자 그 경계 또한 명확하다. 따라서 과제설계의 프로그래밍과정에서 학생들이 상대적으로 현실감을 강하게 느끼고 시간과 노력 역시 가장 많이 투입하는 부분이 대지분석에 관한 것이다.
그러나 학생들의 대지분석과정을 보면 의외로 피상적이고 습관적으로 이루어지는 경향이 있고, 수집한 자료와 정보들을 분석하고 구성하여 이어지는 설계의 단계에 적절히 활용하는 방법에 대해서도 미숙한 경우가 많다.

01. 대지선정

1. 대지선정의 중요성

설계부지와 설계주제는 밀접한 관계를 지닌다. 이론적으로는 특정한 건축물을 설계하는데 적합한 대지가 따로 있는 것은 아닐 것이다. 하지만 설계를 하다 보면 설계개념의 설정이나 설계의 진행에 별다른 도움이 되지 않으면서 주변조건만 까다롭고 복잡하여 어려움을 주는 대지가 있는가 하면, 그 반대로 대지 자체가 해당 설계주제의 긍정적 해석과 적용에 실마리를 주고 개념형성에 풍부한 영감과 아이디어를 제공해주는 경우도 있다.

따라서 담당교수에 의해 단일의 설계부지가 일괄적으로 주어지는 경우가 아니라 여러 설계부지 중 하나를 선택할 수 있는 상황이라면 성급히 부지를 결정하지 말고, 설계주제나 건물의 기능에 대한 탐구를 가능한 범위 내에서 한 후에 부지를 선택하는 것이 현명할 것이다.

「설계부지는 설계의 출발점이자 가장 중요한 정보의 원천이다.」라는 말을 새기면서 대지선정 시 유의할 사항들을 몇 가지 예시하면 다음과 같다.

2. 대지선정 시의 유의사항

① 내가 파악한 설계주제에 가장 적합한 대지를 선택한다.

앞에서 말한 바와 같이 설계주제와 설계부지는 한 묶음으로 생각한다. 예를 들어 3학년 1학기의 저층집합주거 설계에서 북향 경사지를 설계부지로 선택한다고 가정해보자. 남향이 아닌 북쪽으로 경사가 진 대지이므로 평범한 남향의 대지에서 보다는 독창적인 해결안이 나올 가능성은 클 것이다.

하지만「향의 문제」라는 한 가지 요소를 해결하기 위해 처음 접하는 집합주거 과제를 통해 기본적으로 배우고 고려해야 할 많은 중요한 사항들이 왜곡되거나 설계의 초기단계에서 부터 힘들어질 가능성 역시 매우 크다. 따라서 대지의 특징이 설계이슈나 설계개념의 설정과 쉽게 연계될 수 있는 대지를 택해야 하며, 이를 위해서는 설계주제나 설계이슈 등에 대해 아무런 생각 없이 대지를 선정하는 것은 피한다.

② 주변 맥락이 너무 강하거나 맥락이 거의 없는 부지는 피한다.

신규 택지개발지역 속의 저층집합주거 부지나, 초원지대 한 가운데의 미술관 부지와 같이 주변 맥락이 너무 약할 경우, 대지의 주변상황들 중 설계에 영향을 미치거나 설계에 실마리를 제공해 줄 요소가 부족하므로 설계작업 초기에 중요한 현실감과 동기부여가 결핍될 우려가 크다.

그 반대로 초고층, 혹은 대형 건축물이 인접하거나 주변의 도로조건이 특별히 복잡해서 이러한 특정요소가 과제설계 전체에 일방적으로 압도적인 영향을 미치는 경우도 바람직하지 않다.

③ 너무 크거나 작은 부지는 피한다.

대지의 적정한 크기는 설계과제의 성격에 따라 다르지만, 대지가 너무 작을 경우, 내부공간에 대한 밀도 있는 탐구에는 도움이 되겠지만 대지 내에서의 접근과정, 주차공간 계획, 조경 및 외부공간의 구성 등 설계에서 다루고 배워야 할 폭넓은 사항들을 담기에는 부족할 수가 있다. 반대로 너무 큰 대지 역시 건축물의 내부공간은 물론, 외부공간의 구성을 포함하여 많은 요소들을 피상적으로만 다루기 쉽다. 5학년의 졸업설계 부지선정 경향을 보면 대체로 너무 큰 대지를 선택하여 시행착오를 겪는 사례를 자주 본다.

④지각적으로 모호하고 이상한 형태의 부지는 피한다.

모든 형태는 시지각적이고 심리적인 반응을 불러일으킨다. 설계부지의 평면적, 단면적 형상 역시 하나의 시각적 형태이므로 그 자체가 배치계획을 비롯한 건축적 형태를 이끌어내고 연상시키는 중요한 요소이다. 이렇게 볼 때 예를 들

그림 03. 01 (좌) **삼각형의 부지에 설계한 작품사례** : 도심지 문화시설 (대구건축대전 입상작, 2003)

그림 03. 02 (우) **복잡한 구도심의 대지형태에 끼워 맞춘 도시 복합문화시설** 내수동 공연문화시설,(건축대전 우수상, 1991)

어 평행사변형이나 마름모꼴과 같은 대지형태는 지각적으로 애매한 느낌을 줄 뿐 아니라 실제로 배치 및 평면계획이 용이하지가 않다.

지금도 그렇지만 과거에 많은 학생들이 과제설계 시 삼각형의 대지를 자주 선택했던 이유는 삼각형의 3변이 지니는 축의 변화가 자연스럽게 배치의 변화감으로 연결되고 대지의 중심에 부정형의 외부공간이 생기는 효과도 아울러 얻을 수 있었기 때문으로 생각한다.

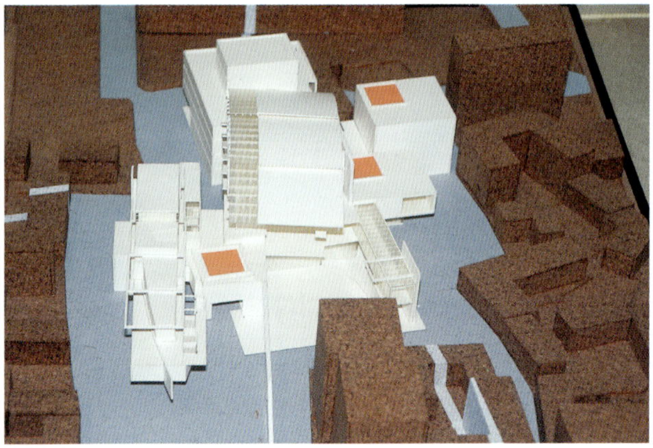

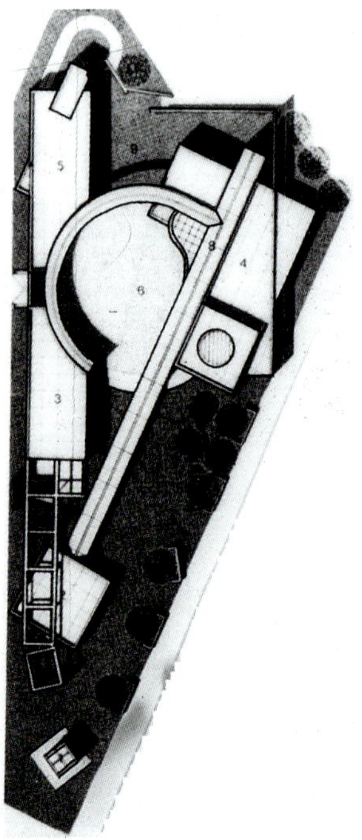

그림 03. 03 **삼각형의 부지에 설계한 작품사례** : 도심지 문화시설 (건축대전 특선작, 1986)

⑤ 경계부분이 모호한 부지는 피한다.

배치계획에서 대지의 경계부분을 어떻게 처리하는가의 문제는 학생들이 어려워하는 부분의 하나이다. 실무건축가들의 설계 시에는 주로 법규적, 현실적 기준에 의해 이격거리나 인동간격이 결정되지만 법규조건에 대해 민감하지 않은 학생들의 경우, 대지경계선과의 이격거리를 결정할 기준이나 근거에 대해 확신을 가지지 못하고 망설이게 된다. 이는 현실성이 상당부분 결여된 과제설계의 속성이 주는 모호함이기도 하다.

따라서 인접대지와의 경계부분에 대한 처리를 명확히 할 수 있는 요소가 가능한 많이 내포된 대지를 찾는 것이 배치계획 등 차후의 설계진행에 도움이 되며, 완성된 배치계획에 대한 시각적 타당성 또한 잘 인지된다.

⑥ 부지에 관한 자료를 손쉽게 구할 수 있는 곳을 택한다.

문헌 및 기존자료를 통한 조사는 대지분석의 큰 부분을 차지한다. 설계자가 직접 현장을 방문하여 관찰하고 분석하며 찾아내는 정보와는 별도로 대지와 관련된 여러 유형의 지도, 다양한 분석자료, 대지와 주변지역의 역사, 현재의 상황 등 많은 정보들이 입수 가능한 기존자료 형태로 존재한다. 따라서 기존자료가 거의 없거나 구하기가 힘든 대지는 그만큼 설계자의 노력과 시간을 요구하게 된다.

02. 대지조사의 내용

특정한 대지를 조사하고 분석하는 완벽한 방법이나 표준적인 체크리스트는 없다. 그 이유는 각 대지의 상황이 모두 다르고, 그 위에 건립해야 하는 건축물의 유형과 규모, 그리고 기능이 상이하기 때문이다.

또 한 가지 중요한 것은 동일한 대지라 하더라도 이를 관찰하고 기록하며 분석하는 사람, 즉 건축가의 의도나 가치관에 따라 조사, 관찰하는 대지요소나 내용이 모두 다르기 때문이다. 일반적으로 설계부지와 관련하여 조사, 분석하는 내용들을 크게 분류하면 ;

① 물리적 요소, ② 사회 · 문화적 요소로 구분하거나

① 자연적 요소, ② 인공적 요소로 구분하는 등 몇 가지의 방식이 있다.

여기서는 ① 자연 · 물리적 요소와 ② 사회 · 문화적 요소의 두 가지로 구분하여 대지의 조사, 분석내용을 서술하기로 한다.

아래에 예시한 여러 가지 조사내용들 중에는 예를 들어 지내력 조사, 도시기반시설 및 매설물 위치파악 등과 같이 실무건축가들의 설계과정에서는 중요하지만 일반적으로 학생들의 과제설계 시에는 적용해 볼 기회가 적은 실무적인 사항들도 많이 포함되어 있다.

1. 자연 · 물리적 요소

가) 자연적 요소

지형, 지질, 수자원과 배수, 식생, 기후 등과 관련된 요소들로서 구체적으로는 다음과 같다.

① 지형 : 지형적 특징, 고저차(등고선), 경사도, 최고점, 최저점, 배수방향

② 지질 : 토질, 매립지 또는 성토지 여부, 지층구조, 지내력

③ 식생 : 수목의 종류와 크기, 보존되어야 할 식생

④ 기후 : 강우량과 적설량의 평균치 및 최대치, 주 · 야간 온도차, 풍향과 최대 풍속, 태양고도, 잠재적 자연재해

나) 물리적 요소

대지형태, 주변건물 관련요소, 대지 내 인공구조물, 대지 내부와 대지 주변의 외부공간 등에 관한 요소

① 대지형태 : 크기와 형태

② 주변건물 개요 : 주변건물 용도, 주변건물의 건립년도와 노후도, 높이,

보존가치 여부

③ 주변건물 형태 : 크기, 비례, 지붕형태, 창문과 출입문 패턴, set-back, 재료, 색상, 질감, solid & void공간, 시각적 축, 조경재료와 패턴, 바닥 포장의 패턴, 건물의 디테일, 외부조명, 주차방식, street furniture

④ 인공구조물 : 옹벽, 담장, 외부계단, 경사로, 바닥의 높낮이

⑤ 외부공간 : 놀이공간, 마당, 광장, 지표면의 포장상태

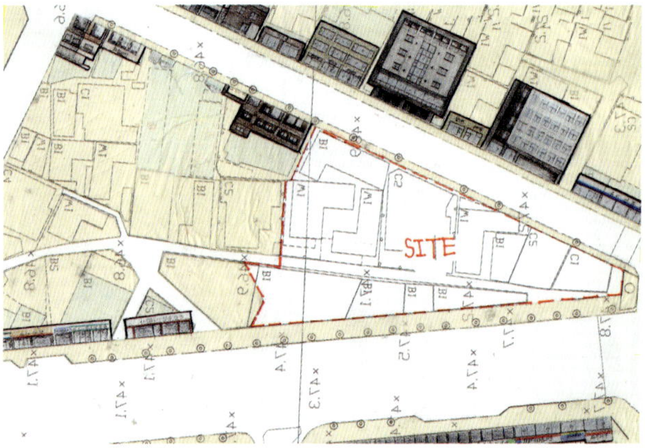

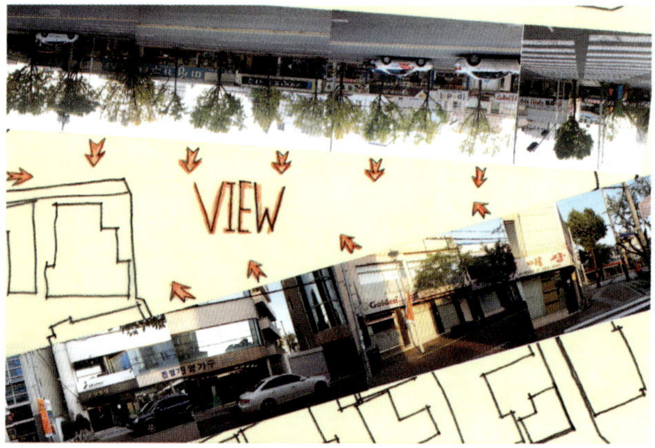

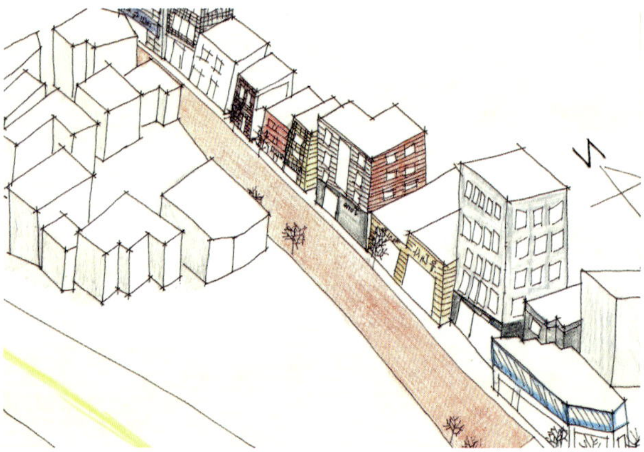

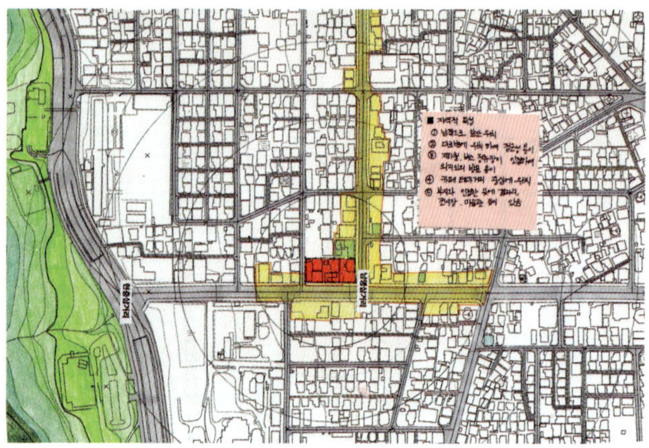

• 동일한 부지의 주변 건물형태에 대한 서로 다른 분석 사례들
(영남대 3년, 2013)
그림 03. 04 (좌상) : 각 도로변 건물의 입면분석
그림 03. 05 (우상) : 각 도로변 건물의 사진분석(
그림 03. 06 (좌하) : 주변 건물의 조감 스케치
그림 03. 07 (우하) : 대지주변의 광역 분석-대지 주변지역의 특정 가로지정 부분 표시와 메모

2. 사회 · 문화 · 환경적 요소

가) 사회적 요소

대지의 가격, 대지 내부와 주변지역의 거주자와 지역사회에 관한 요소들, 대지 주변의 교통 및 동선 관련사항, 사회규약으로서 법규 관련요소

① 지역주민 : 인구밀도, 연령대, 가족규모, 수입, 고용패턴, 주민의 거주기간 및 지속성, 주민활동 및 행위, 주민의 전반적 성향

② 근린지역 : 주변지역의 긍정적 요소, 부정적 요소, 범죄나 야만적 행위

근린지역에 대한 사회학적 기록

③ 교통과 동선 : 도로, 대지 내 보도, 산책로, 대지를 통과하는 외부 보행자 및 차량동선, 주변의 교통량과 피크타임, 서비스 및 비상차량 진입로, 버스 정류장, 교통신호등, 비정기적 교통요소(행사, 공연, 장터)

④ 대지가격 : 현재의 지가 및 장래의 변화요인

⑤ 법적사항 : 지역 · 지구 지정에 따른 허용 가능한 건물용도와 규모, 건폐율과 용적율, set-back 및 완화규정 적용 후 가용 건축면적과 건축선, 고도제한, 역사지구 등의 지정 여부

⑥ 부지 주변지역의 차후 발전에 대한 예상

나) 문화적 요소

해당 대지 및 주변지역의 역사성, 상징성, 문화재 보존지역, 특화된 가구 및 거리조성 관련요소, 대지 내 · 외부에서 보존되어야 할 요소

다) 환경적 요소

시각, 청각, 후각, 촉각을 포함한 감각적 요소, 공해요소, 각종 도시기반시설에 관한 요소

① 시각적 요소 : 대지 각 부분에서의 시야와 조망, 외부에서 대지를 향한 시야, 시야와 관련된 장래의 변경 가능성

② 공해 요소 : 대지 내 · 외부 소음의 종류, 강도 및 지속시간, 악취의 강도, 지속시간 및 발생 요인, 공기의 오염도

③ 도시기반시설 : 전기, 가스, 하수도, 전화, 급수시설의 위치와 용량, 운송관로의 형태, 전봇대 위치, 지하매설물 위치와 깊이

03. 대지자료의 수집 및 분석

1. 자료의 수집과 분석

가) 자료의 수집

앞의 3-2에서 열거한 대지조사 항목과 수집해야 할 자료들은 크게 ; ① 문헌 및 기존자료 수집 ② 대지답사 및 관찰 ③ 사진촬영과 분석을 통하여 얻을 수 있다. 대지조사를 통해 수집해야 할 자료의 양과 종류는 방대하지만, 시간의 제약과 경험의 부족으로 인해 학생들은 주어진 기간 내에 어떤 자료를 어느 수준까지 수집하고 분석해야 할지를 망설이게 된다. 따라서 처음에는 가능한 다양한 자료를 폭 넓게 관찰하고 수집하되, 어느 시점에서부터는 나름대로의 주제나 이

슈를 정하고 이와 관련된 자료를 우선적으로, 그리고 선택적으로 범위를 좁혀 수집하고 정리하는 것이 필요하다.

① 문헌조사

대지와 관련된 자료는 해당대지 외에도 주변 필지를 포함한 블록block차원의 자료, 그리고 더 넓게는 해당 지역의 자료 등이 순차적으로 필요할 때가 많다. 이러한 자료들은 대개 공공도서관, 서점, 그리고 정부나 지자체, 또는 관련기관의 자료실 등에 있는 기존의 공공자료실 등으로부터 구할 수 있다. 인터넷을 통한 자료의 수집 역시 문헌조사의 중요한 수단이다.

② 대지답사

문헌조사를 통해 기본자료를 수집하는 한편으로 설계자가 자신만의 시각에서 대지가 지니고 있는 특징이나 문제점, 이슈 등을 찾기 위해서는 현장방문과 관찰이 필수적인 과정이다. 이 때 해당 대지를 내가 잘 알고 있는 유사한 대지와 비교하면서 해당대지의 주변을 걷고 관찰한다. 그리고 부지 주변의 거주자들과 또는 친한 동료들과 그 곳의 기후와 환경, 소음, 오염상태, 기타의 잠재적 문제점들에 대한 의견을 나누고 이를 지도에 표기하거나 기록하고 스케치한다.

또한 대지 내에서 발생하는 중요한 사건이나 상황들이 지속하는 기간을 알기 위해서는 이들 상황의 강도나 빈도가 가장 심할 때와 약할 때, 그리고 날짜와 시간에 따라 어떻게 달라지는가를 파악해야 하고, 이를 위해서는 대지를 여러 번 방문해야 한다.

③ 사진 촬영

항공사진 등의 기본자료는 인터넷을 통해 구할 수 있으나 나에게 필요한 대지의 근접사진이나 눈높이에서 촬영한 사진은 여러 번의 현장 방문을 통하여 얻어진다.

• 대지사진을 적극적으로 활용하기

촬영한 사진은 그냥 파일에 꽂아만 두지 말고, 그 위에 무언가 기록하고, 오려 붙이고 하면서 입체적이고 종합적인 자료로 발전시켜 나간다.

그림 03. 08 (좌) : **대지촬영 사진의 활용** (영남대 2학년, 2018)

그림 03. 09 (우) : **꼴라쥬 기법을 사용하여 계획건물에서 주변경관을 분석** (Yona Friedman계획, Vision der Moderne, p.135에서 사진 인용)

학생들은 현장방문 시에 그저 형식적으로 각 방위별로 촬영을 하고, 촬영한 사진도 디지털 상태로 두거나 출력을 한 후에도 파일 속에 꽂아만 둠으로서 중요한 시각정보인 사진자료를 제대로 활용하지 못하고 있는 경우가 많다. 촬영한 사진은 컴퓨터화면으로만 보지 말고 중요한 부분의 사진은 종이위에 출력하여 그 위에 수시로 직접 메모하고 스케치하면서 좌측의 그림 03-09와 같이 현황사진과 나의 생각을 중첩시켜 표현한 뒤 제도판 위에 붙여두고 지속적으로 아이디어를 덧붙여 나간다.

나) 자료의 분석과 평가

대지조사를 통해 찾아내고 기록하는 요소가 많을수록 대지에 적절히 대응하는 아이디어와 설계의 실마리를 더 많이 확보할 수 있다. 하지만 완전한 대지분석이란 존재하지 않으며, 시간적 제약 때문에 대지조사에서 파악하는 것은 결국 선택적일 수밖에 없다.

따라서 수집하고 기록하는 정보에 대해서는 나름대로의 평가를 통해 우선순위를 생각해야 한다. 우선순위는 대개 각각의 대지요소 및 조건의 강도가 어느 정도인지, 그리고 그것이 긍정적인 것인지 부정적인 것인지에 따라 정해진다. 그 결과, 대지의 분석자료를 통해 어떤 요소들이 가치가 크며 보존되거나 강조되어야 하고 어떤 것이 매우 부정적이어서 제거되거나 차단되어져야 하는가에 대한 생각을 가지는 것이 효과적이다.

이러한 평가와 선택의 과정에서 필요한 것이 자료의 평가기준으로서 설계자의 가치관과 설계의 이슈설정이다. 이상의 내용을 정리하여 과제설계 시 대지자료의 수집, 분석과 구성의 과정을 요약하면 다음과 같다.

① 가능한 폭 넓게 많은 자료를 수집한다.

② 대지가 지닌 장점과 문제점 파악을 통해 설계이슈를 정한다.

③ 설계이슈와 대지의 특성을 바탕으로 자료의 우선순위를 정한다.

④ 설계이슈에 따라 필요하면 추가적인 자료수집을 한다.

⑤ 압축된 자료를 고정요소와 가변요소로 구분하여 설계에 연계시킨다.

⑥ 각 분석요소와 정보를 단순하게 시각화한다.

다) 고정요소와 가변요소*

* E.T. White, Site Analysis, pp. 16-20

대지자료의 조사와 분석과정을 통해 어떤 정보나 요소가 고정적이고 변경하기 어려운 것이며 무엇이 가변성과 융통성을 지니는 것인지를 구분하여 기록한다.

① **고정요소** (hard data)

대개 대지의 물리적 요소와 관계되어 있으며 그 존재나 본질에 관한 판단을

요하지 않으며 건축가가 임의로 변형시킬 수 없는 것이 대부분이다. 전형적인 고정요소로서의 자료는 대지 위치, 크기, 지형(고저차), 대지형태와 대지경계, 법규적 사항, 도시기반시설 위치 등과 같은 사항들이다. 하지만 고정적 자료로 분류되는 것들 중에는 대지의 고저차, 조닝, set-back, 수목처럼 실제로는 변경 가능한 것들도 있다. 따라서 대지의 조건에 관한 결정을 할 때 일반적으로 고정적 자료에 대해 먼저 대처해야 한다.

② **가변요소** (soft data)

불변의 요소이거나 설계에 반드시 반영되어야 하는 것이 아니라 변화가능하고 융통성이 있는 사항들이다. 이 가변적 자료의 분석에는 설계자의 가치판단이 포함된다. 이러한 자료와 요소는 주로 대지의 감각적이고 인본적인 측면에 관한 것으로 정성적이며, 각각의 대지특성들에 대한 주관적 견해와 이들 특성들의 긍정적 혹은 부정적 평가에 관한 판단을 요구하는 것이다.

전형적 예는 대지에서의 좋은 조망과 나쁜 조망, 조망의 측면에서 대지로 접근하는 가장 좋은 방향, 냄새의 유무와 이에 대한 혐오의 정도, 대지 내에서 일어나는 사람들의 활동과 그 가치(비공식적인 놀이공간, 여러 계층의 사람들이 모이는 장소, 해당지역의 모임과 축제 등), 소음의 종류와 강도 등을 포함한다.

이러한 가변요소는 초기에는 판단을 포함하지만, 대지분석과 구성을 통해 일단 기록되거나 문서화되면 그 때 부터는 점차 고정요소로 인식되어간다.

2. 대지정보의 도식화(Diagramming)

대지조사의 결과물은 처음부터 지도위에 스케치나 다이어그램 형태로 표시되기도 하지만 상당수는 글이나 부호로 기록하고 정리된다. 문장이나 추상적인 부호로 표기된 자료들은 가능하면 단순화시키고 또한 시각적 표현으로 변환하면 배치개념의 설정을 비롯한 차후의 설계작업에 좋은 실마리를 제공해주는 역할을 한다.

가) 분리표기와 중첩표기*

* E.T. White, Site Analysis, pp. 24-46

수집, 분석한 대지정보를 시각화하기 위해 일반적으로 사용하는 방법은 다이어그램으로 표현하는 것이다. 색채 등을 사용하여 세련되게 표현된 다이어그램은 그 자체로 중요한 설계의 과정이며 자료이자 건축가의 능력을 보여주는 주요 지표의 하나이다. 과제설계 시에도 학생들의 대지분석결과에 관한 발표를 보면 다이어그램 표현이 서툰 학생들은 대개 설계에도 미숙함을 보이는 경향이 크다. 이러한 다이어그램의 표현방법에는 크게; ① 항목별 분리 표현과 ② 여러 항목의 중첩 표현이라는 두 가지 방법이 있다.

① 항목별 분리 표현

교통, 조망, 소음 등과 같은 각각의 분석항목들을 다른 그림에 분리하여 표현하는 방법이다. 각 분석항목이 쉽게 이해될 수 있도록 집중적으로 표현할 수 있는 장점은 있으나, 여러 장의 도판이 소요되고 다른 분석항목들과의 관계를 즉각적으로 파악하기가 어렵다.

② 여러 항목들의 중첩 표현

대지도면 위에 하나 이상의 분석항목들을 중첩하여 표현하는 방법이다. 이런 방식은 각 분석항목들 간의 관계를 보다 쉽게 파악할 수 있는 장점이 있다. 이때 각 항목의 다이어그램 내용은 혼란스럽거나 흐리게 표현하지 않고 명료하게 표현해야 하며, 가장 중요한 요소는 강하게 표현한다. 중첩의 또 다른 측면은 꼴라쥬 효과로서, 중첩을 통해 단일 항목 다이어그램에서는 발견하지 못한 새로운 관계와 형상을 끊임없이 발견할 수 있게 된다.

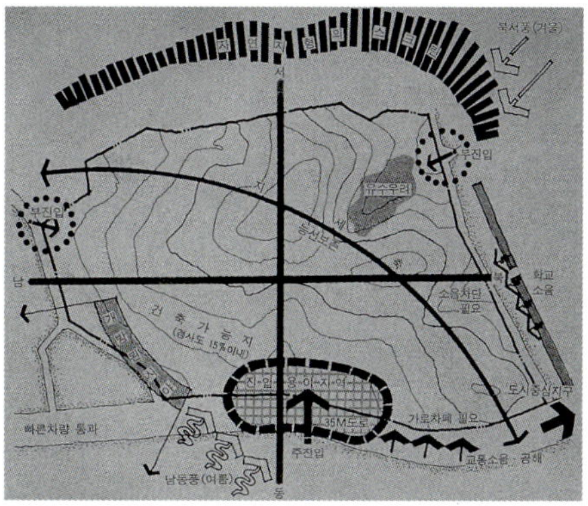

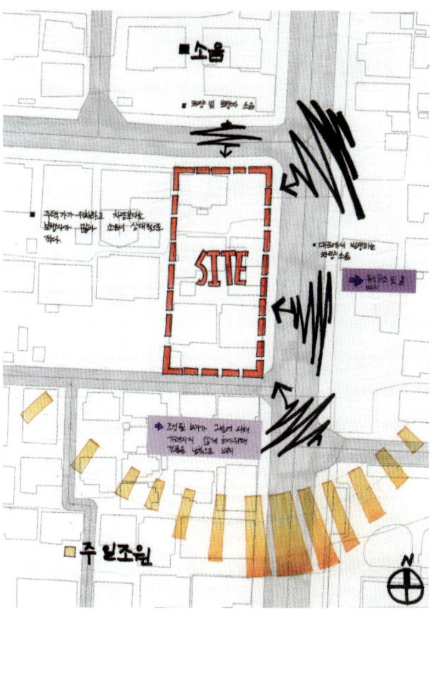

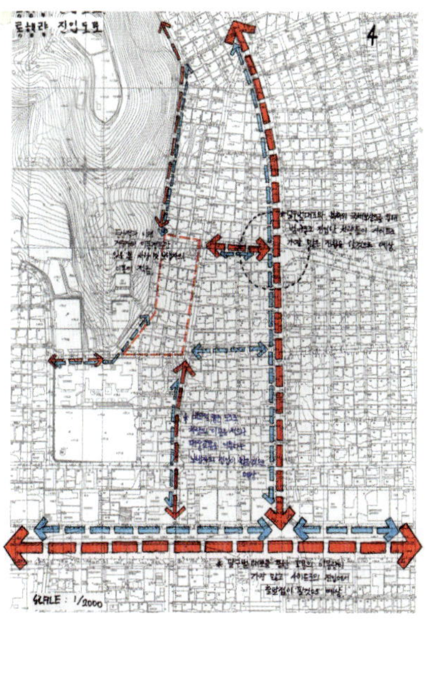

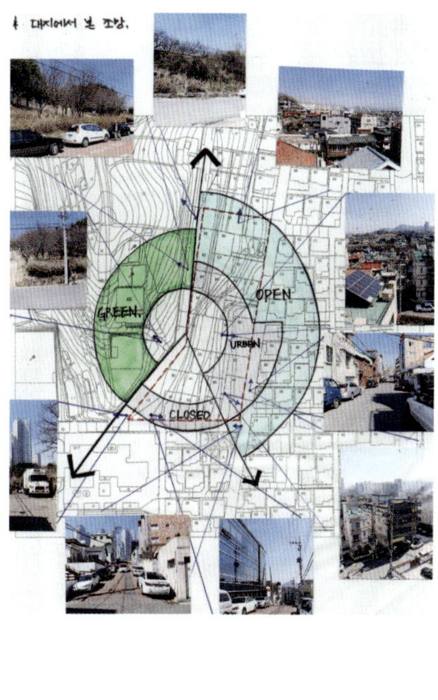

• 중첩표기의 사례

그림 03. 10 (좌) : **대구박물관 설계경기 제출안** (S사 보고서 일부, 1989)
축, 고저차, 접근성, 교통, 소음, 경관, 기후, 등의 여러 분석요소의 결과를 하나의 다이어그램에 중첩 표기하였다.

• 항목별 분리표기의 사례

그림 03. 11 (좌하) : **소음 및 일조분석** (영남대 3년, 전시시설과제, 2013)

그림 03. 12 (중하) : **주변 교통흐름분석** (영남대 3년, 전시시설과제, 2013)

그림 03. 13 (우하) : **조망분석**(영남대 3년, 집합주거과제, 2013)

나) 바탕 도면

바탕도면의 크기는 표현하고자 하는 항목의 특성과 다이어그램의 복잡성에 따라 축척과 범위가 달라진다. 표현 항목에 따라 바탕도면의 범위는 주변의 여러 블록이나 지역 전체를 포함하기도 하지만, 일반적인 경우에는 해당 대지와 직접적인 연관성이 있는 인접대지와 인접도로까지를 포함한다.

그리고 바탕도면 위에 분석요소를 표현할 때는 가능한 명확하고 간결하게 하여야 한다. 이를 위해 바탕도면의 선을 포함한 표현은 단순하고 다소 약하게 표현하여 주제가 되는 분석요소의 배경이 될 수 있도록 한다.

다) 도식화를 위한 세부 표현

- 차량 및 보행자 동선과 같이 흐름을 나타내는 선이나 결정되지 않은 사항 또는 가상의 상태를 표현하는 선은 강한 실선보다는 점선으로 표현한다.
- 선의 굵기와 점선의 간격, 그리고 색상의 조절을 통해 다양하고 깊이감 있는 표현을 한다.
- 선의 굵기 및 강도와 이를 설명하는 글자크기의 조화를 생각한다.
- 방위표시 부호, 화살표의 표기방법, 도판제목 글씨에 유의한다.
- 색채를 사용할 경우, 각각의 색상이 지니는 보편적, 상징적 이미지를 고려하면서 사용한다. 보행자 동선에 붉은 색을, 차량동선에 녹색을 사용하는 학생들도 적지 않다. 그 반대로 하는 것이 바람직하다. 그리고 주변건물의 층수를 표현하는데 동일계열 색상의 농도변화를 통해서가 아니라 전혀 다른 색상들을 사용하여 혼란을 주기도 한다.

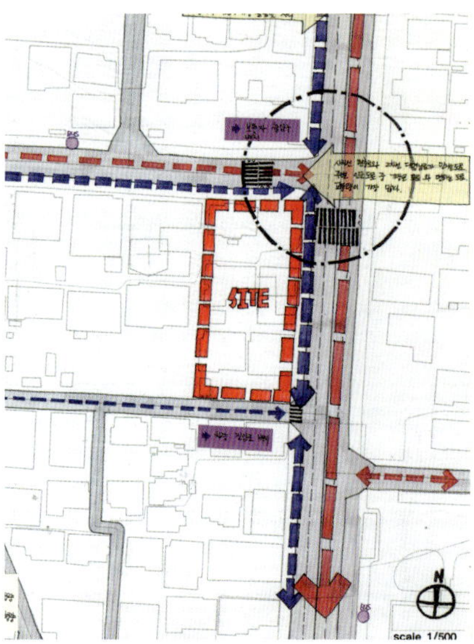

그림 03. 14 (좌) : **보행자 및 차량동선 분석**-보행자 및 차량의 이미지에 맞는 점선의 색상, 굵기에 유의한다. (영남대 3년 전시시설과제, 2013)

그림 03. 15 (우) : **주변건물 층수** 각 층별 색상표현은 서로 전혀 다른 색상을 사용하면 혼동을 줄 수 있다. 우측의 그림처럼 동일계열의 색상들을 농도를 달리해서 표현하는 것이 시각적으로 이해하기가 쉽다.(영남대 3년 전시시설과제, 2013)

3. Mapping

가) 매핑의 의의와 재료

① 매핑의 의미와 의의

매핑이란, 말 그대로 보면「지도 만들기」이지만, 구체적으로는「공간을 도해적으로 기록하고 표현함으로써 시각화, 개념화하는 행위」를 의미한다. 그리고 모든 지도는 이중적 측면을 지니고 있다.

첫째는, 대지표면에 대한 직접적이고 객관적인 기록이자 측정 결과물로서 기본적 의미를 지닌다. 둘째는, 이러한 지도를 작성하면서 발생하는 선택과 생략, 분리와 거리두기, 그리고 기록의 체계화 과정에서 발생하는 피할 수 없는 추상화는 실체가 아닌 유사물analogy로서 의미를 지닌다.

즉, 우리가 사용하는 다양한 종류의 지도 속에는 실제로는 존재하지 않는 수많은 선들과 색채, 그리고 부호들이 포함되어 있지만 그 결과, 이러한 인공적인 부호나 표현요소들이 마치 실재하는 것처럼 인식된다.

다시 말하면, 물리적 실체는 동일하더라도 이를 지도로 만드는 의도와 방식에 따라 지도를 보는 사람은 전혀 다른 관점으로 물리적 실체를 받아들이고 개념화하게 된다. (이런 의미에서 모든 지도는 결코 중립적이거나 수동적일 수 없다.)

이처럼 매핑은 물리적 현상을 단순히 측량하고 묘사할 뿐 아니라, 이를 새롭게 창조하는 역할을 하므로 적극적인 의미에서 매핑이란 현상을 비추는 거울이라기보다는 세상과 환경을 재구성하는 중요한 도구이다. 즉, 매핑의 효과는 겉보기에는 모든 자료가 노출되거나 고갈되어버린 대지에 대해서도 이전까지는 못 보거나 생각지 못한 실체들을 새롭게 찾아내는데 있다.

「복사(copy)하지 말고 지도(map)를 만들어라.」는 이러한 의미에서 되새겨볼 말이다.*

* D. Cosgrrove, Mappings, Reaktion Books pp. 214~235

그림 03. 16 : **제작의 의도와 방식에 따라 달라지는 결과물로서 지도**
(좌) 지질도
(중) 토양도
(우) 토지이용도

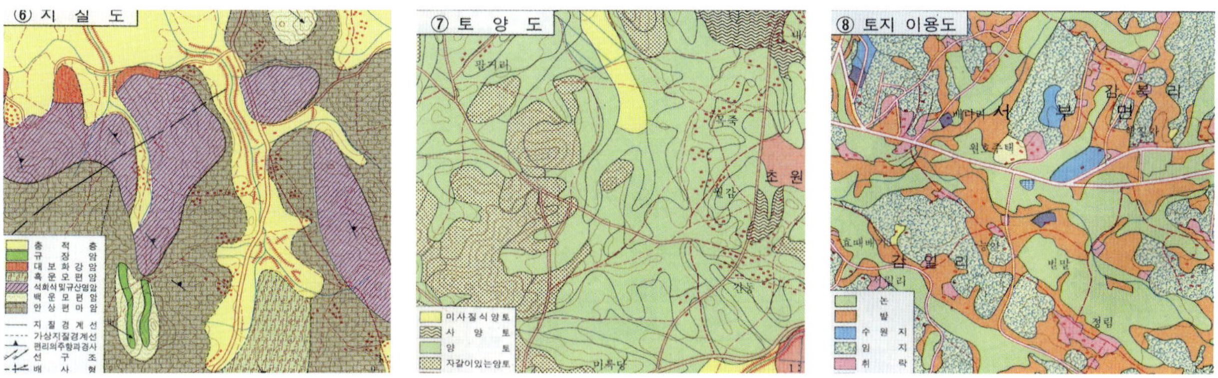

② 대지분석과 매핑

앞에서 말한 바와 같은 매핑의 여러 특성들을 이해한다면 우리가 설계과제를 위해 대지를 관찰, 기록, 분석할 때도 어떤 시각에서 바라보고 표현하며 시각화하는가에 따라 동일한 대지를 전혀 다른 측면에서 분석하고 재구성할 수 있게 되며 그 결과 이전까지는 몰랐던 대지의 잠재된 특성을 찾아낼 수 도 있을 것이다.

따라서 대지분석 시에 매핑의 기본개념과 방법을 적절히 응용한다면 천편일률적이고 인습적인 대지분석의 틀에서 벗어나 보다 새로운 각도에서 다양한 배치개념이나 건축적 대안들을 만들어내는 실마리를 찾을 수 있게 된다.

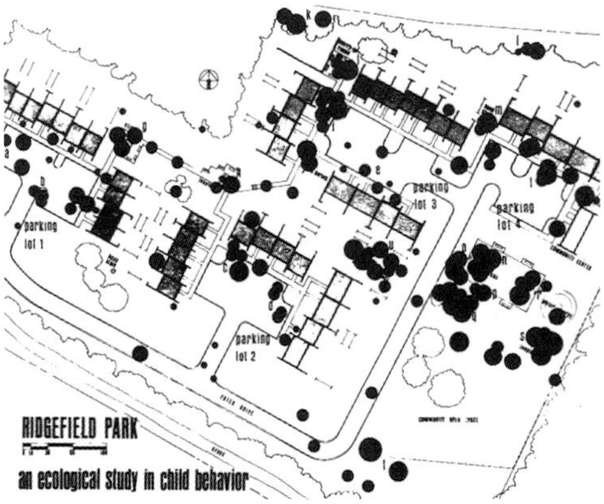

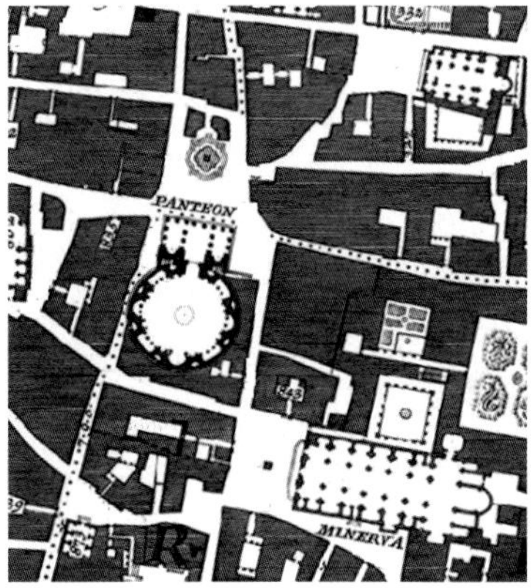

그림 03. 17 (좌) : **행위도의 매핑**
어린이들이 외부공간에서 활동하는 빈도를 점으로 나타낸 행위도(Behavioral Map) (Henry Sanoff, Visual Research Methods in Design, VNR, 1991 p.80에서 그림 인용)

그림 03. 18 (우) : **Figure & Ground Map-도시구조 및 대지분석에 사용되는 대표적 기법 중의 하나이다.**

③ 매핑의 재료와 도구

대지를 분석할 때는 이미 존재하거나 시각적으로 잘 노출된 지형, 도로, 수공간, 건물 등과 같은 물리적 요소들뿐만 아니라 눈에는 보이지 않지만 대지와 관련된 많은 잠재적 힘force들도 포함된다. 예를 들면, 바람과 태양과 같은 자연적인 요소들, 역사적인 사건이나 그 지역의 이야기들, 경제적, 혹은 법규적 조건들, 건축물의 프로그램이 내포하는 구조적 요소들, 그리고 심지어는 정치적 이해관계 등의 다양한 요소와 힘들이 매핑의 재료로 활용될 수 있다.

그리고 일반적으로 지도를 만들 때 기본적으로 사용되는; 프레임(윤곽, 또는 영역). 스케일, 방위, 도해적 투영projection, 보기index 등의 표현요소 이외에도 대지분석 요소들을 표현하는 각종 다이어그램이나 그래픽을 적절히 활용하고, 이들의 상호관계나 작용을 효과적으로 시각화한다면 이미 존재하고 잘 알려져 있는 요소들의 복잡성 속에서 어떤 가능성과 새로운 질서를 찾을 수 있을 것이다.

나) 매핑의 과정과 방법

매핑의 방법에는 여러 가지가 있을 수 있으나, 여기서는 제임스 코너James Corner*가 말하는「지도 만들기」로서 매핑의 3가지 핵심작업인 ① 바탕구조field, ② 추출물extract, ③ 구성plotting을 중심으로 소개한다.

* James Corner, The Agency of Mapping, (Mappings, Reaktion Books, pp. 229-239)

① **바탕구조 (Field) : 바탕구조 만들기**

바탕구조field란, 지도로서 바탕도면을 의미한다. 이는 평평한 종이와 같이 연속적인 표면으로 비록 2차원의 평면상에 표현되고 치수가 기입되어 있긴 하지만 실제의 대지에 대한 등가적等價的 유사물인 동시에 차후에 다양한 결과물들이 표현될 그래픽 시스템이다. 일반적으로 지도를 만들 때 이러한 시스템에 포함되는 요소들은 프레임(윤곽), 방위, 좌표들, 축척, 측량단위들, 도해적 투영, 왜곡, 포개짐, 정점 방위시각, 아이소메트릭 등이 있다.

이러한 바탕구조를 어떻게 만드는가 하는 것은 매핑작업에서 가장 창의적 행위인데 다음의 그림 03-19~21 벅민스터 퓰러Buckminster Fuller의 다이맥슨Dymaxion 세계지도는 폐쇄된 단일의 윤곽이 아니라 다양한 윤곽과 경로를 지닌 바탕구조를 새로운 관점에서 만든 좋은 사례이다.

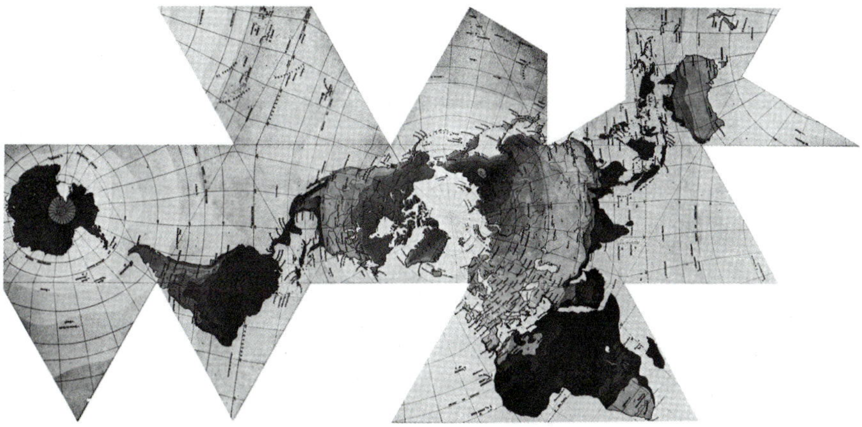

그림 03. 19 (좌상) : **다이맥슨Dymaxion세계지도**(Buckminster Fuller, 1954)
기존의 메르카토르 도법(아래 그림 03-22)이 지닌 위계적이고 폐쇄적인 바탕구조에 비해 퓰러의 다이맥슨 세계지도에서 보는 바탕구조는 보다 포괄적, 중성적이며 열려있는 구조이다.
따라서 아래 그림 03-20, 21처럼 원하는 관계와 목적에 따라 지구표면을 다양하게 펼쳐보일 수 있다.

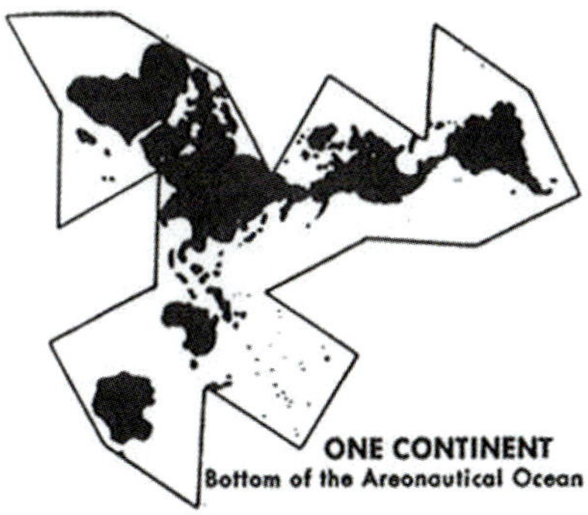

그림 03. 20 (좌하) : **하나의 대륙** One Continent 좌상의 다이맥슨지도를 하나로 연결된 대륙이라는 관점에서 재구성한 지도

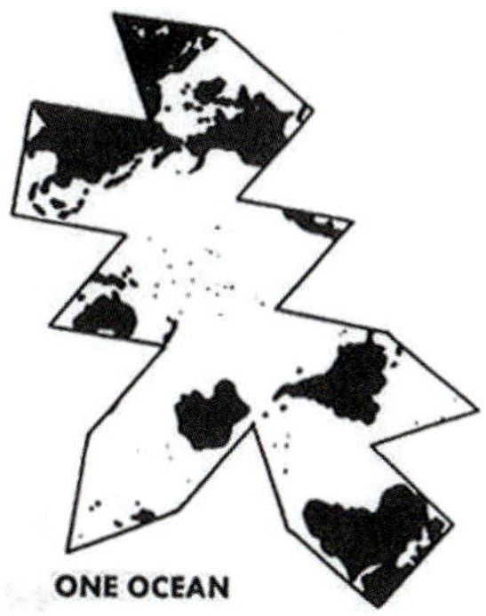

그림 03. 21 (중하) : 하나의 바다 One Ocean 다이맥슨지도를 하나로 통해진 바다라는 관점에서 재구성한 지도

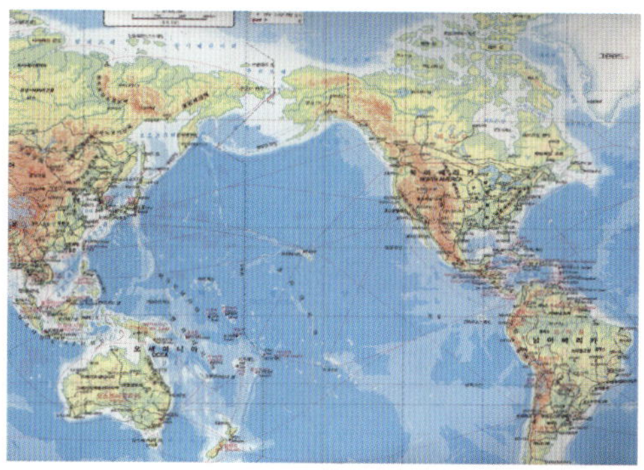

그림 03. 22 (우하) : **기존의 메르카토르 Mercator도법에 의한 세계지도**
서구의 정치적 주도권이 지배적이던 시기에 유럽인들과 북아메리카인들이 자신들의 이미지에 적합하게 만든 까닭에 남북 극지부근 지역들의 면적이 심하게 왜곡되어있다.

② 추출물 (Extraction) : 부분과 자료들의 분리 및 탈 영역화

바탕구조 위에 그려진 사물들 혹은 요소들을 말한다. 이들은 여러 요소들은 복합적으로 얽혀서 통합되었던 원래의, 혹은 전체의 상태로부터 언제나 선택, 분리되고 끄집어내어진 것들이기 때문에 추출물이라 부른다. 따라서 이들은 탈 영역화de-territorialized된 것들이라 할 수 있다.

앞에서 언급한 바와 같이 이들 추출물에는 시각적이고 물리적인 요소들도 있지만, 건축가의 대지분석을 통해 찾아진 잠재되어 있는 속성들, 힘, 경로path 등의 여러 요소들이 포함될 수 있다. 이 추출물들은 일단 분리되고 나면 바탕구조 내에 표기된 다른 요소들과 함께 조작되고 구성된다.

③ 구성 (Plotting) -상호관계의 도식화와 구성 및 각 부분들의 재 영역화

바탕구조 내에서 다양한 추출물들 간의 관계성을 나타내는 그림 또는 다이어그램을 만드는 작업이다. 대지분석을 통해 찾아진 요소(추출물)들을 사용하여 건축가의 기준이나 설계주제에 따라 수없이 많은 관계들을 구성할 수 있다. 예를 들어 등고선을 따라 보행자의 보행에 가장 편한 지점들의 경로를 선적으로 연결하거나, 대지에 산재된 수목들이나 수공간들을 상호 연결하여 수목이나 수공간이 지니는 잠재된 구조를 찾을 수가 있다.

이처럼 추출물의 구성plotting은 각 요소들 간의 관계에 대한 구조를 그리는 상상력이 필요한 작업이며, 기존 대지에 대한 재 영역화re-territorialization작업이다.

• 녹지공간에 대한 매핑기법을 사용한 저층집합주거과제의 초기 설계과정
-도심지의 낡은 주거지에 산재한 녹지공간에 대한 조사와 매핑을 통해 주거블록의 구성개념을 형성해나가는 과정 (영남대 3년 집합주거설계과제, 2005)

그림 03. 23 (중앙) : 과정 ①②③④
(아래) : 과정 ⑤⑥⑦⑧

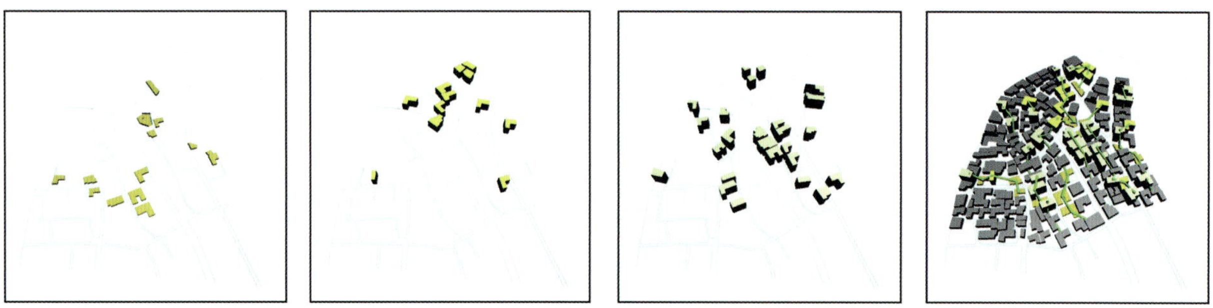

①, ②, ③대지 내 자연의 분포를 3가지로 구분함 (지붕, 계단, 담장 위), (집안), (텃밭 및 집 앞 나열) ④ 분류결과를 선으로 연결 후 선의 흐름과 집들의 관계를 표현

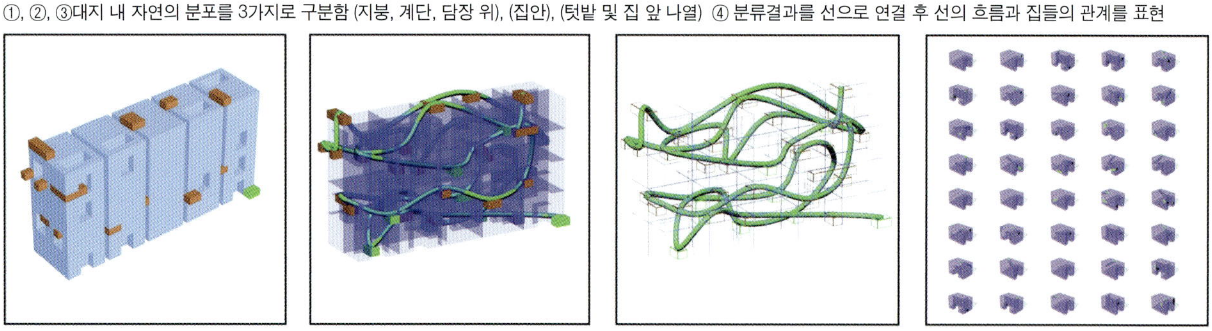

⑤ 대지 내 자연을 담고있는 집들을 적층하여 구성 ⑥ 자연을 띠로 연계 ⑦ 수직적 자연의 띠를 형성 ⑧ 자연의 띠를 포함하는 재구성된 각 주거유닛

다) 켜 쌓기, 켜의 중첩 (layering)

제임스 코너는 오늘날 다양한 분야의 디자인과 계획작업에서 매핑을 위해 사용할 수 있는 기법들을 켜 쌓기layering, 표류drift, 게임보드game-board, 리좀Rhizome 등으로 소개하고 있는데, 이 중 일반적으로 많이 사용하고 있는 켜 쌓기 기법에 대해 살펴보기로 한다.

켜 쌓기는 다양한 독립된 켜layer들을 서로 중첩시킴으로써 여러 층으로 된 복합적이고 두터운 층을 만들어 내는 작업이다. 대지분석을 통해 찾아낸 각각의 요소들에 대한 다이어그램들을 2항-대지정보의 도식화 과정-에서「중첩표기」를 통해 설명한 바와 같이 서로 중첩시키게 되면 여러 부분들로 켜를 이룬 상호관계의 합성물이 떠오르게 된다. 그 결과, 단일의 켜에서는 찾기 어려웠던 새로운 체계나 형태들이 생성될 수 있는 것이다.

건축가 베르나르 츄미Bernard Tschumi와 렘 쿨하스Rem Koolhaas는 1983년 파리의 라빌레뜨공원 계획안에서 켜의 중첩을 통한 디자인과 계획수법을 처음 선보였다. 렘 쿨하스의 경우 그림 03-24에서처럼 ① 식재와 인간행동의 수평적 띠band, ② 콘페티confetti라 불리는 요소들의 무작위적 흩뿌림, ③ 대지에 존재하는 기존의 대형요소들과 프로그램, ④ 동선, ⑤ 연결의 켜layer라는 5가지 서로 다른 다이어그램들을 중첩시켰다. 그 결과 5가지 요소들은 어떤 뚜렷한 질서도 없이 하나의 전체적 구성으로 중첩되고, 이러한 구성 속에서 이들 각각의 요소들이 다시 떠오르길 바라는 것이 렘 쿨하스의 계획 의도였다.

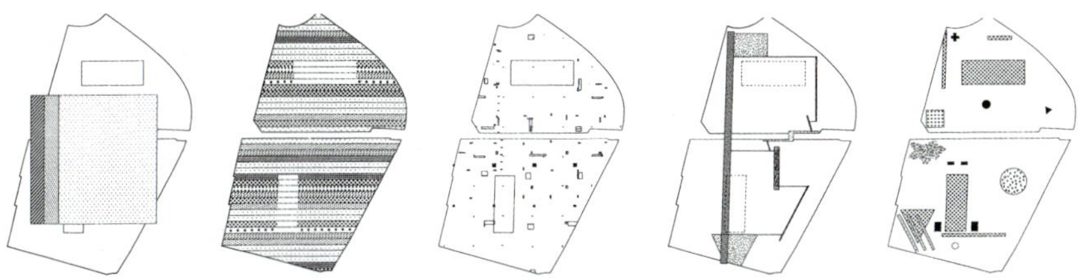

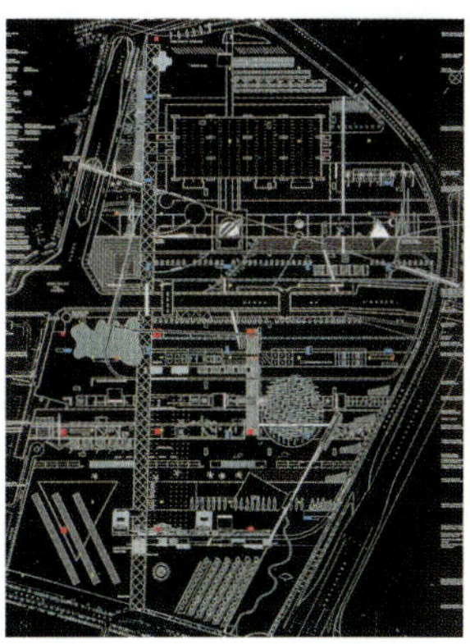

• OMA의 라빌레트공원 계획안(1983)에 사용된 켜의 중첩 기법

그림 03. 24 (상) : **중첩의 재료로 사용된 5가지 기본요소들 (좌에서 우로)**
A. Papadakis, Deconstruction, Rizzori, 1989 p.243에서 그림 인용

① 초기의 전제조건으로 요소별 면적
② 식재와 인간행동의 수평적 띠(Strip)
③ 작은 요소(confetti)들의 무작위적 배치
④ 동선(Acess & Circulation)
⑤ 기존에 존재하는 대형 요소와 프로그램들

그림 03. 25 (좌하) : **5가지 요소들의 중첩**-이상의 5가지 요소들의 중첩으로 구성된 배치계획

그림 03. 26 (우하) : **배치계획안의 모형사진**

04. 대지분석의 결과물

과제설계에서 다양한 방법들을 사용하여 진행된 대지분석을 통해 제시할 결과물은 다음과 같이 요약된다.

1. 대지 특성과 문제점의 서술

① 대지가 지닌 주요 특성들을 간결한 문장으로 요약한다.

여기에는 대지에서 보존하고 강조해야 할 장점이 포함되는데, 이를 설계과제로서 대상 건축물의 기능적, 프로그램적 특성과 통합하여 최종적인 설계이슈나 목표로 정리한다.

② 대지가 지닌 문제점을 간결한 문장으로 요약한다.

대지가 지닌 문제점은 첫째, 대지 그 자체로서 고려되거나 해결되어야 할 문제나 어려운 점들이 있을 것이다. 둘째, 해당 대지가 설계대상 건축물의 고유한 기능 및 프로그램을 수용하는데 발생되는 문제점도 있을 것이다. 이러한 문제들에 대응하고 해결해 나가는 것이 바로 설계과정이다.

2. 대지분석 다이어그램과 대지 도면

대지 특성과 문제점 서술이 문장으로 표현되는 설계의 이슈라면, 대지분석 다이어그램은 이를 시각적, 도해적으로 표현한 것이라 할 수 있다. 이러한 의미에서 대지분석 다이어그램은 토지이용계획 및 Massing Study나 배치계획과 같이 이어지는 설계과정의 출발점이 되므로 분석내용 자체가 정확해야 함은 물론, 그 표현방법도 시각적으로 세련되어야 한다. 각종 분석 다이어그램과 함께 기본적으로 갖추어할 도면은 다음과 같다.

① 정확한 대지현황도

과제설계에서는 의외로 대지 형태나 경계, 면적 등이 부정확하게, 소홀히 그려지고 취급되는 경우가 많다. 비록 실무설계가 아니라 하더라도 대지의 정확한 형태와 면적은 모든 설계작업의 바탕이자 출발점이다. 이를 위해서는 정확하게 제작된 올바른 지도를 사용해야 한다.

② 대지 종 · 횡단면도

특히 경사가 있는 부지에서 대지 종 · 횡단면도의 정확한 작성은 필수적이다. 이 때 대지의 길이와 높이의 비율은 등고선에 의거하여 정확하게 동일한 축척으로 그려야 함에도 불구하고 몇 가지 이유*로 인해 길이와 높이의 축척을 다르게

*
대지 종 · 횡단면도의 수평방향과 수직방향의 축척을 다르게 작도하는 이유

대지면적이 큰데 비해 고저차가 심하지 않을 경우, 대지 종 · 횡단면도를 표현할 도면의 크기가 제한되어 있어 학생들은 고저차를 강조하기 위해 수직방향 축척을 임의로 변경시키는 경우가 가끔씩 발생한다.
이는 잘못된 것으로 해서는 안 된다.

그려서 대지의 경사도를 왜곡시키는 경우도 적지 않다. 이는 계획의 첫 단추부터 잘 못 끼우는 오류를 범하는 것이 된다.

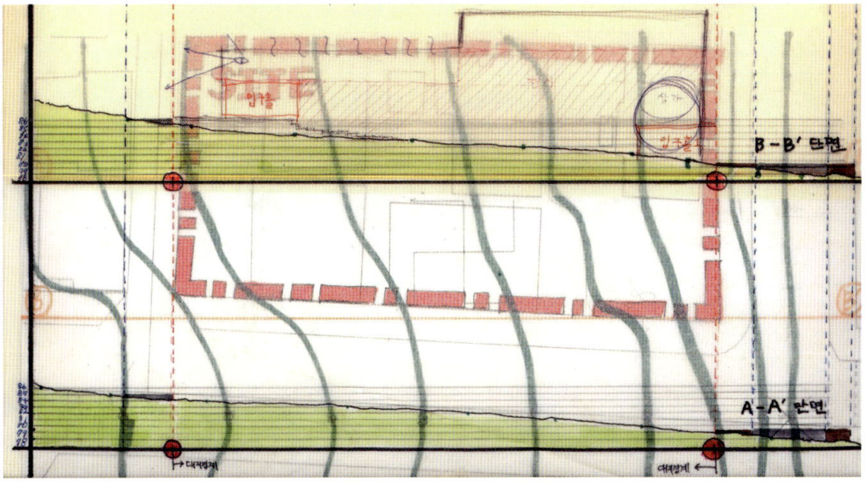

그림 03. 27 : **대지횡단면도**

2장의 트레이싱지를 포개어 대지의 평면도 위에 횡단면도 2곳을 정확한 축척에 의해 작성한 사례 (영남대 3년 집합주거설계과제, 2013)

3. 토지이용계획도 (Land Use Plan)

도시설계나 지역계획 등의 대단위 부지에는 조닝계획을 포함한 구역별 토지이용계획이 핵심작업의 하나이다. 마찬가지로 단독주택지와 같이 작은 규모의 대지라 할지라도 대지의 각 부분이 어떤 용도로 사용될 것인지를 설정하는 것은 언제나 기본적인 주요사항이다. 즉,

① 대지에 건축물이나 구조물이 들어설 부분

② 차량이 진입하고 주차공간으로 활용하기에 적절한 부분

③ 보행자가 진입하고 광장이나 커뮤니티 공간으로 형성될 부분

④ 녹지나 수공간이 배치되어야 할 부분

⑤ 경사부지인 경우, 각 레벨에 따른 토지의 활용

등의 측면에서 대지 각 부분에 대한 이용계획이 수립되어야 한다. 따라서 이는 대지분석작업의 중요한 결과물로서 빼놓을 수 없는 것이다.

만일 대지규모가 어느 정도 큰 경우라면 적극적으로 개발되고 건축물이 들어서야 할 부분과 자연 상태 및 녹지로 보존되거나 차후의 발전과 증축을 위해 유보되어야 할 부분에 대한 계획 등도 추가될 수 있을 것이다.

이러한 기본사항들을 색상을 사용한 버블다이어그램이나 블록다이어그램 등으로 표현하되, 각 부분들의 경계는 점선 등으로 느슨하게 표현하여 다양한 대안이나 아이디어가 스며들 수 있는 여지를 남겨두는 것이 좋다. 다음 페이지 그림들은 전시시설 과제를 위한 2학년 학생들의 토지이용계획도의 작성사례이다.

● 토지이용계획도(Land Use Plan) 작성과정을 거치는 것이 필요한 이유 ●

대부분의 학생들은 대지조사 및 분석작업을 마친 후 곧바로 Massing Study나 배치계획단계로 진행하는 경향이 있다. 따라서 토지이용계획을 생략하는 경우가 많다. 대지분석 다이어그램에 이러한 내용이 다 포함되어 있다고 생각하기 때문이다.
하지만 대지분석내용들과 대지분석 다이어그램은 어디까지나 〈분석작업〉의 결과물들이며, 그 자체로 설계(디자인)작업의 결과물은 아니다.
따라서 학생들은 대지분석작업과 배치계획과정 사이에 일련의 시간적 지체나 사고의 정체과정을 겪는 경우가 많다. 그 이유는 분석작업(대지분석)에서 곧 바로 디자인작업(배치계획)으로 넘어가기 때문이다.
따라서 분석작업과 종합작업을 연결해주는 중간과정으로서 토지이용계획의 단계를 적절히 거치게 되면 보다 연속적이고 부드러운 설계작업의 진행이 가능하기 때문이다.

• 다양한 토지이용계획도 사례

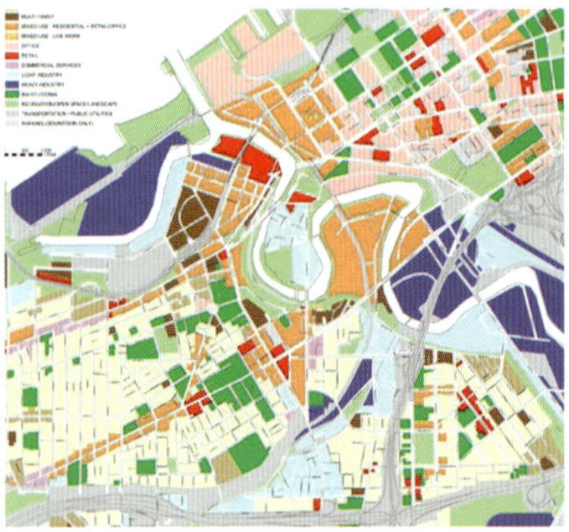

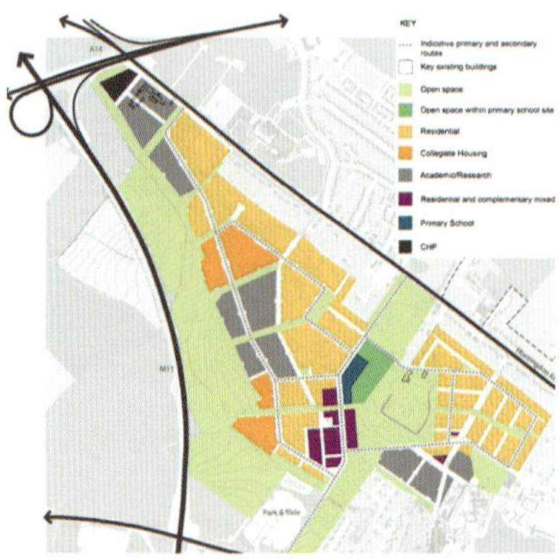

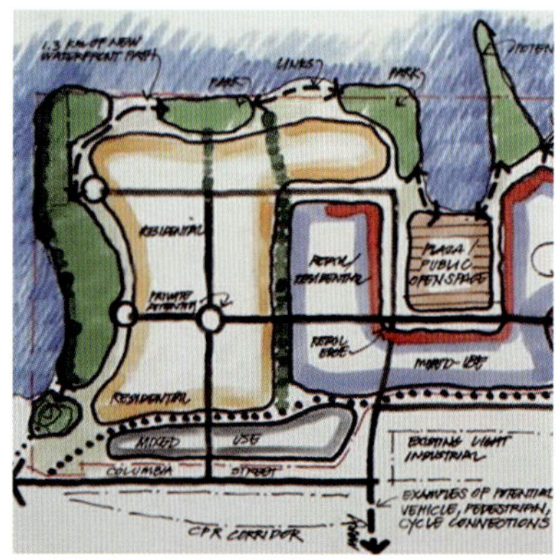

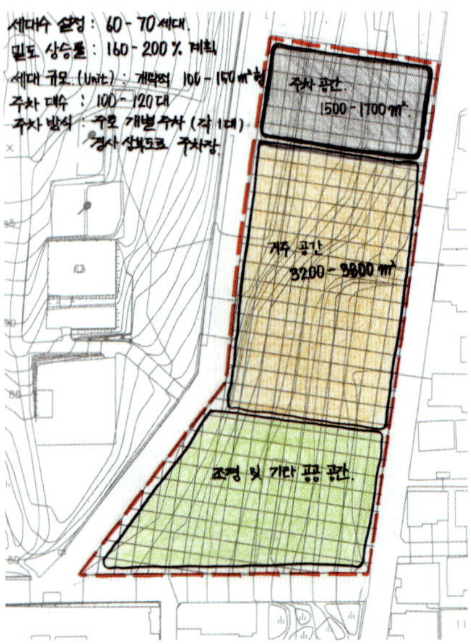

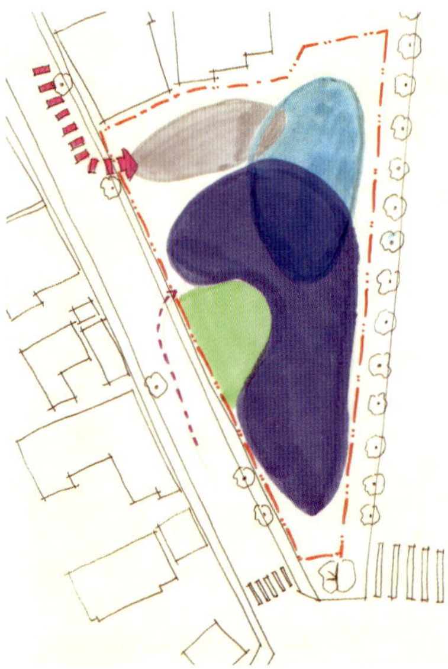

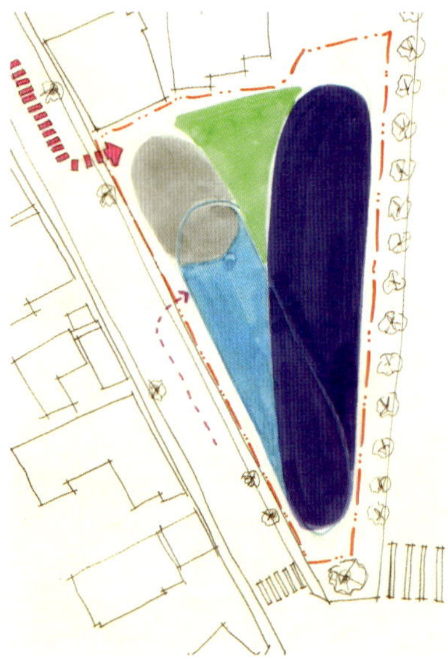

그림 03. 28, 29, 30 (상) : **도시설계 및 지역계획분야에서 작성된 다양한 토지이용계획도**
그림 03. 31 (좌하) : **개략적인 토지이용계획도** (영남대 3년, 2013)
그림 03. 32-1, 2 (중하, 우하) : **버블형태로 단순하게 작성한 토지이용계획도 대안 (1)(2)** (영남대 2년, 2013)

• 2학년 과제설계 시의 토지이용계획도 사례

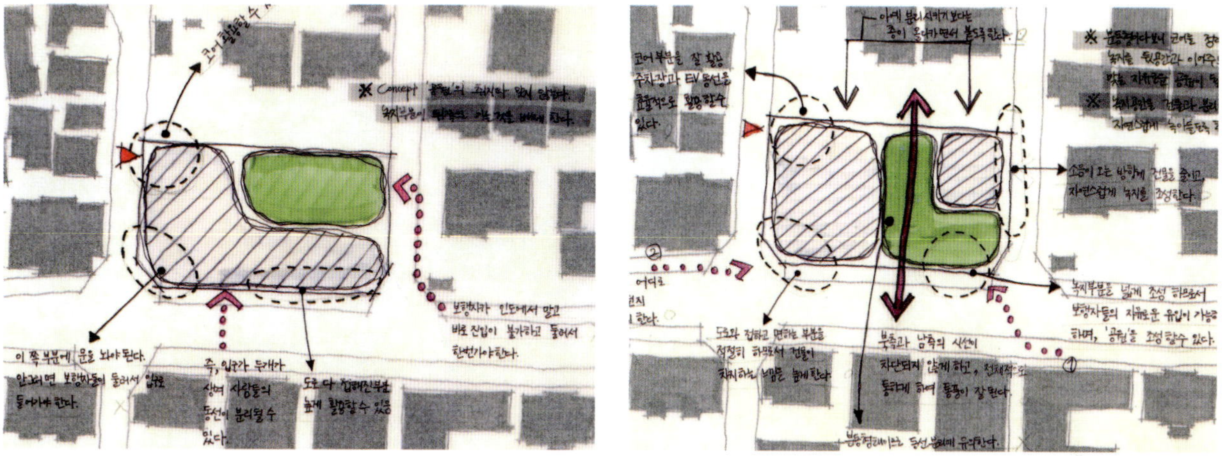

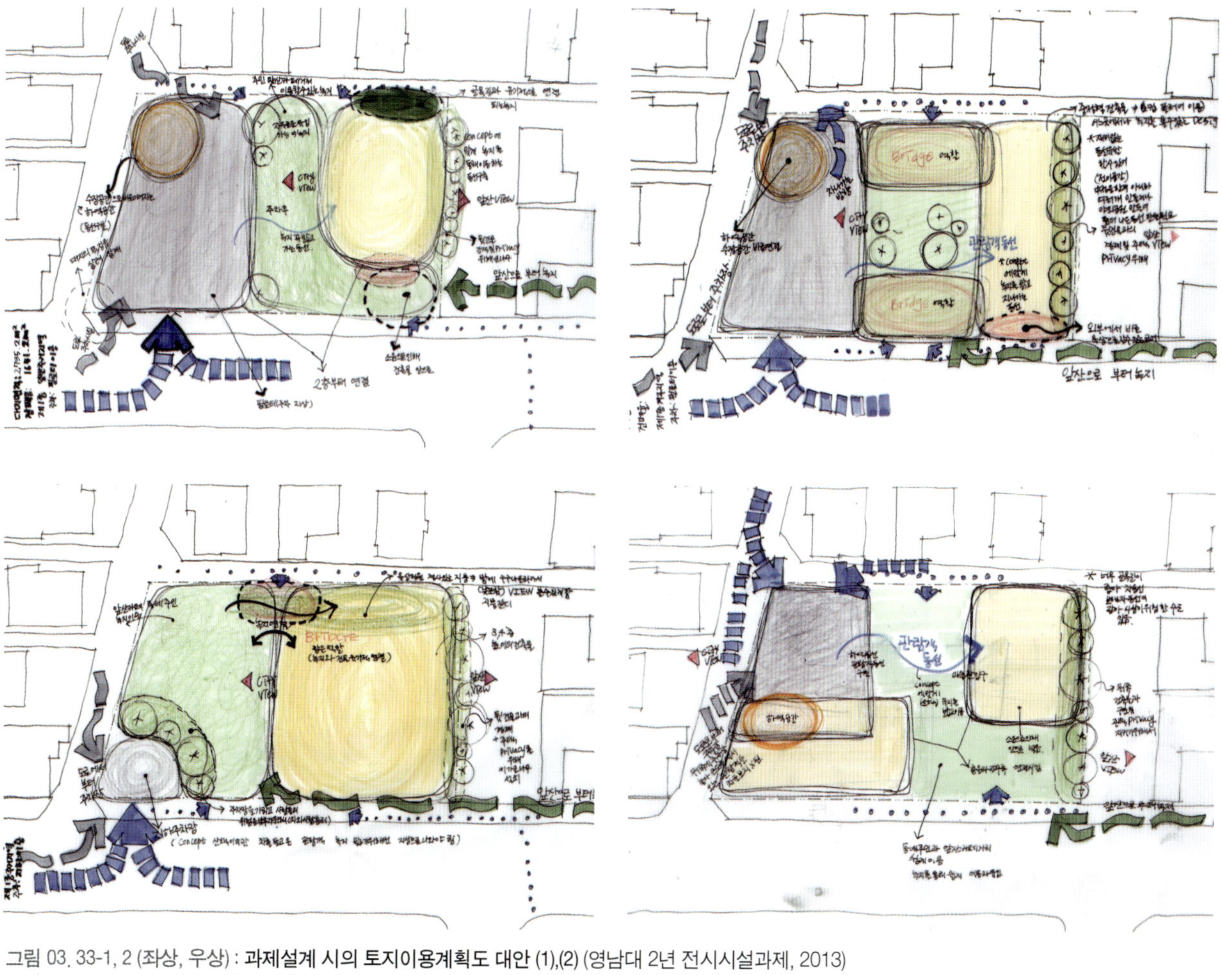

그림 03. 33-1, 2 (좌상, 우상) : **과제설계 시의 토지이용계획도 대안** (1),(2) (영남대 2년 전시시설과제, 2013)

그림 03. 34-1, 2, 3, 4 (좌중, 우중, 좌하, 우하) : **과제설계 시의 토지이용계획도 대안** (1),(2),(3),(4) (영남대 2년 전시시설과제, 2018)

♠ 참고 및 인용문헌

- Andrew Pressman, Designing Architecture, Routledge, 2012
- A. Papadakis, Deconstruction, Rizzoli, 1989
- Denis Cosgrove, editor, Mappings, Reaktion Books, 1999
- Edward T. White, Site Analysis, Architectural Media, 1983
- Henry Sanoff, Visual Research Methods in Design, VNR, 1991
- James A. LaGRO, Site Analysis, J-Wiley, 2001
- Joyce Wycoff, Mindmapping, Berkley Books, 1991
- Kevin Lynch, Site Planning, MIT Press, 1972
- Robert G. Hershberger, Architectural Programming, M-G-H, 1999
- Heinrich Klotz, Vision der Moderne, Prestel Verlag, 1986
- A+U 200. 5 OMA
- Cherry, Programming for Design, 건축설계 프로그래밍(김수인 역), 기문당, 2009
- I. Bently, et al, Responsive Environments, 건축환경설계방법론 (하재명 역), 기문당, 1997

4장. 기능과 요구조건 분석

● 프로그래밍과정에 사용되는 각종 다이어그램과 기법

다이어그램이라는 오래된 시각적 표현기법은
1960년대 초반 이후 합리적 건축설계방법론에 대한 관심이 커지면서
시스템공학, Operational Research 등의 타 분야에서 사용되는
각종의 다이어그램과 결합하여 더욱 다양화되었다.

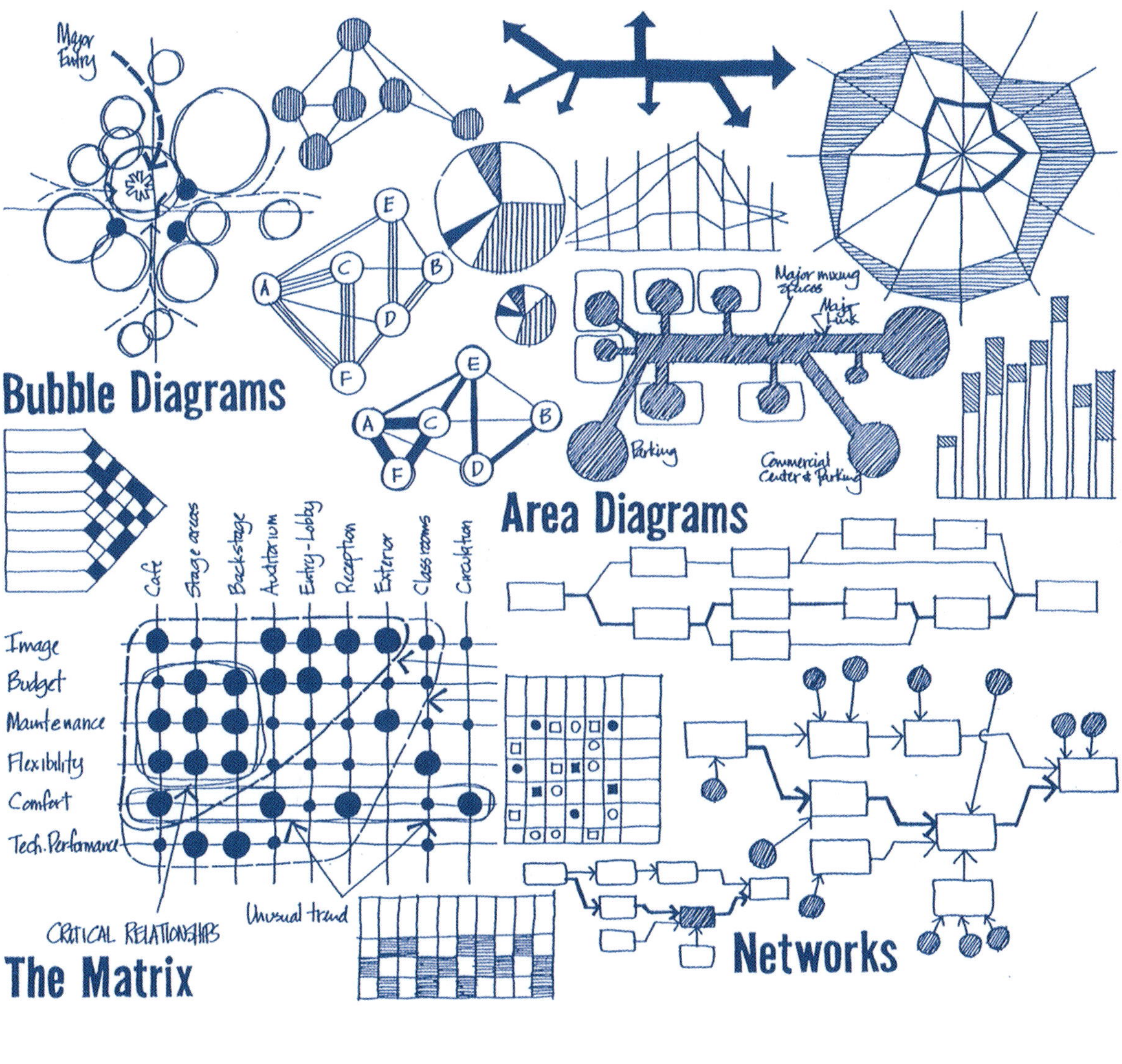

IV. 기능분석과 요구조건 파악

대지분석과 함께 설계대상 건축물의 기능분석과 요구조건의 파악은 건축프로그래밍의 가장 중요한 부분이다. 구체적이고 물리적 실체가 있는 대지와는 달리 건물의 기능이나 이용자 특성 등을 비롯한 프로그램의 여러 요소들은 상당부분 추상적인 글이나 수치 등의 상태로 접하기 때문에 학생들의 입장에서는 현실감이 떨어지고 소홀히 다루기 쉽다.
또 다른 한 가지는 과제설계에서 주어지는 기본조건들 중 기능적 측면의 임의성이 크다는 점이다. 설계부지 및 주변 환경조건은 임의로 변형시키면 안 된다는 생각이 기본적으로 갖추어져 있는 반면, 건물의 기능적 세부요소나 공간의 프로그램 관련사항은 가변성이 크며, 이 중 많은 부분은 학생들이 스스로 설정, 또는 가정해야 한다.(기능 및 공간 프로그램 관련 요소들을 대체로 너무 느슨하게, 또는 간략하게 제시하고 다루는 지도교수의 책임도 크다.)
기능적 요구조건에 관한 사항들은 설계과정에서 수시로 변경할 수 있다는 학생들의 생각은 프로그램에 대한 진지한 탐구의욕을 저하시키며 프로그래밍 작업 전체에 대한 자세를 비현실적이고 안일하게 만드는 원인이 된다.

01. 요구조건과 설계기준의 설정

1. 과제설계의 요구조건 설정

어떤 과제나 문제를 해결하기 위해서는 주어진 조건과 변수, 그리고 기준이 명확해야 한다. 실무설계에서는* 이러한 조건들 중 많은 부분이 건축주로부터 주어지고 법규 등의 현실적 제약요소는 설계의 초기작업을 진행하는데 중요한 기준의 하나가 된다.

과제설계의 경우, 설계의 초기작업을 진행하는데 필요한 많은 부분들을 학생 스스로가 설정해야 한다.(자유과제인 졸업설계에서 이러한 현상이 가장 심하게 나타난다.) 물론 담당교수가 배부하는 설계지침서나 설계개요가 있지만 그 내용은 개략적이어서 설계과정에 학생들이 마주치고 해결해야 할 수많은 조건들을 제시해주지는 못한다. 담당교수가 세밀한 설계지침서를 처음부터 제시하지 않는 이유 중의 하나는, 지나치게 구체적인 지침의 제시가 학생들의 자유롭고 창의적인 사고와 가능성을 제한할 수 있다는 우려 때문이다.

• 프로그램의 불명확성이 주는 문제들

실무세계에서도 건축가들에게 가장 큰 고통과 좌절을 주는 문제는「설계재능의 부족함」보다는「불명확한 프로그램」으로 인해 며칠 밤을 새워 만들어 놓은 설계안을 몇 번이고 다시 해야 하는 것이다.
이미 완료해놓은 설계안에 대해 대지구입의 문제로 인한 대지규모 변경, 건축주의 변덕에 의한 건축규모 변경, 예산부족에 의한 사업내용 변경 등의 수많은 이유로 오랜 시간에 걸쳐 진행해온 건축가의 계획안과 노력이 물거품이 되는 일이 일상화되어있다.

과제설계가 실제사회의 문제점에 뿌리를 보다 깊게 내리지 못하고 공간과 형태구성의 조형성에 몰두하는 중요한 배경에는 이러한 원인도 크다. 따라서 과제설계에서 기능과 프로그램의 분석 및 요구조건의 설정을 보다 현실성 있고 구체적으로 진행하기 위해서는 자신이 직면한 설계주제, 혹은 시설유형에 대한 문제의식을 갖는 것이 급선무이다.

가) 문제의식의 확립

설계과제의 해당시설(건물유형)에 대한 문제의식을 갖기 위해서는 무엇보다 먼저 일상에서 경험하는 해당시설에 대한 진지한 탐구와 재검토가 있어야 한다. 만일 평소에 주거나 전시시설, 교육시설, 공공시설 등의 건물유형에 대해 별다른 문제의식을 갖고 있지 않다면 비록 학기 초의 바쁜 시간이지만 학습과 탐구를 통해 어느 정도 문제의식을 형성해나가는 시간이 필요하다. 학생 스스로가 문제의식을 형성할 만큼 시간과 선지식이 부족하다면 관련서적이나 자료를 읽고 다른 건축가나 건물 이용자, 혹은 건축 평론가들이 서술한 문제점이나 문제의식들 중 내가 공감할 수 있는 부분을 차용하는 것도 하나의 방법이다.*

문제의식을 갖는다는 것은 그 대상(건축물)에 대해 어떤 생각이나 개념을 갖고 있다는 것이며, 이는 차후의 설계작업을 통해 해결하고 반영해야 할 가치와 기준, 그리고 목표를 지니는 것이기도 하다. 아무 생각이 없는 상태에서는 아무런 형태도 나올 수 없다. 그저 복사와 모방만 있을 뿐이다.

*
예를 들어 집합주거 설계과제의 경우, 각종 출판물이나 언론 등을 통해 이미 밝혀진 문제점과 사회적으로 공감대를 형성하고 있는 문제의식들이 많으므로 이들 중 학생 자신의 생각과 일치하는 부분을 차용할 수 있을 것이다.

나) 자료수집과 요구조건 파악

일단 문제의식을 갖게 되면 해당 설계과제와 관련된 넘쳐나는 자료와 정보의 홍수 속에서 나에게 필요한 것이 어떤 것인지에 대한 방향과 초점이 잡힌다. 여기에 담당교수가 제시한 설계지침을 더하여 해당 시설에 대한 기능분석과 요구조건의 파악을 하게 된다. 대개 시설의 기능 및 요구조건 파악은 다음과 같은 요소나 출처를 바탕으로 하게 된다.

- 인근지역에 소재한 유사시설 자료 및 해당건물과의 관련성
- 해당건물과 동일한 시설유형의 계획을 위한 기본자료
- 해당건물에 필요한 실과 공간의 종류 및 구체적 기능
- 건축법규 관련자료(지역지구, 건폐율, 용적률, 높이제한, 피난 및 방재, 무장애설계 지침 등)
- 건물 이용자 관련 자료

실무설계에서는 이 외에도 예산 관련사항, 구조·설비시스템과 재료·시공 등의 기술적 문제, 에너지 문제, 완공 후의 유지관리 측면 등에 대한 검토와 분석

이 이루어져야 한다.

다) 기존 설계안의 분석

이러한 자료수집과 분석작업은 대체로 귀납적이고 step-by-step의 논리적 과정이다. 그러나 설계에 필요한 아이디어의 상당부분은 그 반대로 연역적 접근을 통해 이루어지기도 한다. 따라서 앞의 2장 1절에서 서술한 것과 같이 사례조사를 통한 다양한 기존설계안의 조사와 분석이 필수적이다. 즉, 이미 완성된 설계안을 통해 해당 시설에 대한 전반적인 이해도를 높이고 다른 건축가들의 설계 접근방식과 설계기법을 배울 수 있다.

이 때 가능하면 기존 설계안을 복사하여 눈으로 보지만 말고, 복사한 평면도 위에 트레이싱지를 깔아놓고 펜을 사용해서 그대로 한번 그려보는 것이 더욱 효과적이다. 눈으로 보는 것과 한번 그려보는 것의 차이는 어떤 건축물을 답사할 때 짧은 순간 셔터를 눌러 사진을 찍는 것과 스케치북에 그려보는 것과의 차이와 같다.

여러 사례를 분석할 때 무작위로 분석을 할 수도 있겠지만 일정한 분석기준을 설정한 뒤 여기에 맞추어 다양한 사례들을 분석하면 각 사례들 간의 상호비교를 통한 장 · 단점 이해에 도움이 될 것이다. 우측의 그림 04-01은 미국 University of Washington의 대학원 전시시설 설계과제의 사례분석과정에서 렌쪼 피아노가 설계한 휴스턴 소재의 미술관인 Menil Art Collection에 대해 ;

① 도시맥락적(urban context) 유형 분석
② 기능적(functional) 유형 분석
③ 동선(circulation) 유형 분석
④ 구조체계 및 기하학적 구성(geometric organization) 유형 분석
⑤ 입면(public facade)유형 분석
⑥ 자연채광(natural lighting)유형 분석

등으로 분석기준을 설정하여 분석한 사례이다.

2. 기능분석의 종합과 요구조건 서술

가) 기능분석의 종합

과제설계의 기능분석내용을 개략적으로 종합하면 다음과 같은 항목들에 대한 서술, 또는 다이어그램들로 요약된다.

① 시설이 갖춰야 할 기능적, 공간적, 형태적 제반 특성의 서술
② 필요한 실 또는 공간의 종류와 수, 그리고 크기의 목록

③ 각 공간들의 상호 관계와 수평 · 수직의 조닝

④ 해당시설의「사용자 특성」(연령, 계층, 분포지역, 요구사항 등)

나) 요구조건의 서술

기능분석 결과의 정리와 병행하여 기능적인 측면에서 찾아진 제반 요구조건들을 서술한다. 이는 다시 대지분석 결과에 대한 서술과 합해져서 프로그래밍 결과로서 최종적인 요구조건들로 정리하여 문장으로 서술한다. 이러한 요구조건들을 압축하고 여기에 설계이슈가 더해져서 설계목표가 추출된다.

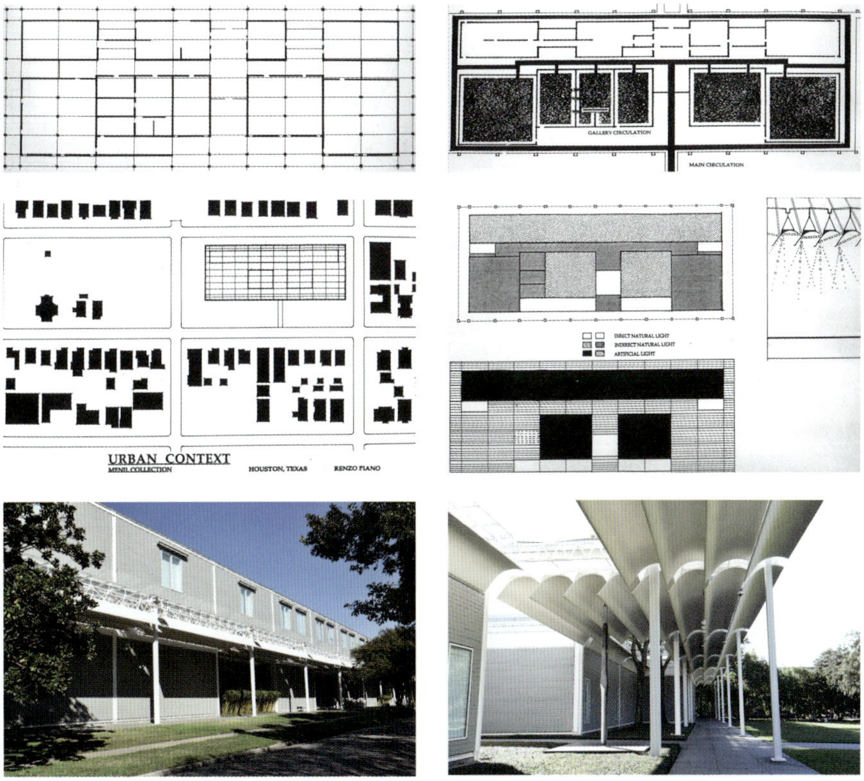

그림 04. 01 **분석기준에 의한 기존사례분석** (Menil Collection, Houston Texas, 1986-Renzo Piano 설계)

(좌상) : 구조체계 및 기하학적 구성 유형분석 내용의 일부
(우상) : 동선 유형분석

(좌중) : 도시맥락적 유형분석
(우중) : 자연채광 유형분석

(좌하) : 미술관의 남측 외관
(우하) : 미술관 남측의 포치부분

02. 비시각적 자료의 시각화 작업

건축설계는 기본적으로 시각적인 작업이다. 그러나 설계과정의 초기에 주어지고 수집되는 많은 자료들은 비시각적인 단어나 문장, 혹은 숫자들로 이루어져 있다. 따라서 이러한 추상적 자료들을 시각화, 또는 도식화하여 차후 배치 및 평면계획으로 발전시키기 용이한 다이어그램이나 패턴형태로 조속히 변환시키는 작업은 중요하다.

표 04. 01 : **건축주의 소요공간 목록표**
건축주가 제공하는 목록표는 대부분 각 실의 명칭과 개수, 면적표와 같은 추상적 표현으로 되어 있으므로 신속히 시각적인 표현으로 변환한다.

층	용도	실수	면적 (㎡)	소계 (㎡)
지상 1층 2,790㎡	화장실(남,여)	2	36.3	72.6
	장애인화장실	2	3.8	7.6
	자원봉사자실	1	3.7	3.7
	재활치료실	1	107.5	107.5
	주사실	1	247.5	247.5
	365일 콜센터	1	41.2	41.2
	세미나실	1	90.0	90.0
	편의시설 1	1	270.0	270.0
	편의시설 2	1	540.0	540.0
	입퇴원수속	1	90.0	90.0
	사무실	1	82.5	82.5
	약국	1	97.5	97.5
	합계	14	1,610	1,650

(Y대 병원 증축공사를 위한 층별 소요면적표 중 일부 발췌)

1. 기능분석과 소요공간 설정

가) 소요 공간의 수량과 규모 설정

설계초기단계에서 건축주나 발주처에서 제공하는 주요자료 중 하나는 소요공간과 그 개수 및 크기를 정리한 목록표이다. 간단한 주택의 경우도 그렇지만 복잡하고 규모가 큰 건축물인 경우, 글자와 숫자로만 구성된 목록표 만을 보아서는 공간의 규모에 대한 감각이 잡히지 않는다.(표 04-01, 02)

따라서 빠른 시간 내에 목록표를「면적 다이어그램」으로 변환하는 작업을 통해 각 소요 공간들의 규모를 시각적으로 표현함으로써 각 공간 및 영역의 크기에 대한 감을 잡는 것이 우선적으로 해야 할 일의 하나이다.

나) 기능 다이어그램의 작성

소요 공간에 대한 면적 다이어그램이 만들어지면, 기능분석의 내용을 토대로 각 공간들 간의 상호관계도 즉, 기능도를 면적 다이어그램과 결합하여 기능 다이어그램(표 04-02)을 작성한다. 이를 통해 주요 공간의 종류와 크기, 그리고 이들 간의 관계를 동시에 파악할 수 있다.

2. 공간 다이어그램(Space Diagram) 작성

표 04. 02 (아래) : **전시시설 과제를 위한 소요공간 목록의 시각화 과정 (1)** (영남대 2년, 2008년) 좌측의 각 실별 명칭과 면적을 우측과 같이 면적 다이어그램으로 먼저 변환하여 시각화한다.

기능 다이어그램이 각 공간들의 상호관계를 주로 나타내는 것이라면 공간(또는 면적)다이어그램(Space Diagram)은 설계 목록표에 제시된 각 실과 공간들을 빠짐없이 축척에 맞추어 면적으로 도식화한 것이다. 이렇게 작성된 다이어그램

영역	실 명	면적	개수	총면적	비율	면적 크기 (모듈)
전시	대전시실	384㎡	1	1,2028㎡	27%	30 모듈
	중전시실	244㎡	2			
	소전시실	192㎡	3			
수장	하해공간	112㎡	2	424㎡	10%	8 모듈
	수장 및 임시창고	200㎡	1			
교육	실습 및 강의실	552㎡	1	552㎡	12%	4 모듈
영상	영상자료 및 교육	320㎡	1	320㎡	7%	2 모듈
관리	사무실 및 창고	92㎡	2	440㎡	10%	8 모듈
	관장실 및 회의	128㎡	2			
편의	카페테리아	336㎡	1	464㎡	10%	8 모듈
	뮤지움 샵	128㎡	1			
공용	홀 복도	320㎡	1	1,272㎡	24%	18 모듈
	계단 화장실	48㎡	11			

을 각 실별로 잘라내면 설계의 초기작업에서 평면 및 단면구성을 위한 기본단위(unit)로 활용된다. 따라서 면적다이어그램의 크기는 정확한 축척에 근거하여 작성해야하며 기능별로 색상을 달리 표현하는 것이 다이어그램 자체의 이해나 차후의 활용에 유리하다.

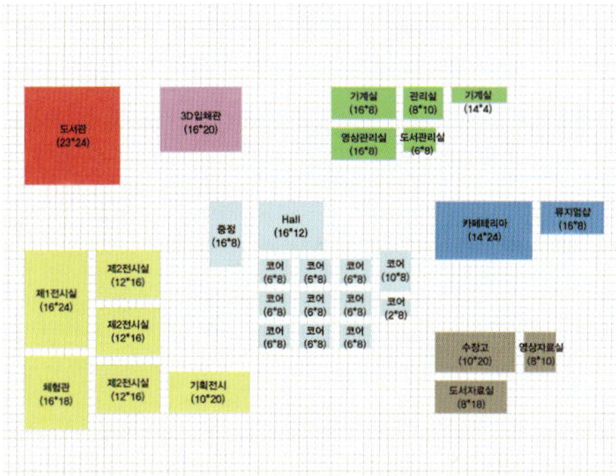

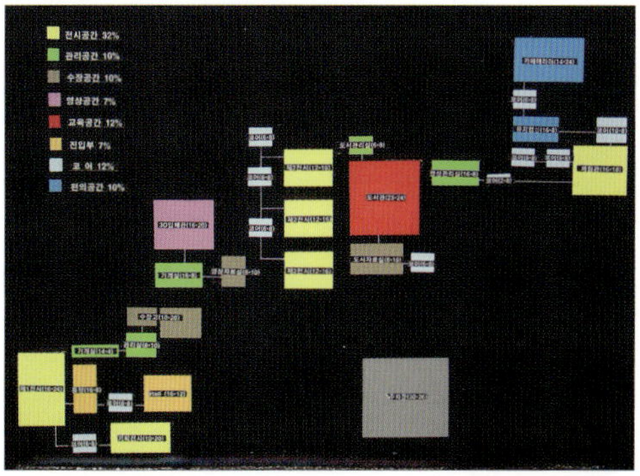

04. 02 (좌) : **면적다이어그램의 실별 분리**
좌측 페이지 표 04-02 면적다이어그램을 각 공간별로 오려서 카드로 제작한다.

04. 03 (우) : **공간의 기능도에 실별 면적표를 대입**
각 공간의 관련성을 나타내는 기능도에 앞에서 오려낸 기능별 카드를 붙인다.

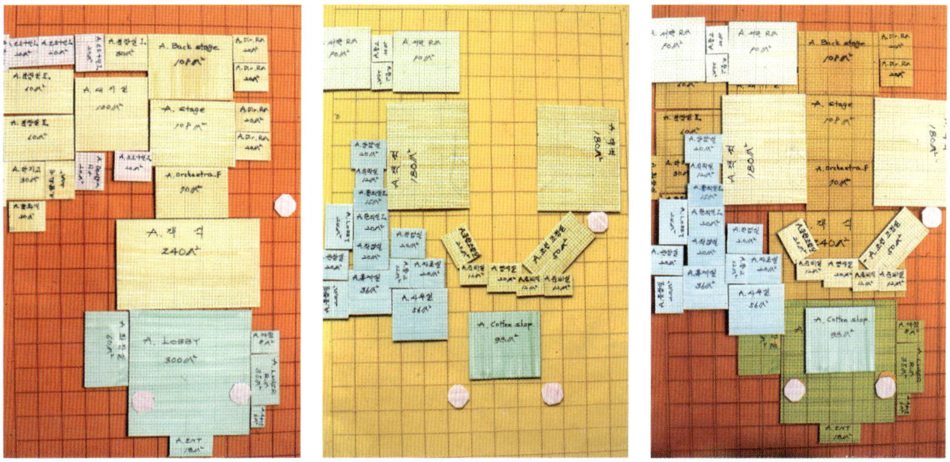

04. 04 : **공연장 계획과제의 면적다이어그램 배치과정**
아크릴판 위에 일정한 모듈로 구성된 바탕 그리드를 홈으로 판 뒤, 각 층별 면적다이어그램을 붙여서 점차 평면계획에 근접시켜 나간다.(한양대 졸업설계 중간과정, 1988)

(좌) : 1층 다이어그램(주황색)
(중) : 2층 다이어그램(노랑색)
(우) : 1층 + 2층 다이어그램(주황색)

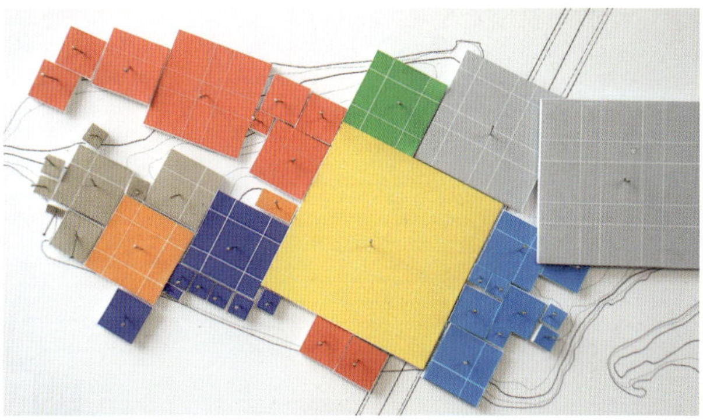

04. 05 : **복합문화시설계획의 초기과정** - 면적다이어그램을 부지 위에 놓아보면서 배치계획에 접근해 나간다.(영남대, 졸업설계과정, 2004)

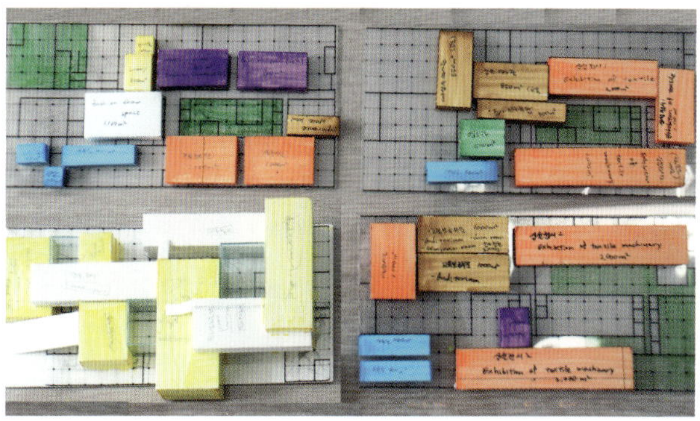

04. 06 : **구조그리드에 대입 후 확인** - 구조그리드판 위에 각 층별 면적 다이어그램을 놓고 층별 면적의 적정성 확인(영남대 졸업설계, 2009)

• 면적다이어그램과 공간다이어그램

Space Diagram은 여러 가지 의미와 형태로 사용되고 시각화될 수 있으나
이 책에서는 ;
단순히 해당 층 각 실들의 면적만을 시각화 한 것을 〈**면적다이어그램**〉으로, 여러 층의 수직적 관련성까지 고려한 입체적 다이어그램을 〈**공간다이어그램**〉으로 설명하고자 한다.

• 평면상의 면적은 물론 각 공간들의 수직, 수평방향의 연관성을 복합적으로 보여주는 공간다이어그램 사례

표 04. 03 (우) : **설계 초기단계에 사용된 실무건축가의 공간다이어그램 사례**

공간 다이어그램은 단순히 평면적인 면적다이어그램개념 뿐만 아니라, 단면적인 크기나 각 실들 간의 조닝 및 관계를 나타낼 수도 있다. 우측의 표는 실무설계 프로젝트에서 사용된 공간 다이어그램의 사례이다. (연미건축 인의식 대표의 자료(1989)를 필자가 재작성)

아래의 그림 04-07은 이 다이어그램을 사용한 이후의 진행과정 일부와 완성된 평면 일부 및 외관사진을 보여준다.

• 실무건축에서 면적다이어그램의 사용 예 (1)

(가톨릭 신학대학 기숙사 / 유희준 한양대 명예교수 설계, 1990년)

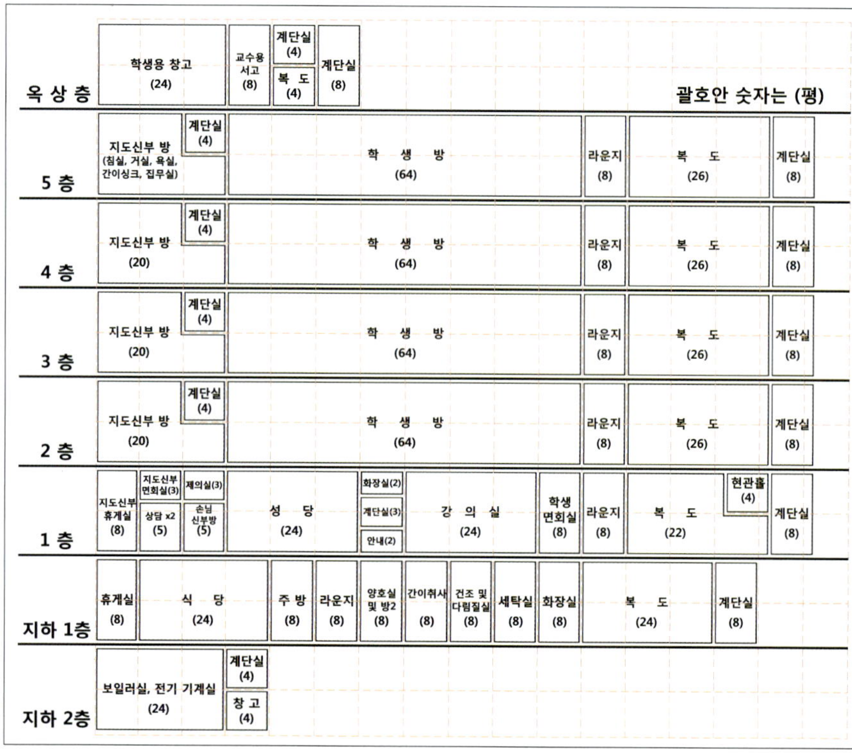

04. 07 : **K대학 기숙사동 설계의 중간과정 및 완성된 평면 일부와 외관사진**
(유희준 한양대 명예교수 설계, 1990)

(좌상) : 위의 다이어그램에 의해 작성된 지하층 평면도 계획과정
(우상) : 완성된 1층 평면도

(우하) : 완성된 2층 평면도
(좌하) : 완성된 C동의 외관

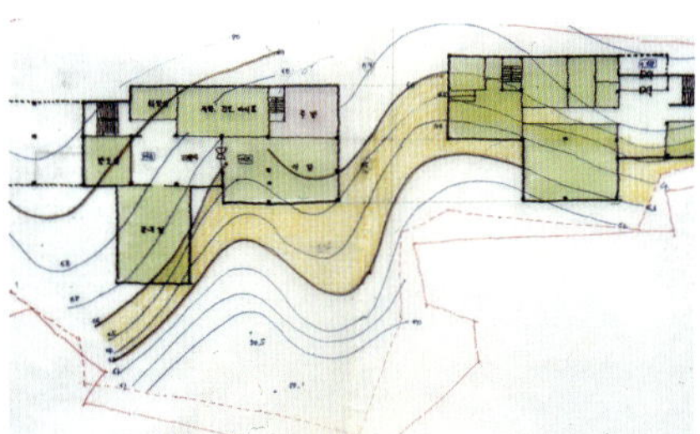

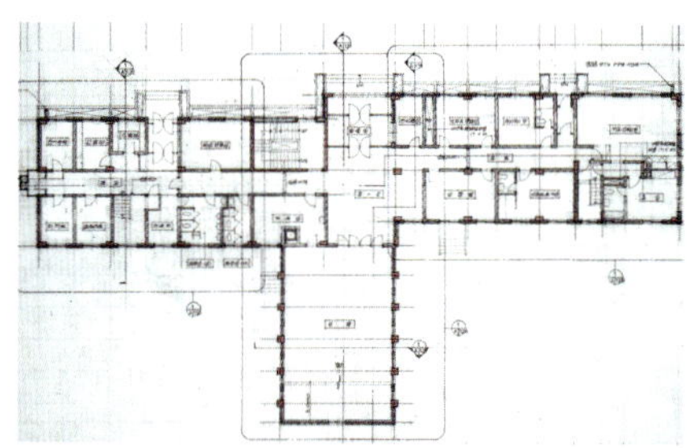

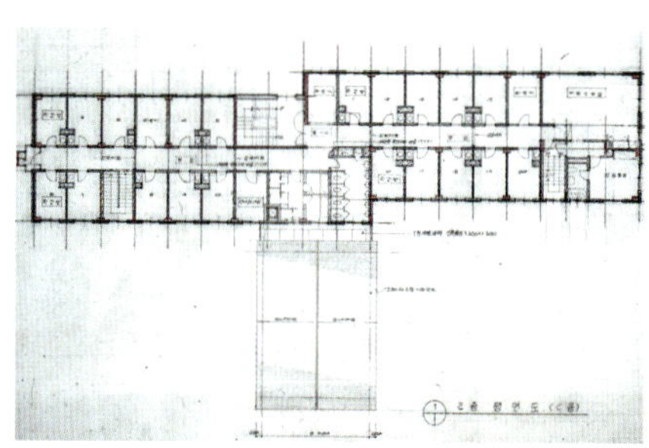

• 실무건축에서 공간다이어그램의 사용 예 (2)
(KBS방송센터 현상공모 제출안 / 구본덕 + 환경종합설계사무소, 1992년)

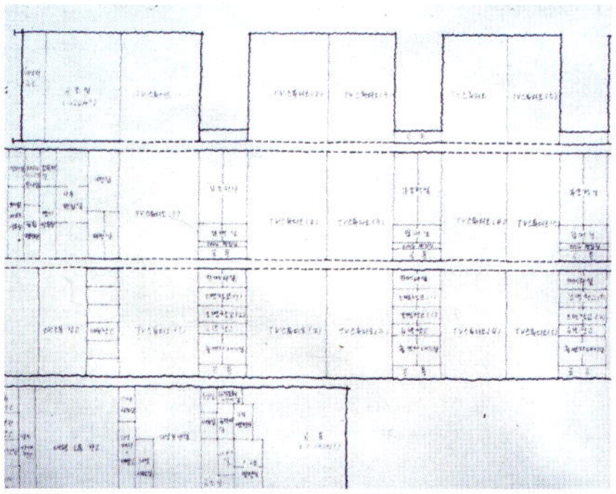
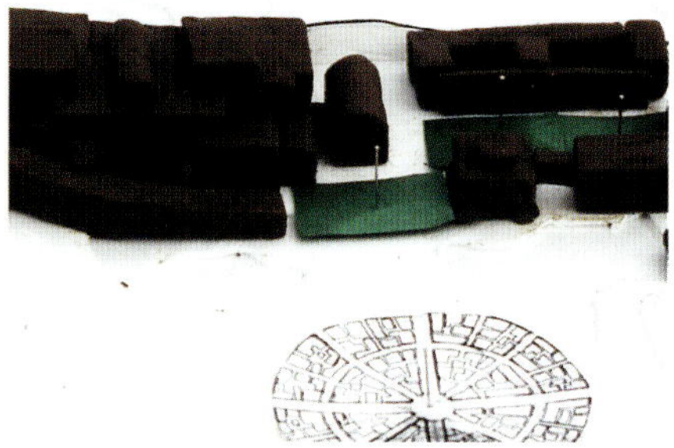

04. 08 : **KBS 방송센터 현상공모안 계획의 초기 및 중간과정과 모형**
(구본덕+환경종합설계사무소, 1992)

(좌) : 발주처의 드라마 제작센터 소요공간 목록표를 공간다이어그램으로 변환한 도판

(우) : 다이어그램의 각 실 면적표를 붙여서 확인하기 위해 임시로 만들어본 외관의 대안(찰흙 스터디 모형)

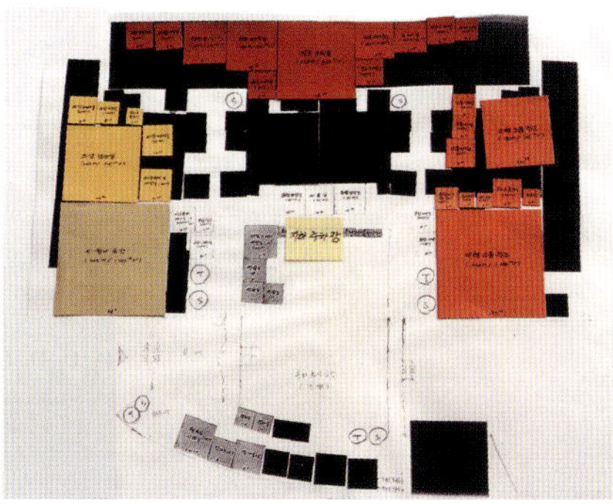
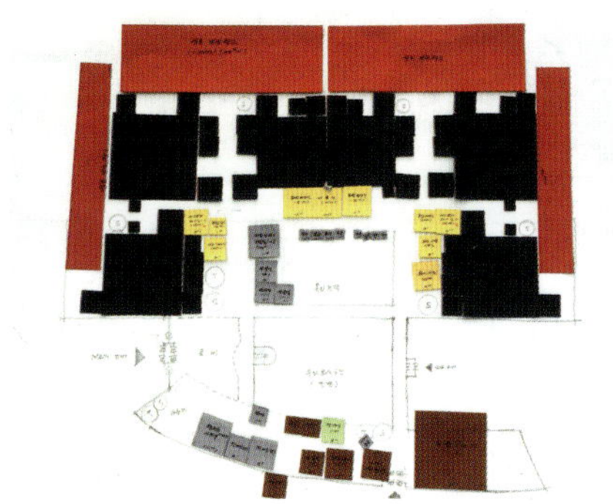

(좌) : 임시 평면대안 위에 면적표를 붙여서 해당층 평면면적 타당성을 검토(지하층)

(우) : 1층의 평면적 타당성을 검토

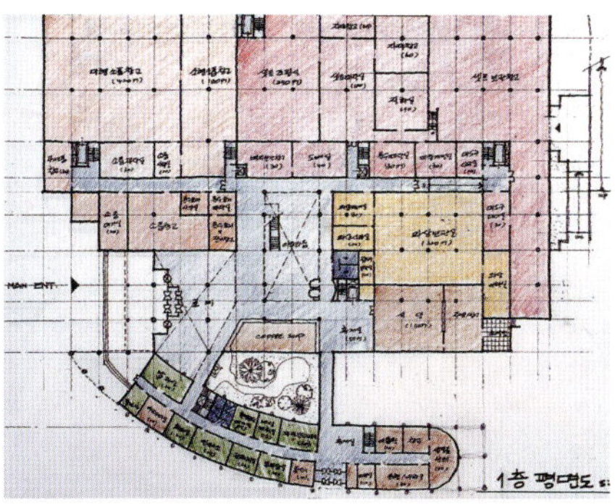
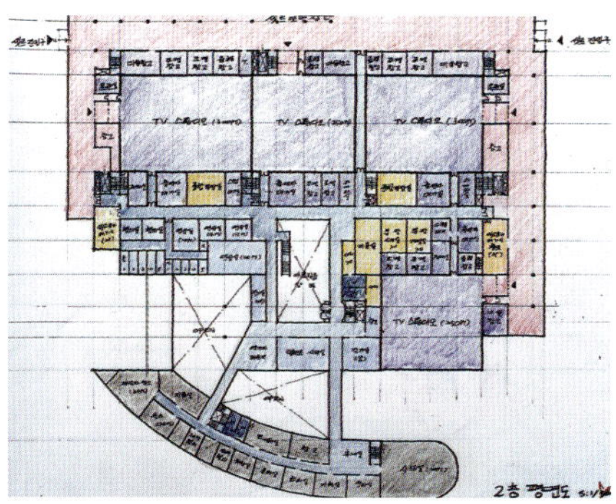

(좌) : 평면면적 타당성 검토 후 드라마 제작센터 1층 평면도를 스케일에 맞추어 작도

(우) : 2층의 평면도 작도

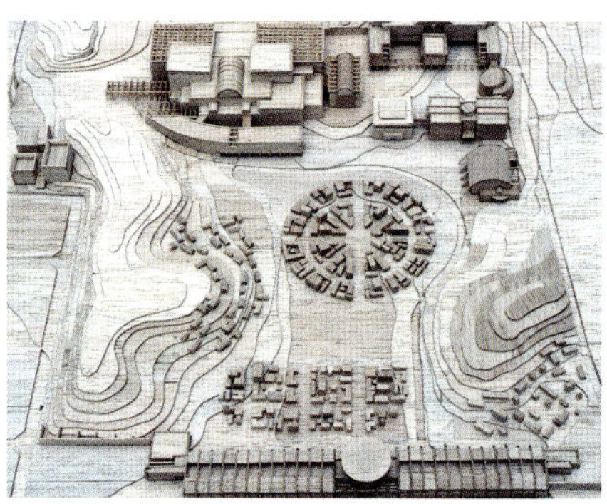

(좌) : 완성된 드라마 제작센터의 모형

(우) : 완성된 KBS 방송센터의 전체 모형(좌측 상단부분이 드라마제작센터)

03. 공간 이용 프로그램과 공간 시나리오

1. 사용자의 공간 이용 프로그램

앞에서 서술한 면적다이어그램, 또는 공간 다이어그램은 모두 건축물과 공간의 물리적 기능의 측면에서 본 프로그램이다. 여기에 더해 중요한 것은 이러한 물리적 공간을 사용자가 어떤 생각과 방식으로 이용하도록 할 것인가에 대한 프로그램을 짜는 것이다. 따라서 공간 다이어그램을 하드웨어hardware라고 한다면 공간 이용 프로그램은 소프트웨어software로 비유할 수 있다.

기능도에 이러한 내용이 일부 포함되어 있으나 이는 일반적이고 표준적인 기능의 지침에 따라 작성된 것이므로, 구체적인 어떤 주택, 어떤 미술관을 거주자나 관람자가 어떻게 사용할 것인가는 설계자가 제시하거나 머릿속으로 구상해야 할 사항이다. 이 때 필요한 것이 시각적 사고visual thinking에 대한 능력과 훈련이다.

예를 들어 간단한 주택의 경우라 하더라도, 가족들 각자가 거실과 식당, 그리고 침실과 발코니 등을 아침부터 잠자리에 들 때까지 어떻게, 무엇을 느끼며 어떤 순서로 사용하게 할지를 일기를 쓰듯이 머릿속에 공간을 그려보면서 계획할 때 보다 현실감 있고 창의적인 결과물이 만들어 질 것이다.

04. 09 : **뫼비우스의 띠를 주제로 한 뫼비우스주택** (UN Studio, 1998)

(좌) : 뫼비우스 띠의 변형 그래픽
(우) : 뫼비우스 띠에 주택거주자의 생활 패턴을 표기한 그래픽

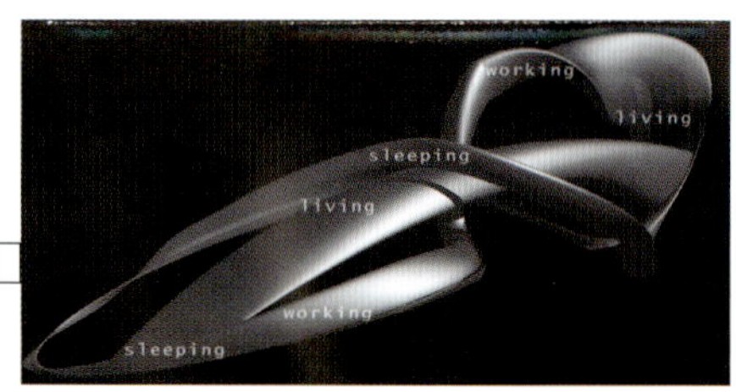

(좌) : 주택의 단면전개도에 거주자인 부부의 Life Cycle에 따른 동선 패턴을 중첩시켜 표현한 다이어그램

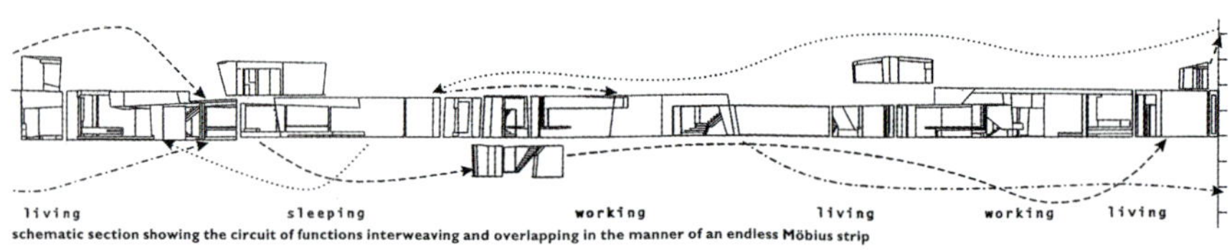

(좌)(우) : 완성된 주택의 내부사진

2. 공간 시나리오 (Space Scenario)

공간 이용 프로그램을 시각적으로 표현한 것을 공간시나리오라고 가정하기로 한다. 사실 공간 이용 프로그램과 공간 시나리오라는 용어는 내용상으로 별 다른 차이가 없을 수도 있으나, 전자는 서술적인 표현을, 그리고 후자는 시각적인 표현을 지칭하는 의미로 구분하여 사용하고자 한다.

광고회사에서 광고의 동영상 제작을 위한 스토리보드storyboard를 만화나 스케치 형식으로 만들 듯이 건축설계 시에도 건물 이용자들이 건물 내, 외부의 중요한 지점이나 공간에서 무엇을 보고 체험할 수 있도록 할 것인가를 스케치나 다이어그램 형식으로 만들어 볼 수 있을 것이며, 이를 공간 시나리오라고 할 수 있다.

적게는 수 개의 장면들, 혹은 수십 개의 장면들로 구성될 수 있는 정지화면들로서 시나리오를 연결하면 결국 건물 전체를 보여주는 동영상이 머릿속에서 만들어지게 된다.

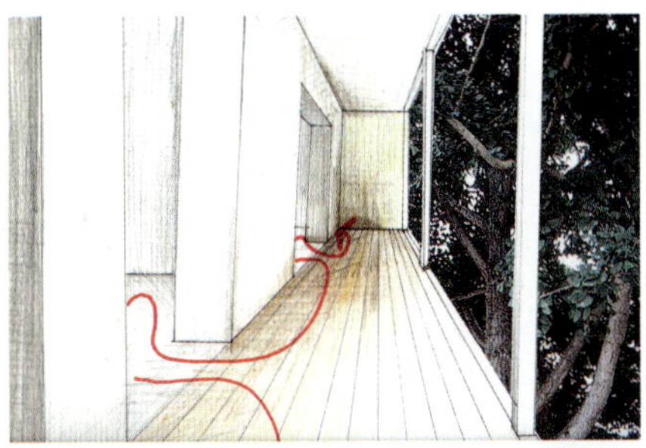

04. 10 (좌상, 우상) : **전시시설 설계를 위한 공간시나리오의 일부** (영남대 2년 전시시설과제, 2013)

04. 11 (좌하) : **포도주 양조장 Winery 설계를 위한 공간시나리오** (Univ. of Washington 3학년 설계과제, 2007)

04. 12 (우하) : **전시시설(만화박물관) 설계를 위한 공간시나리오** (영남대 2년 전시시설과제, 2008)

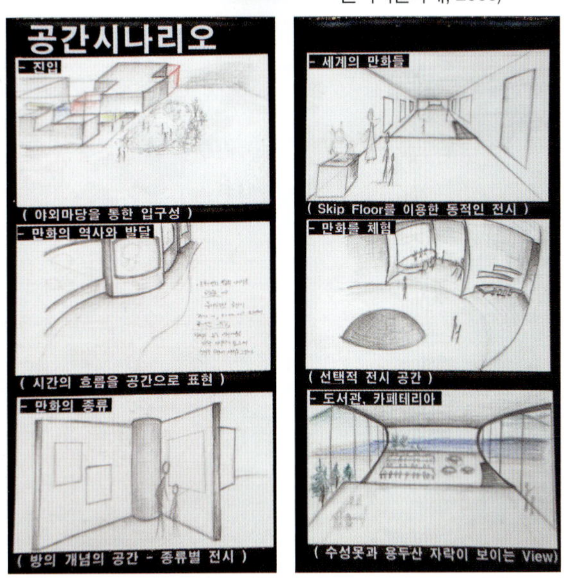

• J. F. 케네디대통령 기념관의 공간시나리오 (이오밍 페이 설계, 1979)

04. 13 : **J. F. Kennedy 대통령 기념 전시관 및 도서실** (I.M. Pei 설계, 1979)

(좌) : 바다쪽에서 본 외관
(우) : 전시공간 동선의 전개과정

관람객은 입장 후 곧 바로 반지하층으로 구성된 어두운 전시공간을 한동안 관람한 뒤, 낮고 어두운 공간에 대비되는 높고, 넓고, 밝은 공간으로 나가게 되면서 공간연출의 정점에 도달한다.

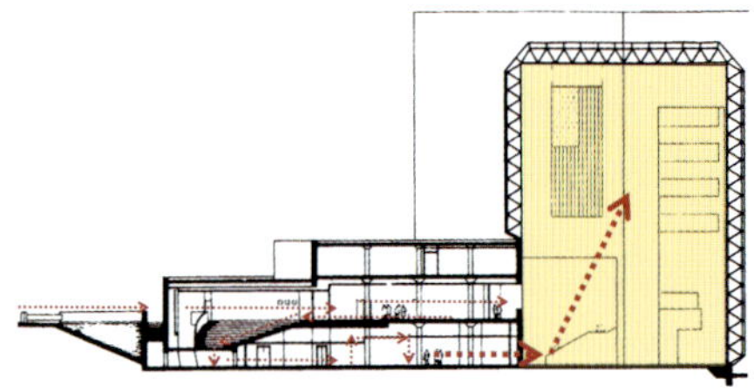

(좌) : ① 주 현관 진입 후, 현관홀에서는 전방의 대형 아트리움과 바다경관의 일부만 보여주고, 곧 이어 지하의 전시공간으로 동선이 유도된다.

(우) : 전시공간 동선의 전개과정-복잡한 동선을 통해 어두운 조명의 지하 전시공간에 오랫동안 머물도록 유도한다.

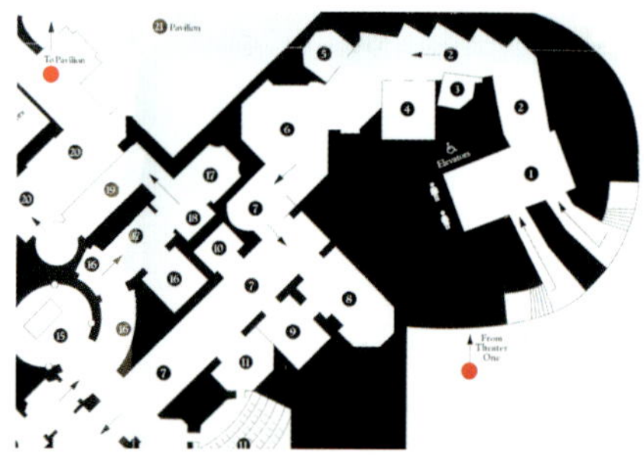

(좌) : ② 지하공간의 낮고 어두운 분위기에 싫증이 날 무렵, 이와는 대비되는 공간으로 향한 출구가 유도된다.

(우) : ③ 지하 전시공간의 출구는 8층 높이의 거대한 유리의 아트리움으로 연결된다.

(좌) : ④ 낮고 어두운 공간으로부터 밝고 높고 푸른 거대한 아트리움으로 나가면서 공간의 대비감에서 오는 감동을 체험한다.

(우) : ⑤ 아트리움의 상부에서는 대형 성조기가 드리워져 있어 국가와 애국심에 대한 또 다른 감동을 느끼게 한다.

이러한 공간구성 기법은 스케일감의 대비, 공간의 이동을 통한 연속성의 체험이라는 측면에서 이해된다. 건축가는 공간시나리오를 통해 각 공간 체험의 순서와 그 효과를 고려하였으며, 그 결과는 성공적이라 할 수 있다.

• 사보아주택의 공간시나리오 (르 꼬르뷔제 설계, 1929)

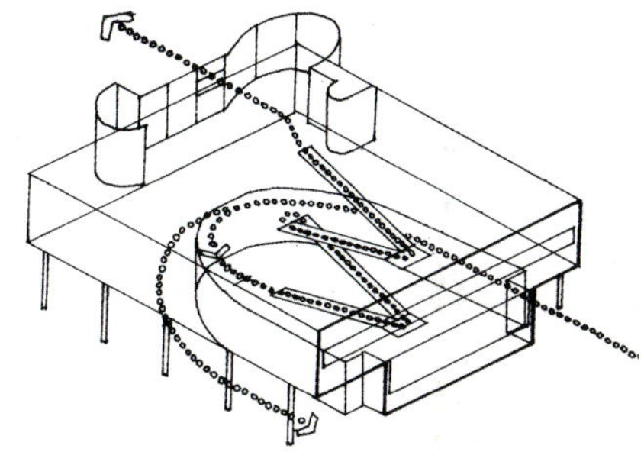

04. 14 : Villa Savoye (Le Corvusier 설계, 1929)

(좌) : 주택의 동선체계

(우) : ① 주 진입부에서 보이는 주택의 뒷면-자동차의 회전반경을 유추한 주택답게 차량의 진입로와 진출로가 두드러진다.

(좌) : ② 주택의 현관
(우) : ③ 현관을 들어서면 전면에 두 개의 수직동선이 마주한다. 나선형계단과 경사로이다.
이 중 경사로를 이용하여 2층으로 올라가게 된다.

(좌) : ④ 2층으로 올라가서 우측의 거실로 향하게 된다.
(우) : ⑤ 거실의 두 벽면에는 건축가가 강조하는 수평연속창이 배치되어있다.

(좌) : ⑥ 거실 전면의 옥상정원과 옥상으로 향하는 외부경사로

(우) : ⑦ 외부경사로를 이용하여 지붕층에 도달하면 벽체에 뚫어진 개구부를 통해 외부를 조망하는 것으로 동선의 마침표를 찍게 된다.

사보아 주택의 공간구성은 철저하게 건축가가 의도한대로 거주자가 이동하고 공간을 체험하도록 이루어졌다. 즉, 공간시나리오에 의한 건축구성의 대표적 사례라고 할 수 있다. 그 중 핵심은 경사로를 따라 계속적으로 내부와 외부를 이동하는 수직동선체계이다. 주 현관의 우측 경사로를 따라 2층 거실로 이동하는 거주자는 최종적으로 옥상의 외부 조망을 위한 개구부를 통해 외부의 녹지를 조망하게 된다.

04. 프로그래밍의 결과물

이상 서술한 프로그래밍의 결과물은 다음과 같이 요약된다.

① 설계 목표와 요구조건

② 공간 또는 면적다이어그램

③ 공간 이용 프로그램 또는 공간 시나리오

④ 설계개념 및 이미지 스케치

이를 3장의 대지분석 결과물들과 관련지우고 중첩시켜 가면서 프로그래밍과정에서 디자인과정으로 자연스럽게 연결시켜 나간다.

1. 설계 목표와 요구조건

가) 설계 목표의 서술

설계를 통해 해결되어야 할 주요 내용들을 간결한 문장으로 서술한 것이다. 그 내용은 추상적이거나 막연하게 기술되어서는 안 되며 누구나 이해할 수 있는 명확하고 짧은 내용과 표현으로 구성되어야 한다. 학생들의 경우, 일반적으로 설계목표를 길고 산만하게 작성하는 경향이 있다.

설계목표는 하나 이상일 수 있으며, 각각의 목표들을 해결하기 위한 전략과 세부적 방안을 서술하고 스케치하는 과정이 바로 디자인 과정이다.

• 설계목표 서술의 예 (도시저층집합주거과제의 경우)

—(목표 1) 모든 세대가 개별정원을 가지도록 한다.

—(목표 2) 모든 세대의 주 향은 남향 및 동향이 되도록 배치한다.

—(목표 3) 서비스 및 비상차량을 제외한 차량의 단지 내 통과 및 주차를 금한다.

나) 설계 요구조건의 서술

설계과정을 통해 일관되게 지향하고 최종 결과물에서 달성해야 할 상태를 설계목표라 한다면 설계 요구조건은 설계의 초기단계인 프로그램과정을 통해 찾아낸, 설계 시에 고려해야 할 수많은 조건과 변수들을 나열한 것으로 설계의 초기조건들이다. 이는 설계목표와 같이 문장으로 서술하는 것이 일반적이나, 때로는 스케치나 다이어그램 형태로 표현되기도 한다.

2. 공간 다이어그램 (Space Diagram)

잘 구성된 면적다이어그램이나 공간 다이어그램은 많은 것들을 함축하고 표현한다. 따라서 기능도, 혹은 기능다이어그램과 결합시켜 색채를 사용하여 창의적이고 세련되게 표현하는 방법을 연구한다. 완성된 공간 다이어그램은 차후의 Massing Study의 근거자료가 되므로 정확한 축척에 의거하여 작성한다.

3. 공간 이용 프로그램 또는 공간 시나리오

문장으로 서술될 수도 있으나 앞에서 예시한 바와 같이 가능하면 스케치나 다이어그램과 같이 시각적으로 표현하는 것이 차후의 디자인과정과의 자연스러운 연결에 도움이 된다. 스케치에 자신이 없거나 다이어그램 작성방법이 잘 떠오르지 않으면 기존 사례를 복사하거나 포토 꼴라쥬와 같은 기법을 사용하여 원하는 공간과 장면을 표현해도 좋은 효과를 볼 수 있다. 경우에 따라서는 간단한 스터디 모형과 같은 입체적 표현이나 컴퓨터 그래픽으로 표현할 수도 있다.

4. 설계개념 및 이미지 스케치

가) 설계개념

설계목표를 하나로 통합, 압축하여 간단한 단어, 또는 다이어그램이나 스케치와 같은 시각적 표현으로 변환시킨 것을 설계개념이라고 비유할 수 있다. 적절히 표현되거나 시각화된 설계개념은 그 자체로 많은 것을 함축하고 전달해주기 때문에 지도교수를 포함한 타인들과의 커뮤니케이션의 수단으로도 유용하게 활용된다.

과제설계 시에 상당수의 학생들이 설계개념을 너무 안이하게 건성으로 설정하는 것을 본다. 설계개념은 분석작업이 어느 정도 완성된 시점에서 설계목표와 함께 신중하게 설정해야 차후에 시행착오로 인한 시간적 손실을 최소화하게 된다. (설계개념에 대한 상세한 내용은 이어지는 5장에서 서술)

나) 이미지 스케치

프로그래밍 작업이 어느 정도 진행되기 전까지 배치계획이나 건축물의 평면 또는 단면에 대한 제대로 된 구상이나 스케치가 이루어지기는 쉽지 않다. 하지만 논리적, 분석적 과정인 프로그래밍 작업을 진행하는 동안에도 형태나 시각적 표현에 대한 아이디어나 구상이 머릿속에 떠오르는 경우가 많다. 이럴 경우, 분석작업이나 현실적 제약으로부터 비교적 자유로운 이미지 스케치와 같은 형식을 통해 잠정적으로 떠오르는 생각들을 표현하고, 이를 디자인작업의 실마리로 활용하도록 한다. 때로는 타인의 기존 작품들을 인용한 이미지스케치도 도움이 된다.

♠ 참고 및 인용문헌

- Catherine Croft, Concrete Architecture, Gibbs Smith Pub. 2004
- Design Report, Typological Study of Museum, Univ. of Washington, 501 Studio, 2006
- The Architectural Research 1999.9
- UN Studio, Activity Diagrams (강윤경 외 역), Damdi, 2006
- William Kirby Locard, Design Drawing, Pepper Publishing, 1982

5장. 개념의 설정과 발전

● 설계초기의 개념설정 및 다이어그램 화 과정

(영남대학교 건축대학원, 복합문화시설계획, 2005)

과제설계의 초기단계에서 적절한 개념을 설정하고
이를 발전시켜나가게 되면 설계작업에 대한 실마리와 동력으로
작용하며 전체적인 설계과정에 일관성을 부여해준다.

V. 개념의 설정과 발전

• 학생들의 시대별 설계경향 변화

① 기능 지향적 설계
② 형태 지향적 설계
③ 공간 지향적 설계
④ 개념 지향적 설계

지난 70년 초에 대학 건축과에 입학했던 필자는 2019년 현재에 이르기까지 학부 학생-설계 조교-외래설계 강사-설계교수 등의 입장에서 40년간을 국내 건축과 학생들의 설계수업에 직접적으로 참여하여왔다.
그리고 굳이 시대의 흐름에 따른 학생들의 설계경향을 시대별로 살펴보면 위의 ①,②,③,④ 의 순서대로 진행되어 온 것으로 본다.
위의 ②-형태 지향적 설계는 특히 1980년대 후반에 〈해체주의 건축〉의 열풍이 전국적으로 유행처럼 번지면서 정점을 이루었다.
이후 1990년대 초, 중반에 이르러 다시 〈공간〉에 집중하는 경향을 보이다가 이후에는 상대적으로 〈개념〉의 설정과 표현을 강조하는 모습을 본다.

• 개념의 영문표기

개념(concept)에 대한 영어표기의 유사어로는「idea」,「notion」등이 있으며 ;
①「idea」는 가장 일반적으로 사용되는 말로, 사고, 상상, 추리 등에 의해 마음에 생기는 관념을 말하고,
②「notion」은 막연한 개념으로, 개인적 견해 또는 편견일 수도 있는 가능성도 인정하는 경우이다.
③「concept」은 이미 존재하고 있는 것에 관한 개념으로 이 책에서는 일반적으로 가장 많이 사용하고 있는「concept」을 개념에 대한 영문표기로 사용하고자 한다.

과제설계에서는 프로그램상의 많은 요소들이 임의적으로 설정되는 경우가 대부분이다. 따라서 굳이 특별한 설계개념이 없어도 무난히 진행되는 실무설계와는 달리, 과제설계 시에 설계개념의 설정에 대한 의미 부여나 부담은 상대적으로 커진다. 과제설계의 초기단계에서 적절한 개념을 설정하고 이를 발전시켜나가는 것은 설계작업에 대한 동기와 실마리를 부여하고 설계진행과정의 일관성을 유지시켜 준다는 측면에서 긍정적 요인으로 작용할 때가 많다.
하지만 잘 못 설정된 설계개념은 설계과정에 별다른 도움이 되지 못하거나, 설계작업 자체와 설계과정을 왜곡시킴으로써 오히려 장애요인이 되는 경우도 많다. 그 원인 중 하나는 설계개념을 너무 즉흥적으로, 또는 안이하게 설정하거나 의례적인 절차로 인식하는 잘못된 태도이다.
따라서 설계개념은 프로그램작업이 충분히 이루어진 단계에서 신중히 설정하여야 하며, 일단 설정된 개념은 쉽게 포기하지 말고 꾸준히 변환, 발전시켜 나가는 자세가 필요하다.

01. 개념의 의미와 종류

학생들은 일반적으로 분석과정인 프로그래밍작업의 후반부에 나름대로의 설계개념을 설정하고 과제설계를 진행해 나간다. 여기서 설계개념의 설정과 활용이라는 측면에서 학생들의 경향을 보면 대개 다음의 3가지 유형으로 구분할 수 있다.

① 설정한 개념을 적절히 발전시켜 설계과정의 동력으로 활용함으로써 결과적으로 설계작업에 성격을 부여해주고 도움이 되는 경우

② 개념을 설정하였지만 이 후의 설계과정에서 전혀 반영이 되지 않으므로 개념설정이 그저 보여주기 위한 형식적인 절차로 그치는 경우

③ 경솔하게 개념을 설정하거나, 과도하게 난해한 개념을 설정하여 개념 자체가 이 후의 설계과정에서 오히려 정체나 왜곡을 일으키는 부정적인 요소가 되는 경우

①의 경우는 문제가 없으나 ②, ③의 경우는 그 원인을 찾아내어 차후의 설계에서는 동일한 문제가 되풀이 되지 않도록 해야 할 것이다. 이를 위해서는 우선 개념의 의미와 종류를 이해해야 하고, 그 다음엔 설정된 개념을 변환, 발전시켜 설계과정에 적용시키는 과정과 방법에 대해 알아야 한다.

1. 개념과 건축설계개념

가) 개념의 의미

개념concept이란「동일한 속성을 지닌 대상들로부터 이끌어낸 일반화 되고 추상화 된 생각(idea · 관념)」을 말한다.

예를 들어,*〈나무〉라는 개념은 소나무, 벚나무, 사과나무, 은행나무 등 수많은 종류의 나무들을 지칭하며, 동시에 이들 나무들이 갖는 많은 속성을 내포(denote)한다. 그리고 개념의 형성은 수많은 나무들의 특징들 중, 이질적인 것은 무시하고 동질적인 것, 본질적인 것만을 추상화하여 어떤 범주category로 묶거나 통합하는 과정이다. 따라서 개념은 개별적이고 특수한 것이 일반화되고 보편화된 추상상태이며 위와 같은 정신적 형성과정을 거치는 동안 하나의 일반화 된 관념, 즉 개념이 형성되는 것이다.

개념에 대한 보다 구체적인 정의는 철학, 심리학, 수학, 교육학, 행정학, 건축학 등의 학문영역에 따라 다르며, 개념 그 자체와 이로부터 파생된 용어들의 의미 또한 다양하고 애매한 부분이 많으므로 이 책에서는 건축설계분야로 범위를 한정하여 서술하기로 한다.

나) 건축설계개념

건축설계분야 내에서도 개념과 관련된 용어는 매우 다양한 의미로 사용되는데, 이 점에 대해서는 이어서 자세히 다루기로 한다. 우선, 건축설계과정에서「개념이 잡혔다」는 말은 ① 이해의 측면, ② 설계주제의 측면이라는 두 가지 관점에서 이해될 수 있다.

① 이해의 측면

설계의 초기과정인 프로그래밍 단계에서는 생소한 설계주제를 포함하여 대지, 기능, 사람 등과 관련된 수많은 요소들과 요구조건을 분석하고 파악한다. 이 경우「개념을 잡았다」는, 복잡한 분석작업을 통해 설계과제 및 중요한 사항들에 대한 개략적 파악과 이해의 단계에 도달했다는 의미이다. 예를 들어, 설계과제가「타운하우스 설계」일 경우, 먼저 타운하우스가 무엇인지에 대한 정확한 개념을 잡는 것을 의미한다.

② 설계주제의 측면

일단 설계과제에 대한 전반적인 이해가 이루어지면 차후의 설계방향과 관련된「개념설정」을 하게 된다. 앞의 타운하우스 과제의 설계개념으로 예를 들어,「마당」,「숲의 마을」을 설계개념(design concept)으로 설정했다면 이는 4장에서 서술한 바와 같이 설계목표에 대한 압축적인 대체물로서, 차후 진행될 설계안의

*
김봉주, 개념학, 형설출판사, 1992, p.27.

방향에 대한 추상적 표현이다.

설계에서 이 두 가지 측면은 모두 중요하지만, 이 장을 통해 서술할 개념과 관련된 주된 내용은 ② 설계주제의 측면에서 개념이다.

• 건축개념과 설계개념

두 용어는 동일하게 사용할 수도 있으나, 건축 전반에 대한 포괄적인 개념을 〈건축개념〉으로,
구체적인 특정 건축물의 설계를 위해 생성되는 개념을 〈설계개념〉으로 구분하여 사용하기로 한다.

2. 건축설계개념의 수준과 종류

① 유기적 건축 · 빛과 침묵 · 녹색의 건축

② 도시의 등대 · 도심의 틈(slit) · 투명성 · 유비쿼터스 공간

③ 곡선과 직선의 대비 · 물과 계단 · 동선과 전이공간 · 벽과 차경

이상 ①, ②, ③ 항에 열거된 여러 표현들은 모두가 건축의 개념, 혹은 설계개념으로 사용되는 것들이다. 하지만 자세히 살펴보면 각의 개념들은 서로 다른 수준과 속성의 것들로 이루어져 있음을 알 수 있다.

① 항은 건축의 전반적인 이념과 철학에 해당하는 추상적인 개념들을,

② 항은 해당 건축물의 도시적 역할이나 기능을 의미하는 개념들을,

③ 항은 보다 구체적이고 시각적이며 요소적인 사항을 의미하는 개념들을 각각 나타낸다.

이처럼 건축가들이 설계 시에 사용하는 개념은 그 특성과 적용단계가 매우 넓고 다양하게 분포되어 있다. 어떤 개념은 극히 추상적이고 철학적이어서 건축에 대한 기본적인 접근방식을 암시해주는 정도인 반면, 또 다른 개념은 원, 사각형, 피아노 곡선, 켜(layer), 중첩, 접힘(folding) 등과 같이 구체적인 형태나 구성방식을 의미하는 것도 있다. 따라서 다양하고 폭넓은 차원에서 사용되고 있는 건축의 설계개념을 그 적용단계와 특성에 따라 구분하여 보다 체계적으로 생각해 볼 필요가 있다.

● 개념은 그 보다 상위개념 및 하위개념과 각각 연결되어 있다.

개념 성취를 위한 교수법에서는 개념을 3가지 수준에서 먼저 생각한다. ① 그 개념과 대등한 수준의 개념 ② 그 개념에 예속되는(하위)개념 ③ 그 개념에 상위적 수준의 개념이 그것이다.
예로써, 〈사과〉라는 개념의 대등개념으로는 참외, 배, 귤 등을 들 수 있다. 그 상위개념은 〈과일〉이며, 하위개념인 예속적 개념은 홍옥, 부사, 국광 등이 있다.
건축설계 시 개념의 형성과 활용이라는 측면에서도 이처럼 각 개념의 상위 및 하위개념이 무엇인지 연결하여 생각하면 개념의 발전과 변형에 도움이 될 것이다. (이성호, 교수방법론, 학지사 2006, pp.167~168 에서 인용)

건축의 설계개념을 일반적인 설계의 진행과정에 따라, 그리고 개념 그 자체가 지닌 속성에 따라 분류하면 ;

① 설계 작업의 진행에 따른 단계적 개념 (단계별 설계개념)

② 개념 그 자체의 속성에 따른 개념의 특성 (속성별 설계개념)

이라는 두 가지 측면에서 생각해 볼 수 있다. 표 05-01은 이를 보여준다.

표 05. 01 **설계개념의 단계별 및 유형별 분류**

단계별 분류 \ 유형의 분류	㉰ 체계 개념 System Concept	㉯ 구성 개념 Compositional Concept	㉮ 형태 개념 Formal Concept
① 기본 개념 Basic Concept	디자인 철학 ←	(추상적)	
② 상황 개념 Project Concept			
③ 요소 개념 Elemental Concept		(구체적)	→ 형태 언어

(구본덕, 건축디자인 방법론을 통해 본 형태 도출의 과정 및 관련기법에 관한 연구, 박사학위논문, 1989 pp.95~98에서 표 인용)

가) 단계별 설계개념

① 기본개념 (Basic Concept) : 설계개념의 가장 상위개념인 설계철학 또는 설계원칙(design principle)의 범주에 해당된다. 즉, 개별건물에 필요한 프로그램상의 개념을 넘어선, 건축가의 건축 전반에 대한 포괄적 개념이다.

근 · 현대의 여러 건축가들 중, 기본개념을 철학적 수준까지 끌어올려 강력하고 일관된 디자인방법을 추구한 대표적인 예로는 원형(Archetypes)으로서「형(型 · Form)」의 개념을 강조한 루이스 칸을 들 수 있다. 그림 05-01은 루이스 칸이 설명하는 건축개념의 주요 부분을 하나의 관계로 도식화한 것이다.

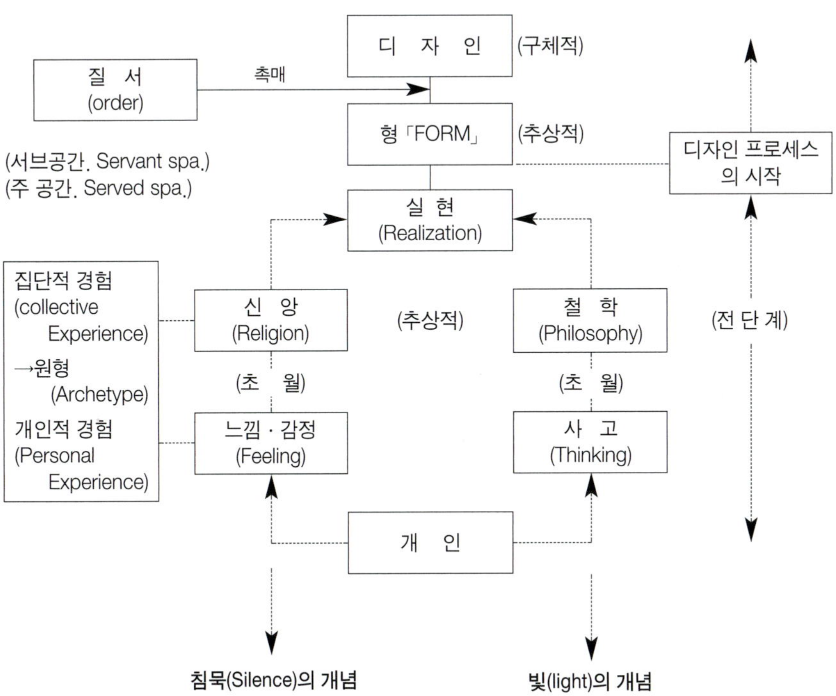

그림 05. 01 **루이스 칸의 건축개념**

인간은 〈사고〉와 〈감성〉이라는 양면을 동시에 지니고 있으며, 사고의 측면이 집단화되면 〈철학〉이 되고, 감성의 측면이 집단화되면 〈신앙〉이 된다고 보았다.
이 두 측면이 만나 통합된 하나로서 〈실현〉이 이루어지며, 이로부터 〈형 · Form〉이 만들어진다고 보았다. 이러한 「Form」은 비록 추상적 형태이긴 하지만 여기서 부터 설계의 과정이 시작되는 것이며, 그 이전의 것은 설계의 전단계라고 여겼다.
그리고 추상적인 〈Form〉이 구체적인 〈디자인〉으로 발전하는데 촉매의 역할을 하는 것이 〈질서 · Order〉이다. 이러한 질서의 대표적인 것이 바로 〈서비스 공간 · Servant Space〉과 〈서비스 받는 공간 · Served Space〉이다.

칸에 의하면 〈Form〉이란 개개의 형태를 초월한 구조로서 무형의 것이고, 반면에 〈디자인〉은 완전히 유형적인 실체이다. 예를 들어 추상적 의미로서 〈주택(House)〉은 〈Form〉이며, 구체적 의미로서 〈특정주택(A House)〉은 이러한 〈Form〉의 상황적 해석 즉, 〈디자인〉이다.

또한 하나의 구조로서 〈Form〉이라는 측면에서 볼 때, 토끼와 개, 그리고 코끼리는 머리와 몸통, 코 그리고 네 개의 다리와 꼬리를 가진 동일한 〈Form〉이며, 티 스푼과 숟가락, 주걱 역시 크기와 색채 및 재료는 다르지만 동일한 〈Form〉인 것이다.

② **상황개념** (Project Concept) – 프로그래밍 관련개념 또는 디자인 착상으로서의 개념

개별적인 설계프로젝트design project에 직면하여 설계의 요구조건 또는 프로그래밍 작업내용을 통해 설정하게 되는 즉, 각각의 설계 상황별로 설정되는 개념을 말한다. 대개의 경우, 상황개념은 기본개념의 연장선상에서 응용, 변형, 발전되는 것이지만, 경우에 따라 개별건물의 설계에 필요한 상황개념은 건축가가 평소에 지녀온 기본개념과는 대치되는 경우도 적지 않다. 이러한 점이 상황개념이 갖는 의의이다.

또한 각 건물이 지니는 고유한 상황적 맥락에서 비롯되는 상황개념은 건축가로 하여금 인습적이고 반복적인 형태도출의 방식에서 탈피하여 새롭게 변형되고 재구성된 개념설정을 가능케 함으로써 보다 창조적인 건축설계를 이끌어내는 원동력이 된다. 상황개념의 근원으로서 중요한 것은 크게; ① 건물의 유형 ② 대지 및 주변환경 ③ 기타, 프로그램상의 요구사항 등을 들 수 있다.

예로서, 프랭크 로이드 라이트가 설계한 대부분의 주거건축은 주변대지 및 환경과 건물의 융합이라는 측면에서 일관되게 내부에서 외부로 발산하는 외향적 공간구성을 채택하고 있으며 이는 유기적organic건축이라는 그의 건축철학으로 연결된다. 그 반면, 라이트가 설계한 도시 내 업무 및 상업건물의 대부분은 당시의 열악한 도시환경과의 차단이라는 측면에서 내향적인 구성원칙을 적용함으로써 밀폐된 성城의 이미지를 주고 있다. 라이트가 설계한 공공건물인 라킨Larkin빌딩(1904), 존슨 왁스빌딩(1939), 모리스 상점(1949), 구겐하임 미술관(1956) 등의 평면구성에서 이러한 내향적 공간구성을 일관되게 추구함을 볼 수 있다.

리차드 마이어는 프로그램과 대지의 관계에서, 대지 내의 기존건물의 크기와 비례감을 통해 프랑크푸르트 수공예미술관(1985)의 설계안을 이끌어 내었다. 이 역시 상황개념의 대표적 사례이다.(우측 페이지 그림 05-02)

③ **요소개념** (Elemental Concept) – 형태요소 및 구성기법

여러 수준의 개념들 중, 세부적인 형태와 공간의 구성단계까지 작용하게 되는 구체적이고 가시적인 개념을 요소개념으로 분류할 수 있다. 이러한 요소개념에 속하는 것으로는 건축가의 형태언어(design vocabulary) 와 이 요소들을 구성하는 기법을 들 수가 있다.

리차드 마이어의 경우, 배boat에서 유추한 예각 형태, 피아노곡선, 철제 난간과 백색 및 그리드 패턴 등을 반복되는 형태요소로 사용하고 있다. 루이스 칸의 작품 속에서도 개구부opening, 입구타워entrance tower, 버트레스buttress, X자형 보,

고창clearstory 등과 같이 반복적으로 사용되는 형태요소 등을 볼 수 있다. 이러한 형태요소들을 구성하는 기법에는 위계성, 대비, 연속성, 통일성, 켜쌓기layering, 중첩 등의 구성 원리들이 포함되며, 이들 형태요소 중 일부는 거꾸로 설계의 전체개념으로 확대, 적용되어 설계의 주개념이 되기도 한다.

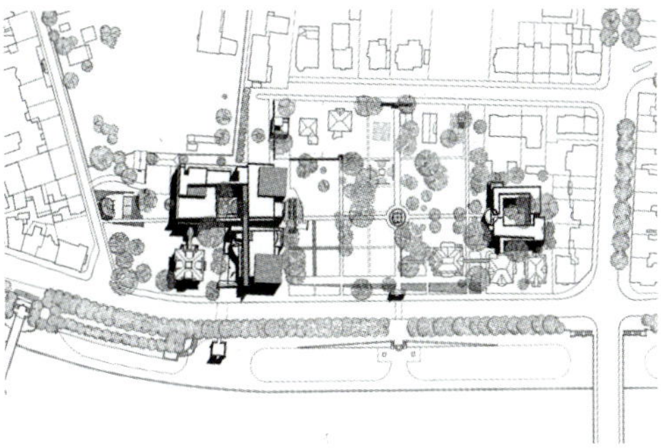

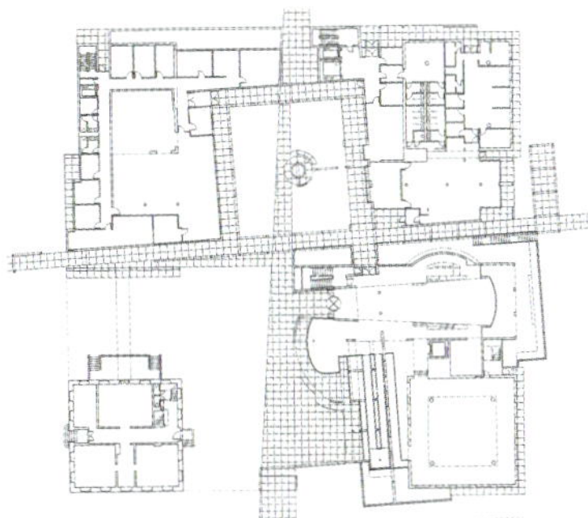

• 상황개념의 사례

프랑크 푸르트 수공예미술관 (독일, 1985, 리차드 마이어 설계)

그림 05. 02-1 (좌) : 마인강둑과 주변건물의 축을 중첩시켜 배치의 기본축으로 설정한다.
그림 05. 02-2 (우) : 1층 평면도

그림 05. 02-3 (좌) : 부지 위의 기존 주택인 빌라 메츨러
그림 05. 02-4 (우) : 빌라 메츨러의 입면 모듈을 미술관의 외부 모듈에 적용

• 요소개념의 사례

그림 05. 03 (좌) : 카펜터센터의 외부 루버(보스턴, 1963, 르 꼬르뷔제 설계) 르 꼬르뷔제가 자주 사용하는 건축외부 표현요소 중 하나인 〈브리즈 솔레이〉

그림 05. 04 (우) : 예일대학교 영국 미술센터 (뉴헤븐, 1974, 루이스 칸 설계) 루이스 칸이 자주 사용하는 십자형 보와 구조의 노출

그림 05. 05 (좌) : 프랑크 푸르트 수공예미술관 (피아노곡선을 사용한 내부의 보이드 공간)

그림 05. 06 (중) (우) : 프랑크푸르트 현대미술관 (독일, 1991, 한스 홀라인 설계) 한스 홀라인 특유의 장식적 요소가 미술관의 내,외부에 표현되어 있다.

나) 속성별 설계개념

앞에서는 설계의 진행단계에 따라 개념을 구분하여 보았다. 여기에 더하여 설계개념 자체가 지니는 특성에 따라 개념을 분류하면 다음과 같다.

① **형태개념** (Formal Concept)

건축의 공간 또는 형태를 직·간접적으로 표상하는 개념으로서, 르 꼬르뷔제의 원과 사각형의 대비, 알바 알토의 파동 치는 벽면 등과 같은 직접적인 형태개념에서부터 리차드 마이어의 백색의 추구, 웅거스O.M.Ungers의 은유와 유추의 개념 등과 같은 간접적인 것에 이르기까지 다양하게 분류될 수 있다. 형태개념은 다른 유형의 개념에 비해 형태와 관련된 구체적인 암시를 강하게 내포하고 있는 까닭에 설계의 착안요소로 활용되는 경우가 많다.

② **구성개념** (Compositional Concept)

공간 또는 형태요소들에 질서를 부여하고 연결·구성하는 개념으로서, 공간의 구성기법과 관련된 개념이라 할 수 있다. 팔라디오A. Palladio의 9분할 평면 구성개념, 마리오 보타M. Botta의 중심성의 개념, 존 요한슨J. Johanson의 공간구성개념 등을 들 수 있다. 또한 앞에서 예시한 루이스 칸의 공간구성의 질서를 위한 Servant & Served Space개념도 여기에 속한다.

③ **체계개념** (System Concept)

구성개념과 중복되는 부분이 많으나, 구성개념이 가시적인 형태개념을 기본으로 하고 있는데 비해 물리적 형태와 관련이 적은 건축의 체계 즉, 시스템과 관련된 개념으로 설비체계의 흐름, 청결구역과 오염구역에 대한 개념, 루이스 칸의 빛에 대한 개념 등과 같은 추상적인 개념을 의미한다.

이상과 같이 단계별, 그리고 속성별로 분류 가능한 건축의 설계개념은, 설계요구조건의 3가지 구분(고정요소·가변요소·자유요소)*과 함께 프로그래밍의 후기단계에서 초기의 설계대안을 설정하고 변환시켜가는 과정에서 동기를 부여해주는 중요한 요소가 된다.

* 고정요소 · 가변요소 · 자유요소

〈**고정요소**〉란 설계 시에 고려해야 할 요구조건들 중, 건축가가 임의로 변경하거나 통제할 수 없는 요소들을 말한다. 대지의 크기와 형태, 대지 주변상황, 법규적 요소 등이 해당된다.
〈**가변요소**〉란 상황에 따라 건축가가 여러 가능성과 대안들 중에서 적절히 해석하고 선택해야 할 요소들을 말한다. 구조 및 설비시스템, 배치계획, 평면의 구성 등이 해당된다.
〈**자유요소**〉란 고정요소나 가변요소들 중, 건축가의 독창적인 해석이 부가되어 창조적 해결로 이끌어 줄 수 있는 부분으로, 건물의 이미지와 성격, 주변환경에 대한 대응, 각 공간이 지녀야 할 독특한 분위기, 선택 가능한 재료 등이 해당된다.
(구본덕, 박사학위논문 pp.148- 153)

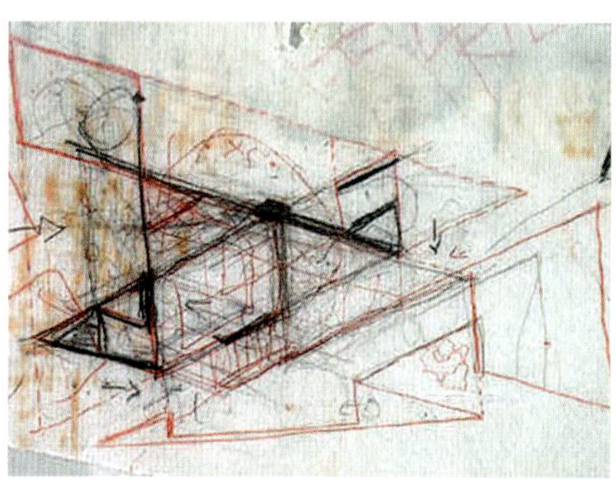

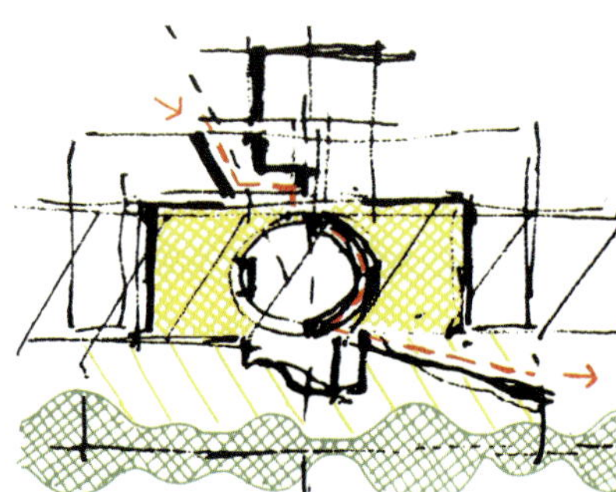

• 형태개념의 사례

그림 05. 07 (좌) : **워싱턴 국립미술관 동관**(미국, 1978, 이오밍 페이 설계) 〈삼각형〉이라는 형태개념이 부지의 형상에서부터 평면형태와 내부공간의 디테일에 이르기까지 반복,표현되어있다.

그림 05. 08 (우) : **슈트트가르트 미술관 증축동**(독일, 1984, 제임스 스털링 설계) 장방형의 전시공간과 중앙의 원형 외부공간의 형태대비가 돋보인다.

• 구성개념, 체계개념의 사례

• 구성개념의 사례

그림 05. 09 (좌) : **모리스 gift shop** (미국 샌프란시스코, 1949, 프랭크 로이드 라이트 설계) 나선형의 수직동선이 특징적이다.
그림 05. 10 (우) : **구겐하임미술관** (뉴욕, 1959, 프랭크 로이드 라이트 설계) 모리스gift shop의 나선형 동선개념이 보다 확장된 사례이다.

그림 05. 11-1 (좌) : 에버슨 미술관 (미국, 시라큐스, 1968, 이오밍 페이 설계) 중앙의 홀을 중심으로 4변의 전시공간을 순환하는 공간구성개념을 보여주는 외관 모형
그림 05. 11-2 (우) : 에버슨 미술관의 전시공간에서 중앙 홀을 본 사진

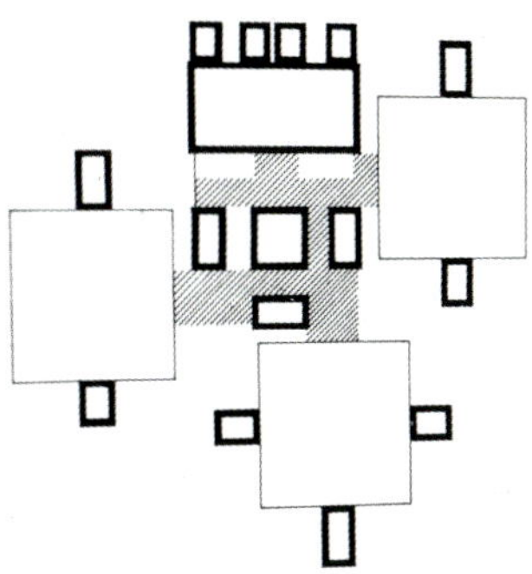

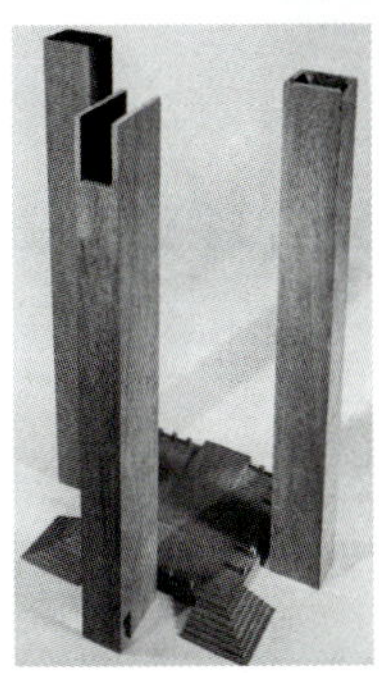

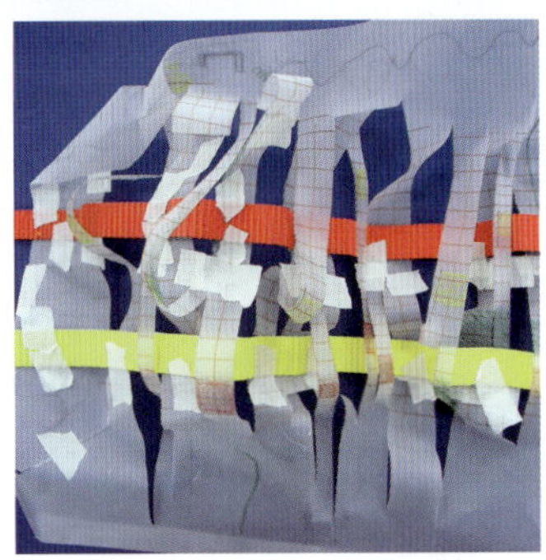

그림 05. 12 (좌) : **리차드 의학연구소** (필라델피아, 1965, 루이스 칸 설계) Servant & Served Space 구성개념이 명확히 표현된 사례

그림 05. 13 (우) : 구성개념으로서 Weaving (영남대 2년 미술관 설계과제, 2008년) 공간을 전후좌우로 엮어서 구성하고자 하는 개념을 표현한 사례

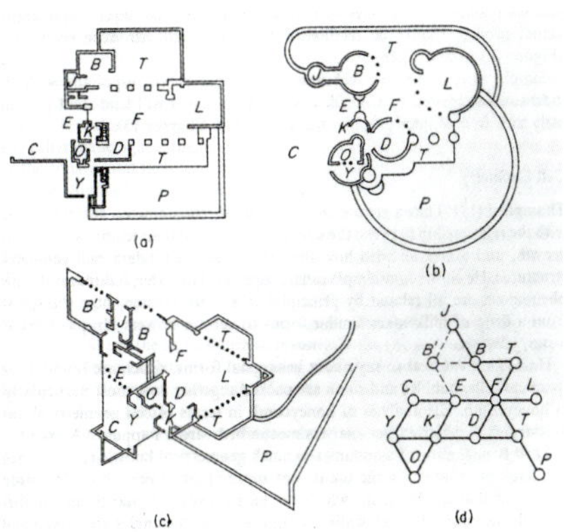

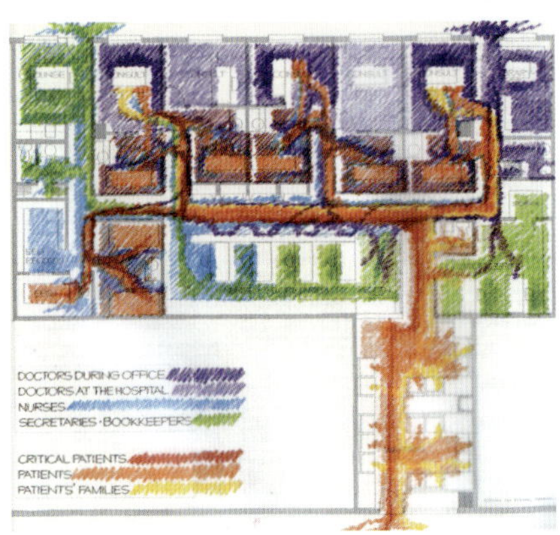

• 체계개념의 사례

그림 05. 14 (좌) : **동일한 이원적 그래프(dual graph)를 이용한 3개의 주택평면** (프랭크 로이드 라이트)

그림 05. 15 (우) : **종합병원의 동선을 표현한 스케치** Clean & Dirty Zone을 포함한 다양한 영역 및 동선개념은 병원계획에서 중요한 시스템개념이다. 좌측의 사진과 같은 동선계획도 일종의 시스템으로 이해할 수 있다.

02. 개념의 근원과 설계주제 · 주제개념

1. 과제설계 시 개념의 근원

건축의 설계개념은 어디서 어떻게 형성되는가?

학생들의 과제설계 시에 개념은 기본적으로 2장에서 언급하였듯이 다음과 같은 사항들로부터 형성될 것이다. 즉;

① 대지 및 주변상황의 분석

② 시설물의 공간프로그램과 기능분석

③ 기존 사례에 대한 조사 · 연구

④ 건축 또는 해당시설에 대한 자신의 평소 생각

이 중 ①, ②, ③항은 모두 건축설계의 프로그래밍과정에 관한 것이다. 즉, 건축의 설계개념은 단순히 직관이나 감각에서 비롯되는 것이 아니라 결국은 충실한 프로그램 작업의 결과로 형성되는 경우가 대부분이다. 따라서 우선, 충실한 프로그래밍 작업이 이루어지는 것을 전제로 하되, 여기에 더하여 보다 효과적으로 개념을 설정하고 활용할 수 있는 방법을 알아보는 것이 필요하며 이는 이어지는 03절에서 자세히 설명하기로 한다. 그 전에 과제설계 시에 개념과 관련하여 자주 사용되는 몇 가지 용어에 대해 명확히 하는 것이 건축개념 및 설계개념을 올바로 이해하는데 도움이 될 것이다.

2. 과제설계 시의 설계주제 · 설계개념 · 주제개념

학생들이 설계 시에 개념과 관련하여 사용하는 용어는 다양하다. 이들 용어 중, 설계개념 · 설계주제 · 주제개념 등의 의미는 design concept · design idea · design theme · design issue 등과 같은 외국어나 외래어와 병용되는 까닭에 더욱 혼란스럽다. 이러한 외래어 용어들 중 일부는 관습화 된 것도 있어 이를 임의로 재 정의하고 구분하는 것은 무리이므로 여기서는 설계개념 · 설계주제 · 주제개념의 의미를 비교하면서 정의하기로 한다.

가) 설계개념 (Design Concept)

① 넓은 의미에서 설계개념은 설계과정의 모든 단계에서 생성되는, 설계와 관련된 전반적인 개념을 총칭하는 것이다. 그 반면 ② 좁은 의미에서의 설계개념은 프로그래밍 과정에서 디자인 과정으로 변환하는 단계에서 필요한, 설계의 착안사항*과 유사한 의미로 사용되기도 한다. 그리고 이는 1절–설계개념의 단계적 분류–에서의 상황개념과도 밀접한 의미이다. 실제로 설계스튜디오에서 개

* 설계 착안사항
5-3장 1항의 다) 참조

념과 관련하여 학생들이 가장 일상적으로 폭 넓게 사용하는 용어가 「설계개념 design concept」이다. 이 속에는 ① 설계개념 ② 주제개념 ③ 착안사항* 이라는 의미가 모두 포함되며, 기성건축가들의 건축철학이나 설계원리 등의 의미까지도 모두 포함되는 용어이다.

나) 설계주제 (Design Theme)

설계주제는 설계개념과 함께 학생들이 가장 자주 사용하는 용어인 동시에 가장 많이 혼동되는 용어이기도 하다. 아래의 표 05-02는 대학의 설계교육에서「설계주제」라는 용어에 대해 학생들이 받아들이는 의미를 크게 3가지 측면에서 구분한 것이다.

표 05. 02 **설계주제의 3가지 의미 ①②③**

① 시설유형으로서	② 설계주제로서	③ 설계개념 및 전시패널 제목으로서
ⓐ 전시시설	자동차 박물관	동선의 연속성
ⓑ 전시시설	피카소 미술관	켜layer와 중첩
ⓒ 집합주거시설	저소득층을 위한 집합주거	달동네-우리마당
ⓓ 집합주거시설	자조주택	가변성과 확장성

① 시설유형 (Building Type)으로서 설계주제

계획각론적 측면에서 건물이나 시설의 유형을 지칭하는 의미로서 설계과제를 표현할 때 오랫동안 일반적으로 사용해왔던 용어이다.「2학년 2학기 설계의 주제는 미술관(혹은 전시시설)」이라든지,「3학년 1학기 설계의 주제는 저층집합주택(혹은 주거시설)」등으로 사용하는 경우이다. 이는 1학년부터 4학년까지의 설계교육 일정을 시설유형(건물종류)을 기준으로 설명해오던 종래의 설계교육에 대한 인식과도 관련이 있으며, 현재까지도 일반적으로 사용되고 있다.

② 설계주제 (Design Theme 및 Issue)로서 설계주제

「설계주제」라는 용어의 원래 의미에 가장 합당하게 사용되는 경우이다. 시설유형으로서 설계주제가 단순히 건물의 종류나 형식을 지칭하는 것이라면, 이러한 건물 속에 어떤 내용을 담을 것이며 설계의 초점은 무엇인가를 의미하는 것이다. 예를 들어 설계교육과정이;

- 2학년 1학기 : 공간과 형태의 구성요소 이해 (주거시설-단독주택)
- 2학년 2학기 : 개념의 형성과 건축구성방법의 다양성 (전시시설-미술관)
- 3학년 1학기 : 맥락적 설계와 단지계획 (주거시설-저층집합주거)
- 4학년 1학기 : 테크놀로지의 이해와 시스템 통합 (업무시설-도심 사무실)

등으로 표현한다면 이는 설계주제 또는 설계이슈의 측면에서 설계교육 과정을

* 착안사항(출발점)의 의의

수학문제를 풀 경우, 어떤 방법과 풀이과정을 사용하더라도 답Solution은 동일하다. 하지만 건축설계의 경우, 출발점이 달라지면 해결안의 형태도 달라진다. 때문에 건축의 설계작업 초기에 수많은 요구조건과 설계요소들 중 어떤 것에 주목하고 착안하여 설계작업을 시작하는가는 최종적인 설계의 결과물에 큰 영향을 미치게 된다.
주변에서 흔히 보는 설계경기의 과정이 바로 이러한 점을 잘 보여주는 대표적인 사례이다.(그림 05-31에서 35참조)

서술하는 것이다.

③ 설계개념(Design Concept)으로서 설계주제

설계주제는 개념적인 의미를 지니기도 하지만 기본적으로는 건물 유형과의 연관성을 지니는 까닭에 설계주제 자체를 하나의 개념으로만 보는 것은 무리가 있다. 하지만 적지 않은 학생들이 설계개념과 설계주제를 혼용하여 사용하는 것도 현실이다. 이에 대한 보완설명은 이후「주제개념」에서 다루기로 한다.

● 넓은 의미에서 본 설계주제

앞 페이지의 표 05-02에서 보듯이 시설유형으로서 〈전시시설〉을 설계주제로 사용해왔다. 하지만 동일한 전시시설이라 해도 〈어린이미술관〉, 〈피카소미술관〉, 〈자동차박물관〉, 〈윤동주문학관〉 등, 전시 대상과 내용이 무엇인가에 따라 설계의 접근방식이 달라질 수 있으므로 이 또한 설계주제로 사용되는 것이다.
여기에 더하여 만일 위의 자동차박물관을 풀어나가는 설계개념이 〈동선의 연속성〉이라면 이 또한 설계개념인 동시에 주제개념으로서 설계주제의 한 형태라고 할 수 있다. 이처럼 학생들의 설계스튜디오에서 사용하는 〈설계주제〉라는 용어는 다양한 차원에서 그 의미와 용법을 지닌다.

다) 주제개념 (Design Theme · Design Issue 또는 Main Idea)

주제개념은 설계작업의 전체 과정에서 생성되고 전개되는 여러 개념들 중에서 설계의 초기단계에서부터 후기단계에 이르기까지 일관되게 지속되는 주개념(main idea)이자 중심개념이다. 주제개념은 부분적으로는 앞에서 설명한 설계주제와 겹치는 부분도 있으며 주제개념과 설계주제가 동일한 경우도 있으나 대부분의 경우, 다른 의미로 사용되고 있으므로 적절히 구분해야 한다.

예를 들어 자동차박물관을 설계주제로 정했을 때, 이 설계의 여러 단계를 통해 설정한 설계개념이 역동성 · folding · 동선 · 연속성 등이었고, 이를 통합하고 설계의 전 과정에 걸쳐 적용시킬 수 있는 개념으로서「동선과 공간의 연속성」을 추출하였다면 이것이 주제개념이 될 것이다. 아래의 표 05-03은 설계주제와 설계개념, 그리고 주제개념의 관계를 보여주는 것이다.

표 05. 03 설계주제 · 설계개념 · 주제개념의 상호관계

① 설계주제	② 설계개념	③ 주제개념
ⓐ 자동차박물관	역동성 · folding · 동선 연속성	동선과 공간의 연속성
ⓑ 시간을 전시하는 갤러리	모태공간에서 죽음까지 회기 · Life cycle	빛과 그림자의 대비

• 〈전시대상〉으로서 〈주제〉에 따른 전시시설의 다양한 사례

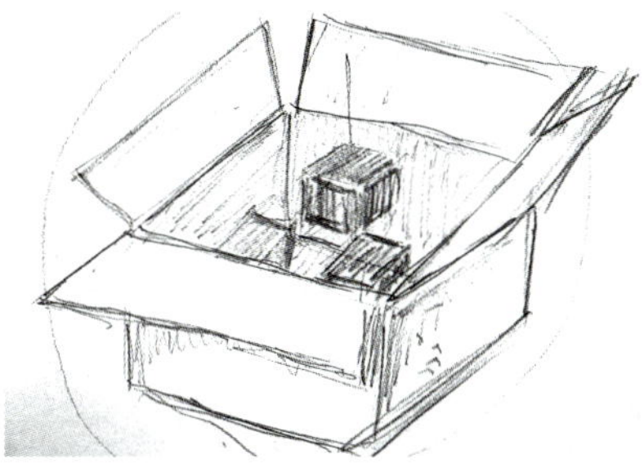

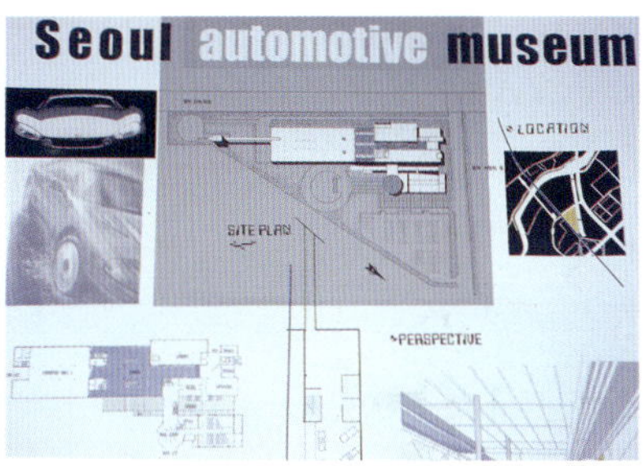

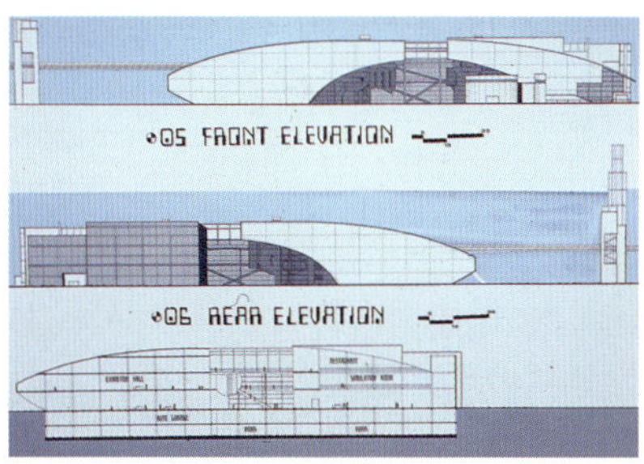

그림 05. 16 (첫째줄 좌) : **항공박물관**-항공기의 외관을 직설적으로 인용(LA, 1984, F.게리)
그림 05. 17 (첫째줄 중) : **911기념관**-폐허의 지하에 건립(뉴욕, 2011, D. 리베스킨트 외)
그림 05. 18 (첫째줄 우) : **BMW전시관**-유선형의 해체주의적 외관(뮌헨, 2007, 울프 프릭스 외)

그림 05. 19-1,2,3 (둘째줄) : **선물박물관** (영남대 2학년 미술관 설계과제 2008년)

그림 05. 20-1,2,3 (셋째줄) : **자동차박물관** (대한민국 건축대전 우수상)

그림 05. 21 (좌) : 석탄박물관 (대한민국 건축대전 우수상, 1995년)

이상의 작품들은 무엇을 전시하는가? 즉, 전시의 주제에 따라 각기 다른 접근방식과 결과물을 보여주는 사례이다.

03. 개념의 설정과 변환

건축설계를 위한 개념들 중 많은 부분은 개인의 경험에서 쌓여진 선 개념(preconceptual schema)으로 구성되어있지만, 건축가는 실제의 설계프로젝트에 접할 때 이에 대응하는 상황개념, 혹은 요소개념을 적절히 이끌어내야 한다. 이들 개념 중 상당수는 건축주 등으로부터 제시되기도 하지만, 그렇다 하더라도 관련 개념들 간의 우선순위 결정이나 개념의 변형 및 재구성은 건축가가 해야 할 작업이다.

과제설계에 임하는 학생들은 앞의 02-1에서 서술한 바와 같이 대지답사 및 분석, 설계대상 건축물의 기능 및 공간적 요구분석, 사용자 분석, 기존사례의 분석 등과 같은 프로그래밍 과정을 통해 개념을 얻게 된다. 여기서 개념설정을 위한 구체적 방법으로 중요한 것은 유추, 설계 착안사항, 유형학적 기법 등을 들 수 있다.

1. 개념설정을 위한 주요 방법

가) 유추(analogy)*

유추란 서로 다른 두 대상물이 여러 면에서 비슷하다는 것을 근거로 기타의 속성도 유사할 것으로 추론하는 것으로, 분명하게 서로 다른 것을 함께 연계시켜 이해하는 방법이다.

유추는 개념형성을 위한 가장 일반적이면서도 효과적인 도구로서 무의식적인 개념을 의식적인 차원으로 끌어올리는 강한 촉매의 역할을 한다. 따라서 건축설계과정에서 유추는 창조성의 중심이 되는 것으로서, 창조적이라고 여기는 대부분의 건축가들은 어느 시기, 또는 어느 작품에서든 직관적으로, 혹은 무의식적으로 유추의 기법을 사용해 왔다고 볼 수 있다.**

* 유추의 사전적 의미

(명) : 어떤 사물에서 다른 사물의 성질이나 상태를 미루어 짐작하는 것
(논) : 간접추론의 하나 즉, 두 개의 특정한 사물에 있어서 다수의 본질이 일치함에 따라 다른 속성도 유사하다고 보는 추론

** 유추와 모방

그럼에도 불구하고 유추는 부정적 의미로서의「모방(imitation · copy)」과 혼용되어 그 정당한 가치에 대한 이해가 부족하였고, 이 때문에 많은 건축가들의 작품에 담겨있는 형태도출의 핵심과정으로서의 유추과정이 제대로 설명되지 않은 채 지나쳐 왔다.
「모방」의 긍정적 의미는 유추대상을 비판적으로 수용하여 그 개념과 의미를 나의 설계상황에 맞게 새로이 변환시키는 도구로 활용하는 것이지만, 부정적 의미로서의 모방은 나의 설계맥락과 무관하게 원래의 형태를 그대로「복사(copy)」하여 사용하는 것을 의미한다.

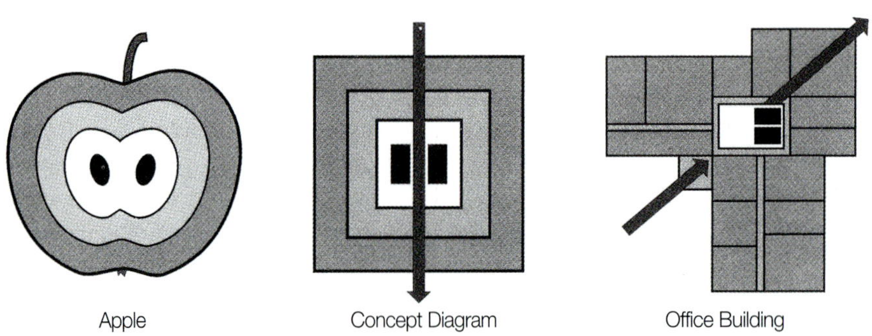

그림 05. 22 **사무소 건물이 어떻게 사과와 유사한가?**
유추란 서로 다른 대상들을 함께 연계시켜 생각함으로써 보다 새롭고 창의적인 접근을 가능케 한다.

유추는 유추대상물의 형식 즉, 외형에 기준을 두는가, 혹은 내용 및 기능에 기준을 두는가에 따라 :

① 형상적 유추

② 기능적 유추

로 나눌 수 있다. ① 형상적 유추의 경우, 유추대상물을 새로운 형태로 변환시키는 주 도구는 스케치나 작도 등에 의해 이루어진다. 그 반면 ② 기능적 유추의 경우는 다음의 과정을 거치게 된다.

첫째) 나의 설계문제를 유추대상물 속으로 옮긴다. (대입)

둘째) 이 유추물을 변형 · 발전시킨다. (변환)

셋째) 유추물을 환원시켜 애초의 문제에 발생한 변화를 찾아낸다. (적용)

• 형상적 유추의 사례

그림 05. 23-1 (좌) : **노틀담 듀오 성당 형태의 유추개념을 설명하는 건축가**
건축가 르 꼬르뷔제는 롱 아일랜드 해변의 게 껍질에서 성당의 형상을 유추하였다고 설명한다.
그림 05. 23-2 (우) : **노틀담 듀오 성당 남동측 외관** (프랑스, 롱샹, 1955, 르 꼬르뷔제 설계)

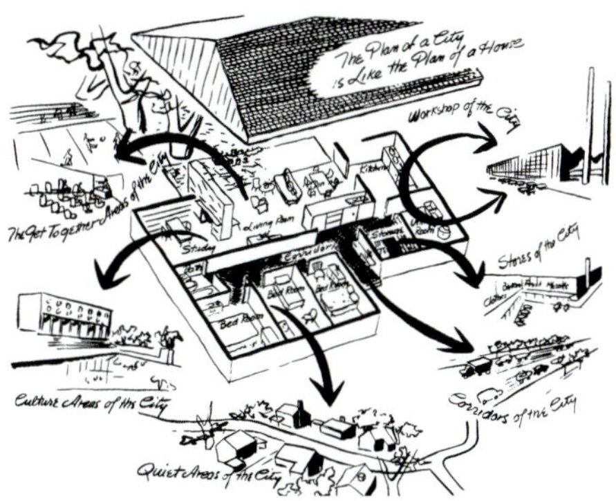

• 기능적 유추의 사례

그림 05. 24 (좌) : **사보아 주택** (프랑스, 파리 근교, 1931, 르 꼬르뷔제 설계) 당시 생산되던 자동차의 최소 회전반경이라는 기능적 요소를 유추한 1층의 곡면 부분)
그림 05. 25 (우) : **도시는 큰 주택이고 주택은 작은 도시이다.**
도시와 주택의 각 영역별 공간개념을 기능적으로 유추한 스케치

그림 05. 26-1 (좌) : **전자제품의 회로를 보여주는 기판**

그림 05. 26-2 (우) : **오클라호마대 Mummer's Theater**(미국, 오클라호마, 1970, 존 요한슨 설계)
전자제품의 회로를 구성하는 부품들이 기판 위에 설치되는 기능적 구성을 유추하여 건축에 응용한 사례

나) 유추착상법 (Synectics)

• **시넥틱스(synectics)교수법**
창의적 사고개발을 중시하는 교육학 분야에서는 〈시넥틱스 교수법〉이라는 용어로 유추의 기법을 설명하고 있다. 그리고 그 학문적 기초는 W.J. Gorden이 정립하였다.
(이성호, 교수방법론, 학지사, 2006 pp.209~217)

유추착상법이란,「분명히 서로 다른 것을 함께 연관시켜 이해하는 것」이라는 유추의 개념을 보다 구체화 한 기법으로서, 건축설계개념 설정을 위한 적극적 방법으로 활용될 수 있다.

즉, 인간의 사고를 서로 다르고 관계가 먼 요소들 간의「연계과정」으로 보고, 이를 성취하는 방법으로 여러 가지「비유(metaphor)」의 방법을 생각하는 것이다. 그리고 이러한 비유를 통해 특정 사물과의 개념적 거리를 느끼고 깨달으며, 그 거리가 멀수록 새로운 생각이나 개념을 이끌어낼 가능성이 높아진다. 고든 W.J. Gorden의 이론을 중심으로 건축을 포함한 디자인 분야에서 활용하고 있는 유추착상법의 4가지 형태는 다음의 표와 같다.

• **자기 유추의 사례**
그림 05. 27-1 (좌상) : **Gerber보의 구조적 원리를 설명하는 삽화**

그림 05. 27-2 (우상) : Gerber 보의 실제 사례 (Firth of Forth Bridge, 영국, 에딘버러)

• **상징적 유추의 사례**
그림 05. 28-1,2,3 (좌하, 우하) : **하바드대 카펜터 센터**(보스턴, 1963, 르 꼬르뷔제 설계) 1960년대 미국 대도시의 환경오염에 대해 신선한 공기를 공급하는 인체의 폐와 혈액의 순환기관을 유추한 계획안

표 05. 04 **유추착상법의 4가지 형태**

유추 형태	유추대상	활용 사례
직접 유추 Direct Analogy	현실적인 것	대부분의 형상적, 기능적 유추에 해당
자기 유추 Personal Analogy	신체적인 것	건물의 보(beam)등을 신체구조에 유추
상징적 유추 Symbolic Analogy	추상적인 것	르 꼬르뷔제의 건축에 대한 기계적 유추
공상적 유추 Fantasy Analogy	비 현실적인 것	벅민스터 풀러의 1.8 마일 dome

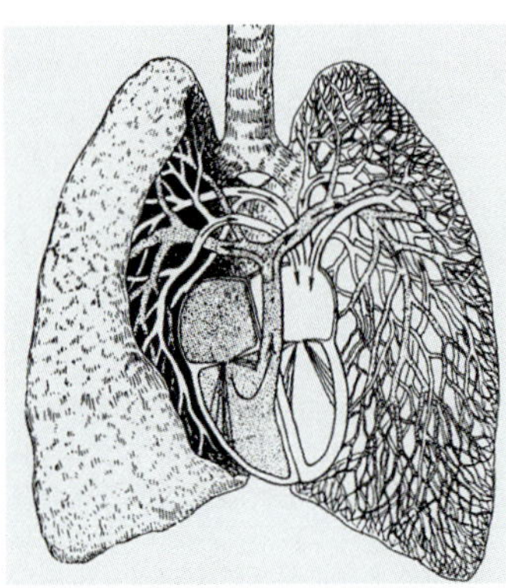

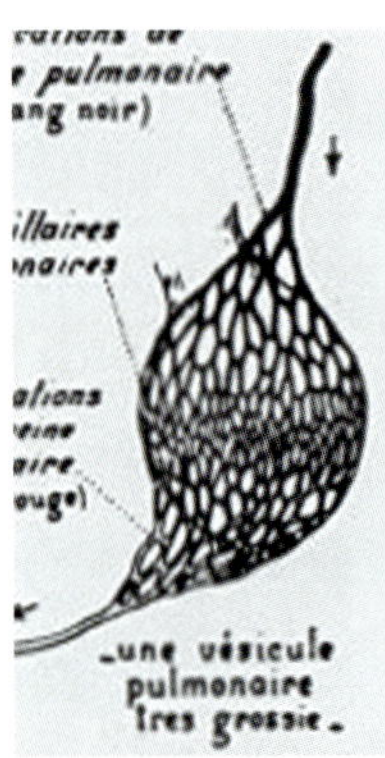

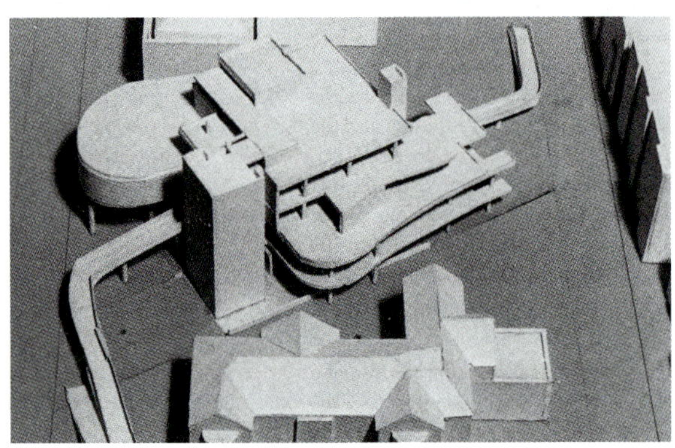

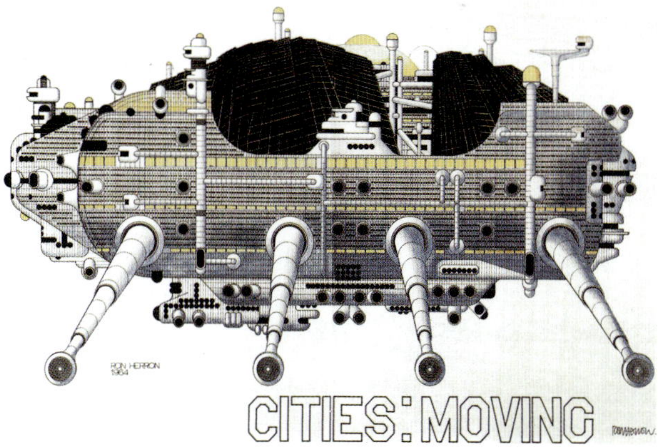

다) 설계 착안사항

출발점(entry point), 또는 착안사항은 어떤 상황을 파악하는데 있어 주의가 맨 처음 집중되는 부분으로서,「사고 및 개념형성의 연쇄를 출발시키는 것」과 깊은 관련이 있다. 통찰력의 재구성이란 측면에서 볼 때도 출발점의 선택은 가장 중요한 것으로서, 어떤 시스템(건축가의 머리) 안으로 더 이상의 정보가 들어오지 않을 때 통찰력의 재구성을 가져오는 것은 출발점의 선택 여부에 달려있다.

인간의 의식구조상, 어떤 문제나 상황을 고려하는 출발점의 선택은 이들 문제나 상황이 구조화(structuring)되는 방식에 큰 차이를 주기 때문이다. 출발점 또는 착안사항을 어떻게 선택하든 간에 최종적으로는 동일한 결론에 도달하게 된다고 생각할 수도 있으나, 사고의 연쇄적 진행과정은 출발점에서 비롯되어 마침내는 전체 문제를 지배하기 때문에 결과물의 상태는 이러한 출발점의 여부에 크게 좌우되는 것이다.

건축설계작업에서도 초기단계에 제시되는 다양한 요구조건 및 프로그래밍 내용들 중, 어떤 요소에 착안하여 설계의 실마리를 풀어나가는 가에 따라 설계의 접근방식은 물론 형태도출의 과정과 해결안에 큰 영향을 주게 된다. 따라서 위에서 전제한 두 가지 문제점과 연관시켜 설계작업의 초기과정에서 건축가에게 요구되는 것은;

(첫째) 설계 착안사항의 신속한 포착에 따른 초기개념의 설정 능력과,

(둘째) 다양한 설계 대안들(design alternatives)을 도출하기 위해 한 가지 설계과제에 대해 다양한 착안사항을 설정하여 필요시에 설계에 대한 접근방식을 다변화할 수 있는 능력이라고 할 수 있다.

• 공상적 유추의 사례

그림 05. 29 (좌상) : Walking City (1964, Archigram-Ron Herron설계)

그림 05. 30 (우상) : 1.8 mile Project (1960s, Buckminster Fuller 계획) 벅민스터 퓰러는 1960년대에 이르러 뉴욕 맨허튼 중심부 약 1.86마일을 자신이 고안한 초대형 Geodesic Dome으로 덮을 것을 제안하였다.

• 대구박물관 설계공모안의 서로 다른 착안사항

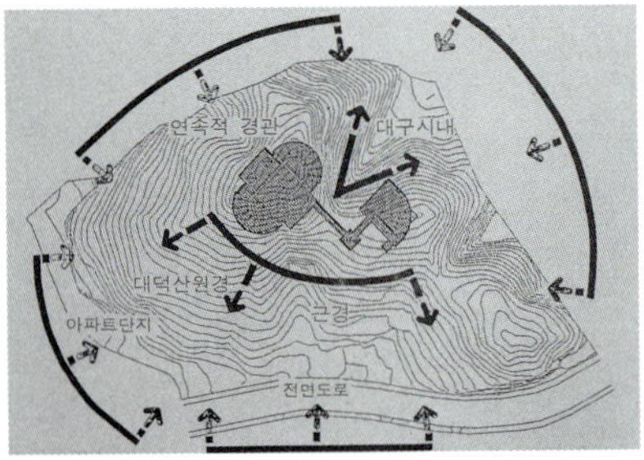

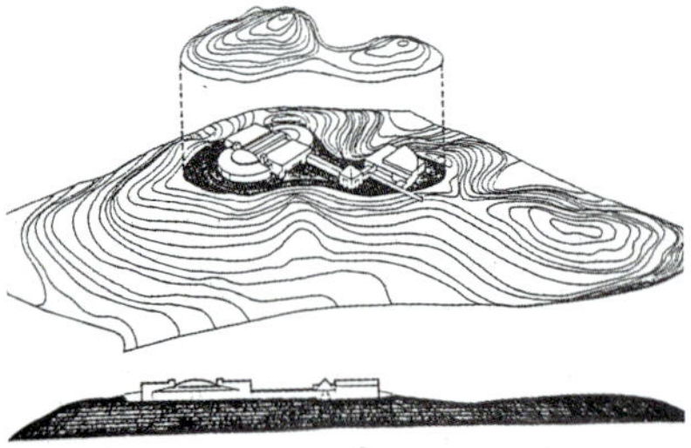

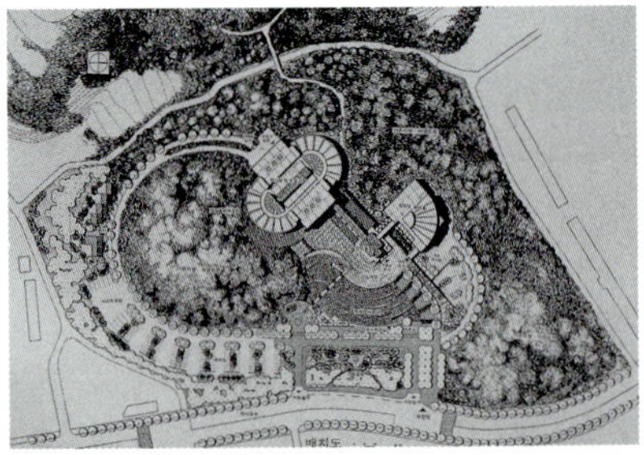

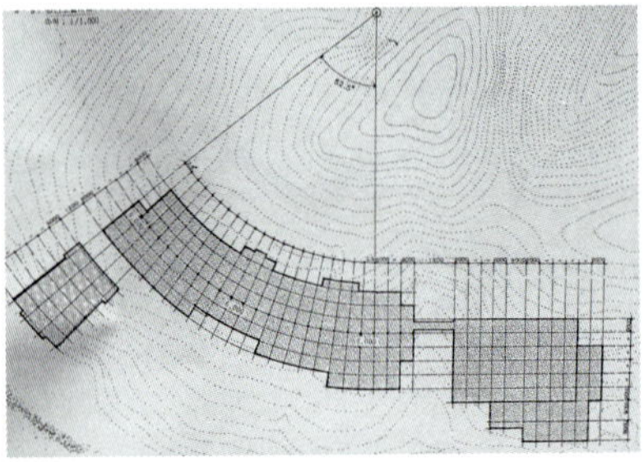

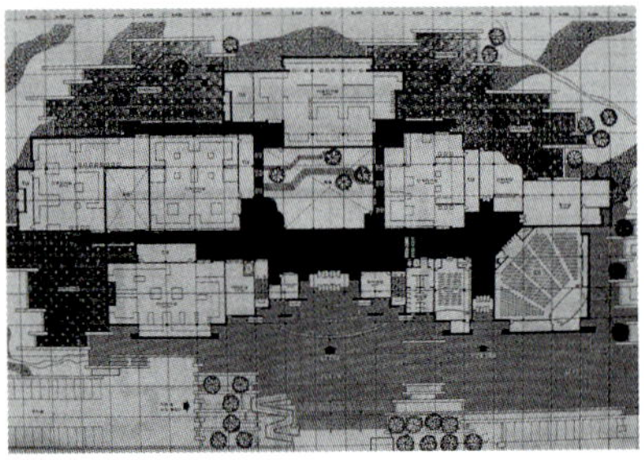

그림 05. 31-1,2,3 (첫째줄) : **경사부지의 맨 위쪽에 배치한 사례** -조망과 원거리의 경관이 착안사항 (A사 안)
그림 05. 32-1,2 (둘째줄 좌, 중앙) : **경사부지의 중간부분에 배치한 사례** -대지의 등고선에 자연스럽게 대응하는 것이 착안사항 (B사 안)
그림 05. 33 (둘째줄 우) : **경사부지의 중간부분에 배치한 사례** -대지의 등고선에 자연스럽게 대응하는 것이 착안사항 (C사 안)
그림 05. 34 (셋째줄 좌) : **경사부지의 아랫부분에 배치한 사례** -관람객 접근동선의 편리함이 착안사항 (D사 안)
그림 05. 35-1,2 (셋째줄 중앙, 우) : **경사부지의 아랫부분에 배치한 사례** -관람객 접근동선의 편리함이 착안사항 (E사 안)

대구박물관 신축을 위한 설계공모는 1899년에 한국건축가협회 주관으로 시행되었고 당시 전국의 28개 설계사무소에서 최종안을 제출하였다. 설계부지는 약 3,000여평으로 진입도로에서 가장 높은부분까지 약 35M의 고저차가 있는 경사부지였다. 28개의 제출안은 모두가 서로 다른 착안사항을 출발점으로 설계를 진행하였고, 이에 따라 최종설계안도 달라졌다. 위의 표에 예시한 5개 작품은 이들 제출안 중 일부를 소개한 것이다.

2. 개념의 표현방법

설계개념이 형성되는 시점은 개인마다, 그리고 각 설계과제마다 다르지만 대개 프로그래밍과정의 후반부와 설계과정의 전반부 사이에 나타나게 된다. 따라서 설계개념의 표현방식은 프로그래밍 결과물의 표현방식과 겹치는 부분이 많으며, 때로는 프로그래밍 내용을 종합한 일련의 다이어그램이 설계개념을 표현하는 다이어그램 그 자체가 되기도 한다.

설계과정에서 개념, 혹은 설계와 관련된 아이디어들이 표현될 수 있는 수단이나 표현 도구를 추상적인 것에서부터 구체적인 것에 이르기까지 나열하면 다음과 같다.

가) 건축 설계개념의 표현방법

① 단어 또는 문장으로 이루어진 개략적이거나 구체적인 서술
② 수학적 모델 및 기하학적 기법
③ 각종 다이어그램
④ 각종 스케치, 투시도, 도면
⑤ 다양한 형태의 모형
⑥ 전형(典型 · prototype)

위로 갈수록 추상적 모델이며 아래쪽은 구체적 모델이라 할 수 있으며 이들 각 방식을 세부적으로 살펴보면 다음과 같다.

① 단어 또는 문장으로 이루어진 개략적이거나 구체적인 서술

많은 학생들은 설계와 관련된 여러 가지 생각이나 개념을 단어와 문장의 형태로 기술한다. 집합주거계획 시에 설정된 설계개념을「효孝」,「어울림」으로 표현한다든지, 전시시설에 필요한 개념을「잃어버린 시간을 찾아서」와 같이 추상적인 문장으로 표현하기도 하며 때로는 어떤 공간을 설계하기 위하여「...혈액은 신장에 의해서 여과된다...매 분마다 1리터의 피가 신장을 통과한다...」등의 은유적 서술도 필요할 것이다. 프리데릭 보렐Frederic Borel과 같은 건축가는 설계에 필요한 자신의 생각을 일기 쓰듯이 차곡차곡 적어나가기도 한다. 건축과 학생들도 작은 노트나 스케치북을 늘 휴대하면서 설계와 관련된 자신의 생각을 수시로 적어가며 설계과제를 진행해나가는 모습을 흔히 본다.

② 수학적 모델 및 기하학적 기법

크리스토퍼 알렉산더C. Alexander교수는 수학의 집합이론과 변수들 간의 관계성을 중심으로 자신의 설계개념을 구체화하는 사례를 보여 주었다. 이런 방법은 독특하지만 일반적으로 사용하기에는 무리가 있다고 생각되며, 이 보다는 각종 그리드, 기하학적 형태, 2원적 그래프(dual graph) 등이 보다 손쉽게 활용할 수 있는 도구들이 될 것이다.

③ 각종 다이어그램

다양한 형태의 다이어그램은 프로그램의 결과물을 종합하는 표현으로, 그리고 설계개념을 시각화하는 표현으로 가장 폭 넓게 사용되는 수단이다. 건축설계

• 각종 다이어그램과 변형

그림 05. 36-1,2 : **요코하마 국제여객선 터미널**(2002, FOA 설계)
배치, 평면, 단면개념이 결합된 개념의 〈No Return Diagram〉(좌상)

완공된 터미널의 상층 데크부분(좌하)

시 에 활용되는 다이어그램의 종류로는, 버블다이어그램Bubble Diagram, 블록다이어그램Block Diagram, 상호작용행렬Interaction Matrix, 상호작용네트Interaction Net, 사회도Social Map, 행위도Behavior Map 등이 있으며 이러한 다이어그램들을 그대로 사용하거나 적절히 변형시켜 프로그래밍 결과물의 종합은 물론, 설계개념을 표현하는 수단으로 활용한다.

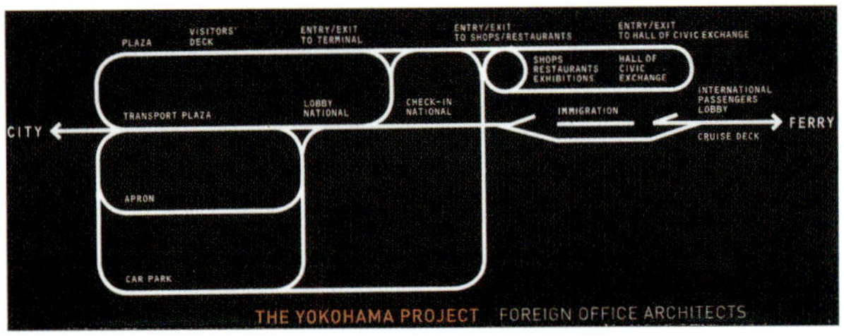

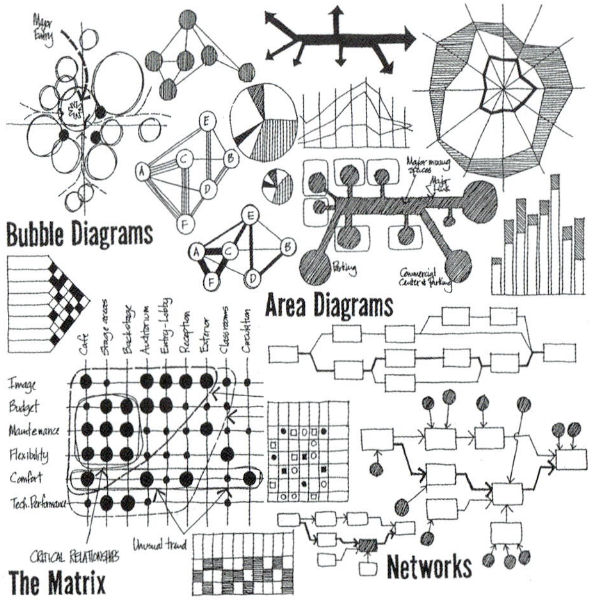

그림 05. 37(우) : **프로그래밍과정에 사용되는 각종 다이어그램**－활용여부에 따라 이러한 분석다이어그램들도 개념의 표현수단이 될 수 있다.

④ 각종 스케치 · 투시도 · 도면

설계개념의 구체화 및 표현수단으로서 스케치는 다이어그램과 마찬가지로 널리 사용되는 기법이다. 스케치 역시 다이어그램과 유사한 추상적 수준에서부터 실제의 건물 외관이나 공간에 근접한 구체적 표현에 이르기까지 다양한 형태를 지닌다.

추상적인 표현으로 된 스케치인 경우, 차후의 설계진행과정에서 보다 다양하고 폭넓은 변환과 적용이 용이한 반면, 구체적 표현으로 된 스케치는 상대적으로 적용범위가 제한적이기 마련이다.

이 외에도 적절하게 표현된 투시도나 기타의 도면들도 설계개념이나 의도를 함축적으로 나타내줄 수가 있다. 그리고 보다 다양한 이미지를 이끌어내기 위해 이러한 도면들은 꼴라쥬 형식으로 겹쳐지거나 변형하여 표현되기도 한다.

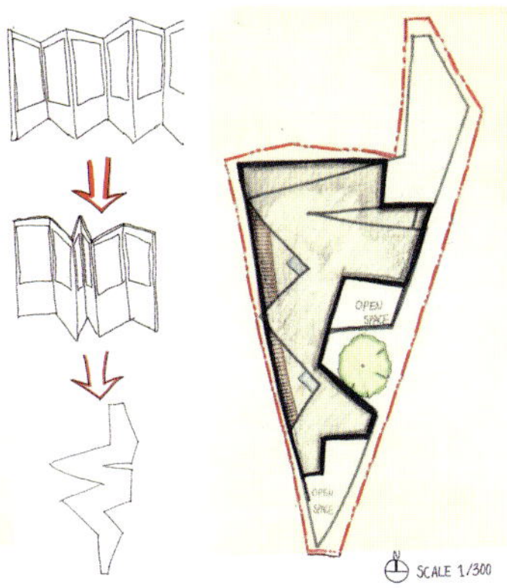

그림 05. 38-1,2 (좌) : **스케치를 통한 전시시설의 배치개념 설정**(영남대 2학년 미술관 설계과제, 2013년)
병풍에서 시작된 전통회화 전시관의 초기 형태개념 발전과정과 배치개념

그림 05. 39 (우) : **포토꼴라쥬를 이용한 도심 전시시설 개념**(영남대 2학년 미술관 설계과제, 2010년)
도심 속의 녹지로서 휴식공간을 함축하는 개념

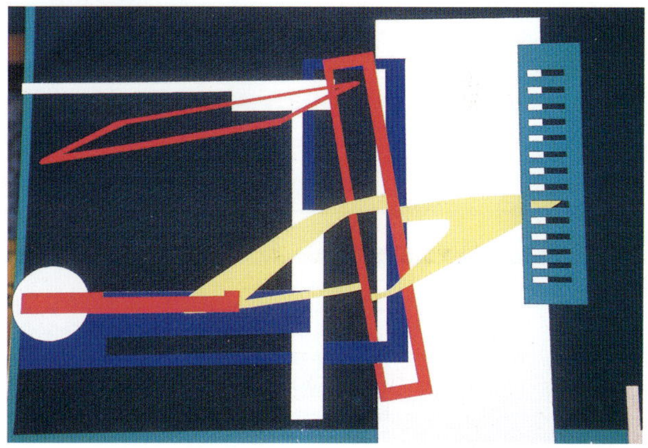

그림 05. 40(좌) : **카펜터 센터의 초기 개념스케치** (보스턴, 1963, 르 꼬르뷔제 설계) 설계 착수 15일 후에 나타난 이 개념스케치에 건축의 주요 특성들이 모두 표현되어있다.

그림 05. 41(우) : 꼴라쥬를 이용한 고속도로 톨 게이트 설계개념
(영남대 졸업설계작품 초기과정, 1998년) 톨 게이트의 이미지와 차량동선, 속도감 등이 복합적으로 표현된 꼴라쥬

⑤ 여러 가지 형태의 모형

대지모형 위에 면으로 된 작은 모형을 만들어서 기본적인 형태개념을 보여줌과 동시에 주변의 환경에 건물이 어떻게 대응하는가를 보여주고, 그 다음에 좀 더 큰 스케일의 매스모형으로 발전시켜나가는 방식은 학생들의 설계초기단계에서 많이 볼 수 있는 방법이다. 그리고 이러한 면 모형 외에도 다양한 선재나 면재, 입방체 등을 사용하여 스케일과 관계없이 설계개념을 표현하는 방식도 설계개념을 입체적이고 시각적으로 표현하는 유용한 개념모형이다.

⑥ 전형 (典型 · prototype)

자신이 하고자 하는 설계개념을 담고 있는 실제의 설계작품이나 건축물은 설계개념의 구체적이며 가장 확실한 사례이다. 기능이나 대지조건, 그리고 스케일은 다르지만 동일한 형태 및 공간개념을 담고 있는 전형으로서 기존사례는 변형을 통한 창조의 좋은 참조물, 혹은 유추대상이자 기준점이 된다.

• 설계 초기과정의 다양한 개념모형

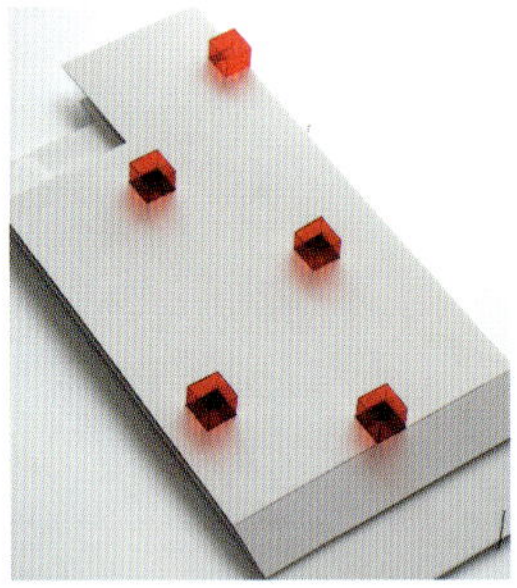
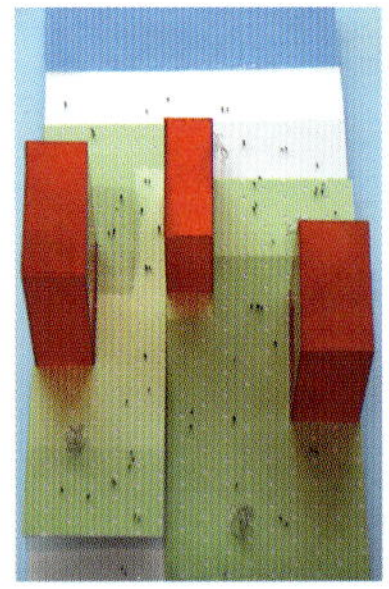

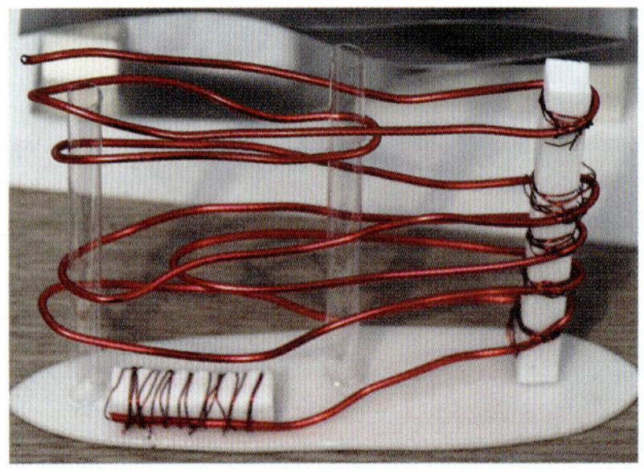
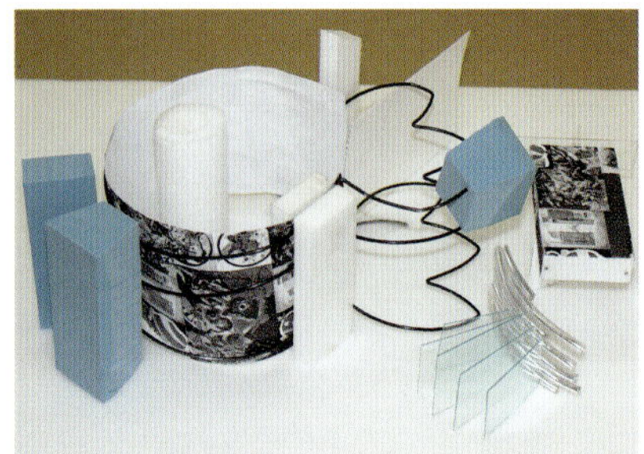

그림 05. 42 (좌상) : **전시시설의 개념모형** -색상지를 사용하여 개략적 기능과 축의 배치개념을 표현(영남대 2년 전시시설과제, 2008년)
그림 05. 43-1,2 (중상-두 그림) : **수변문화시설의 배치개념모형** -데크 위 코어부분과 타워부분의 개념을 표현(영남대 5년 졸업설계, 2009년)
그림 05. 44 (우상) : **전시관의 개념모형** -두개의 매스 중앙에 배치될 공용 Activity공간을 개념적으로 표현(영남대 2년 전시시설과제, 2008년)
그림 05. 45-1,2 (좌하, 좌중) : **감정 치료공간의 초기 개념모형**-사람의 얼굴표정을 매스로 표현하고(좌), 단면개념으로 표현(중) (영남대 4년 문화시설과제, 2008년)
그림 05. 46 (우하) : **칸딘스키 미술관의 개념모형** -간딘스키의 회화작품 윤곽을 입체로 개념화한 초기 모형(영남대 2년, 전시시설과제, 2004년)

• 전형(prototype)의 사례

그림 05. 47-1,2 : **Altes미술관** (베를린, 1830. K.F.쉉켈 설계)
전면외관 (좌상), **1층 평면도** (우상)

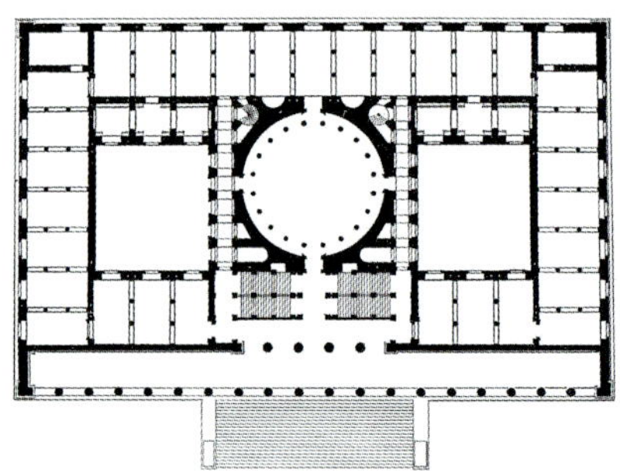

그림 05. 48-1,2 : **빌라 로톤다** (이탈리아, 비첸차, 1580. A.팔라디오 설계)
외관 (좌하), **1층 평면도** (우하)

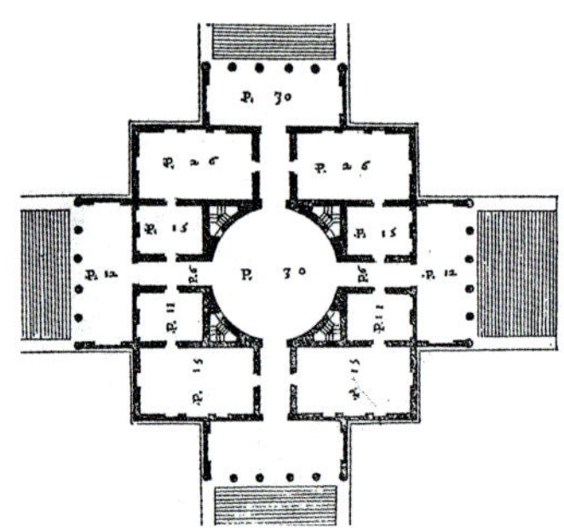

3. 개념의 특성과 변환 · 발전

설계의 초기단계에서 맨 처음 떠오른 개념이 이어지는 설계과정에서 변함없이 원형 그대로 유지 · 적용되는 경우도 있으나 많은 경우, 처음 설정된 개념은 어떤 방식으로든지 변형되고 발전되면서 점차 설계에 구체적으로 영향을 미치고 도움이 되는 완숙한 개념으로 자리 잡게 된다.

경우에 따라서는 처음 설정된 개념이 이후의 과정에서 전혀 다른 개념으로 바뀌기도 하고, 즉흥적으로 설정한 개념이 다음 단계의 설계작업에 전혀 도움이 되지 못하거나 오히려 시간의 지체와 같은 부작용을 초래하기도 한다. 따라서 과제설계에서 설계개념의 설정은 언제나 신중하게 이루어져야 하며, 후속되는 설계과정을 통해 현재의 초기개념이 어떻게 변형 · 발전될 수 있을지를 염두에 두고 설정하는 것이 바람직하다.

가) 설계개념의 유형과 특성

과제설계의 초기단계에서 학생들이 설정하는 설계개념은 다양하다. 이 중 필자가 1998년 ~ 2005년에 걸쳐 지도한 3학년의 전시시설 및 집합주거 설계과제 수강학생들 중 182명이 설계의 초기단계에서 설정한 개념을 분석한 결과 크게 ; ① 추상적 개념 ② 환경적 개념 ③ 구성적 개념 ④ 형태적 개념 ⑤ 기능적 개념의 5가지로 구분할 수 있었다.

표 05. 04 **과제설계 시에 나타나는 설계개념의 유형 및 특성***

개념의 유형	개념의 유형별 특성	개념의 사례
① **추상적 개념**	추상적인 용어 및 표현으로 된, 건축과의 연관성이 약한 개념	어울림 · 정(情) · 유입 · 효(孝) 도심 속의 오아시스
② **환경적 개념**	부지나 부지 주변의 환경적 특성에서 비롯된 개념	green-network · 자연친화적 공간 · 산책로 · 도시의 여백
③ **구성적 개념**	건축공간이나 형태의 구성방식을 의미하는 개념	weaving · 면과 공간의 중첩 마당과 골목 · 동선과 전이공간
④ **형태적 개념**	대상물의 형태를 의미하거나 형태와의 연관성이 깊은 개념	육면체(벌집) · 원과 순환 제주를 닮다 · 손잡기(악수)
⑤ **기능적 개념**	건축물의 전체적, 또는 부분적 기능을 의미하는 개념	노령자 공간 · 정보통신자료관 현대미술관 · 커뮤니티 공간

이상의 여러 개념유형들을 보면, 어떤 경우는 초기에 설정한 개념이 시종일관 변함없이 유지되고 설계안에 반영되는가 하면, 또 다른 경우는 여러 번의 변경, 혹은 변환과정을 거치기도 한다. 따라서 중요한 것은 (첫째) 설계작업에 도움이 되는 적절한 개념을 설정하고, (둘째) 이 개념을 효과적으로 변형, 발전시켜나가

*** 개념설정을 강조한 설계수업**

1998년~2006년 까지 필자가 담당하였던 3학년의 설계과제는 1학기 〈집합주거〉, 2학기 〈전시시설〉이었다.
당시의 4~5년간, 학생들에게 설계의 초기단계에서 〈적절한 개념을 설정하고 이를 변형, 발전시키는 과정〉을 전반적으로 강조하는 설계수업을 진행하였다.

그 중 전시시설은 다른 건물유형에 비해 공간과 형태구성의 자유도가 높은 편이었기에 특히 〈개념의 설정과 발전〉을 강조하였다. 책에 소개된 내용은 당시의 5~6년간 진행된 설계수업을 바탕으로 발표한 아래 논문의 일부이다.

(구본덕, 과제설계 시 건축설계개념의 유형과 특성에 관한 연구, 대한건축학회 논문집 22권 5호 2006. pp.65~72)
(구본덕, 과제설계 시 건축설계개념의 발전 및 변환과정에 관한 연구, 대한건축학회 논문집 22권 5호 2006. pp.73~80)

는 일이다. 이런 측면에서 위의 5가지 개념유형들 중, ① 추상적 개념 ③ 구성적 개념 ⑤ 기능적 개념에 대해 개념의 변환 및 발전과정을 사례와 함께 구체적으로 살펴보면 다음과 같다.

나) 추상적 개념의 변환사례

추상적 개념을 설정함으로써 설계에 대한 포괄적 이미지와 방향을 제공받을 수는 있을 것이다. 하지만 추상적 개념은 그 자체로 건축화하기가 쉽지 않은 까닭에 관련된 구성개념으로 적절히 변환시키는 것이 필수적이다. 그러나 상당수의 학생들은 이미 설정한 추상적 개념을 포기하고 또 다른 추상적 개념을 설정함으로써 설계과정의 점진적 발전을 이루지 못하고 개념설정단계에서 설계작업이 정체되는 현상이 발생한다.

① 추상적 개념이 또 다른 추상적 개념으로 대체되는 경우

전시시설 과제의 경우, 전시주제 및 전시대상이 미정인 가운데서 추상적 관념의 고리가 개념으로 계속 생성되는 사례이다.

(학생 A) • 문화를 항해하는 범선(추상적 개념)→ • 무거움과 가벼움(추상적 개념) → • Edutainment + Infortainment(기능적 개념)

(학생 B) • 패턴의 합성(추상적 · 구성적 개념)→ • Off-Line공간 느끼기(추상적 개념)→ • 책 전시관(기능적 개념)→ • 공간 속에 공간 넣기(구성적 개념)

(학생 A)의 경우, 처음 설정된 추상적 개념인 〈문화를 항해하는 범선〉은 더 이상 건축적으로 발전시키지 못하고 전혀 다른 추상적 개념인 〈무거움과 가벼움〉으로 바뀌었고, 이는 다시 〈Edutainment + Infortainment〉 라는 기능적 개념으로 변환되었다.

(학생 B)의 경우, 추상적 개념인 〈패턴의 합성〉은 또 다른 추상적 개념인 〈Off-Line 공간 느끼기〉로 바뀌고 이는 다시 기능적 개념인 〈책 전시관〉→ 구성적 개념인 〈공간 속에 공간 넣기〉로 순차적 변환, 발전과정을 거치고 있다.

이상의 두 사례에서 보면 애초에 설정된 개념이 후속되는 과정에서 건축적 개념으로 압축, 변환되지 못하고 또 다른 추상적 개념으로 바뀜으로써 시행착오적 지체가 발생되고 있음을 볼 수 있다.

② 추상적 개념이 기능적 개념과 구성적 개념으로 적절히 변환되는 경우

개념의 단계적인 변환과정을 통해 설계과정이 점진적으로 진행되는 사례이다. (학생 C)의 예를 들면;

(학생 C) • 소리(추상적 개념)→ • 음파박물관(기능적 개념)→ • 음파의 파장과 방향성(구성적 주제)→ • 음파의 밀도에 따른 건축부분과 외부공간의 배열(구성개념)

이는 〈소리〉의 개념을 음파로 변환시켜 순차적으로 커뮤니티센터를 계획한 경우이다. 음파는 바코드 형식의 파장으로 표현되었고(좌측) 음파의 간격은 건물부분(solid)과 외부공간(void)로 변환되고(중앙) 이어서 건물의 스카이라인과 건물 1층 부분의 선형적 표현으로 반영되었다. (우측)

그림 05. 49-1,2,3 : **음파(소리)를 전시하는 박물관** (대구건축대전 입상작, 2003년)
개념의 생성 및 변환과정 (좌)
입면 및 단면의 구성 (중)
완성된 모형 (중)

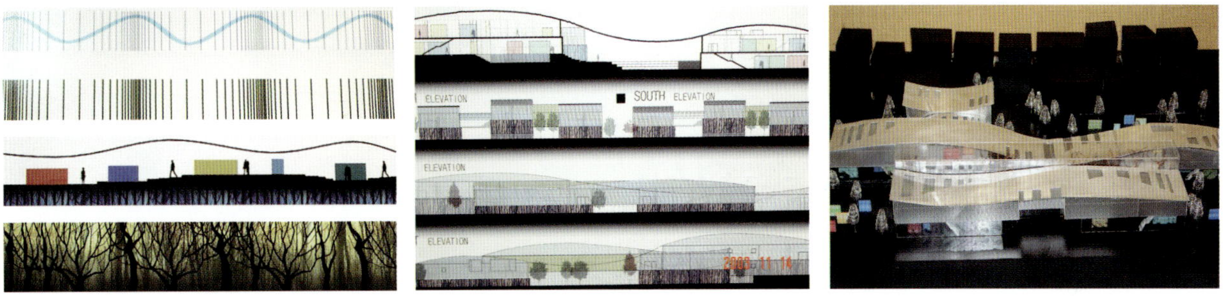

③ **추상적 개념의 이미지나 다이어그램을 직설적으로 건축화 시키는 경우**

사례 ①은 도심지 저층집합주거계획에서 초기에 학생이 임의적으로 설정한 추상적 다이어그램을 별다른 여과나 발전과정 없이 그대로 배치계획에 직결시켜 논리적 타당성이 결여된 사례이다.

대지분석과정을 통해 학생은 설계부지가 산림녹지와 도심의 경계부에 위치하고 있는 것에 착안하여 자연과 인공의 〈관입〉이라는 주제개념을 설정하였다. 그리고 이를 다이어그램화 하는 과정에서 엇갈린 화살표(↓↑↓) 형태를 만들고 이를 그대로 배치형태로 적용하고 있다.

그림 05. 50-1,2,3,4,5,6 : **도심지 저층집합주거계획 과정**(영남대, 3년 2012년)
① 대지분석 다이어그램 (좌상)
② 설계 주제개념 설정 (중상)
③ 〈관입〉개념을 보여주는 다이어그램 (좌상)
④ 화살표를 사용하여 관입의 다이어그램을 표현 (좌하)
⑤ 화살표를 배치형태로 임의 적용 (중하)
⑥ 배치작업의 진행 (우하)

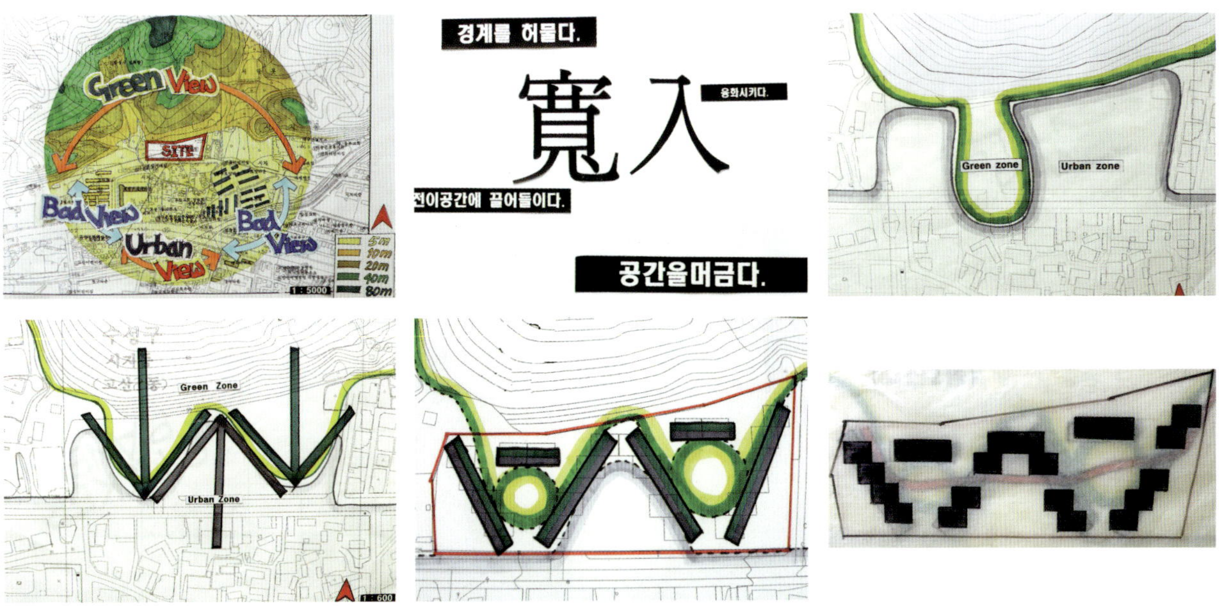

사례 ②는 집합주거계획의 초기단계에서 〈인사greetings〉*라는 개념을 설정한 학생이 〈인사하는 사람의 허리 굽힌 모습〉을 그대로 건물의 형태와 배치계획으로 전환하고자 한 것이다. 이러한 생각은 스튜디오 발표 후 즉시 다른 개념으로 대체되었으나, 추상적 개념을 아무런 여과 없이 직설적으로 건축의 형태로 사용하고자 한, 안이하고 잘못된 방식을 보여주는 사례이다.

*** 저층집합주거 설계개념으로서 〈인사〉**

해당 학생이 이러한 개념을 설정한 이유 자체는 충분한 근거가 있다. 즉, 나날이 개인화되어가는 현대도시의 주거생활에서 아파트의 같은 층에 살면서도 주민들 서로 간에 담을 쌓고 인사도, 대화도 없는 환경을 개선하겠다는 취지였다.

그림 05. 51-1,2 : **추상적 형태개념이 주는 이미지를 그대로 건축화한 개념모형** (영남대 3년 집합주거계획, 2004) 허리를 굽혀 인사하는 사람의 모습을 그대로 건물 형태로 대입한 초기 개념

다) 구성적 개념의 변환사례

공간의 중첩과 흐름 · 동선과 전이공간 · weaving · 프레임의 조합—등과 같은 구성적 개념은 추상적 개념과는 달리 그 자체로 건축적 구성에 대한 암시를 내포하고 있으므로 설계의 초기단계에서 시행착오적 지체는 상대적으로 적게 나타난다. 따라서 보다 용이하게 다음 단계로의 설계진행이 이루어질 수 있다.

다만, 개념 자체에서 얻을 수 있는 구성적 아이디어가 너무 구체적인 경우, 개념의 발전과정을 통한 창의성과 상상력의 범위가 다소 제한될 수 있다. 또한 지

그림 05. 52-1,2,3,4,5,6 : **구성적 형태개념을 순차적으로 발전시킨 도심지 복합문화공간 계획과정** (영남대 건축디자인대학원, 2005)

① 도심지의 다양한 골목길 분석을 통해 〈Weaving〉 개념을 추출 (좌상)
② 다양한 골목길의 특성 분석 (중상)
③ 골목길을 특성별 다이어그램으로 변환 (우상)

④ 다이어그램의 입체적 구성 (좌하)
⑤ 다이어그램의 동선을 실제의 부지형상에 맞게 조정 (중하)
⑥ 기본계획안 모형의 완성 (우하)

나치게 초기단계에서 확정된 구체적인 구성개념은 자칫 이어지는 설계과정에 대한 상대적 흥미의 감소로 이어질 수 있다.

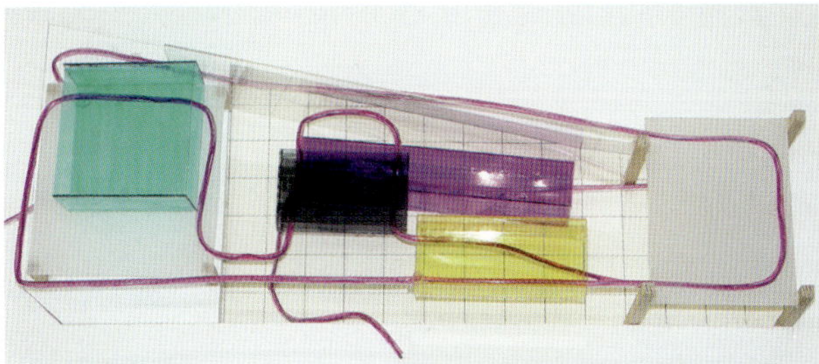

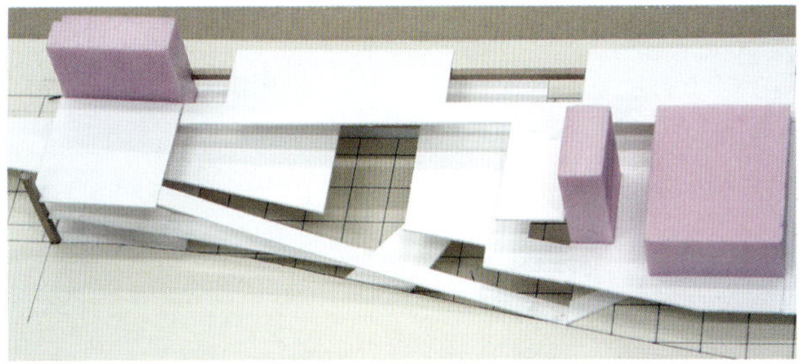

그림 05. 53-1,2 : **〈동선〉이 설계개념인 자동차박물관** (영남대 3년, 전시시설계획, 2004)
〈동선〉이 설계개념인 이 작품은 초기의 개념설정 이후 불과 수주일 만에 평면과 외형이 빠른 속도로 결정되었다.

라) 가능적 개념의 변환사례

전시시설의 경우, 기능적 개념이란 전시주제와 깊은 관련이 있다. 따라서 전시시설 과제의 프로그램 설정과 관련하여 학생들이 중요하게 다루어야 할 점은 〈무엇을 전시하는 건물을 만들 것인가?〉이다. 즉, 전시설의 계획에서 건물의 기능이자 주제로서 전시대상물은 설계부지와 함께 설계개념을 이끌어내는 가장 중요한 요소가 된다.

예를 들어, 단순히 〈서울 현대미술관〉 또는 〈광주미술관〉이 아니라 〈칸딘스키 미술관〉이나 〈김환기 미술관〉 등과 같이 전시대상이나 전시주제의 특성이 두드러질 경우, 〈칸딘스키〉나 〈김환기〉의 인간적 · 예술적 특성을 어떻게 설계에 반영시킬 것인가 하는 문제는 어려운 것이다. 실제의 미술관 설계 시에는 완성된 전시공간에 전시되는 화가의 작품 자체만으로도 그 미술관의 특성이 충분히 부여될 것이지만 과제설계에서는 단지 도면과 모형을 통해 이러한 특성을 무엇으로 어떻게 표현할 것인가? 하는 문제가 남는다.

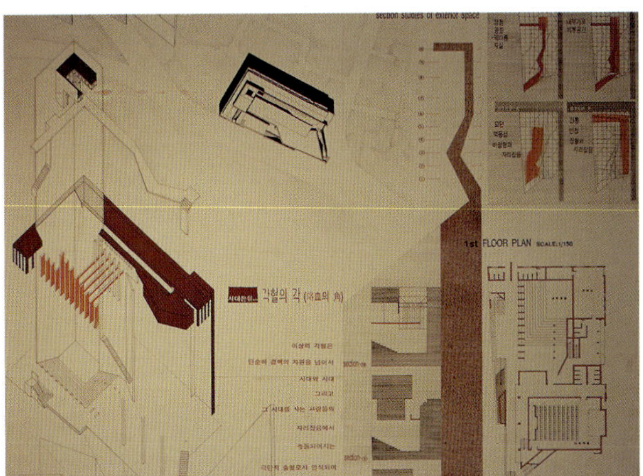

그림 05. 54-1,2 : **이상 문학관의 주제개념 〈각혈의 각〉** (대한민국건축대전 우수상, 1996)
〈이상-김해경〉이라는 추상적 주제에 대해 폐결핵 환자로서 요절한 이상의 특징을 파악하여 〈각혈의 각〉이라는 설계개념을 설정하였다.
난해한 추상적 특성을 건축화 할 수 있는 형태적 개념으로 적절히 전환시킨 창의성이 돋보인다.

〈사과 전시관〉은 일반적인 전시관과 어떻게 다른가? 〈애견愛犬카페〉는 〈디지털 카페〉와 어떻게 다른가? 〈이상화 문학관〉은 〈황순원 문학관〉과 어떻게 다른가? 설계스튜디오의 공개발표 시에 이러한 질문이 던져지면 학생들은 만족스러운 답변을 하기가 쉽지 않다.

4. 개념 설정과 변환 시의 유의사항

과제설계 시에 설계개념을 설정하고 변환, 발전시키는 것과 관련하여 유의할 점을 요약하면 다음과 같다.

• 설계개념은 안일하게 설정하지 말고, 일단 설정한 개념은 너무 쉽게 포기해서는 안 된다.

• 설계개념은 외부에서 독립적으로, 혹은 즉흥적으로 주어지는 것이 아니라 초기의 프로그램과정을 통해 자연스럽게 생성되는 것이 바람직하다.

• 이를 위해 설계개념의 근거가 되는 대지분석을 비롯한 프로그래밍 작업의 내용과 과정, 그리고 표현이 충실하게 이루어져야 한다.

• 잘 못 설정되거나 해석 및 변환과정에 오류가 있는 설계개념을 적용하는 것은 정상적인 설계과정을 왜곡시키거나 시행착오에 따른 시간적 지체를 유발하는 원인이 된다.

• 개념을 위한 개념, 지도교수에게 보여주기 위한 과제로서 개념을 억지로 설정하는 것은 바람직하지 않다. 적절한 설계개념이 떠오르지 않을 경우, 공간과 매스의 구성방식이나 기능에 대한 나름대로의 해석 등을 설계의 출발점으로 하여 얼마든지 초기작업을 진행할 수 있다.

• 설정된 개념이 이어지는 설계단계나 사고의 발전에 전혀 도움이 되지 않는 경우는 해당 개념이 지나치게 추상적이고 포괄적인(예로서, 삶의 터전, 어울림 등)까닭이므로 보다 구체적인 개념으로 재설정하는 것이 필요하다.

• 반대로, 지나치게 공간이나 형태의 구성을 명확히 규정하는 구체적 설계개념은 차후의 진행과정을 통한 개념과 설계안의 발전 가능 범위를 한정시키므로 설계과정에 대한 흥미를 감소시킬 우려가 있다.

• 개념의 추상적 다이어그램이나 도식을 여과작업 없이 그대로 배치형태나 평면형태로 대입시키는 것은 피한다.

• 설정된 설계개념은 고정된 것이 아니며, 설계과정을 통해 끊임없이 변환, 발전되고, 또 다른 관련 세부개념이 얼마든지 추가적으로 생성될 수 있다.

04. 개념의 설정 · 변환을 강조하는 설계방식

1. 개념 우선 설계방식의 특성과 장점

가) 개념에 중점을 둔 설계방식의 특성

과제설계작업의 초기단계에서 설계개념의 설정을 강조하고, 그 변환과 발전과정을 통해 초기의 설계작업을 주도해나가는 방식이 일반적인 설계수업방식보다 더 창의적이고 우수한 결과를 보장해주는 것은 아니다. 오히려 설계작업의 지체와 혼란을 겪게 되는 위험성은 더 크다. 심지어는 개념에 대한 발표의 부담감 때문에 설계개념을 가식적으로 설정하게 되는 경우도 있다. 그 결과, 개념적인 측면 이외의 기본적인 설계교육의 목표마저 달성하지 못하게 됨으로써 직관의 개발과 실무적 능력의 배양이라는 두 마리의 토끼를 모두 놓치게 되는 부작용이 발생하기도 한다.

그러나 이러한 설계진행을 통해 학생들은 보다 다양한 설계의 접근방식을 익히게 되며, 건축 자체를 이해하는 시야를 넓히는 계기로 활용할 수가 있다. 또한 결과적으로 초기의 설계개념이 최종결과물에 적극적으로 반영되지 못했다 하더라도, 개념의 설정과 변환과정을 통해 배우게 되는 공간각적 사고와 사고의 창의적 전환은 실무적 설계기법의 습득 못지않은 가치가 있다. 다만, 개념에 중점을 두는 설계수업은 건축학부의 전 학년 설계과정 중, 한 두 학기 정도면 적당할 것으로 본다.

나) 개념에 중점을 둔 설계방식의 의의와 장점

① 가상의 설계조건을 바탕으로 진행되는 과제설계에서 설계작업에 대한 흥미와 동기를 부여하고 설계의 출발점(착안사항)과 설계작업에 대한 접근방식을 다양화시킬 수 있다.

② 설계교육의 주요 목표인 창의적 사고능력의 개발과 실무적 작업능력의 배양 중, 창의적 사고의 개발에 필요한 공감각적 사고와 유추적 사고의 능력을 키워준다.

③ 설계의 창의성이 공간과 형태의 물리적 구성과정을 통해서만 얻어지는 것이 아니라, 구체적인 설계작업 이전의 사고행위에서부터 얻어질 수 있다는 것을 경험하고 이해할 수 있다.

④ 설정된 설계개념에 대한 발표와 토론을 빈번히 함으로써 설계행위의 속성 중 하나인「논쟁적 특성」에 의거한 토론능력을 키울 수 있다.

⑤ 전체적인 설계과정에 일관성을 부여해주고, 완성된 결과물에서 설계에 대한 명확한 의도와 성격을 알 수 있게 해준다.

2. 개념 우선 설계방식의 과제와 문제점

가) 개념 우선 설계방식의 문제점

개념설정에 관한 학생들의 인식 상 문제점 중 하나는, 많은 학생들이 설계개념은 프로그래밍 작업을 대충해도 만들어낼 수 있는, 소위「설계과제에 대한 감잡기」정도로 간주하는 경향을 지닌다는 점이다. 따라서 주어진 설계과제나 설계조건에 대한 기본적인 분석조차 이루어지지 않은 상태에서 즉흥적으로, 또는 개념 그 자체를 위한 개념을 만들어 내는 것을 흔히 본다.

건축잡지 등을 통해 접하는 유명 건축가들의 독특하고 창의적인 개념의 이미지스케치나 다이어그램의 이면에는 철저한 프로그래밍 과정이 뒷받침되고 있음을 잊어서는 안 된다. 학생들이 각종 출판물을 통해 시각적으로 확인하는 것은 비시각적인 프로그래밍과정을 충실히 거친 결과물로 얻어진 스케치나 개념의 최종적인 시각적 표현인 것이다.

유의해야 할 것은, 어설프게 혹은 즉흥적으로 설정된 설계개념은 다음 단계의 설계작업이나 과제의 진행에 동력을 실어주는 매개체가 되는 것이 아니라, 오히려 정상적인 설계의 진행에 지장을 초래하는 방해물이 될 수 있다는 점이다. 따라서 이러한 설계진행방식이 적절히 이루어지기 위해서는 다음과 같은 사항들이 고려, 또는 전제되어야 할 것이다.

나) 개념 우선 설계방식의 성공을 위한 기본조건

① 학생의 설계 전반에 대한 이해도와 수행능력이 일정수준에 이른 경우에 효과적인 방식이다. 설계의 수행능력이 미흡한 학생들에게 이러한 수업방식은 역효과를 줄 수 있다.

② 설계수업의 초기에 이러한 설계진행방식이 지니는 의의와 취지, 그리고 교육목표에 대해 학생들이 충분히 이해하여야 한다.

③ 앞의 ②항과 함께, 개념의 설정과 변환과정에 관한 사례를 강의를 통해 배워야 한다.

④ 프로그래밍 과정에 대한 중요성을 이해하고, 프로그래밍의 내용과 방법, 그리고 표현기법에 대해서도 숙지하여야 한다.

⑤ 설계의 최종결과물이 초기의 설계개념과 관련이 적더라도, 결과가 아닌 과정을 통해서 배우는 것이 중요하였음을 이해하도록 한다.

♠ 참고 및 인용문헌

- Alexander Tying, Beginnings, J-Wiley, 1984
- G. Broadbent, Design in Architecture, J-Wiley, 1973
- E. F. Sekler et al, Le Corbusier at Work, Harvard, 1967
- Peter G. Rowe, Design Thinking, MIT, 1987
- Richard Meier, Richard Meier Architect, Rizzoli, 1984
- William Kirby Lockard, Design Drawing, Pepper Publishing, 1982
- 김봉주, 개념학, 한신문화사, 1992
- 이성호, 교수방법론, 학지사, 2006
- 구본덕, 건축디자인 방법론을 통해본 형태도출의 과정 및 관련기법에 관한 연구, 한양대 박사학위논문, 1989
- 구본덕, 과제설계 시 건축설계개념의 유형과 특성에 관한 연구, 대한건축학회 논문집 22권 5호 2006
- 구본덕, 과제설계 시 건축설계개념의 발전 및 변환과정에 관한 연구, 대한건축학회 논문집 22권 5호 2006

6장. 배치계획

● **배치계획을 위한 스케치**

(대구박물관 설계경기 중간과정, 일건건축사사무소)

실무건축에서 배치도는

가장 많은 정보를 담고 있는 도면이다.

하지만 과제설계 시에는 가장 소홀히 다루어지는 도면의 하나이다.

Ⅵ. 배치계획

실무건축에서 배치도는 건축뿐만 아니라, 교통, 토목, 조경, 설비 등의 다양한 요소들이 표현되는 도면이고, 허가관청의 입장에서 보면 해당설계가 각종의 법규조건에 맞게 계획된 것인지를 검토하기 위해 우선적으로 살펴보는 핵심도면이다. 따라서 가장 신중하게 작성해야 할 도면이기도 하다.
하지만 과제설계 시에 배치도는 학생들이 소홀이 작성하는 도면의 하나이다. 그 이유는 배치도의 중요성에 대한 인식부족과, 조경, 도로, 광장 등 외부공간 구성요소들의 표현에 대한 미숙함과 자신감의 부족에서 비롯된 것으로 본다.
최종도면으로서 배치도를 작성하기 위해서는 전 단계로서 토지이용계획, massing study 등의 과정을 거치게 된다. 이들 전 단계는 때로는 명확히 분리된 형식으로, 혹은 통합된 상태로 진행되기도 하지만 모두가 설계과정의 중요한 부분들이며, 프로그래밍과 디자인 단계를 연결하는 핵심적인 연결고리이다.

01. 배치계획의 3단계

프로그래밍 작업이 어느 정도 진행되고 나면 배치계획에 들어가는 것이 일반적인 설계의 진행과정이다. 즉, 세부적인 평면 및 단면계획에 착수하기 이전에 대지 위에 건물과 주요 외부공간을 어떻게 위치시킬 것인가를 먼저 구상하는 단계이다. 최종도면으로서 배치도는 완료된 배치계획의 표현이지만 과정으로서 배치계획은 다양한 수준과 형태에 걸쳐 진행되고 표현된다.

프로그래밍 단계의 후반부이자 디자인 단계의 전반부로서 배치계획은 그 내용과 함께 건축적 표현이 얼마나 구체적으로 이루어졌는가에 따라 여러 단계로 구분할 수 있을 것이나, 이 책에서는 개략적으로 ; ① 토지이용계획단계 ② Massing Study 단계 ③ 최종 배치계획단계-라는 3가지 단계로 구분하여 설명하기로 한다.

1. 토지이용계획(Land Use Plan)

3장 4절–대지분석의 결과물–에서 설명하였듯이 토지이용계획은 설계부지의 각 부분이 어떤 용도로 사용될 것인지를 구상하는 내용을 담고 있다. 따라서 디자인 단계보다는 프로그래밍 단계에 가깝다. 비록 토지이용계획 자체는 배치계획과는 다른 영역에 속하지만 내용상으로는 배치계획의 가장 초기단계의 일부이다.

① 토지이용계획의 내용

토지이용계획에서 기본적으로 포함해야 할 내용들은 다음과 같다.

- 적극적으로 개발되고 시설물이 들어설 영역과 조경이나 녹지공간이 되거나 차후 증축을 위한 공간으로 남겨두어야 할 영역
- 차량의 진 · 출입이 이루어지거나 주차공간으로 활용될 부분
- 보행자가 진입하는 부분과 광장이나 커뮤니티 공간으로 활용될 부분
- 녹지나 수공간, 기타 특별한 외부공간으로 조성되어야 할 부분
- 경사부지인 경우, 각 레벨에 따른 토지활용계획 등

② **토지이용계획의 표현**

토지이용계획단계에서는 건물을 포함한 시설물들, 그리고 기타 구조물들의 위치와 규모, 형태 등이 아직 구체적으로 결정되지 않았으므로 그 표현도 주로 다이어그램 형식으로 이루어진다. 따라서 3장의 그림 03-32에서 03-34에서 예시한 바와 같이 용도가 다른 각 부분이나 영역의 경계부는 점선 등을 사용하거나 일부 겹치게도 하여 융통성을 부여하고 색채를 적절히 사용하여 용도별 구분이 용이하도록 한다.

2. Massing Study*와 배치대안의 비교 · 분석

건축설계에서 매싱massing이란, 건물의 크기를 포함하여 일반적인 모양이나 형태에 관한 작업을 뜻하며,「massing study」란, 복합적인 변수들과 요소들이 건축물의 전반적인 설계에 미치는 영향을 시각화하거나 이해하는 건축적 방법을 말한다.

가) Massing study의 방법

Massing study를 위해 사용되는 방법은 다양하다. 예를 들면 ;

① 토지이용계획도 위에 건물부분의 평면적 윤곽을 스케치하거나 색상지를 카드처럼 오려서 놓아보는 방법

② 폼보드나 스치로폼 등의 재료를 오려서 건물의 면적과 높이를 동시에 입체적으로 가늠해보는 방법

③ CAD기법을 활용하여 3차원적으로 대지 위에 건축물이 들어설 부분을 시뮬레이션해보는 방법

등을 들 수 있다. 이러한 방법을 통해 하나 이상의 대안option을 만들고, 각 대안들을 상호 비교, 평가하면서 배치계획을 점차 구체화해 나간다.

나) Massing study를 위한 준비사항

①, ②, ③ 중 어떤 경우를 사용하든 효과적인 massing study를 위해서는 다음

* Massing Study
「mass」라는 용어는 일반적으로 3차원의 입체를 우선적으로 연상시키므로 「massing study」를 직역하면 〈매스 검토〉가 될 것이다.
하지만 배치계획의 초기에 이루어지는 massing study는 3차원의 입체로서 뿐만 아니라, 2차원적인 건물배치개념과 건물의 높이 등에 관한 것도 포함한다. 이런 의미에서 예전에는「블록플랜(Block Plan)」이라는 용어를 사용하기도 했다.
이 책에서는 미국과 영국 등에서 실제로 자주 사용하는 massing study라는 용어를 원어 그대로 사용하고자 한다.

그림 06. 01-1,2,3,4,5,6 (아래 첫째 및 둘째줄) : **토지이용계획의 각 대안을 2차원 Massing Study로 전환** (영남대 2년 전시시설계획, 2018)

버블다이어그램 형식으로 그려진 ALT1, 2, 3의 대안들은 블록다이어그램 형식의 Mass개념으로 발전된다.

그림 06. 02-1,2,3,4 (아래 셋째줄) : **2차원 Massing Study의 대안들** (영남대 2년 전시시설계획, 2013)

과 같은 사항들이 사전에 검토, 준비되는 것이 바람직하다.

- 각 건물 동building별 개략적 수평투영면적 (연면적을 예상되는 층수로 나누어 개략적으로 만든 면적 다이어그램)
- 법규검토를 통한 가능한 건축선과 완화규정 적용 부분
- 대지의 종 · 횡단면도
- 대지 주변 건축물들의 건축선과 높이
- 바탕 대지도면 (가능하면 그리드 선이 그려진 것)

• 토지이용계획에서 평면적인 Massing Study로 전환하는 과정

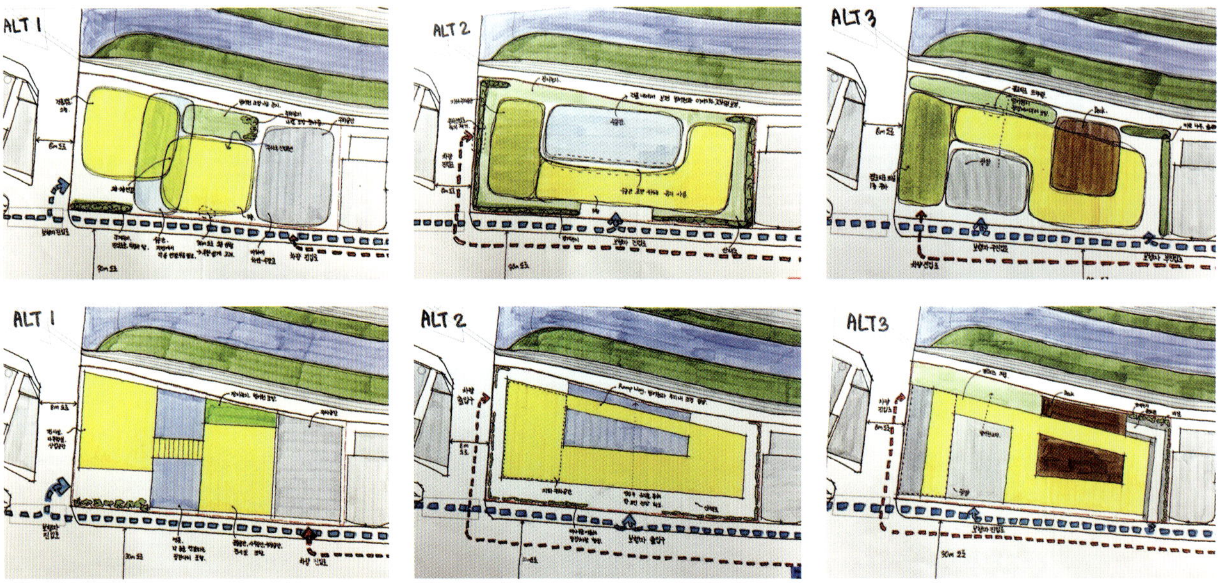

• 평면적인 Massing Study를 통한 대안들의 생성

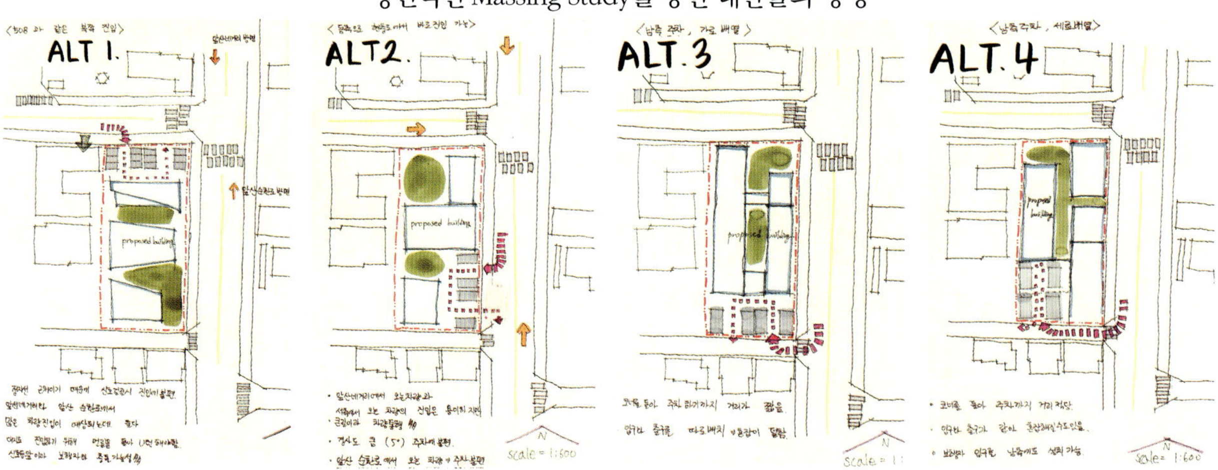

다) 다양한 배치대안의 생성 및 비교 · 분석

① 배치대안의 생성

초기에는 작은 축척으로 여러 개의 배치대안들을 만들어 보는 것이 중요하다. 비록 처음에는 내키지 않더라도 의도적으로 대안을 최소한 3개 이상 만들어 봄으로써 미처 생각지 못했던 다양한 아이디어들이 수평적 사고의 작용으로 연쇄적으로 떠오르기도 한다.

여기서 유의할 점은 단지 수업시간의 발표용으로, 혹은 지도교수에게 보여주기 위한 과제물로서 여러 개의 대안을 만드는 것은 피해야 한다. 이런 생각을 전제로 만들어 진 대안들은 대개 서로 비슷하여 대안으로서의 의미가 희석되는 경우가 대부분이다. (그림 06-03)

그림 06. 03-1,2,3 (아래) : **배치개념이 유사한 대안들** (영남대 2년 전시시설과제, 2017)

ALT 1,2,3은 모두 건물부분이 경사지의 중앙의 같은 위치에 배치되고, 보행자와 차량의 진입구도 동일한 개념의 배치대안들이다. 관점의 변화를 통한 새로운 대안 착상을 위해서는 보다 적극적인 차이를 보이는, 말 그대로의 대안설정이 필요하다.

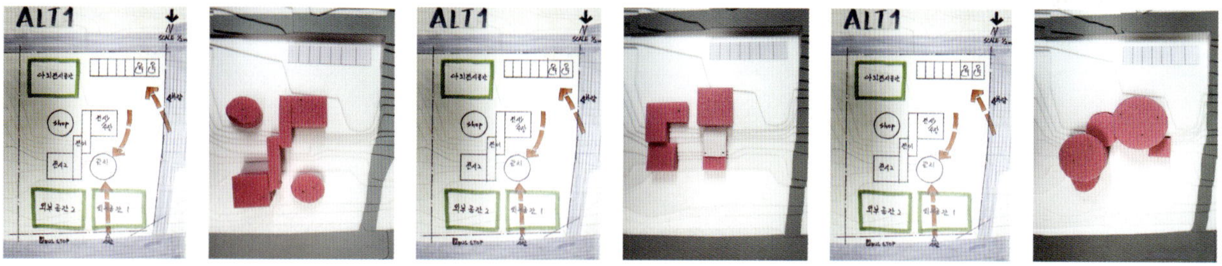

따라서 실제로 도움이 되는 대안으로서 가치를 지니기 위해서는 각각의 대안들이 서로 다른 관점과 접근방식에서 작성되고 그 결과 상이한 특성들을 뚜렷이 지니고 있어야 한다. 이를 위해서는 ;

- 보행자 주진입구, 혹은 차량 주출입구를 변화시켜 본다.
- 설계의 착안사항 (예로써, 접근성, 조망, 일조 등으로 배치개념의 출발점)을 바꾸어 생각해본다.
- 단면상의 배치개념을 바꾸어 생각해본다. (절토, 성토계획 등의 변경)
- 건물의 층수를 변화시켜 건물 동building의 크기와 건물 동의 수를 변화시켜 본다. 등의 여러 방법을 사용하여 각각의 배치대안을 달리 구성해 보는 것이 좋다.

② 배치대안의 비교, 분석

만들어진 다양한 배치대안들은 평가의 과정을 거쳐 하나의 안으로 압축하고 이를 발전시켜 나가게 된다. 이 때 대안들의 비교, 평가는 직관적 또는 주관적인 방식으로만 이루어져서는 안 된다. 설계의 명확성은 설계과정의 명확성이며, 이는 설계의 모든 단계에서 이루어지는 평가와 결정이 왜(why)? 라는 질문에 답할 수 있는 방식으로 이루어져야 한다.

이를 위해서는 각 대안들을 평가하기 위한 나름의 평가기준을 설정해야하며 이러한 기준은 프로그래밍 과정에서 추출된 설계목표와 설계자의 가치기준 등에 의한 가중치가 더해져서 만들어지게 된다. 각 설계대상 건물마다 차이가 있겠으나, 일반적으로 배치대안의 평가기준으로 많이 활용되는 요소들을 예시하면 다음과 같다. (아래 표 06-01 참조)

- 접근성과 동선(보행자 및 차량)
- 주변건물 및 환경과의 조화
- 건물의 인지성 또는 정면성
- 주 공간의 표현과 흥미
- 조망, 일조, 소음 등의 환경조건
- 녹지 및 자연적 요소의 처리
- 대지의 단면적 특성에 대한 대응
- 차후 증축 등에 대한 고려와 융통성

표 06. 01 **배치대안의 비교, 분석 사례**
(일건건축의 1980년대 국제경제연구원 설계경기 보고서 내용을 필자가 재편집)

Factor	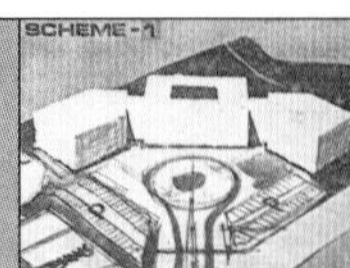 SCHEME-1	 SCHEME-2	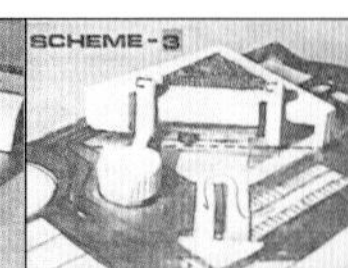 SCHEME-3	 SCHEME-7
Frontage	○	○	○	○
Flexibility	△	△	△	×
Vista	△	△	○	△
Identification	○	△	○	×
Major Space	△	○	○	×
Vehicle Access	○	△	○	○
Extension	×	○	○	×
Near Building	△	○	△	○
Axis	×	×	○	×
Space Organization	△	○	○	△
Nature Development	△	×	△	×
SELECT	△	△	○	×

오른쪽 페이지의 각 사례들은 다양한 재료와 방식으로 진행되는 Massing Study들이다. 색상지를 사용한 평면적(2D) Massing Study에서부터 레고블록을 사용한 3D Massing Study에 이르기까지, 그리고 면적다이어그램을 토지이용계획도 위에 붙여 나가는 초기과정의 차원에서부터 배치계획에 상당히 근접한 단계에 이르기 까지 다양한 차원의 Massing Study를 보여준다.

• Massing Study의 다양한 차원과 방식 (1)

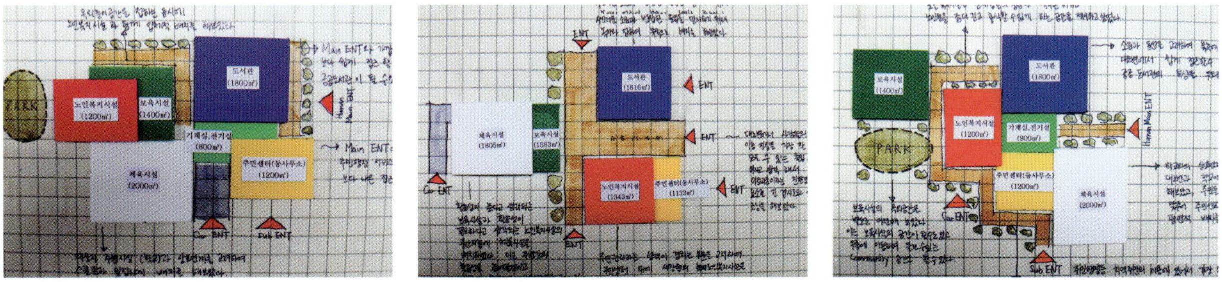

그림 06. 04-1,2,3 (위) : **면적다이어그램을 이용한 2D Massing Study** (영남대 2년 전시시설 과제, 2016) 색상지에 면적다이어그램을 각 영역별로 작성한 후, 상호관계를 바꾸어 가면서 다양한 대안을 만들어가는 2D Massing Study

그림 06. 05-1,2,3 (위) : **면적다이어그램을 이용한 2.5D Massing Study** (영남대 5년 졸업설계 과제, 2009) 각 영역별 면적다이어그램을 칼라보드로 만든 후, 각각을 건물 블록개념으로 설정하여 배치계획에 근접해 가는 2.5D Massing Study

그림 06. 06-1,2,3 (위) : **면적다이어그램을 이용한 3D Massing Study와 공간구성** (영남대 3년 전시시설 과제, 2004) 각 공간별 면적다이어그램을 3D Mass로 변환하고, 이를 다시 면과 벽체를 사용한 공간구성으로 변환, 검토하는 과정

그림 06. 07-1,2,3 (위) : **레고블록을 이용한 3D Massing Study** (영남대 3년 저층집합주거 과제, 2005) 각 주호의 유형별로 색상을 달리하는 소형 레고블록을 사용하여 클러스터 방식의 저층집합주거 주동계획과 배치대안을 검토하는 3D Massing Study

• Massing Study의 다양한 차원과 방식 (2)

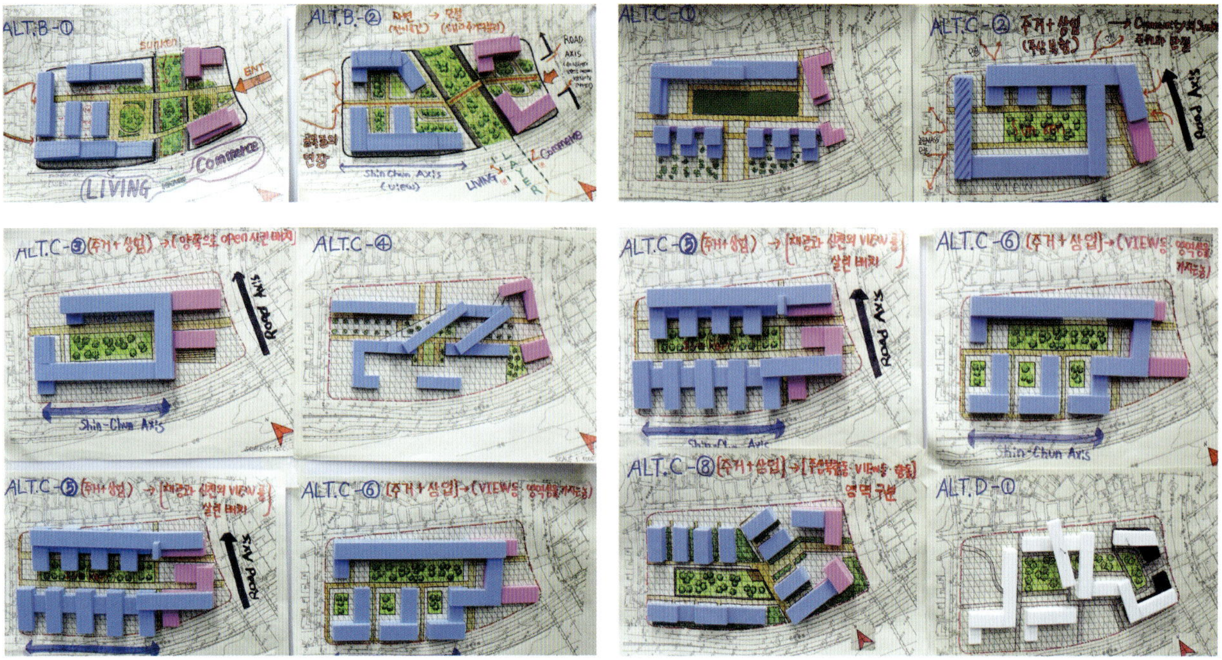

그림 06. 08-1,2,3,4 (위) : **도심지 저층집합주거계획을 위한** Massing Study (영남대 3년 저층집합주거 과제, 2015) 설정한 그리드 판 위에 8개의 3D 배치대안을 비교, 검토한 결과를 제시한 중간발표

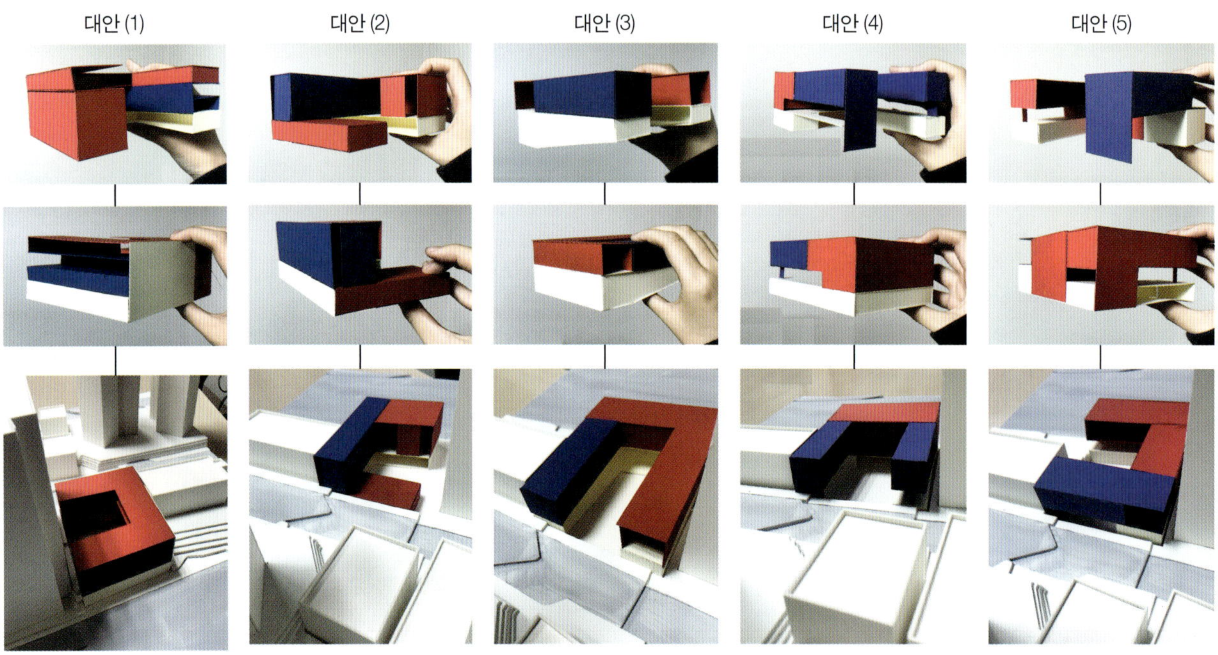

그림 06. 09-1,2,3,4,5 (위) : **색상지를 이용한 3D** Massing Study (영남대 2년 전시시설 과제, 2018) 도심지 고층 업무용 빌딩 사이에 위치한 부지 위에 전시영역은 적색으로, 정보센터 및 행정영역은 청색으로 구분하면서 5가지의 배치대안을 만들고 각 방위별로, 대지 모형에 삽입하여 검토하고 있다.

• Massing Study의 다양한 차원과 방식 (3)

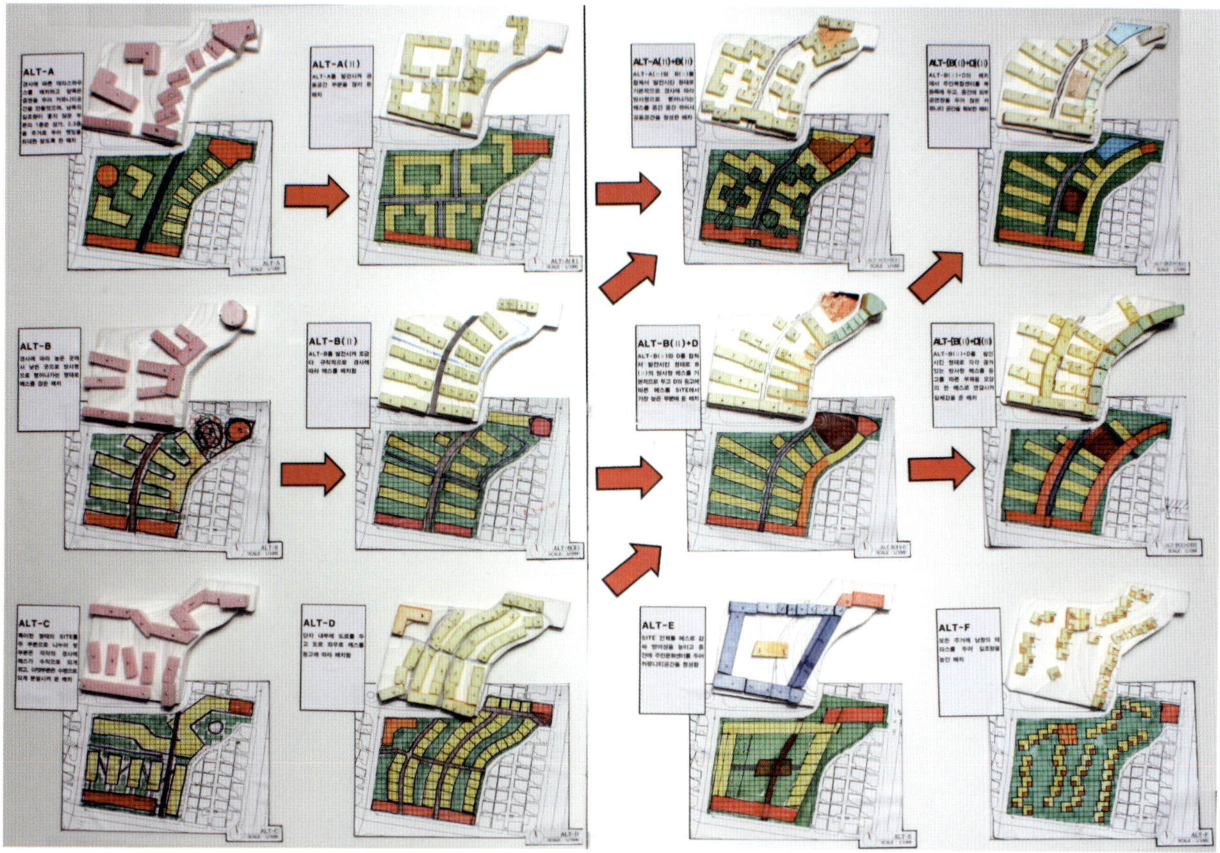

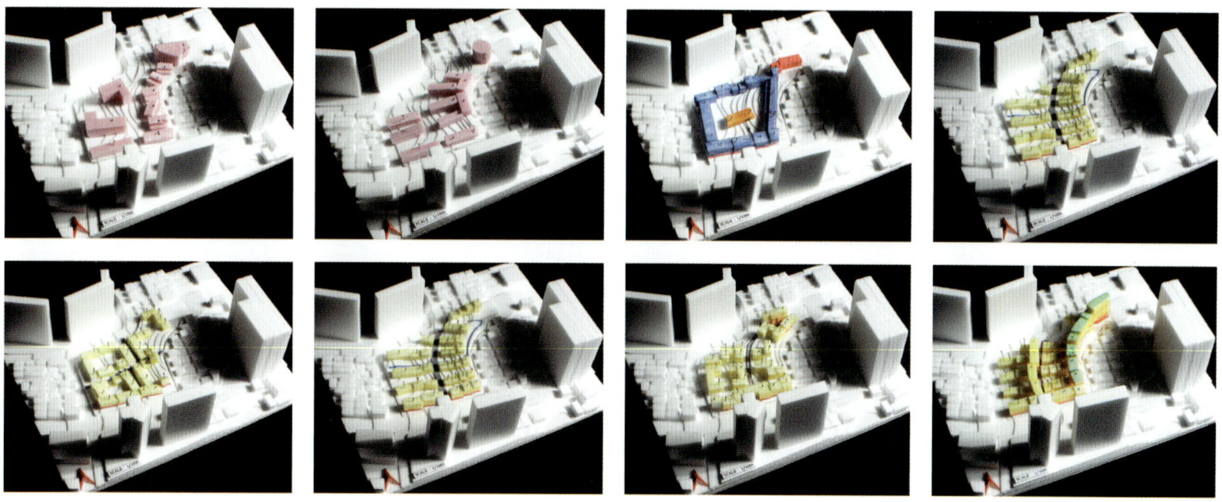

그림 06. 10-1,2,3,4 : **도심지 저층집합주거계획을 위한 2D 및 3D Massing Study** (영남대 2년 집합주거과제, 2013)

(윗 부분) : 각 대안의 설정 시점과 변화, 발전의 과정과 관계도를 도식화한 2D Massing Study (모두 10개의 배치대안을 설정하였다.)

(아랫 부분) : 설정된 10개의 대안들을 부지모델에 삽입하여 Mass를 검토 (10개의 배치대안 중, 8개를 발췌)

02. 건축물의 배치

1. 배치도의 의의와 구성요소

가) 배치도의 의의

평면도가 건축의 기능을, 단면도가 건축의 공간감과 구조 및 재료를 주로 표현하는 것이라면, 배치도는 대지조건, 교통상황, 건축, 토목, 조경, 주차, 설비, 법규조건의 대응 등을 종합적으로 보여주는 중요한 도면이다. 따라서 실무건축설계의 경우, 설계안의 허가나 심의 시에 가장 먼저, 집중적으로 검토하는 도면이 배치도이다.

하지만 학생들이 과제설계의 도면을 그릴 때 각 도면 작성에 투입하는 시간과 정성을 보면 평면도나 단면도에 비해 배치도는 현저히 소홀하게 다루고 있음을 흔히 본다. 또한 중간 및 학기말 발표 시에 작성되는 도면에는 배치도에 표현되어야 할 많은 부분들이 생략되거나 빠져있기 마련이다.

이렇게 되는 이유에는 여러 가지가 있겠지만, (첫째) 배치도의 중요성에 대한 학생들의 인식이 전반적으로 부족한 점을 들 수 있고, (둘째) 학생들이 일반적으로 대지 주진입부에서 건물 주출입구에 이르는 과정에 표현되어야 할 진입광장, 대지 내 통행로, 조경, 주차공간 등의 계획과 표현에 서투르고 자신이 없기 때문에 이러한 요소들의 계획과 표현을 최대한 뒤로 미루는 경향이 있기 때문이다.

그 결과, 학생들의 배치도에는 대지윤곽과 주변도로, 건물의 점유부분, 그리고 외부주차장 정도가 구체적으로 표현되고 나머지 부분은 적당히 얼버무리거나 생략되는 경우가 많다.

과제설계의 배치도에 실무설계 수준에서 명시되어야 할 각종 요소들을 모두 표현할 수는 없지만 정확한 대지의 경계, 기본적인 이격거리와 인동간격, 보행자 및 차량의 진 · 출입부, 보행로와 광장, 조경부분 등은 기본적으로 정확히 표현되어야 한다.

나) 배치도의 구성요소

실무설계 시에 배치도에 포함되어야 할 요소들은 다음과 같다.

- 부지의 경계선
- 대지에 접하거나 대지를 통과하는 모든 도로
- 신축건물의 투영면적과 기존건물의 외곽선
- 대지 내 건물들 간의 간격 및 부지경계선과 건물 외곽선과의 거리
- 각종 완화규정의 적용부분
- 주차공간과 차량통행로
- 수목들의 위치와 조경부분

• 포장된 지표면의 범위와 포장 유형
• 벽체, 담장을 포함한 대지경계부의 처리상태
• 하수배관 및 우수 처리 배관 등

2. 건축 가능구역의 설정

건축설계 시에 고려해야 할 여러 사항들 중에는 설계자가 임의로 해석하거나 변경할 수 있는 부분들도 있지만 변경할 수 없는 고정된 사항들도 있다. 이를「고정요소」*라고 한다면 건축법규나 규준 등은 대표적인 고정요소이다. 따라서 설계의 초기단계에서 이들 고정요소에 의한 설계의 가능범위를 미리 설정한 뒤, 나머지 요소에 대해 설계자가 나름대로 해석하거나 혹은 자유롭게 역량을 발휘하는 것이 효율적인 설계의 진행에 도움이 될 것이다. 이런 의미에서 건축선의 결정은 배치계획의 초기에 고정요소와 관련하여 확인하고 적용해야 할 핵심적인 사항이다.

* 고정요소
법규사항 이외에도 대지의 크기와 형태, 건물의 기본적인 기능과 관련된 사항 등은 모두 건축가가 임의로 변경할 수 없는 고정요소에 속한다.
예를 들어 도심지에 건립되는 대형 오피스건물의 경우, 전면 건축선에서부터 용적률과 건축물의 높이에 이르기까지 가능한 기본 volume은 이러한 고정요소에 의해 상당부분 사전에 결정되어진다.

가) 건축선의 결정

건물의 배치와 관련하여 학생들이 가장 막연하게 여기는 사항의 하나는 건물의 외벽을 대지경계선으로부터 얼마나, 어떻게 띄우는가 하는 것이다.

어떤 학생들은 대지경계선에 건물외벽을 거의 붙이기도 하지만 또 다른 학생들은 각 대지경계선으로부터 최대한 많이 띄우는 것이 좋은 것으로 알고 건물을 대지 중앙에 배치하는 경우도 많다.

실무건축에서는 법규 및 각종 규준에 의해 가능한 건축선의 상당부분이 설정되므로 이를 기준으로 설계작업을 시작하는데 비해 학생들의 경우, 특히 아직 건축법규를 배우지 않은 2, 3학년의 설계에서는 이러한 문제에 대해 막연하게 접근하는 것을 자주 본다.

따라서 법규과목을 배우지 않은 저학년 학생들이라 하더라도 최소한 건폐율, 용적율, 사선제한, 일조권, 이격거리에 대한 기본사항은 익히고 설계에 임하는 것이 필요하다. 대지 내에서 건물의 배치는 평면 및 단면상으로 볼 때 원래 그 자리에 있었던 것처럼 자연스럽게 조화되도록 배치하는 것이 좋다.* 그리고 건물을 대지경계선에 너무 밀착시키거나 지나치게 많이 띄울 때는 다음의 사항을 생각해 보도록 한다.

• 대지경계선으로부터 건물 외벽을 띄울 때는 그 이격거리의 근거가 시각적으로도 느껴질 때 자연스러워 보인다.
• 건물을 대지경계선에 너무 바짝 붙이게 되면 건물 상부의 법규적 문제 외에도 기초구조물의 시공 시에 대지경계를 침범하여 토목공사를 해야 하는 경우가 발생한다.**

* 건물이 들어서야 할 자리
20년 쯤 전에 필자가 같은 대학에 재직하는 노교수님의 전원주택을 설계한 때가 있었다. 부지는 한적한 산중턱의 경사면에 위치한 500여 평의 넓은 초지였다.
그 넓은 부지에 30여 평의 주택을 어느 위치에 배치할까 고심하면서 도면을 완성하고 기초공사를 위해 토목공사와 터파기를 시작하는 날, 건물을 배치한 곳에 예전에 살던 사람의 집터가 발굴되었다. 〈역시, 건물이 들어서야 할 곳에 건물이 배치되었네요.〉 건축주가 필자에게 한 말이었다.

** 대지경계선과의 최소 이격거리
대지경계선으로부터 최소한 일정거리는 띄우라고 말하면 일부 학생들은 〈교수님, 땅 속인데 대지경계선과 붙여서 지어도 상관없지 않나요?〉라고 묻는 경우도 가끔 있다.

• 그 반대로 많이 띄우는 것이 항상 좋은 것은 아니다. 정확한 이유*를 근거로 하여 띄워야 실제로 보기에도 자연스럽게 느껴진다.

• 대로변에서 건물을 대지경계선에서 많이 띄우고, 광장도 넓게 두는 것이 항상 좋은 것만은 아니다. 대로변에 이웃한 주변건물들의 건축선, 그리고 가로 전체의 경관 등을 함께 고려하는 것이 좋다.

• 진입광장이나 공지의 확보를 위해 필로티를 공간을 이용하는 것도 방법의 하나이다. 상부층은 주변건물의 건축선과 일치시키고 하부층은 띄우는 것이 좋을 때가 많지만, 학생들은 건축선의 후퇴를 입체적이 아닌, 평면적으로만 생각하는 경향이 있다.

* 이격거리의 설정의 근거로는 법규적 사항 외에도 경계조경의 방식과 수종에 따른 최소 폭, 보행자 통로의 최소 폭, 차량의 통로 폭, 경사지에서 토공사 부담의 최소화 등의 여러 요인들이 있을 수 있다.

3. 대지의 단면형상에 대응하는 배치

대지의 형태에 맞도록 배치계획을 하는 것은 당연한 일이다. 하지만 학생들의 설계과정에서 대지의 단면형태나 구조에 적절히 대응하려는 노력은 일반적으로 부족한 것이 사실이다.

배치계획이나 평면계획과정에서 학생들이 작업하는 중간결과물을 보면, 평면적 스케치나 대안은 여러 차례 하면서도 그에 대응하는 단면스케치는 좀처럼 하지 않는 것이 대체적인 경향이다.

완성된 배치계획이나 평면계획이 마치 몸에 꼭 맞는 옷을 입은 것처럼 대지와 잘 조화되어 보이는 것은 대지의 단면형상에 적절히 대응한 계획이 이루어졌기 때문이다. 특히 경사대지의 경우, 다음과 같은 사항에 유의하여 계획하도록 한다.

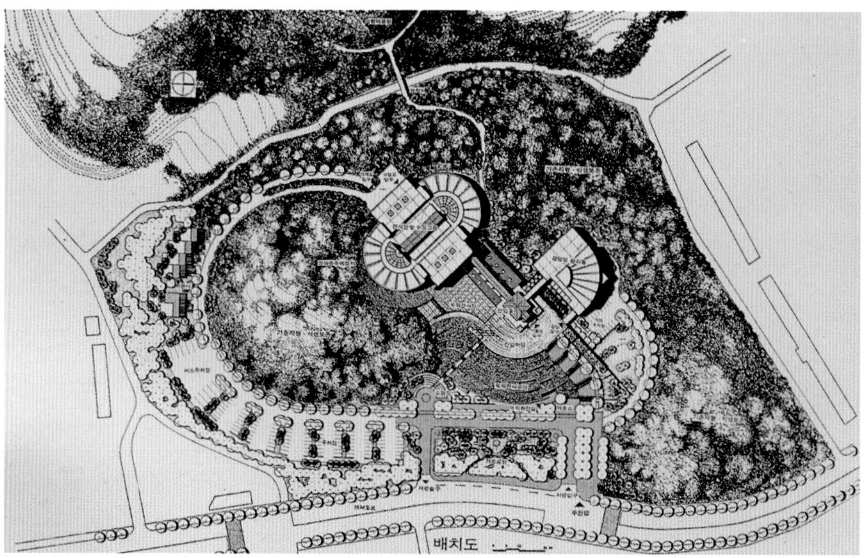

그림 06. 11 : **설계경기에 제출된 실무 건축가의 배치도** (대구박물관 설계경기 제출안, 일건건축, 1989)
고저차가 35M에 이르는 설계부지의 꼭대기에 건물을 배치하면서 대지의 훼손을 최소화하고, 등고선과 기존수목에 최대한 어울리게 하기위해 많은 노력을 투입하였고, 그 결과 자연스러운 배치계획이 완성되었다.

• 자연지형을 최대한 이용하고 지형의 변형은 최소화한다.
• 절 · 성토를 통해 대지조성을 할 때는 절토량과 성토량 비슷하도록 계획한다.*
• 진입도로를 포함한 주변도로의 레벨과 인접부지의 레벨 등을 고려하여 대지 조성 및 건물배치계획을 한다.

* 절 · 성토량의 조절
특히 도심지 공사에서 땅을 파고, 파낸 흙을 운반하고 적절한 곳에 버리는 작업은 번거롭고 비용이 많이 소요되는 일이다. 따라서 절토량과 성토량을 비슷하게 맞추거나 절 · 성토량을 최소화하는 단면계획이 필요하다.

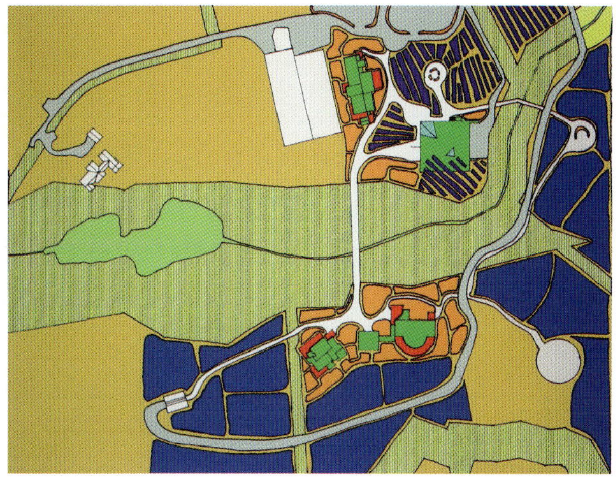

그림 06. 12 (좌) : **과제설계 시의 배치도** (영남대 3년, 집합주거과제, 2008)
배치도로서는 무난한 표현이나, 건물 옥상 파라펫선의 이중선 표기 누락, 보행자 및 차량 주출입부 표기 누락, 방위 표시 및 축척 표기의 누락 등의 누락사항이 보인다.

그림 06. 13 (우) : **도식적으로 표시된 배치도** (Univ. of Washington 3년, 포도주 양조장 설계과제, 2007)
세부적인 표현에 중점을 두기 보다는 전체적인 배치 이미지를 도식적으로 표현한 사례

4. 주변의 환경 및 건축물에 대응하는 배치

전원지역을 제외하면 대부분의 대지는 주변의 도로 및 건축환경과 밀접한 관계를 지닌다. 대지분석 시에 주변건물의 축을 분석하는 것은 신축건물이 해당 블록block이나 주변지역 전체의 경관과 환경에 영향을 미치기 때문이다. 주변건물들의 배치 형태와 건축선을 비롯하여 다음과 같은 부분들을 분석하고 이를 나의 계획부지에 반영하도록 노력한다.

• 주변건물들의 배치방향과 축
• 주변건물들의 건축선과 주진입부
• 주변건물들의 크기, 높이, 형태
• 주변건물들의 창호를 포함한 개구부의 패턴
• 주변건물들의 외부공간 구성 및 녹지

03. 교통계획

1. 주 출입구 위치 및 보행자 동선

보행자와 차량의 출입구나 진입동선을 분리할 경우, 당연히 사람을 우선 시 해야 한다. 차량의 주출입구는 가능한 진 · 출입에 따른 진입도로 주변의 교통체증을 완

화시킬 수 있는 위치에 배치하는 것이 좋은 반면, 보행자 주출입구는 간선도로나 주도로변에서 쉽게 인지되고 최단거리로 접근할 수 있는 곳에 배치하는 것이 좋다.

부지 내로 진입한 후에는 건물, 혹은 각 건물동의 주현관을 쉽게 인지하고 접근이 용이하도록 배치한다. 그리고 도로에서 건물의 주 현관까지의 진입과정이 단순히 통로가 아니라, 즐거움을 주는 과정적 공간이 될 수 있도록 조경이나 바닥패턴 등을 계획한다.

또한 노약자나 장애자도 무난히 건물로 진입할 수 있도록 단차나 장애물이 없이 건물 현관으로 진입할 수 있는 통로를 배려한다.

2. 차량 진입부와 주차동선

가) 차량 진입부의 계획

차량은 이동 속도가 빠르고 주변교통에 많은 영향을 미치며 사고의 위험이 상존하므로 차량의 주출입구 계획은 다음과 같은 사항을 고려하여 계획하도록 한다.

① 간선도로에서 해당 부지로 직접 진입하는 것은 피한다. 간선도로에서 연결되는 대지에 접한 소도로가 있으면 이 부분을 차량 주진입구로 두는 것이 좋다.

② 교차로 부근이나 모서리 부분에는 차량 진입부를 두지 않는다.

③ 차량 진·출입을 위한 적절한 완충공간을 두는 것이 바람직하다.

④ 주거단지 계획 시, 간선도로에서 주거단지로 진입을 하기 위한 도로는 적절한 곡선을 주어 차량의 속도를 자연스럽게 줄이도록 한다.

• 차량 주진입부의 계획

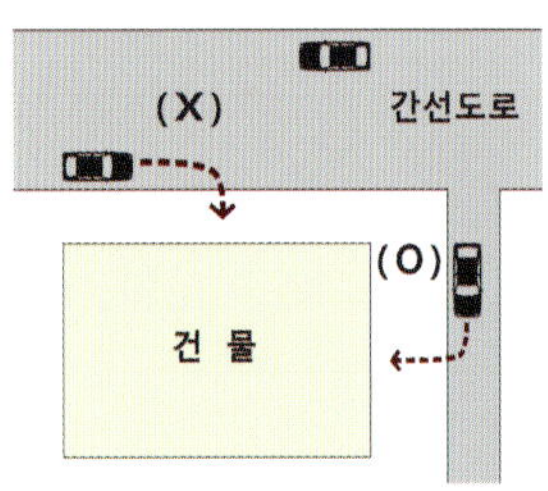

그림 06. 14 (좌) : 간선도로에서 직접 진입하는 것은 피한다.

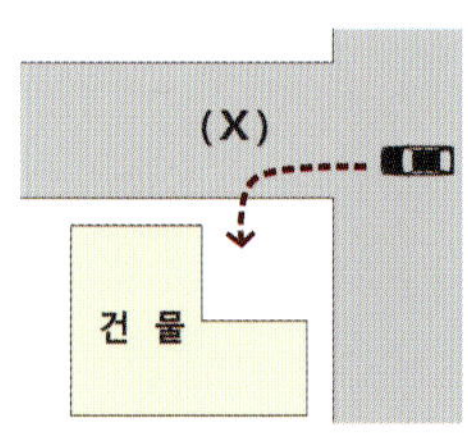

그림 06. 15 (중) : 교차로나 모서리 부분에서 진입하는 것은 피한다.

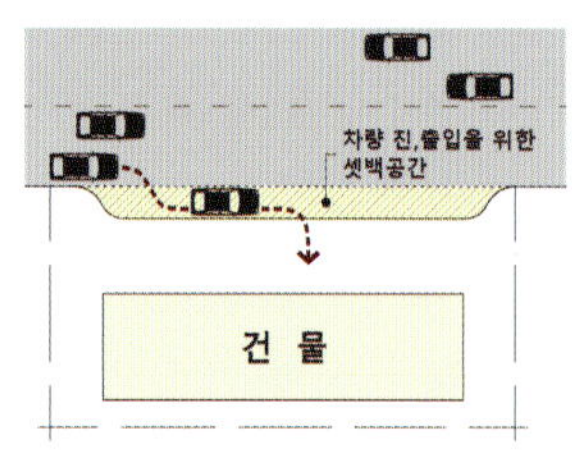

그림 06. 16 (우) : 차량 진·출입을 위한 적절한 포켓이나 완충공간을 두는 것이 바람직하다.

나) 부지 내 도로의 구성

부지 내에서 차량의 이동을 위한 통로길이는 최소화하고 보행자와 차량의 동선도 분리하는 것이 바람직하다. 하지만 좁은 부지 내에서 보차분리 원칙을 반드시 지켜야만 하는 것은 아니다. 차량이 많지 않았던 예전의 도로는 통로라는 기능 외에도 때로는 시장, 작업장, 모임 공간 등의 여러 기능을 수행하기도 했다.

따라서 차량의 통행량이 많지 않을 경우, 보차공존도로*도 가능하며, 이를 통해 부지를 효과적으로 사용한다는 생각으로 융통성 있게 계획한다.

*** 보차 공존도로와 보차 혼용도로**

도로를 전문화해서 얻는 장점도 있지만 그 대신 융통성을 잃어버리는 단점도 발생한다.
보차 공존도로와 보차 혼용도로는 보행자와 차량이 동시에 같은 공간을 이용하는 측면에서는 같으나, 〈보차공존도로〉는 보행자 위주의 도로를 차량이 부수적으로 이용하는 것이고, 〈보차혼용도로〉는 차량 위주의 도로를 보행자가 부수적으로 이용하는 것이다.
〈보차공존도로〉는 보행이 활발한 주거지역 및 상업지역의 국지도로 등에서 도로 전체를 보도와 같은 위계로 계획하고 차량의 속도도 시속 30km 이하로 제한하며 도로형태에 굴곡을 주고 과속방지턱 설치, 식재대, 벤치 등을 설치하여 쾌적한 보행환경을 조성해야 한다.

그림 06. 17 : **프라이부르그 시내 중심가의 보차혼용도로**
「유럽의 환경수도」로 불리는 독일 프라이부르그 중심가의 보차혼용도로에는 자동차, 전차, 자전거, 보행자 등이 뒤섞여 함께 사용하고 있다.
보행자들이 있을 경우, 차량의 속도를 줄이고, 차량이 올 경우, 보행자들은 신속히 도로를 건너는 방식을 통해 별다른 사고 없이 보차혼용방식이 유지되고 있다.

다) 주차동선과 주차공간

차량의 주 진입로에서 운전자가 옥외주차공간의 주차가능 상황을 우선적으로 파악한 뒤, 지하주차장 혹은 기계식 주차장에 선택적으로 이동할 수 있도록 주차공간을 배치한다. 또한 주차한 후 각 건물의 출입구로 접근하기 용이하도록 주차공간의 위치를 설정한다.

구급차량과 화재 시의 소방차량 진입, 이사 차량의 접근 등을 위한 대지 내 공지와 접근통로(반드시 도로가 아니더라도 차량의 통과 및 임시주차를 위한 소요공간)가 고려되어야 한다. 또한 전시시설, 종합병원 등의 시설에서는 화물차량과 각종 서비스 차량 등을 위한 주·정차 공간이 필요하다.

● 보도의 폭과 차선의 폭

〈보도의 폭〉
보도 폭의 단위 폭으로서 최소값은 보행자 1인의 점유폭을 0.75m를 기준으로 하여 보행자 2~4명이 동시에 나란히 통행할 수 있는 폭으로 하고 있다. 따라서 보도의 폭은 도시지역인가 지방인가에 따라, 그리고 도로의 폭-주 간선도로(3.0m)에서부터 국지가로(1.5m)-에 따라 다르지만 대개 1.5m~3.0m를 최소폭으로 한다. 다만 보행자 교통량이 적거나 특수한 상황에서는 보도의 최소폭을 1.0m 이상으로 할 수 있다.
〈차선의 폭〉
차선의 폭은 인접한 차선 간의 중심간격을 말하며, 그 최소폭은 도시고속도로에서는 3.5m 이상, 일반가로에서는 차량의 속도에 따라 3.0m(차량속도 60km/h 미만의 도로)에서부터 3.25m(차량속도 60km/h 이상)으로 한다.

04. 외부공간 및 조경계획

설계부지에서 건축물이나 구조물이 채워진 나머지 공간은 외부공간이다. 그 구성요소는 조경의 영역 외에도 도로, 광장, 가로시설물street furniture 등의 많은 요소들이 있다.

실무건축가들도 그렇지만 특히 설계경험이 부족한 학생들이 어려워하는 부분이 바로 외부공간계획과 조경계획이다. 이런 분야에 대해서는 대부분 재학기간동안 구체적으로 학습할 기회를 갖지 못하는데다 감각적인 소양이 필요한 부분이 많기 때문이기도 하다.

따라서 학생들의 설계과정을 보면 일단 건축물의 설계가 어느 정도 진행되기 전까지는 외부공간계획을 방치해두는 경우가 대부분이다.(왠지 자신이 없고 익숙한 작업이 아니므로) 심지어는 설계가 거의 종료되는 시점에 이르기까지도 조경계획을 포함한 외부공간계획을 계속 미루다가 도면작성의 마감순간에 가서야 짧은 시간동안 갑자기 그리는 모습도 흔히 본다.

그 결과, 학생들의 설계결과물에 표현된 외부공간계획은 빈약하고 형식적인 경우가 많으며, 때로는 작은 요소들이 너무 상세하게 표현되거나 과장됨으로써 전체적으로 볼 때 건물부분과 통일감을 지니지 못하고 표현의 균형감과 일관성을 놓치는 경우도 많다.

1. 외부공간계획

과거에는 외부공간계획은 건물과 도로계획이 이루어진 후, 여기에 나무를 심는 정도로만 인식되어왔다. 식재는 외부공간을 구성하는 중요한 요소이지만 외부공간계획은 보다 넓은 의미를 지닌다.

가) 외부공간계획의 특성

하늘이 지붕이고 지면이 바닥인 외부공간은 내부공간에 비해 규모가 크고 형태도 자유로우며 수직방향에 비해 수평방향의 크기가 훨씬 크다. 또한 구조적 엄격함이나 제약사항이 적고 각 공간들의 연결에 여유가 있으며 부정형의 형태로 형성되는 경우가 많다.*

* Kevin Lynch, Site Planning, MIT, 1972, p.190

학생들의 설계내용을 보면,「건축=인공물, 외부공간=자연」이라는 생각에 때문에 외부공간설계 시에 가능하면 부정형이나 자유곡선을 주로 사용해야 한다는 강박관념을 가지는 경우가 많다. 그 자체가 잘못된 생각은 아니지만 이런 방식이 자칫 건물부분과 외부공간을 이질적인 요소로 분리시키는 결과를 가져올 수가 있다. 따라서 외부공간계획 시에는 다음과 같은 사항에 유의하도록 한다.

나) 외부공간계획의 고려사항

- 외부공간은 내부공간의 연장이며, 역으로 외부공간은 건물 내부로 침투하여 들어간다. 즉, 내부와 외부공간은 하나의 통합체이다.
- 따라서 건물부분계획을 먼저 완료한 후에 외부공간을 계획한다는 생각을 버리고 건물과 외부공간의 계획은 동시에 진행하도록 한다.
- 내부공간계획과 마찬가지로 외부공간에 대해서도 방문객이나 이용자의 이동동선과 공간사용방식에 따른 경험의 순서, 지각의 순서를 고려한다. 즉, 공간체험의 줄거리story를 구성한다.
- 조경을 비롯한 외부공간을 구성하는 각종의 선과 구획들은 가능한 건축물 외벽선을 비롯한 주요 구조물의 배치선과 관련되도록 한다.
- 외부공간의 과다한 디자인은 전체 설계에 부조화와 혼란을 주므로 전체적으로는 단순하면서도 부분적인 변화를 주는 방식을 고려한다.

진입로 및 내부도로, 마당 또는 광장, 노천극장, 계단 및 경사로, 진입게이트gate, 숲 또는 공원, 산책로, 수공간, 벽과 담장 등은 외부공간의 주요 구성요소들이다.

• 학생들의 외부공간 설계 사례

그림 06. 18 (좌상) : (영남대 3년, 저층집합주거계획, 2018)
일관된 직교방향의 배치로 된 건물계획과는 달리 곡선과 자유곡선을 위주로 하는 외부공간계획의 스케치가 대조적이다.

그림 06. 19 (좌하) : (영남대 3년 저층집합주거계획, 2008)
중앙의 수공간을 중심으로 다양한 식재계획과 바닥패턴 등의 표현이 나름대로 충실히 이루어진 사례

그림 06. 20 (우) : (영남대 3년 저층집합주거계획, 2014)
도면마감의 마지막 순간에 이르러서야 서둘러 외부공간계획을 한 전형적 사례로서, 중앙과 상부의 수공간이 건축부분과 연관성을 가지지 못하는 임의적 곡선으로 되어있고, 중앙광장부분과 식재부분의 표현도 소극적으로 처리되고 말았다.

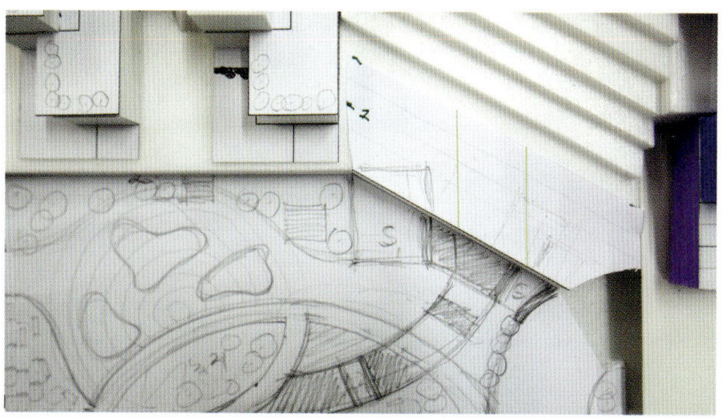

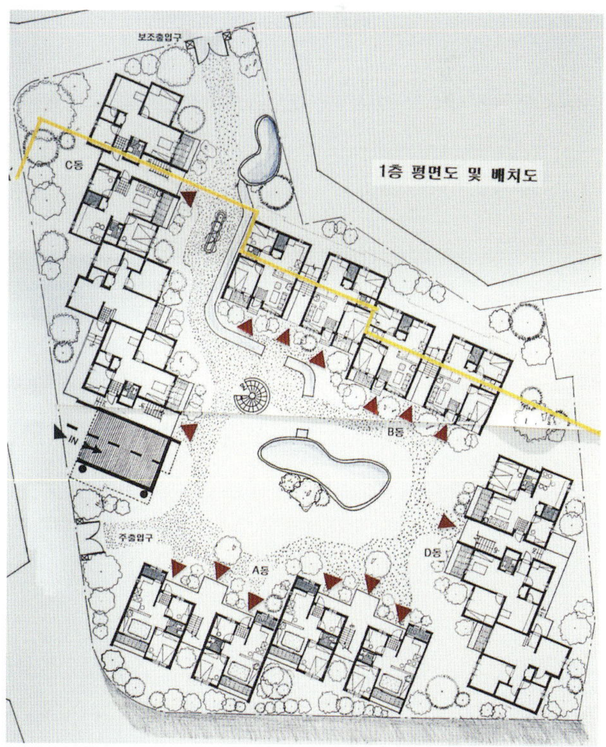

2. 조경계획

조경은 궁극적으로 땅을 다루는 것으로, 토지와 경관landscape을 그 대상으로 한다. 그리고 조경설계의 3가지 요소는 기능, 미, 환경이다. 건축설계가 보다 인간중심이고 도시설계가 보다 사회중심이라면 조경설계는 자연중심이라 할 수 있다.

그 결과, 외부공간계획에서도 언급하였듯이 학생들의 설계내용을 보면 직선의 건축에 대비하여 조경계획에서는 자유곡선을 많이 써야 한다는 선입관을 흔히 지니고 있음을 알 수 있다. 곡선은 자연에 가까운 형태이며 사람의 긴장을 풀어주는 효과를 지니지만 어디까지나 건축물과 조화를 이룬 전체적인 관점에서 사용되어야 한다.

조경설계의 영역을 분야별로 살펴보면 여러 부분에 걸쳐 있으며, 지형설계, 식재설계, 수공간설계, 포장설계, 부지구조물설계 등을 중심으로 그 내용을 요약하면 다음과 같다.

가) 조경의 각 요소 및 부분별 설계*

* 이하「조경의 각 요소 및 부분별 설계」는 한국조경학회, 『조경설계론』, 기문당, 1999 pp.135~288 의 내용을 참조 및 인용함

① **지형설계**(landform design)

지형을 변경하는 것을 정지계획grading plan이라하며, 정지는 이용에 적합하게 토양의 성토와 절토를 균형 있게 하여 적절한 표면배수를 하고 부지 내에서 적절한 동선을 만드는 지형의 조작작업이다.

지형계획 및 설계를 하기 위해서는 기존의 등고선을 파선으로 그려 기본지형도base map를 만들며, 변경된 등고선은 실선으로 그린다. 경사도는 수직면의 길이 1의 변화에 대한 수평면의 길이에 대한 변화로 표현한다. 일반적으로 성토의 경우는 1:2, 절토의 경우는 1:1의 경사를 유지한다.

② **식재설계**(planting design)

식물은 조경설계요소들 중 유일한 생명체이자 조경설계의 대표적 요소이다. 따라서 식물재료는 그저 건물들 사이에 채워지는 초록색의 재료가 아니며 각 건축 구조물들을 위한 일련의 장식물들도 아니다. 식재설계는 해당 부지 전체에 걸쳐 연속적으로 진행되는 총체적인 패턴으로 이해해야 한다.

■ 식물재료의 기능

식물재료는 다음과 같이 공간적 기능, 시각적 기능, 환경 · 생태학적 기능을 지닌다.

• 공간적 기능 : 식물은 그 개체가 지닌 볼륨이나 높이, 형상 등의 특성에 의해 공간구성 및 조정의 용도를 지닌다. 즉, 바닥면, 수직면, 그리고 덮개면overhead plane으로 지각되며, 이는 공간형성에서 상호 복합적으로 조합된다.

• 시각적 기능 : 식재는 크기, 형태, 색채, 질감 등을 지니므로 이들 각 요소가 지니는 특징에 맞는 용도로 사용한다.

• 환경적 기능 : 식물 자체가 지니는 환경 · 생태적 기능에 의해 햇빛, 바람, 습도, 기온 등의 미기후 조절, 소음 조정, 토양침식 조정, 공기 정화, 악취 제거, 녹지 네트워크 조성, 심리적 안정감 등의 역할을 수행한다.

■ 식재공간의 구성

공간구성을 위한 목적으로 사용되는 식물 재료는 그 수종에 따라 경계식재, 경관식재, 차폐식재 등으로 활용되며, 환경조절을 위한 목적에서 보면, 녹음식재, 방풍 및 방설防雪식재, 방음식재 등으로 사용된다. 그리고 평면적 구성방식의 측면에서 보면 점식, 열식, 면식 등으로 구분된다.

• 점식占植 : 한 그루 또는 몇 그루의 수목을 단독 및 군집으로 심는 방식
• 열식列植 : 같은 규격과 크기를 지닌 수목을 동일선상에 심는 방식
• 면식面植 : 일정 면적의 공간을 식재에 의해 채우는 방식

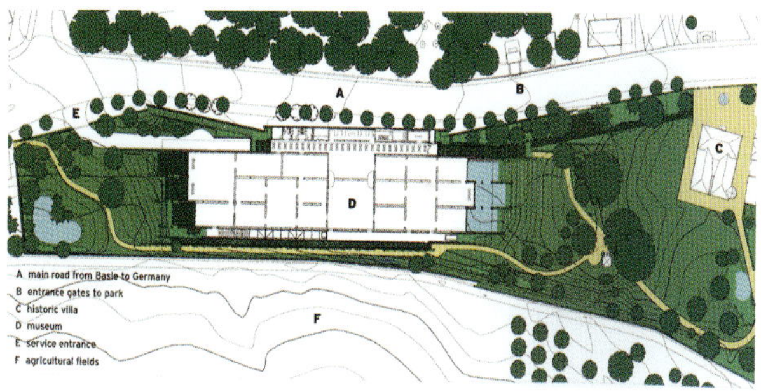

• 식재의 평면적 구성방식

그림 06. 21 (좌) : **점식의 사례** (요코하마 녹원도시 아파트 내)

그림 06. 22 (중) : **열식의 사례** (뉴욕 911기념전시관 전면부)
가로수와 같은 열식의 아래로는 보행자들이 지나 다닐 수 있으므로 입체적 고려가 필요할 때가 많은 식재방식이다.

그림 06. 23 (우) : **식재설계의 사례** (Beyeler 미술관, 스위스 바젤, 1982)
대지의 등고선에 맞추어 점식, 열식 및 면식 등의 다양한 식재방식이 잘 어우러진 식재설계의 사례

③ 수공간설계

물이 지니는 다양한 특성은 시각적인 측면 뿐 아니라 소리, 냄새, 촉감 등의 측면과 심리적인 면에서 우리의 환경에 많은 역할을 한다. 또한 공간을 한정하거나 연결 또는 분리하는 역할, 공간에 방향성과 깊이감을 부여하는 역할도 한다. 수공간을 계획할 때는 이를 이용하는 사람들이 단순히 바라보고 즐기는 것인지, 물과 접촉을 하는 것인지, 혹은 적극적으로 참여하고 놀이의 대상으로 하는 것인지와 같은 이용 행태에 대한 예측이 필요하다. 수공간 설계의 전형적인 유형으로는 연못, 분수, 벽천, 폭포, 캐스케이드cascade, 유수channel 등의 형태가 있다.

이처럼 환경 및 심리적 측면에서 긍정적 요소로서, 그리고 도면상의 효과적인 구성요소로서 작용하는 수공간도 실제에 있어서는 유지관리가 어렵다는 단점이 있으므로 신중히 배치하여야 한다.

④ 포장설계

바닥은 보행자들의 시선이 언제나 닿는 곳이므로 그 마감재료의 색상과 질감 등의 상태는 해당 장소와 외부공간의 성격과 느낌을 부여하는 중요한 수단이 된다. 그리고 단순히 지표면의 포장이라는 물리적, 기능적 필요성 외에도 외부공간에 통일감과 성격을 부여하며 시각적 흥미를 제공하는 역할을 한다.

조경요소로서 외부공간의 바닥을 마감하는 방법은 다양하다. 낮은 관목이나 땅을 덮는 수풀, 머리 위를 덮는 나무나 숲, 자갈, 벽돌, 타일, 테라조, 나무벽돌, 나무판, 콘크리트, 아스팔트 등이 있다. 그리고 바닥의 포장은 그 자체가 강조되기 보다는 건물을 포함한 다양한 외부공간 요소들의 바탕과 배경이 되는 역할을 하도록 계획되는 것이 바람직하다. 이를 위해서는 주어진 구역 내에 사용되는 재료의 수를 단순화하고, 가능하면 하나의 공간 내에는 한 가지 포장패턴이 주를 이루도록 계획한다.

⑤ 부지 구조물설계

이 외에도 부지내의 다양한 구조물로서는 계단, 경사로, 경계석과 같은 도로구조물, 벽과 담장과 같은 차폐구조물, 옹벽과 석축과 같은 비탈면 구조물, 그리고 각종 배수를 위한 구조물 등이 있다.

• 수공간의 설계사례

그림 06. 24 (좌상) : **포틀랜드 분수 플라자** (미국, 오레곤주 포틀랜드, 1970, Lawrence Halprin 설계))

그림 06. 25 (우상) : **나카시젠노모리** (일본, 오사카, 신 우메다 시티, 1993))

플라자 위를 걷는 보행자의 시야에는 높이가 다른 두 개의 수공간이 겹쳐 하나의 넓은 수공간과 공원만이 보인다.

• 바닥포장이 주는 시각적 즐거움

그림 06. 26-1,2,3 (하) : **프라이부르그 시내의 보도블록** (독일, 프라이부르그) 유명한 인공수로인 베헬레(Bachile)와 함께 프라이부르그의 명물인 가로바닥의 다양한 포장 패턴은 보행자들에게 장소의 느낌과 시각적 즐거움을 준다.

나) 조경계획의 유의사항

- 조경계획은 건물과 일체를 이루며 부지 전체에 걸쳐 연속되는 총체적인 패턴이 되도록 한다.
- 바로크 정원과 같은 지나치게 인공적, 장식적인 조경계획보다는 자연스러운 배경으로서 조경이 되도록 한다.
- 조경요소의 형태, 재료, 색상의 변화를 과도하게 구사하기 보다는 질감의 다양성을 주도록 한다.
- 세부적인 조경요소 (예로써, 벤치, 파골라, 작은 수공간 등)를 지나치게 자세히 표현하지 말고, 선line적인 요소보다는 면plane적인 요소로 표현한다. 그리고 자신이 없는 부분은 중성적으로 표현하여 배경이 되도록 한다.
- 최종도면이나 전시패널에서 조경요소들을 표현하는 선의 톤이나 굵기, 색상은 건물부분보다 약하게 하여 건축물의 배경이 되도록 한다.

그림 06. 27 (좌상) : **르네상스정원** (Villa Ruspoli, Vignanello, Italy) 학생들은 정원이나 화단을 이처럼 장식적이고 회화적으로 디자인해야 한다는 선입관을 갖고 있는 경우가 많다.

그림 06. 28 (중상) : **베를린 정부종합청사**-조경의 선들을 건축선과 관련지어 직선의 규칙적 패턴을 사용하고 있다. 보다 건축적인 선들이다.

그림 06. 29 (우상) : **외부공간의 계획** (Univ. of Washington, 3년, 집합주거계획, 2007) 건물부분의 계획과 함께 외부공간의 계획을 진행한다.

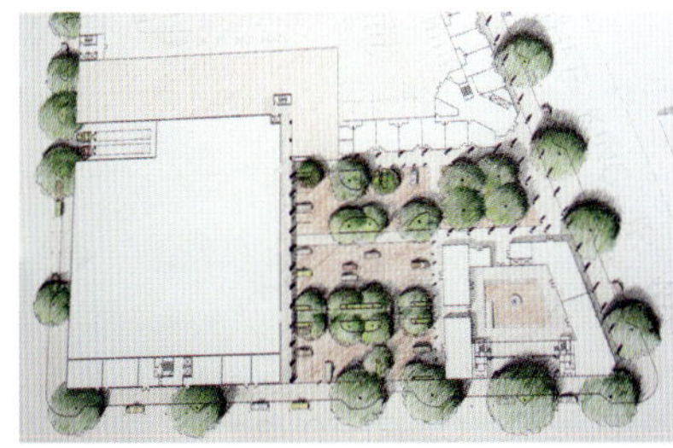

그림 06. 30(좌하) : **외부공간의 계획** (영남대 3년, 저층집합주거계획, 2018) 화단의 윤곽을 뚜렷한 선들로 과다하게 표현하였으며, 단지 내 도로와 연못의 선들도 부자연스럽게 꺾여있다. 보다 통합된 이미지의 자연스러운 외부공간 디자인이 요구되는 사례

그림 06. 31(중하) : **실무조경가의 조경계획** -주택의 외벽선들과 일치하는 직교 그리드를 바탕으로 한 작은 정원의 조경계획

그림 06. 32(우하) : **실무조경가의 조경계획** (영남대 법정관 외부광장 계획안, 박찬용 교수 설계, 2010)

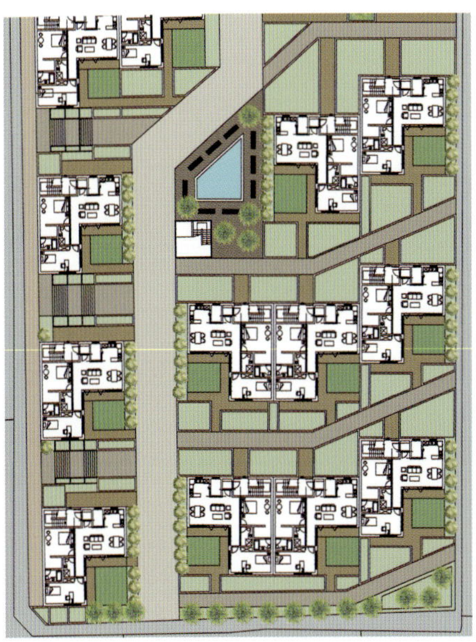
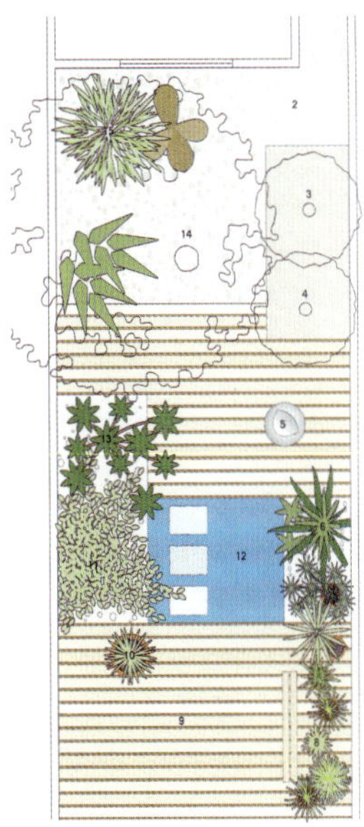
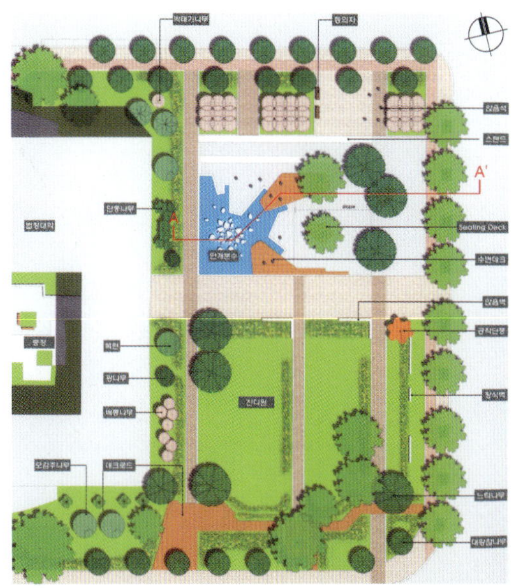

♠ 참고 및 인용문헌

- David Stevens, Small Space Garden,
- Kevin Lynch, Site Planning, M.I.T Press, 1972
- Simons, Landscape Architecture, M.G.H. 1961
- 김영대 외, 조경설계론, 기문당, 1999
- 김대웅, 김동현, 가로계획, 형설출판사, 2005

7장. 평면계획

● **평면계획 스케치 노트**

(Josep Lluis Sert, 1962)

평면계획은 건축계획의 핵심이다.

평면은 기능의 차원, 단면은 공간감의 차원을 담는다.

따라서 평면은 기본적으로 해당건물의 기능과 프로그램을 충실히 담아야 한다.

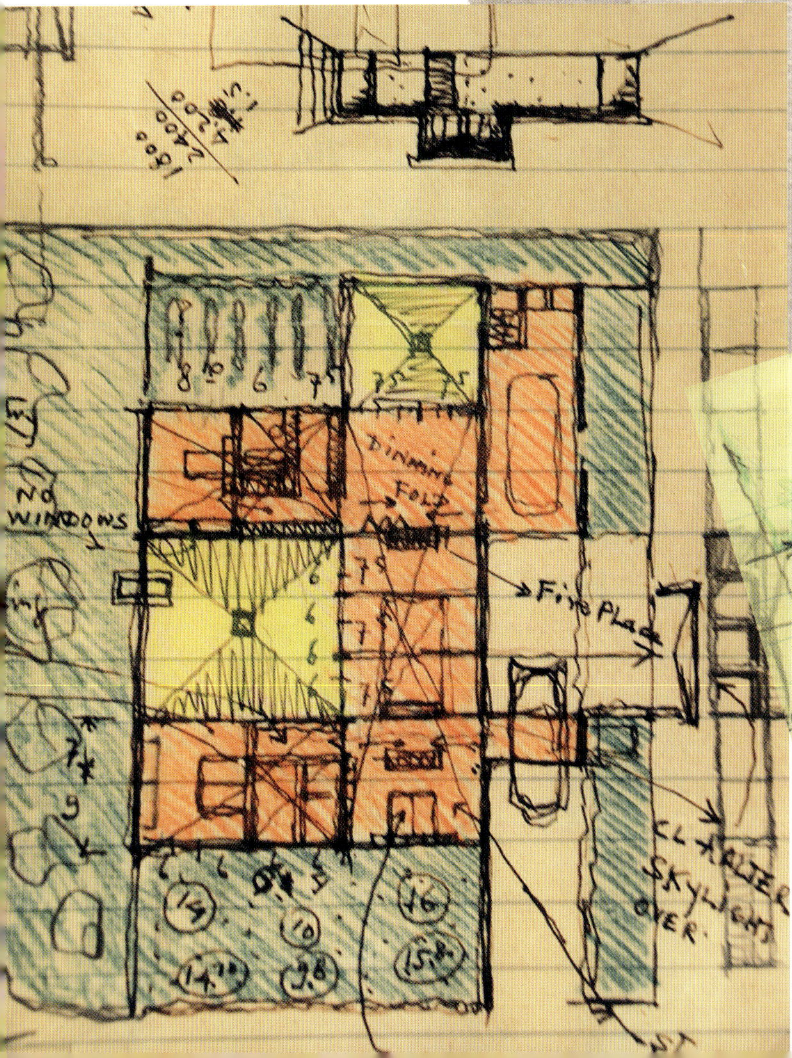

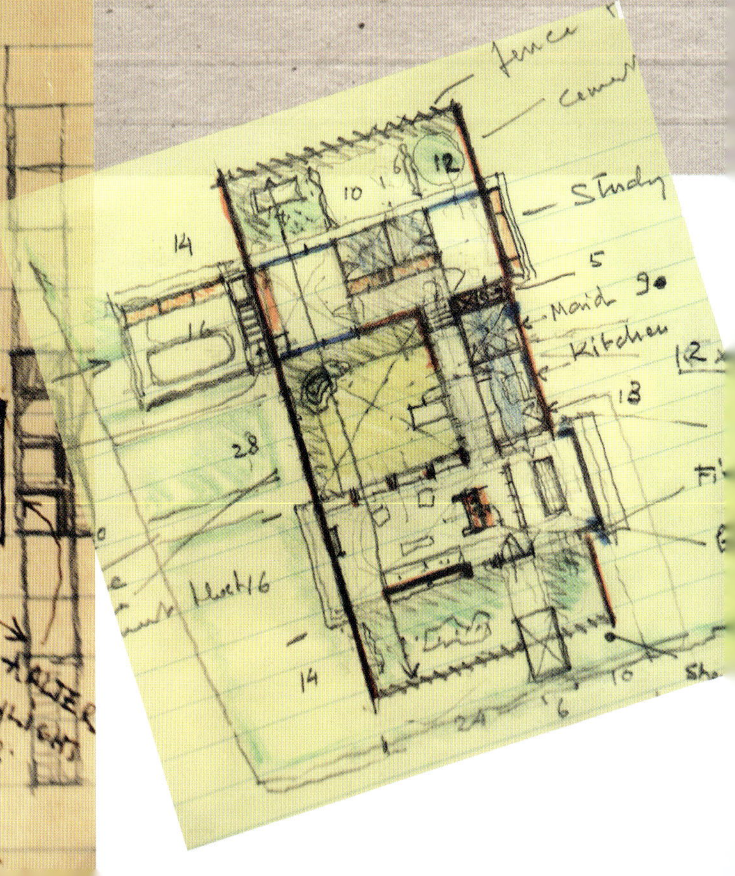

Ⅶ. 평면계획

평면계획은 건축계획의 핵심이다. 그리고 평면은 기능의 차원, 단면은 공간감의 차원이라는 측면에서 볼 때, 평면계획은 기본적으로 해당건물의 기능과 프로그램을 충실히 담아야 한다.
평면계획을 포함하여 건축물의 형상을 만들어가는 과정은 다양하며 개인마다, 설계과제마다 다를 수가 있다. 하지만 넓게 보면, 기능과 단위공간의 탐구에서 시작하여 전체적인 계획으로 옮아가는 체계적, 합리적 방법과 외부 및 내부공간의 형태를 상대적으로 초기에 구상하고 이를 평면 및 단면 등으로 구체화시켜가는 직관적, 개념적인 방법으로 양분할 수 있다.
이제 막 건축을 배워나가는 저학년 학생들의 경우, 건축설계의 올바른 방법을 배우는 것이 중요하므로 가능한 체계적, 합리적 방법과 절차를 제대로 익히는 것이 중요할 것이며, 고학년으로 올라가서는 직관적, 개념적인 방법을 포함한 다양한 건축설계의 접근방법도 시도해보는 것이 바람직할 것이다.
그 어떤 방법을 사용하건 간에 평면계획 시에는 주출입구에서 시작하여 현관홀, 코어에 이르는 공간의 계획은 핵심적인 것이며 주요 실에는 가구배치를 하는 습관을 들이는 것이 좋다. 그리고 평면의 표현에 있어서도 기본에 충실하게 선의 굵기에서부터 각종 도면의 표기법을 정확히 하도록 유의해야 한다.

01. 평면도의 의미와 평면계획의 접근방식

평면계획은 건축계획의 핵심이다. 기본적으로는 건축물 각 층 공간들의 크기와 관계가 수평 및 수직적으로 어떻게 구성되어 있는지를 보여주기 위한 것으로 주로 건축물의 기능과 관련이 깊다.

체계적인 설계과정을 강조하는 수업에서는 대개 토지이용계획과 massing study의 과정을 거친 후 평면에 대한 스케치가 이루어지고 단면스케치와 space program에 대한 피드백을 하면서 평면을 점차 완성시켜 나가게 된다. 이때 적절한 그리드를 바탕에 깔고 작업을 하면 기본적인 모듈개념을 인식하게 되고, 기둥 및 벽체의 위치 설정 등 구조계획을 하는데 도움이 된다. 그리고 평면계획 시에는 가능하면 가구배치를 함께 하는 것이 평면의 크기와 형태가 적절하게 설정되었는지를 확인하는데 도움이 된다.

1. 평면계획의 접근방식

평면을 구성해 나가는 방식은 건축설계 전체의 진행방식 만큼이나 다양하고 개인적인 차이가 있다. 가로 및 세로방향의 주요 벽체선들을 그리고 서로 얽어가면서 직물을 짜듯이 점차 평면의 윤곽을 완성해나가는 일반적인 방식 외에도 단위공간인 각 실들의 계획을 먼저 한 후 이들을 조합하면서 평면을 완성해나가는 방식, 그리고 단면스케치가 먼저 이루어진 다음 평면을 구성하거나, 동선도를 그린 후 여기에 공간을 덧붙여나가는 방식, 혹은 전체적인 건물 매스를 먼저 구상한 뒤 거꾸로 여기에 맞는 평면을 맞추어 만들어가는 방식 등 여러 가지가 있을 것이다. 대부분의 경우, 한 가지 이상의 방법들을 혼합해서 사용하지만, 설계과제의 성격에 따라 평면구성의 접근방식이 달라지기도 한다.

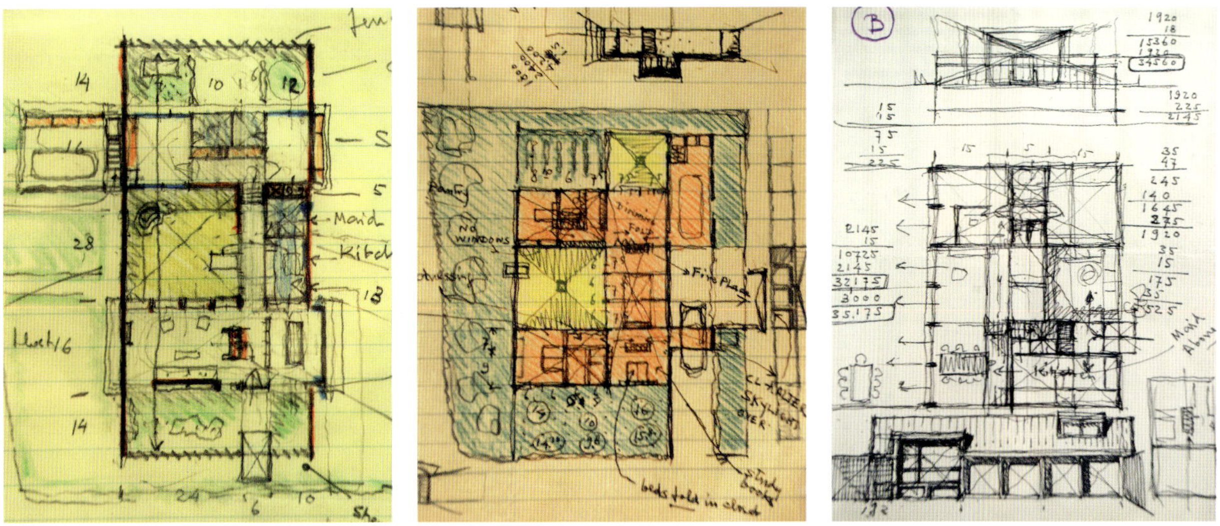

그림 07. 01-1,2,3 (하) : **건축가의 평면 스케치** (Harvard Univ. GSD, Josep Lluis Sert, 1962)
당시 GSD의 학장이던 Sert교수가 찰스 강변에 건립되는 하바드대학교의 기혼자 대학원생 숙소인 Peabody Terrace의 평면 스케치과정의 일부이다.
단위세대의 각 실 가구배치에서 시작하여 모듈에 맞추어 평면을 구성하고 이를 단면스케치와 대조하며 각 부분별 치수를 기입하며 확인하는 과정을 볼 수 있다.

예를 들어 집합주거나 학교계획 등을 할 경우에는 단위공간과 기능에 중점을 둔 귀납적 접근방식이, 그리고 미술관이나 교회건축처럼 상징성과 외부의 형태가 강조될 경우에는 매스와 볼륨이 우선되는 연역적 접근방식이 우선되기도 한다. 그리고 평면계획의 접근방식이 어떠하든 간에 다음의 내용을 포함하여 다양한 항목에 대해 피드-백 하면서 진행하도록 한다.

- 평면의 기본모듈과 켜layer는 어떤 치수로 어떻게 설정하였는가?
- 평면구성을 면 나누기 방식으로 하고 있지는 않는가?
- 평면스케치와 단면스케치는 동시에 진행하고 있는가?
- 주출입구와 건물현관은 적절한 위치에 배치되었는가?
- 수직동선을 비롯한 코어위치는 적절히 배치되었는가?

- 코어요소의 배치 시에는 구조와 설비를 고려하였는가?
- 주요공간에 가구배치는 하였는가?
- 평면의 형태를 억지로 만들려 하고 있지는 않는가?

2. In→Out의 구성방식

평면을 구성하고 계획하는 여러 방식들 중, 귀납적 방식으로서 In→Out의 구성방식과 연역적 방식으로서 Out→In의 구성방식을 예로 살펴본다.

각 단위공간과 실들의 적정규모와 형태를 먼저 설정한 뒤, 이들을 연결하고 짜 맞추어 가면서 전체적인 평면의 윤곽을 결정해 나가는; 〈단위공간 →전체 평면윤곽 구성〉의 논리적 방식이다. 또는 버블다이어그램에서 블록다이어그램으로 변형시킨 각 공간의 다이어그램을 깔아놓고 이들 다이어그램의 경계를 적절히 조정하면서 전체의 평면계획을 완성시켜나가는 체계적(step-by-step) 방식이 여기에 해당된다.

건축설계의 다양한 방법론 보다는 체계적인 설계과정과 방법의 습득이 우선적으로 강조되는 저학년 학생들의 경우, 이러한 설계방식이 유효할 것이다. 실무건축가의 경우에도, 건축의 외관보다는 내부기능의 올바른 해결이 우선되는 의료시설, 교통시설, 복합상업시설 등의 설계 시에 필요한 접근방식이다. 이는 설계의 착수 시점에서 결론이라 할 수 있는 건물의 최종형태는 알 수 없지만, 결론에 이르는 방법은 알고 있을 때 사용하는 방법이라 할 수 있다. 앞의 4장에서 소개한 많은 사례들이 이에 속한다.

3. Out→In의 구성방식

평면의 개략적인 윤곽과 형태를 잠정적으로 결정해 놓고 이 틀 속에 각 실과 공간을 삽입하거나 세부적으로 분할해 나가면서 피드-백을 통해 평면의 형태를 최종적으로 완성해나가는 방식이다. 이러한 방식을 원활히 사용하기 위해서는 미리 결정된 형태에 공간과 기능을 적절히 대입하고 발전시킬 수 있는 구성능력이 있어야 한다.

과제설계 시에 이러한 방법을 잘못 사용할 경우, 오른쪽 페이지 07-09, 10에서 보듯이 미리 설정해 놓은 평면의 외곽선을 따라 각 실들을 단순히 갖다 붙이는 방식으로 평면을 만들기도 한다. 그 결과, 각 공간들이 종횡으로 얽히며 구성되는데서 오는 풍부함과 깊이감은 없고 그저 단조롭고, 증축에 증축을 거듭한 형태로 어색하고 낭비되는 공간이 많은 평면이 되어버린다.

실무건축가의 경우에도, 이러한 방식이 예를 들어 전시시설이나 종교건축 등과 같이 건축물의 이미지와 형태를 우선적으로 고려하고 표현해야 할 경우에는 효과적이지만, 자칫하면 형태를 위해 기능을 희생시키거나, 과도한 상징주의로 빠질 우려가 있다. 유추의 기법을 사용한 설계방식에서 이러한 Out→In의 구성방식이 전형적으로 나타나는 경우가 많다.

• In→Out의 평면구성방식 사례

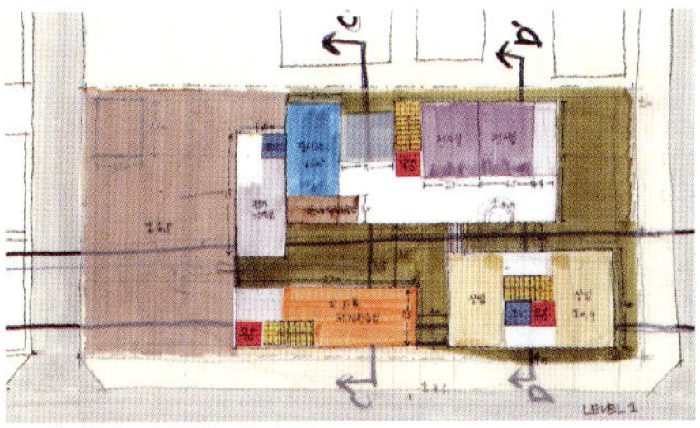

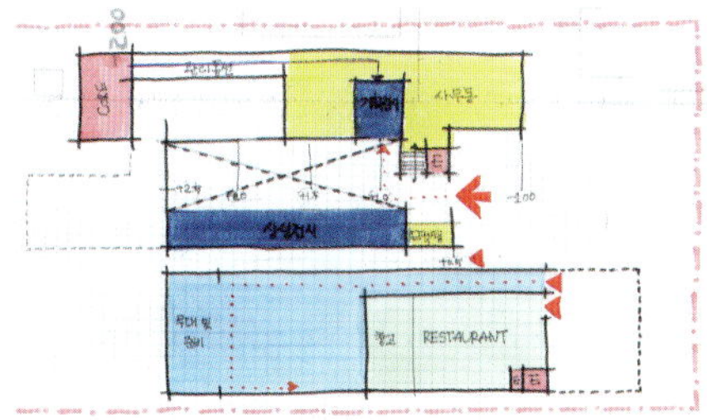

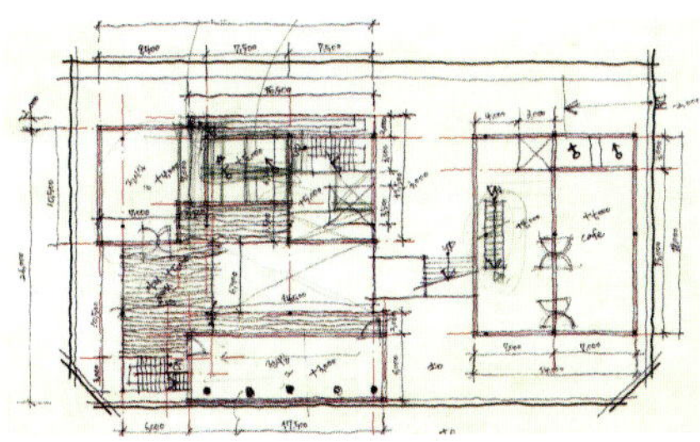

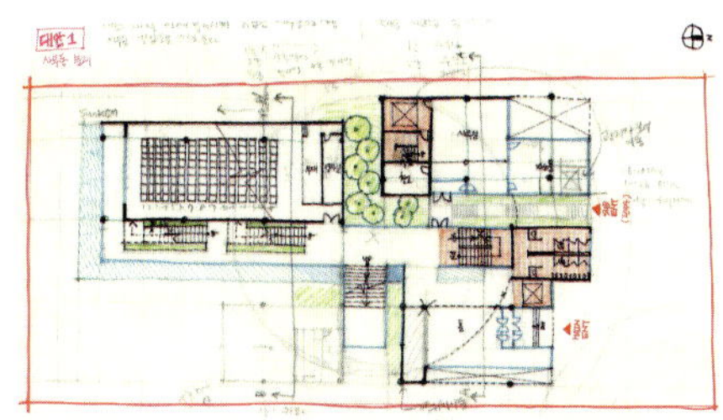

그림 07. 02, 03, 04, 05 (좌)
Step-by-Step의 체계적 평면계획 진행 과정들 (영남대 2년 전시시설과제, 2013)
각기 다른 4학생의 평면계획 진행과정을 보면, 형태 우선방식이 아니라, 면적 다이어그램에서 출발하여 각 실의 위치와 기능 분석에 근거한 체계적인 설계방식을 따르고 있음을 볼 수 있다.

그림 07. 06 (상) : **비프리 도서관** (알바 알토)
그림 07. 07 (하) : **이마트라 성당** (알바 알토)
대지를 관찰한 후 굵은 연필로 평면의 이미지 스케치를 완료하면, 여기서 표현된 주요개념은 최종적인 평면까지 그대로 유지, 반영된다

그림 07. 08 : **Canyon Lake주택** (미국, 텍사스, 2003, Overland Partners 설계) 르 꼬르뷔제의 정물화(위)의 윤곽을 그대로 주택의 평면형태로 전환하여 완성시킨 전형적인 Out→In의 설계과정을 보여준다.

Line diagram of the painting.
Diagramma degli schizzi.

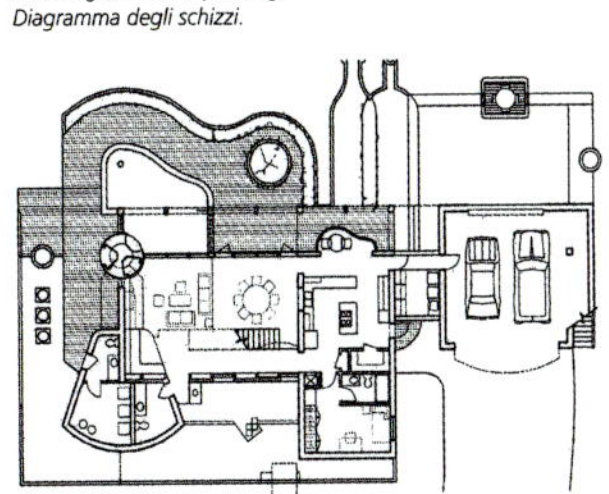

Ground floor plan.
Pianta del piano terra.

• Out→In의 평면구성방식 사례

그림 07. 09, 10 : **잘못된 평면구성방식** (영남대 2년 전시시설과제, 2013) 평면의 윤곽을 미리 결정해놓고, 평면의 외곽선을 따라 각 실들을 단순히 갖다 붙이는 방식으로 진행한, 잘못된 Out→In 설계과정의 전형적 사례이다.

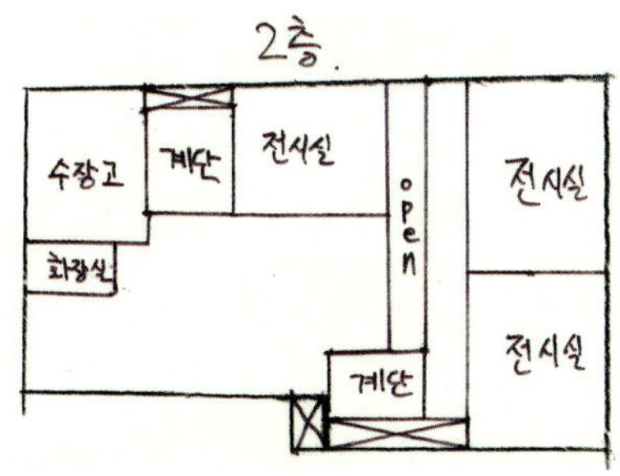

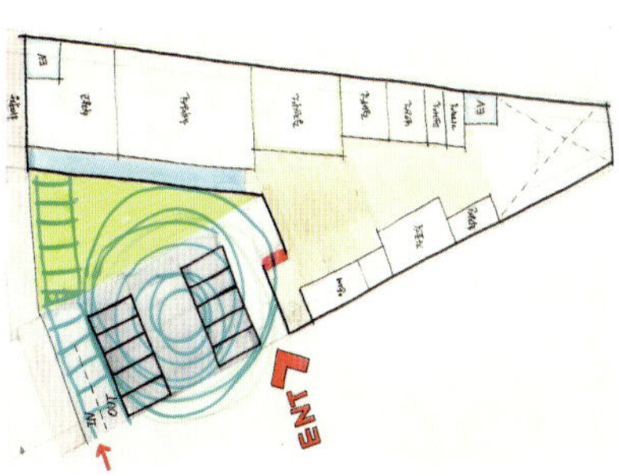

02. 평면계획 시의 유의사항

평면계획은 건축계획의 핵심인 만큼 올바른 평면계획을 위해 고려하고 유의할 사항은 적지 않다. 여기서는 학생들의 과제설계를 중심으로 평면계획 시 일반적으로 고려해야 할 내용들 중 몇 가지 주요사항들을 중심으로 소개하기로 한다.

1. 기준그리드의 설정과 활용

가) 그리드의 의의

건축가가 설계를 할 때에는 백지위에 임의로 선을 그리는 것이 아니라 인간의 생활동작이나 건물구조 및 시공 등에서 비롯되는 기준의 크기를 나타내는 치수선을 바탕에 깔고 그 위에서 계획과 설계를 하게 된다. 이 때 계획 및 설계의 기본틀이 되는 기준선을 그리드(grid · 격자선)라고 한다. 그리드는 대개 직교 및 평행그리드를 사용하지만 경우에 따라서는 사선그리드, 원형그리드, 또는 이들이 중첩된 복합그리드 등 다양한 형태로 사용된다.

• Bauhaus의 디자인교육과 그리드
1930년대 독일의 건축 · 예술학교 였던 바우하우스의 1학년 교과과정 중에는 다양한 그리드를 만들고 이를 여러모로 적용해보는 수업이 있었다. 즉, 그리드는 건축뿐만 아니라 디자인 분야의 전반에 걸쳐 활용범위가 넓은 디자인 도구의 하나이기도 하다.

건축계획적 측면에서 기본 그리드의 치수는 주차를 위한 기둥 간격, 학교 교실의 기준 크기, 호텔객실의 기본 크기 등과 연계하여 결정하므로 치수계획의 핵심사항이다. 뿐만 아니라 그리드의 치수는 구조 및 설비계획과도 불가분의 관계를 지닌다.

나) 구조 및 설비계획과 그리드

평면계획에서 일반적으로 그리드의 교점은 기둥의 위치가 되며, 그리드선은 벽체선으로 활용된다. 따라서 그리드선은 그 자체로 구조계획도의 기준선이기도 하다.

• 그리드의 경직성에 대한 우려
그리드를 밑판으로 깔고 설계를 하면 창의적이고 자유로운 형태를 구성하는데 장애가 되는 경직된 도구로 인식하는 학생들이 있다.
벌집모양의 육각형이나, 삼각형그리드를 일단 사용하게 되면 불가피하게 이러한 형태를 평면 전체에 걸쳐 반복하게 되는 경우가 이러한 사례일 것이다.
하지만 그리드는 어디까지나 치수 및 구조계획의 기준을 설정하기 위한 바탕선이며, 그 위에서 부정형이나 곡선 등의 자유로운 선과 형태를 얼마든지 활용할 수가 있다.

학생들은 대개 계획의 초기에 기둥의 위치를 비롯한 구조에 대한 생각을 미루어 놓은 채 평면을 구성하기 마련이다. 이 후 평면계획이 상당부분 진행된 상태에서 지도교수가 구조에 대한 지적을 하면 그제야 기둥을 그리느라 이미 진전된 평면계획을 적지 않게 피드-백 하거나 수정하는 것을 본다. 따라서 가능하면 평면계획의 초기단계에서부터 기둥의 위치를 비롯한 구조에 대해서도 함께 고려하는 것이 전체 설계과정에서 시행착오를 줄이는 방법이 된다.

평면계획의 초기부터 기둥의 위치나 그리드를 고려하게 되면 평면구성의 창의성이 제약을 받는다는 의견도 있다.* 하지만 그리드는 활용하기에 따라 오히려 창의성과 형태도출에 도움을 주는 도구가 되기도 한다.

* 건축가 프랭크 게리는 그리드를 건축의 창의성을 구속하는 요소라고 말한다.

그리고 고학년이 되면 구조 이외에 설비요소도 함께 생각하는 습관을 들이는 것이 좋다. 코어부분의 화장실에서 수직배관이나 덕트샤프트가 보의 폭을 감안하여 제대로 확보될 공간이 있는지, 또는 엘리베이터실의 내력벽이 코어 홀 천장 속의 덕트 배치를 방해하지 않는지 등을 예로 들 수 있다.

• 그리드 체계의 엄격한 적용 사례
(첫째 및 둘째 줄 그림)

그림 07. 11 (좌상) : **원형그리드의 엄격한 적용** (영남대 3년 저층집합주거과제, 2005) 일단 원형그리드를 사용하게 되면서, 주동계획, 주호계획이 모두 원과 곡선의 형태로 결정되었다.

그림 07. 12, 12 (우상) : **사선그리드의 엄격한 적용** (영남대 3년 저층집합주거과제, 2004)

그림 07. 13-1,2 (둘째줄) : **사선 및 8각형 그리드의 엄격한 적용** (미국, 일리노이대 행위과학연구소,1967,SOM+Walter Netch)

• 그리드 체계의 효과적인 적용 사례
(셋째 및 넷째 줄 그림)

그림 07. 14 (좌상), 15-1,2 (중앙 및 우상), 17 (우하) : 저층집합주거계획에서 기본 그리드와 모듈의 적절한 이용을 통해 변화감 있는 매스계획을 한 사례

그림 07. 16-1,2 (좌하, 좌중) : **그리드를 이용한 전시시설의 초기** Massing Study (영남대 디자인대학원, 2005) 선과 면을 이용한 모형에서 매스모형으로 발전하는 과정에서 기본 그리드개념이 지속적으로 사용되고 있다.

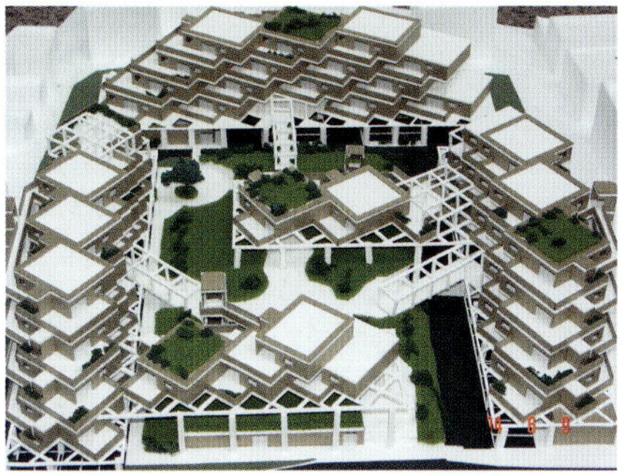

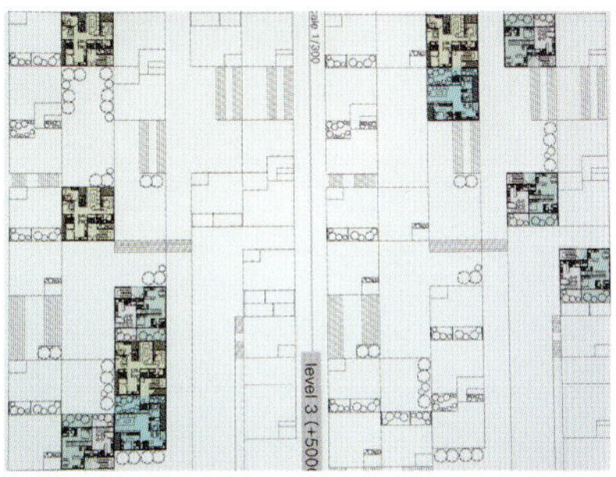

다) 형태도출 수단으로서 그리드

근대와 현대에 와서 그리드는 단순히 건축계획을 위한 밑바탕으로서 기준선이라는 차원을 넘어 건축형태를 이끌어내기 위한 보다 적극적인 방법과 도구로서 활용되기도 하였다. 19세기의 듀랑Durand*은 그리드를 사용하여 고전건축의 형태요소들로부터 건축의 평면을 이끌어내는 유형학적인 방법을 고안하여 이를 설계교육에 적극적으로 사용하였다.

현대에 와서도 건축가 찰스 젱스C. Jencks는「그리디즘Gridism」이라는 표현을 사용할 만큼 그리드에 의한 설계에서 비롯된 건축물 내 · 외부의 현저한 그리드 노출현상을 주목한 바 있다. 또한 이탈리아의 건축가 파울로 포토게시Paolo Portogeshi, 미국의 월터 네치Walter Netch 등은 초기의 계획단계에서부터 그리드를 형태도출을 위한 적극적이고 강력한 도구로 사용해왔다.

• 듀랑(Jean Nicolas Louis Durand)의 건축형태 구성방법
(듀랑의 저서 『Precis of the Lectures on Architecture』의 수록내용 중)

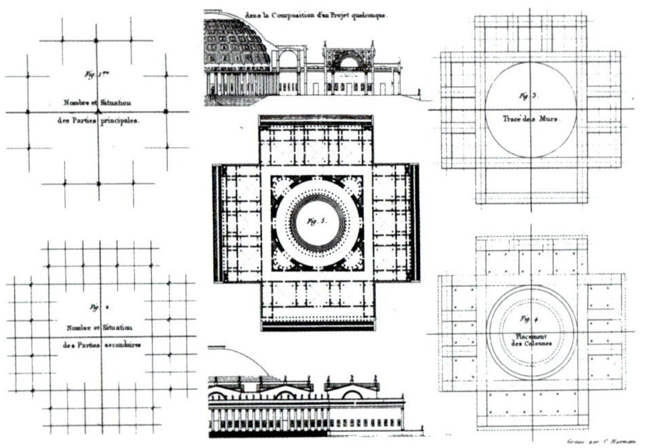

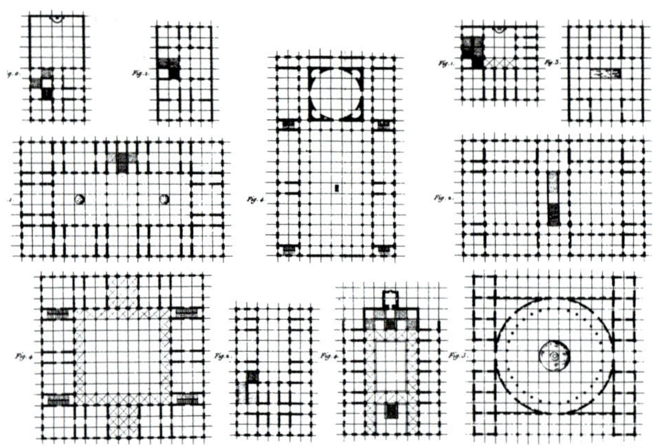

그림 07. 18(좌상) : **듀랑의 평면구성 방법** ①「전체」의 외곽 중심선으로 윤곽을 그린다. ② 세부적으로 분할해서「부분」들을 구체화한다. ③ 부분의 중심선을 바탕으로 벽체, 기둥 등의「요소」들을 배치한다.

그림 07. 18(우상) : **듀랑의 평면구성 방법** 그리드를 사용하여 다양한 유형의 건축평면을 도출하였다.

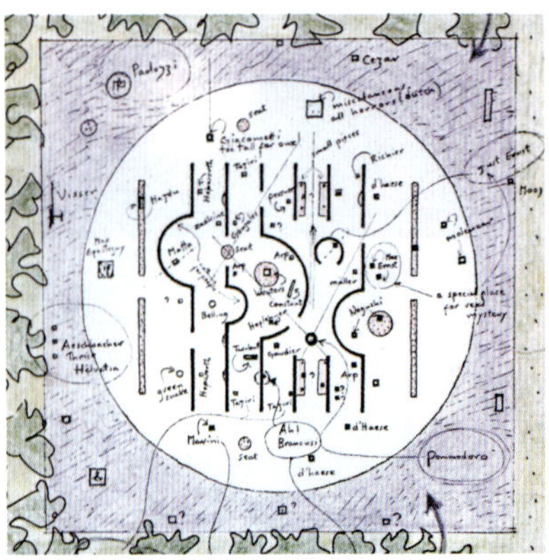

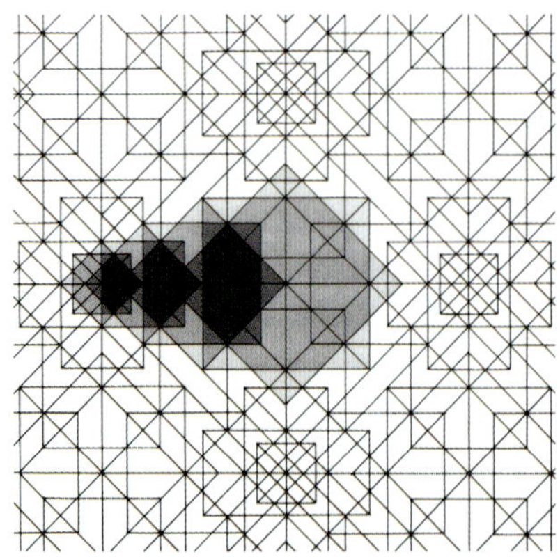

그림 07. 20-1,2 (좌, 중) : **그리드를 바탕으로 한 조각정원 계획과정** (네델란드, 아른하임, 1966, 알도 반 아이크 설계) 정방형 그리드를 바탕으로 벽체를 구성하고, 다양한 크기의 반원과 원을 삽입하여 작지만 변화감 있는 조각정원을 구성하였다.

그림 07. 21 (우) : **그리드의 중합을 통한 형태의 도출** (미국, 마이애미대학교 미술관, 1978, 월터 네치 설계) 직교그리드와 사선그리드의 중첩에 의해 생성된 새로운 그리드 체계로부터 미술관의 평면형태를 이끌어내는 과정

2. 가구배치의 의의

평면계획 시에 주요 실에 가구배치를 하는 것은 ;

① 각 실의 규모 및 형태계획의 적합성에 대한 검증수단으로서,

② 건축도면에 스케일감을 부여하는 요소로서,

③ 도면의 효과적인 표현요소로서

각각 중요한 의미를 지닌다.

가) 각 실의 규모 및 형태의 검증수단

수학문제 풀이의 결과인 해답이 올바른지 검산하는 과정이 있듯이 평면상의 각 실 계획이 제대로 이루어졌는지를 검증하는 방법도 필요할 것이다. 이런 측면에서 가구배치는 평면계획의 합리성을 검증하는 유력한 방법의 하나이다. 즉, 평면의 주요 실에 표준적인 가구를 배치해보면, 그 공간의 규모나 형태가 기능적으로 적절하게 이루어졌는지를 확인해볼 수 있다. 따라서 주택이나 집합주거계획은 물론, 기타의 건축계획 시에도 주요 실에 대한 가구배치는 필수적인 것이다.

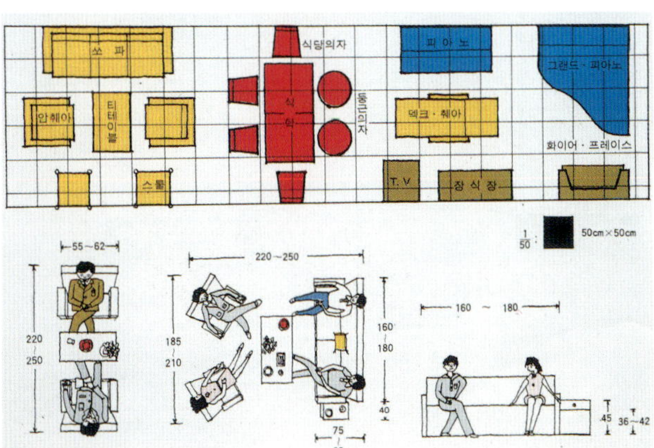

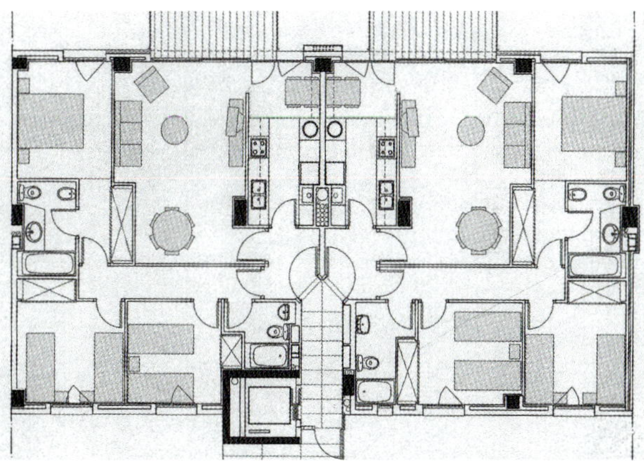

그림 07. 22 (좌) : **주택의 기본가구와 공간치수** 단위공간의 치수는 해당공간에서 펼쳐지는 인체의 치수와 소요 가구의 치수에 여유치를 더한 것이 된다.

그림 07. 23 (우) : **가구배치를 통해 집합주거 단위세대 각 공간의 크기를 검증** (스페인, 바르셀로나의 아파트 단위평면도)

나) 스케일감의 부여 요소

가구는 인체와 밀접한 관계를 지니므로 도면의 각 실에 표현되는 가구의 크기는 해당 공간, 나아가서는 평면 전체의 스케일감을 인식하게 해주는 핵심적인 요소이다. 침대의 크기나 방문의 크기를 약간 다르게 표현하면 해당 실의 크기가 다르게 인식됨을 경험을 통해 잘 알고 있다.

오랫동안의 집합주거설계 수업을 통해 본 학생들의 일반적인 경향은 거실의 소파, 식탁의 탁자, 침대 등의 주요 가구들을 평면에 표현할 때 대부분 실제보다 작게 그린다는 것을 알 수 있다. 이 때문에 실제로는 절대면적이 협소함에도 불구하고 가구의 배치는 여유 있는 것처럼 보임으로써 각 실의 면적산정에 오류를

범하게 되고 결과적으로 기능 및 프로그램에 맞지 않는 평면계획이 되는 것이다. 따라서 주요 실에 표현되는 가구의 크기와 축척은 표준적이고 정확해야 한다.

다) 도면의 효과적인 표현요소

평면의 주요 실에 표현되는 가구는 평면도에 깊이감과 입체감을 부여하는 주요요소로서 작용한다. 학기말의 과제설계 전시도면의 평면도나 실무건축가들의 설계경기 제출도면의 평면도를 막론하고, 가구배치가 된 평면도는 그렇지 않은 평면도에 비해 훨씬 깊이감이 있어 보이고 계획 자체도 보다 섬세하고 충실한 느낌을 주게 된다.

• 평면도와 가구배치

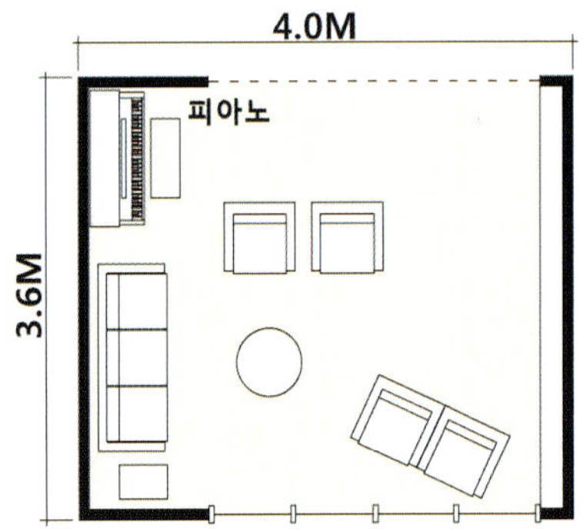

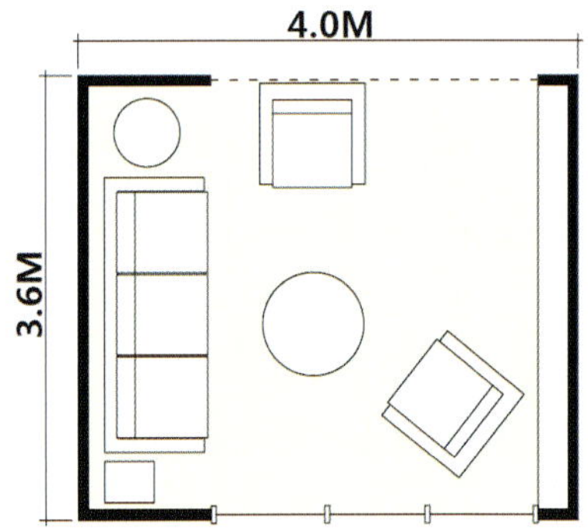

그림 07. 24 (좌) : **치수가 왜곡된 가구배치** 거실소파의 치수가 비정상적으로 작게 표현되어 있어 전체 거실의 크기가 왜곡된 사례

그림 07. 25 (우) : **정상적 치수의 가구배치** 거실소파의 치수가 정상적으로 표현되어 있어 거실 크기가 있는 그대로 전달된다.

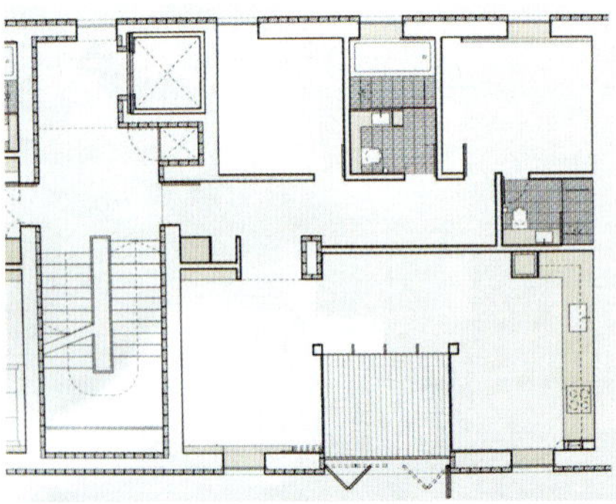

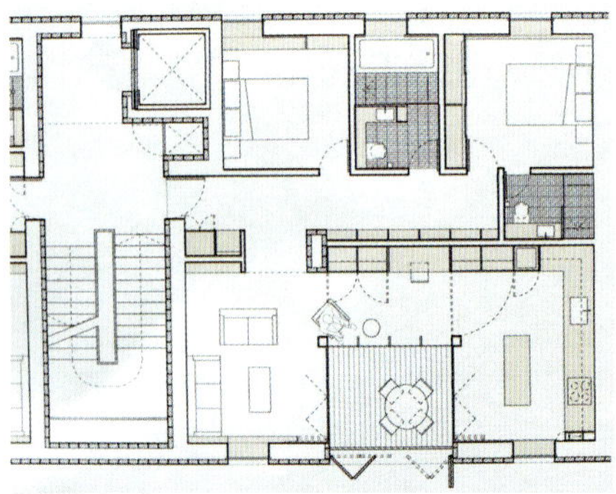

그림 07. 26-1,2 : **가구배치가 된 평면도와 생략된 평면의 차이** (영국,글래스고우, Strathclyde대 3년 집합주거과제, 2018)
가구가 표현되지 않은 평면(좌)에 비해 가구배치가 된 평면(우)이 보다 깊이감이 있고 섬세하게 지각된다

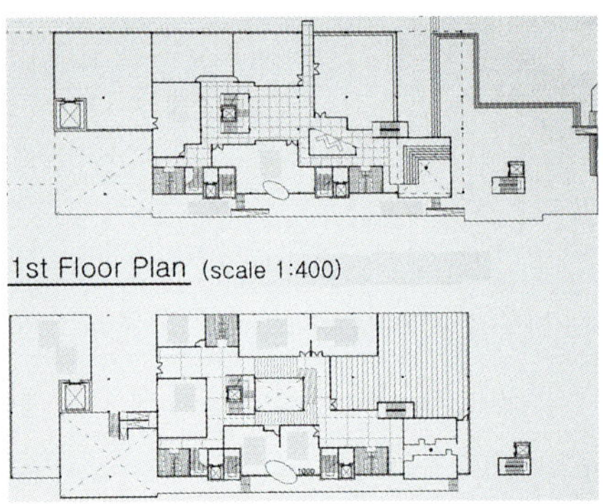

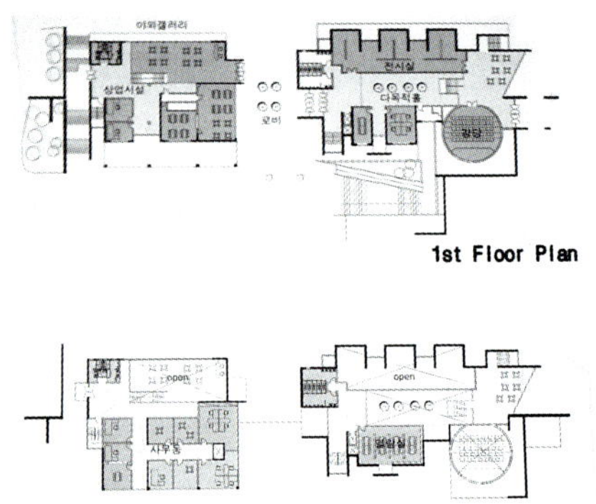

그림 07. 27, 28 : **가구배치가 된 평면도와 삭제된 평면의 차이** (대구건축대전 출품작, 2003)
가구가 표현되지 않은 평면(좌)에 비해 가구배치가 된 평면(우)은 톤(tone)작업의 효과로 인해 보다 깊이감이 있게 지각된다.

3. 주출입구와 현관

가) 주출입구의 위치와 형태

건물의 주출입구는 적절히 인지되는가?

건물외부에서 주출입구를 찾아가는 과정은 마치 물이 오목한 곳과 계곡을 따라 흘러가듯 자연스럽게 유도되는 것이 바람직하다. 이를 위해서는 건물의 배치에서 부터 외벽의 요철, 바닥패턴을 비롯한 조경디자인 등이 어우러져서 건물이용자가 안내표지판 등의 비 건축적인 수단을 통하지 않고도 편안하게 주출입구를 인지하고 접근할 수 있도록 해야 한다.

아래 우측 그림 07-31은 미스 반 데 로헤가 설계한 휴스턴 현대미술관 측문으로, 건물의 평면 및 단면상의 요철을 이용하고, 전면에 작은 입구정원을 설치하여 관람자들이 편안하고 자연스럽게 현관에 접근할 수 있도록 하였다. 그 반면, 한스 홀라인이 설계한 프랑크푸르트 현대미술관은 일반적으로 주출입구를 두지 않는 예각의 모서리 부분에 낮고 작은 입구를 둠으로써 상식을 깨고 새로운 느낌을 주고자 하였다. (그림 07-30) 그리고 휴스턴 시내의 현대미술관 역시 일반적이지 않은 위치에 입구를 배치하고 삼각형의 얇은 금속제 캐노피로 입구를 표현하였다.(그림 07-29) 그러나 이는 어디까지나 예외적인 사례들이다.

• 미술관 주출입구의 위치

그림 07. 29 (좌) : **모서리에 좁게 뚫어진 주출입구** (미국, 휴스턴, 현대미술관) 좁은 틈처럼 위치한 주출입구의 인지성을 보완하기 위해 삼각형의 캐노피를 상부에 설치하였다.

그림 07. 30 (중) : **예각의 모서리에 좁고 낮게 설치된 주출입구** (독일, 프랑크푸르트 현대미술관, 1991, 한스 홀라인 설계) 삼각형의 부지에서 의외로 예각부분의 모서리에 배치된 장식적인 주출입구는 건축가의 특징을 잘 나타낸다.

그림 07. 31 (우) : **일반적인 위치에 편안하게 배치된 출입구** (미국, 휴스턴미술관, 1974, 미스 반 데 로에 설계) 편안하고 흡인력 있는 공간으로 처리된 부출입구는 출입구 설계의 전형적 사례라고 볼 수 있으며, 이 미술관에서는 작은 광장의 역할을 겸한다.

나) 단차 두기

많은 학생들의 설계도면에서 주 현관 앞의 계단처리가 누락되어있는 것을 본다. 건물 주현관의 높이가 지면과 동일한 경우는 드물다. 아무리 트렌치trench를 두어 물의 침투를 막는다. 한 단의 높이라도 지면에서 올려서 현관을 구성하는 것이 올바른 방법이다. 우리의 전통가옥을 보면 비록 작은 초가집이라 하더라도 반드시 일정한 높이의 기단 위에 툇마루와 온돌을 구성하는 것을 볼 수 있으며, 이는 동 · 서양을 막론하고 동일한 것이다.

• 단차 두기를 나중에 알았을 때

단차를 두는 작업은 단순히 현관 바닥면을 지면보다 높게 띄우는 것에 그치지 않는다. 단차가 주어지면 이에 상응하는 평면적인 여유공간이 수평방향으로도 동시에 필요해진다.
이를 나중에 알고 덧붙이게 되면 처음 구상했던 현관 앞의 공간이 좁아지거나 주진입부의 공간감이 이상해지므로, 단차 두기는 처음부터 계획되어야 한다.

다) 면이 아닌 공간으로서 현관

평면계획안의 초기 스케치를 보면 많은 학생들이 건물의 주 현관을 포함한 출입구 부분을 하나의 면plane으로 생각하는 것을 본다. 그 결과, 주출입구는 아랫줄 그림 07-35와 같이 벽체의 일부이며, 유리로 된 면 정도로 표현하고, 이에 따라 현관을 위해 배정된 면적 또한 일반적인 벽체두께 정도로만 되어있기 마련이다. 하지만 일반 주택이나 아파트의 현관도 대부분 2중문으로 구성되어 있다는 점을 생각해야 한다.

아랫줄 그림 07-36에서 보듯이 건물의 주현관은 바깥문과 안쪽문으로 구성되어 있고, 이를 포함하는 공간을 방풍실이라 한다. 방풍실을 두는 이유는 여러 가지가 있으나, ① 외부의 바람이나 먼지가 실내공간으로 직접 유입되는 것을 줄이고, ② 실내의 냉·난방된 공기가 현관문을 여닫을 때마다 급격히 유출되는 것을 최소화하기 위한 것이 중요한 목적이다.

서양의 대부분 주택을 비롯한 건물에서는 현관과는 별도로 주출입구 전면에 처마와 바닥으로 구성된 아늑한 공간을 배치하는데, 이를 포치porch라 한다. (바로 밑 오른쪽 그림 07-34)

• 회전문을 두는 이유

회전문은 본문에서 설명한 ①,②의 목적에 적합한 현관문의 유형이지만, 건물 내부의 화재발생 등 비상시에 대피의 어려움이라는 문제가 발생하므로 일반적인 여닫이문을 반드시 함께 배치해야 한다.

• 단차 두기와 포치(porch)

그림 07. 32 (좌) : **한옥의 기단** (전북 줄포, 인촌생가 안채건물) 한옥도 초가집, 기와집을 막론하고 반드시 단 위에 집을 올린다.

그림 07. 33 (중) : **단차가 거의 없는 집합주거 현관** (암스텔담, 스포렌부르그 주거단지, 2000) 도로면과 단차가 거의 없으나, 벽돌 한 장 높이의 단차와 전면의 배수 트렌치를 설치하였다. 한국에서는 찾아보기 힘든 방식이다.

그림 07. 34 (우) : **주택입구의 포치공간** (미국, 워싱턴주, 레드몬드 집합주거) 현관 앞 단차를 두는 대신 완만한 경사를 두었으며, 포치공간이 바람과 비를 막아준다.

• 면이 아닌 공간으로서 현관, 방풍실

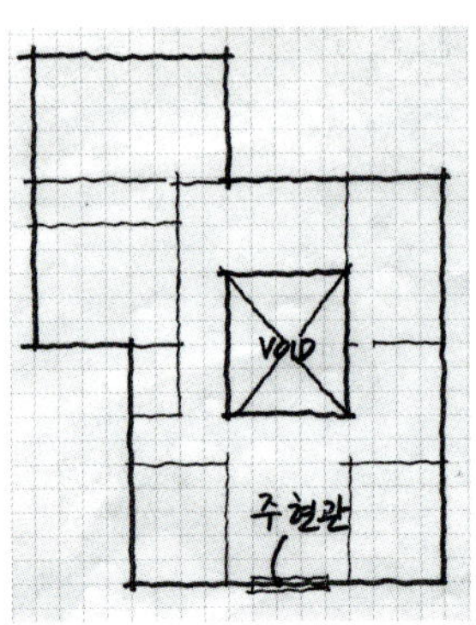

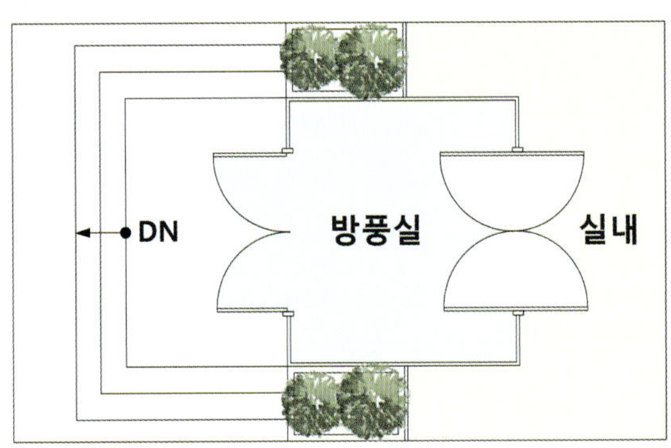

그림 07. 35 (좌) : **면으로 현관을 인식하는 스케치** -초기단계에서부터 방풍실을 포함한 현관의 공간을 적절히 설정해두지 않으면 나중에 현관홀이나 현관 전면공간의 계획에 지장을 주므로 결국 계획을 수정하게 된다.

그림 07. 36 (우) : **단차, 방풍실을 포함한 정상적인 주출입구의 처리**-3~4단의 단차를 두고 이에 상응하는 전면 여유공간을 배치한다. 현관은 2중문으로 계획하고 적절한 방풍실을 확보한다.

4. 진입 후 시선 유도와 길 찾기(Way-Founding)

가) 진입 후의 시선유도

굳이 미술관과 같은 건축물이 아니더라도 주 현관을 들어서서 정면으로 보게 되는 공간은 해당 건축물의 내부공간에 대한 방문자의 첫 경험이자 첫 인상을 주는 곳이다. 따라서 현관홀의 계획은 기능적인 측면뿐만 아니라 심리적 차원에서도 매우 중요하다.

건물의 현관을 들어서면 전면에 계단과 화장실부터 보이게 계획된 사례를 계획도면과 실제건물을 막론하고 종종 본다. 위층으로 올라가는 수직동선을 전면에 배치하다보니 코어의 구성요소인 화장실도 함께 전면에 배치한 것으로 이해되지만,「건물의 실내에 들어서서 가장 먼저 보여주고 싶은 것이 고작 화장실 입구인가?」하는 의문은 여전히 남는다.

• 현관 진입 후의 시선 유도 사례
건축가 이오밍 페이는 많은 미술관건축을 통해 현관 진입 후 공간감의 대비와 빛의 연출, 또는 조형요소의 도입 등을 통해 관람객의 시선을 유도하고 있다.

나) 코어의 인식과 길 찾기

어떤 건물에 들어설 때「입구가 어딥니까?」라고 물어야만 한다면 그 건물의 계획은 어딘가 잘못된 것이라 할 수 있다. 마찬가지로 건물의 내부로 들어선 후, 위층이나 아래층으로 이동하기 위해「계단과 엘리베이터는 어디에 있습니까?」라고 물어야만 한다면 이 또한 평면계획에 문제가 있는 것이다.

건물 내부로 진입한 후, 이용자가 원하는 층이나 공간을 쉽게 인지하고 그 곳으로 이동할 수 있도록 평면계획을 짜는 것은 중요한 일이다. 특히 내부동선이 복잡하고 규모가 큰 복합상업공간이나 넓고 복잡한 지하공간에서 이용자들이 방향감각을 쉽게 잡을 수 있도록 평면계획을 하는 것은 화재 등의 비상시에는 인명과 직결된 중요한 사항이다.

그림 07. 37 (좌) : 코넬대 존슨 미술관(미국, 뉴욕주 코넬대학 내, 1973, 이오밍 페이 설계) 현관 진입 후 자연스럽게 우측의 계단으로 진입하도록 빛과 공간을 연출하였다.

그림 07. 38 (우) : **에버슨 미술관**(미국, 뉴욕주 시라큐스, 1968, 이오밍 페이 설계) 현관 진입 후 천창에서 비추는 빛과 좌측의 곡면계단의 형태감에 이끌려 자연스럽게 2층 전시공간으로 진입하도록 구성하였다.

03. 코어계획

1. 코어의 의미와 구성요소

가) 코어(core)의 의미

앞부분에서「평면계획은 건축계획의 핵심」이라고 말했지만, 이어서「평면계획의 핵심은 코어계획」이라고 말할 수 있다. 코어는 건물 내에서 건축적 · 설비적으로 공용의 시설이 한데 모인 곳으로 공간구성상의 핵이라 할 수 있는 곳이다.

특히 사무소건축이나 고층복합건축과 같이 여러 층으로 이루어진 건물에서 코어는 대개 상 · 하의 수직방향으로 동일한 위치에 반복적으로 배치되는 것이므로 평면의 효율성이라는 측면에서 특히 중요하다. 주택의 경우 욕실, 부엌, 등 배관시설이 집중된, 물을 사용하는 부분을 코어라고 볼 수 있다. 대개 코어계획의 좋고 나쁨을 보면 건축가의 공간구성능력을 어느 정도 판단할 수 있다.

나) 코어의 구성요소

① 이동수단 관련 부분

계단, 램프웨이, 엘리베이터, 리프트, 에스컬레이터 등

② 위생 및 서비스 관련 부분 (주로 물을 사용하는 공간)

화장실, 욕실, 탕비실, 청소 싱크실, 등

③ 각종 배관 및 배선 설비관련 부분

각종 배관 샤프트, 전기배선 샤프트, 덕트 샤프트, 굴뚝, 오물투척구 등 (이어지는 4.항 참조)

학생들의 과제설계에서는 이러한 코어요소들 중 주로 계단, 엘리베이터, 화장실의 3요소를 중심으로 계획이 이루어지므로 이를 중심으로 살펴보도록 한다. 건물의 종류에 따라 이들 3요소는 한 곳에 묶어서 배치되기도 하지만 경우에 따라 화장실은 수직동선 부분과 분리하여 배치되기도 한다.

2. 계단, 엘리베이터

가) 계단의 계획과 표현

계단은 단순히 상 · 하층을 연결하는 동선공간으로서 뿐만 아니라, 공간디자인의 중요한 요소이다. 실내계단의 경우 디딤판의 넓이는 28cm, 챌판의 높이는 18cm 전후의 치수로 정한다. 그리고 안전을 위해 계단의 높이가 3m 이상이 될 때는 높이 3m 이내마다 계단참을 설치해야 하며, 계단참의 폭은 계단의 폭 이상으로 해야 안전하다. 계단 난간의 높이도 안전을 고려하여 90cm 이상으로 한다.

① 꺾은 계단
계단참을 중심으로 ㄴ자나 ㄷ자 형태로 방향이 바뀌는 형태로, 공간을 효율적으로 이용할 수 있어서 주택과 공공건물을 막론하고 일반적으로 가장 많이 사용되는 방식이다.

② 곧은 계단
일직선으로 구성된 형태로, 계단이 차지하는 면적이 상대적으로 커서 평면구성에 영향을 미치기 쉬우며, 이용자의 안전에도 다소 부적합 할 때가 있다.

③ 나선 계단
좁은 공간을 활용하기 위해 고안된 계단으로, 계단축을 중심으로 돌아서 올라가는 방식이다. 디딤판의 형태가 부채꼴이어서 안전상 문제의 소지가 있으므로 이용자가 적은 경우나 비상계단용으로 사용한다.

한 층을 올라가는데 필요한 계단 단수는 위의 치수를 바탕으로 계산하면 되지만 약식으로 대략 2m의 높이를 올라가는데 3m의 수평거리가 필요하다고 생각하면 된다. 일반적으로 많이 사용하는 계단은 ① 꺾은 계단, ② 곧은 계단, ③ 나선계단 등이다. 학년과 관계없이 적지 않은 학생들이 계단의 정확한 표현과 작도법을 모르고 있는 것이 현실이므로 ① 꺾은 계단을 중심으로 계단의 평면도와 단면도를 소개하면 다음 그림과 같다.

표 07-01. **꺾임계단 평면도 및 단면도의 표시방법**

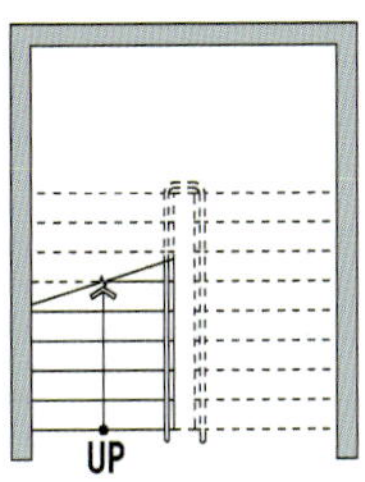	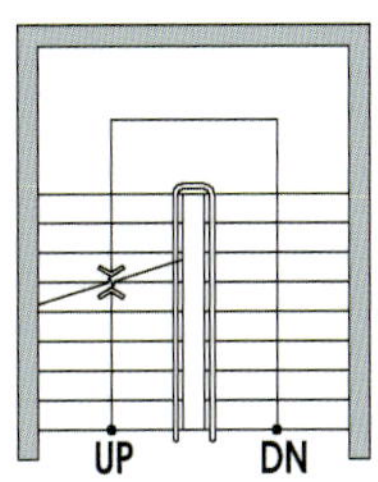	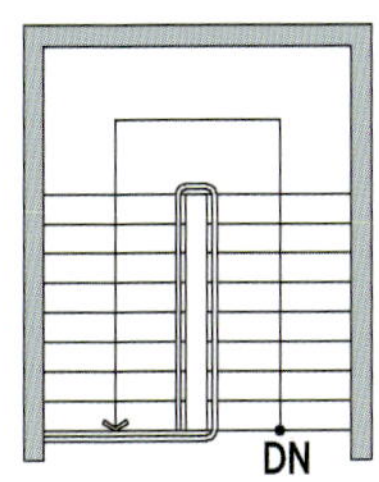	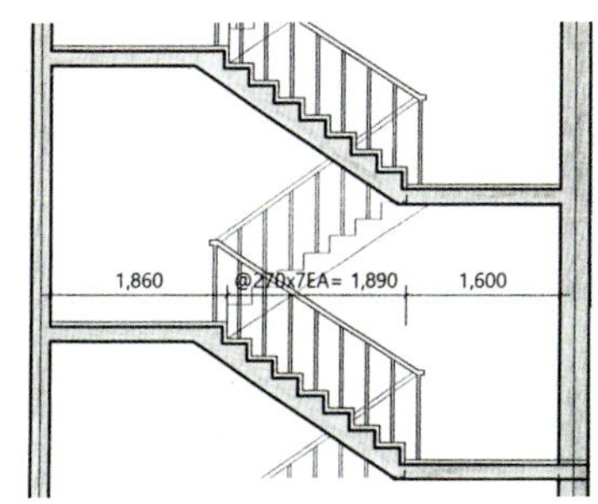
■ 맨 아래층	■ 중간층	■ 맨 위층	
맨 아래층에서는 위로 가는 부분만 보이므로 1.2~2.0M 정도의 높이에서 절단된 부분까지만 작도한다.	아래층과 위층의 계단이 동시에 보이므로 아래, 위를 함께 그리고 각각 UP, DN 표시를 한다.	맨 위층에서는 잘려진 절단면이 없으므로 아래 쪽으로 보이는 입면선만 그리고 DN 표시를 한다.	■ 주단면도 계단의 한쪽면은 단면으로, 다른 면은 입면으로 작도하고 핸드레일도 함께 그린다.

나) 엘리베이터의 계획과 표현

학생들은 초기의 계획도면에서 엘리베이터실을 너무 작게, 또는 크게 그리는 경향이 있으며, 그 위치 또한 부자연스러운 곳에 배치하는 경우가 많다. 엘리베이터실의 승강로(내력 벽체)와 엘리베이터 Car는 구분하여 그린다. 이를 구분하여 그리지 않으면 각종 샤프트나 Dry Area(D.A.) 등과 혼동될 수 있다.

승강로 규격은 1대 단독, 10인승 기준의 경우, 내력벽체 두께를 포함하여 폭 210cm~깊이 213cm* 정도이며, 엘리베이터 Car 규격은 1대 단독, 10인승 기준의 경우, 외부 폭 145cm~외부 깊이 143cm, 출입문 폭 80cm 정도를 기준으로 설계한다. 그리고 다음의 사항에 유의한다.

- 엘리베이터실은 가능한 계단실과 인접, 배치하여 선택적으로 이용할 수 있도록 한다.
- 엘리베이터 홀 앞의 대기공간은 지나가는 사람들의 통로공간과 장애인의 휠체어 동작치수 등을 고려하여 여유 있게 확보한다.

*** 승강로의 내벽 치수**는 10인승을 기준으로 하였을 때,
(1대 단독 시) : 180cm × 183cm,
(2대 병렬 시) : 365cm × 183cm
정도로 산정한다.

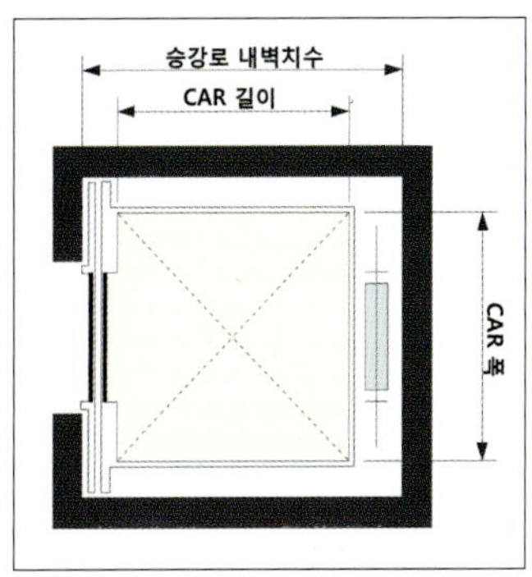

그림 07. 39 : **엘리베이터실의 규격**
(1대 단독, 10인승 기준)

• 엘리베이터 기계실을 옥상에 둘 경우, 단면도 및 입면도 작성 시 계단실 상부와 함께 그리는 것을 빠트리지 않도록 한다.

3. 화장실 계획

코어계획에서 화장실 계획은 쉽지 않다. 특히 공용공간에 여유가 없는 평면에서 남 · 여 화장실을 구분하고, 장애자 화장실까지 원활하게 배치하는 것은 더욱 어렵다. 초, 중, 고등학교 교사건물처럼 일반화되고 규격화된 형태와 규모의 화장실에 비해 다양한 크기와 평면형태를 지닌 일반건물에 맞추어 화장실을 적절히 배치하기 위해서는 많은 노력과 아이디어, 그리고 치수에 대한 정확한 감각이 필요하다.

화장실의 대변기 부스는 건물 내에서 인간이 들어가서 동작을 하는 가장 작은 단위공간이다. 따라서 이런 단위공간들과 소변기, 세면기 등 각종 위생기기의 표준규격을 알고 이를 이용하는 사람의 동작에 필요한 치수 및 여유공간의 크기를 정확히 체득하는 것이 중요하다. 이 외에도 평면계획에서 화장실의 배치 및 계획과 관련하여 유의해야 할 점 몇 가지를 소개하면 다음과 같다.

• 코어의 구성요소인 화장실은 가능하면 계단, 엘리베이터 등의 수직동선요소와 인접 배치하는 것이 좋으나 경우에 따라 분리 배치할 수도 있다.

• 다층건물에서 화장실의 위치는 기본적으로 아래, 위층과 동일한 위치에 두는 것이 공간구성이나 배관설비 등에 유리하다.

• 남 · 여 화장실은 가능한 동일한 환경조건으로 배치한다. 예를 들어 어느 한쪽에는 외기에 면한 창이 있고 다른 쪽에는 없도록 배치하는 것 등은 바람직하지 않다.

• 건물의 기능에 따라 남 · 여 변기의 수를 적절히 조절한다. 영화관, 고속도로 휴게소 등에서 길게 줄을 서 있는 여자화장실 입구를 생각해본다.

• 화장실의 여닫이 출입문이 반드시 있어야 하는 것은 아니다. 때로는 입구에 문이 없는 화장실이 더 안전할 수 있으며, 화장실의 냄새를 자연스럽게 배출시키는데도 도움이 된다.

• 내부 간벽의 적절한 배치로 시각적 프라이버시를 확보한다. 굳이 입구에 문을 설치하지 않아도 내부 간벽의 적절한 배치를 통해 화장실 내부가 진입구에서 들여다보이지 않게 계획한다.

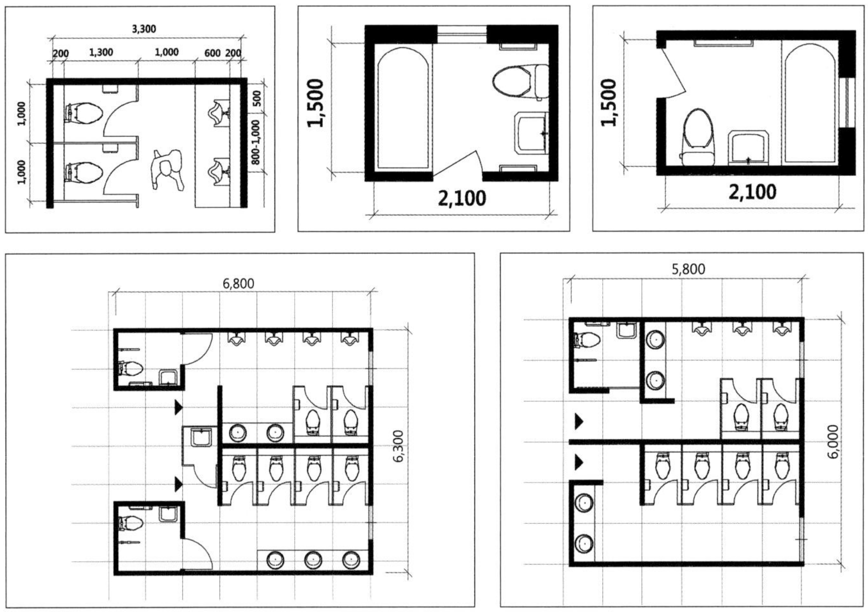

그림 07.40 : **화장실의 계획 및 치수**
(좌상) : 소변기, 대변기의 배치 및 치수
(중상) : 주택의 욕실유형①
(우상) : 주택의 욕실유형②

(좌하) : 남 · 여 화장실의 계획사례ⓐ
(우하) : 남 · 여 화장실의 계획사례ⓑ

4. 각종 샤프트 및 덕트

과제설계 시에 요구되는 도면의 수준은 실무설계에 있어서 계획설계와 기본설계의 중간쯤에 해당된다고 볼 수 있다. 그리고 시스템 통합설계를 다루는 학년에서는 실시설계에 준하는 내용을 다루고 표현한다. 이 때 평면도에 표기되는 각종 부호와 약자들 중에는 학생들이 혼동하는 것들도 많은 데 이 중 몇 가지를 소개하면 다음과 같다.

- P.S (pipe shaft) : 각종 급 · 배수, 온수 등의 배관
- E.S (electric shaft) : 각종 전기 배전관
- D.S (duct shaft) : 공조 및 환기용 A.D (air duct)를 위한 샤프트
- D.C (dust chute) : 오물 처리구
- C.H (chimny) : 굴뚝

이러한 설비표시 기호를 엘리베이터실과 혼동하는 학생들이 가끔 있으며, 특히 건물외벽에 면한 드라이에리어(dry area / D.A)와 샤프트의 표시기호를 혼동하는 경우도 많으므로 주의한다.

04. 평면작도 및 표현 시의 유의사항

1. 3가지 선의 구분

도면작도의 주 도구가 수작업에서 CAD작업으로 변환되면서부터 도면의 선line에 대한 학생들의 감수성과 주의력이 예전보다 둔감해졌다. 때로는 도면 출력 시의 프린터나 용지의 상태에 따라 애초의 의도하지 않았던 상태로 선이 출력되기도 한다.

과거처럼 손으로 도면을 그리건, 혹은 CAD작업을 통해 그리던 간에 건축도면에서 선(점선이 아닌 실선)의 굵기나 강도는 최소한 3가지 정도로 구분하여 표현할 수 있어야 하고 또 구분해야만 한다. 즉, ① 단면선, ② 입면선, ③ 보조선이 그것이다.

① **단면선**

단면선은 가장 중요한 선으로, 벽체나 바닥, 기둥, 유리면 등의 단면을 나타내는 것이다. 따라서 굵고 강하게 표시하여 입면선이나 조경, 재료, 기타 요소를 표현하는 보조선과는 구분되도록 한다.

그림 07. 41 : **선의 구분이 되지 않은 배치도의 표현 사례** (영남대 3년, 저층집합주거과제, 2008)
배치도의 핵심인 건물윤곽선과 조경선, 보조선 등이 같은 굵기와 강도로 표현되어 의미전달이 되지 않는 도면이 되었다.

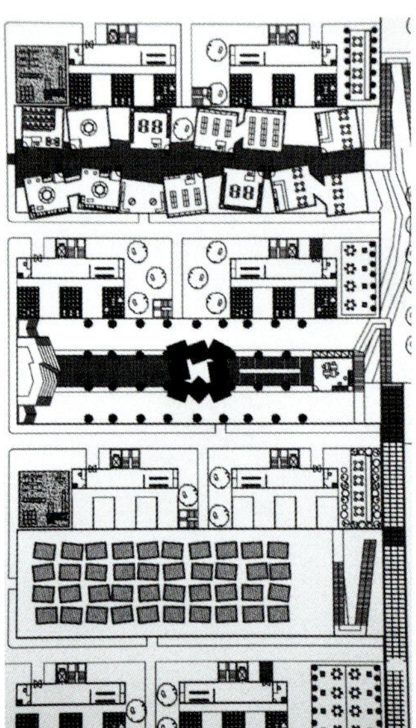

② **입면 선**

입면선은 건물의 윤곽이나 입면의 주요 선들을 나타내는 것으로, 단면선보다는 약하게 표현한다.

③ **보조선**

가장 약하게 그리는 선으로, 치수선, 가구선, 조경선, 재료 표시선 등과 각종 보조선을 나타내는 선이다. 주택의 경우, 벽체 단면선을 그릴 때 벽체의 모르타르 두께를 표현하는 선으로 사용된다.

일부 학생들의 학기말 전시패널에 표현된 선들을 보면, 예를 들어 배치도에서 건물의 외벽 경계선과 조경을 나타내는 선이 동일한 굵기와 강도로 표현되어있어 도면을 이해하기 어려운 경우도 있으므로(좌측 날개그림 참조) 선의 굵기와 표현에 대해서는 항상 유의해야 한다.

2. 중심선과 벽체 및 기둥

① **제도의 중심선과 기둥 처리**

평면작도 시, 제도의 중심선을 기둥과 벽체 중 어느 것을 기준으로 해야 할지 망설이는 학생들이 많다. 과거에는 기둥중심선을 평면작도의 기준선으로 하였으나 이렇게 하면 실제로 건축시공이 이루어지는 외벽 중심선과 비교했을 때 평면의 면적산정과 오차가 발생하는 문제가 생긴다.

따라서 구조도나 주심도 등을 제외한 건축평면도에서는 벽체 중심선을 기준으로 평면을 작성하는 것이 올바른 방법이다.

② 평면도에 드러나지 않는 보의 위치에 유의한다.

그리드 선은 평면도에서 벽체선으로 인식되는 경우가 많지만 사실은 기둥과 기둥을 연결하는 보를 나타내는 선이기도 하다. 일반적으로 평면도에서 기둥과 벽체는 눈에 보이지만 보의 위치는 표시되지 않기 때문에 학생들은 종종 보의 존재를 잊어버린다. 그 결과, 보를 가로질러 계단을 배치하는 실수를 자주 하게 되며, 보의 폭으로 인한 상·하부의 샤프트 크기가 예상과는 달라질 수가 있다는 것도 간과하게 된다.

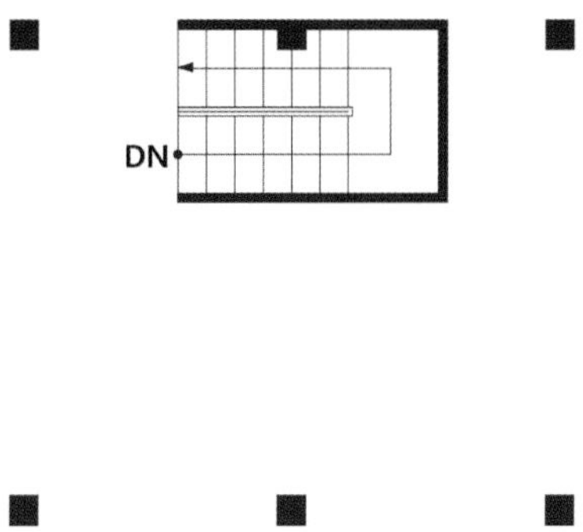

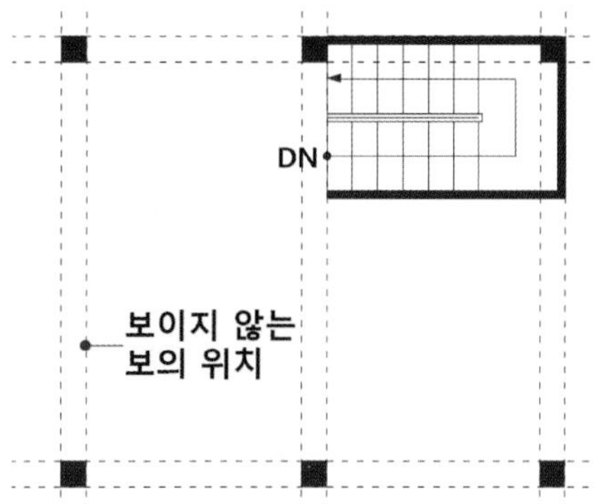

그림 07. 42 (좌) : **보의 위치를 생각하지 않은 계단**-정상적인 라멘구조라면, 계단실이 보를 관통하는 위치에 있게되어 구조적으로 문제가 발생한다.

그림 07. 43 (우) : **보의 위치를 조정한 계단**-보의 위치를 고려하여 계단실의 위치를 조정하였다.

3. 아래층과 위층의 정보 표현

한 장의 평면도는 해당 층뿐만 아니라 그 층의 아래, 위층을 포함하여 건물 전체의 정보를 최대한 정확히 알 수 있도록 표현되어야 한다. 그러나 학생들은 1층이건 상부 층이건 간에 해당 층의 도면만 그리는 경향이 있다.

① 지상층(1층)의 평면도에는 대지상황을 표현한다.

1층 평면도에는 대지경계선과 진입로를 포함한 주변도로의 일부를 표현하는 것이 일반적이다. 그리고 2층을 포함한 상부 층의 평면도에서는 대지경계선을 반드시 표현하지 않아도 무방하며, 특히 전시도판에서 평면을 표현할 때 그러하다. 1층 평면도에 해당 층의 평면만 그리거나, 상부의 모든 층에도 1층과 마찬가지로 대지경계선과 외부공간의 조경까지 반복하여 표현하는 학생들이 적지 않다.

② 위층의 정보는 점선으로 표현한다.

1층에 필로티로 된 부분이 있을 때는 단순히 기둥만 표시하지 말고 상부 층의 벽체 외곽선을 반드시 점선으로 표시하도록 한다. 상부 층에 발코니나 기타 돌출부가 있을 때도 그 아래층의 평면도에서 점선으로 해당부분을 표현하는 것을 잊어서는 안 된다.

이처럼 상부 층의 돌출부 등을 점선으로 표현하게 되면 평면도의 표현효과적인 측면에서도 보다 깊이감이 생기는 장점이 있으므로 이를 빠트리는 것은 여러모로 안타까운 일이다.

③ 아래층의 정보는 입면선(실선)으로 표현한다.

그 반대로 아래층의 정보는 입면선인 실선으로 표현한다. 예를 들어, 3층의 평면도를 그릴 때 아래층인 2층 및 1층의 평면 요소들 중 3층 평면도의 외곽선보다 돌출되어있는 부분은 빠트리지 않고 입면선으로 표현한다. 이 때 해당 층의 평면과 혼동이 되는 것이 우려되면 아래층 지붕평면 부분은 회색 등과 같이 약간 흐린 선으로 약하게 표현하거나 지붕면 자체에 어두운 음영tone을 주어 구분할 수도 있다.

그림 07. 44-1,2,3 : **1층과 2, 3층의 평면그리기** (영남대 2년, 전시시설과제, 2018)

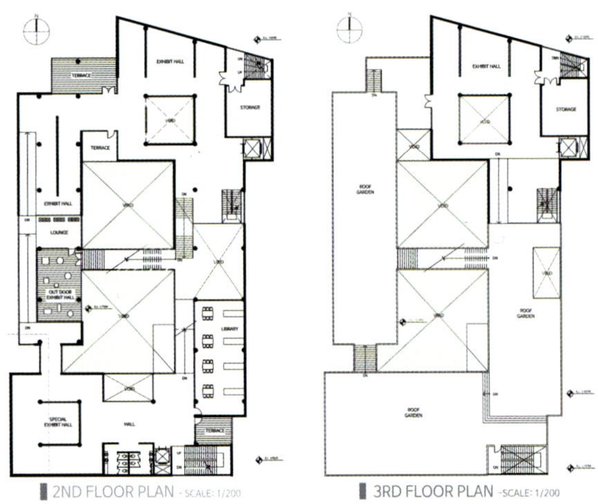

(좌) 1층 평면에는 대지경계선과 주변도로 및 인근대지 상황의 일부를 표현한다.
(중) 2층 평면에는 1층의 돌출부는 실선으로, 3층의 돌출부는 점선으로 각각 표현한다.
(우) 3층 평면에는 1, 2층의 돌출부를 실선으로 표현한다.

4. 스케일에 따른 도면 상세의 표현

과제설계의 초기단계에서는 대개 작은 스케일에서부터 드로잉과 모델링을 하게 된다. 이 후 설계작업이 보다 진전되고 구체화되는 것에 맞추어 도면과 스터디 모형의 스케일을 점차 키워나가는 것이 일반적인 진행과정이다.

도면과 모형을 1/400 스케일에서 1/200 스케일로 확대하면 도면의 면적은 4

배가 되며 모형은 이보다 더 크게 된다. 이 때 단순히 평면의 크기만을 2배, 혹은 4배로 키워서는 안 되며 도면의 크기에 비례하여 평면 표기내용의 상세함도 증가되어야 한다.

1/400 도면에서는 제대로 표현하지 않아도 무방했던 요소들, 예를 들어 현관 방풍실, 화장실의 내부구성, 계단의 발판 수, 개구부의 창호 표시 등이 1/200 도면에서는 어느 정도 표현되어야 하며, 도면의 스케일이 1/100로 확대되면 주요 공간의 가구배치 등 더욱 세부적인 요소가 나타나야 한다.

이처럼 도면 스케일의 증가에 따라 도면의 상세도가 비례하지 않으면 결과적으로 표현된 평면도는 시각적으로 허전하게 보이기 쉬우며, 최종 전시의 도판에서 계획안 전체의 표현이 짜임새가 없어 보이는 원인이 되기도 한다.

♠ 참고 및 인용문헌

- L'Arca Edizioni, Canyon Lake House, 2003
- Hilary French, New Urban Housing, 2006, Yale Univ. Press
- J. N. L. Durand, Precis of the Lectures on Architecture, 2000, Text & Document

8장. 단면계획과 입면계획

● 단면 이미지의 표현

(컬럼비아대 2014년 과제, Taekhohan작품)

창의적인 공간과 형태는 평면보다는 단면적, 입체적 사고를 통해 만들어지는 경우가 많다. 그리고 흥미로운 입면 역시 단면을 바탕으로 이루어진다.

Ⅷ. 단면계획과 입면계획

평면도가 건물 각 층의 수평적 공간과 기능이 어떻게 구성되어 있는가를 보여주는 것이라면 단면도는 수직적인 공간구조와 설비시스템, 마감재료 등을 나타내주는 것이다. 따라서 〈평면도는 기능의 차원〉을, 〈단면도는 공간감의 차원〉을 각각 보여주는 것이라 할 수 있다.
학생들은 대부분 평면의 형태를 변화감 있고 재미있게 만드는데 집중한다. 그 반면 단면에 대해서는 상대적으로 소홀하여 설계의 중,후반과정에 이르러 마감시간에 쫓기면서 그냥 평범한 적층식 단면으로 처리하는 경우가 일반적이다. 설계의 진행과정을 보아도 여러 차례 평면을 그리고 수정하는 동안 단면도는 그저 한두 차례만 그려보는 경우가 대부분이다.
창의적인 공간과 형태는 평면적 사고보다는 단면적, 입체적 사고를 통해 만들어지는 경우가 많다. 그리고 흥미로운 입면 역시 단면을 바탕으로 이루어지기 마련이다. 따라서 학생들은 설계의 전 과정을 통해 단면에 대해 보다 많은 관심을 기울이는 자세가 필요하다.

01. 단면개념과 단면계획

1. 평면은 기능, 단면은 공간감

가) 창조성의 방법으로서 단면적 사고

사물의 진정한 특징과 구조는 외부의 형태보다는 수직, 또는 수평방향으로 절단된 단면에서 잘 나타나는 경우가 많다. 석류나 호두, 양파 등은 잘랐을 때의 단면형상이 그 사물의 특징을 가장 잘 나타낸다.

건축에서도 마찬가지로, 창의적인 건축은 평면적 구성보다는 단면적 개념과 특성에 의해 이루어지는 경우가 많다. 건축에서 평면은 2차원을, 단면은 3차원을 의미하는 것으로 볼 수 있으며, 이는 평면은 기능적 차원을, 단면은 공간적 차원을 뜻하는 것으로 해석할 수 있다.

나) 공간의 수직적 결합과 채광방식

일반적으로 건축공간을 구성하는 과정에서 단위공간의 구성이나 평면적 전개는 충분한 이해와 분석을 통하여 이루어지는 반면, 기능적 측면에서의 단면계획의 수준을 넘어선 심리적, 상징적 단면구성과 공간의 변화감을 부여하기 위한 단면구성은 쉽지가 않다. 공간이 상 · 하로 흥미롭게 결합되고 흐르도록 하기 위

• 우측페이지 그림 설명

그림 08. 01-1,2,3,4(첫째 줄) : 단면구성 개념이 핵심인 건축물 (미국, 텍사스 Fortworth, 킴벨미술관, 1972, 루이스 칸 설계)
이 미술관의 설계상 창의성의 핵심은 천창부분의 단면구성으로, 두 번 반사되어 내부벽면으로 흐르는 자연광의 유입이다.

그림 08. 02-1,2,3,4(둘째 줄) : 부정형 구성의 단면적 활용 (영남대 2년, 형태구성-부정형 피막과제, 2006)
부정형 과제의 밑판을 눕혀서 활용하는 것 외에도 세워서 활용함으로써 단면적인 공간구성으로 응용한다.(둘째줄 좌측의 두 사진)
부정형 과제의 지붕판 역시, 세워서 활용함으로써 보다 자유롭고 다양한 개념을 이끌어 낼 수 있다.(둘째줄 우측의 두 사진)

해서는 공간의 폭과 높이의 비율을 비롯한 치수의 문제에 더하여 채광의 방식과 자연광선의 질 등을 함께 고려해야 할 것이다.

하지만 과제설계 시에 제작하는 작은 스케일의 모형을 통해서는 이러한 공간감의 효과를 확인하기 어렵다. 따라서 실제로 지어진 여러 건축물의 다양한 단면구성을 답사하면서 각각의 경우 공간의 폭과 높이, 그리고 채광방식이 어떻게 이루어졌는가를 체득하는 것이 최선의 방법이다.

그림 08. 03-1,2 (셋째 줄) : **빛과 단면상의 공간구성** (프랑스, l' Arbresle, 1960, 르 꼬르뷔제 설계)
1층 소성당의 제단부분 (좌하)
지하 기도실 (우하)
북향의 원통형 천창으로 비추는 희미한 광선은 원통 내부의 백,적,청색의 색상과 제단의 황색에 반사되면서 신비스러운 공간감을 연출한다.

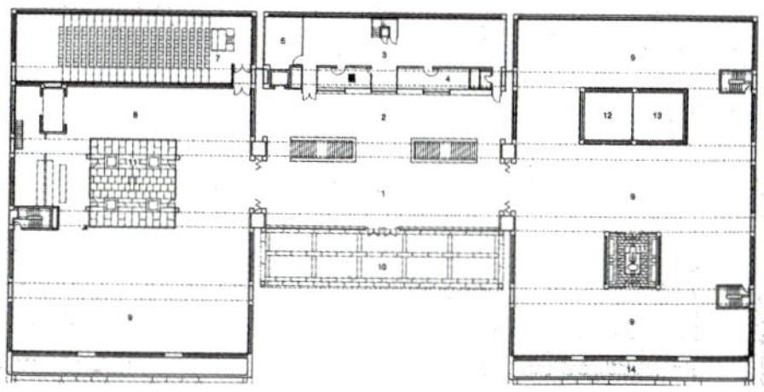
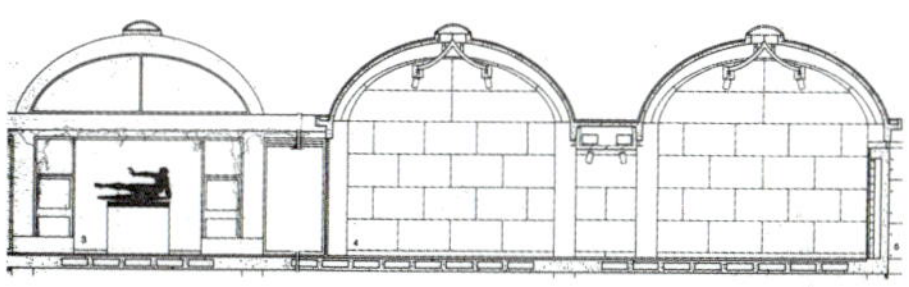

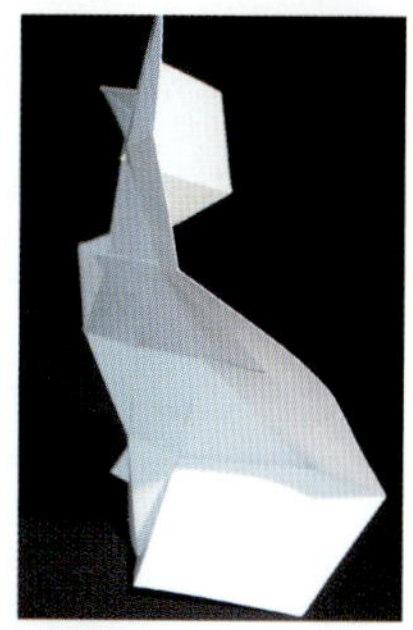

2. 단면에서 시작되는 설계

앞에서 언급한 것과 같이 창의적인 설계를 위한 방식 중의 하나로「단면에서 시작되는 설계방식」을 들 수 있다. 이는 진부한 설계방식과 2차원적 사고에서 탈피하기 위한 방법이기도 하지만, 학생들의 경우 설계과정에서 단면에 대한 관심의 소홀함을 극복하는 수단이 될 수도 있다.

예를 들어, 프로그램 작업 이후 구체적인 평면작업에 들어가기 전에 단면스케치와 단면모형(아래 그림 08-04 참조)을 먼저 만들고 이를 통해 거꾸로 평면계획을 다듬어나가는 방식이다. 즉, 단면계획이 흥미롭고 변화감 있게 이루어진 계획안의 평면은 좋지 않을 수가 없을 것이라는 생각을 바탕으로 한다.

그림 08. 04-1,2,3,4 : **단면에서 시작되는 설계 사례**
(영남대 3년, 전시시설계획, 1999)

학생들이 설계의 초기단계에서 평면이 아닌 단면에 보다 집중하도록 하기위해 수업을 진행한 사례이다.

① (좌상) 개략적인 프로그래밍 작업 후 학생들은 우선적으로 단면의 이미지 스케치와 스터디모형을 만드는데, 이 모형은 중간을 절단하여 단면을 펼쳐볼 수 있도록 제작한다.
② (좌하, 우하) 단면개념 모형을 펼친 모습
③ (우상) 단면모형에 각 공간의 면적카드를 붙여 가면서 기능과 규모의 타당성을 확인한다.
④ 이로부터 평면을 도출해나간다.

그림 08. 05, 06 : **단면구성이 핵심이 되는 설계 사례**
(좌) : 미국 컬럼비아대 2014년 봄학기 과제(A)
(우) : 미국 컬럼비아대 2014년 봄학기 과제(B)

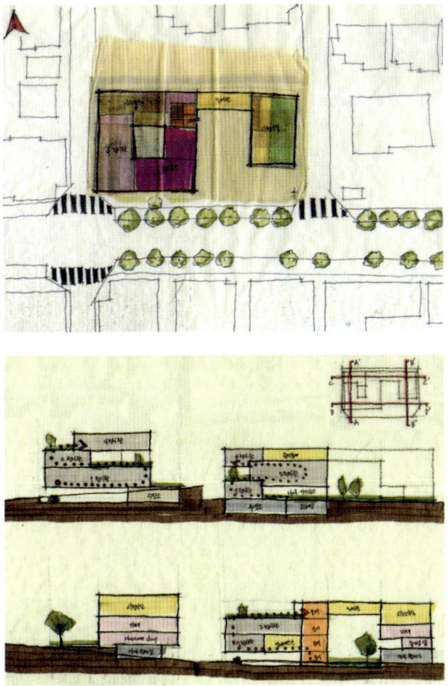

그림 08. 07-1,2 (좌상, 좌하) : **Massing Study단계에서 단면을 확인하는 사례** (영남대 2년, 전시시설계획, 2013)
(좌상) 초기의 2차원 Massing Study
(좌하) 2차원 Massing Study를 단면으로 구성하여 검증

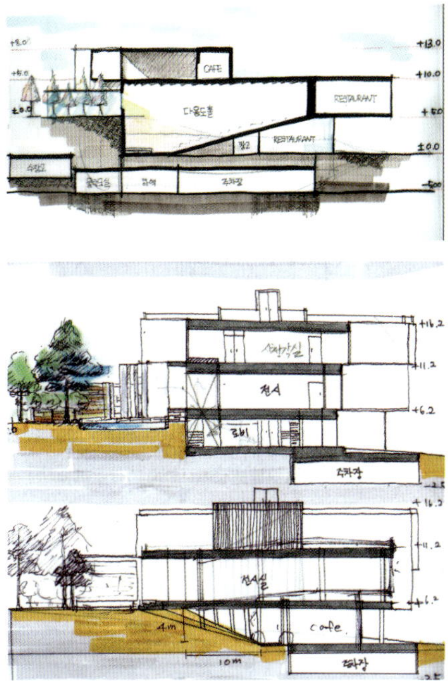

그림 08. 08-1,2 (우상, 우하) : **Design Develope단계에서 단면을 검증하는 사례** (영남대 2년, 전시시설계획, 2013)
(우상) 종단면도의 검토
(우하) 횡단면도의 검토

3. 단면도 제도 시의 유의사항

학생들의 설계과정에서 단면에 대한 관심의 부족은 단면도의 작도나 표현에서도 그대로 나타난다. 평면도에 비해 그만큼 자주 그려보지 않았다는 이유와 함께 단면의 중요성에 대한 인식 또한 부족하기 때문이다. 따라서 단면도를 정확하고 효과적이며 창의적으로 그리고 표현할 수 있도록 탐구하고 연습하는 것이 필요하다.

가) 단면 자르기와 주 단면도

- 주 단면도는 그 건물의 특징을 가장 잘 나타낼 수 있는 부분을 따라 절단한다. 평면도에 단면선을 표시할 때, 내부공간의 배치에 따라 단면선은 때로 직각으로 꺾일 수 있으나 사선으로 꺾어서 그리는 것은 피한다.
- 주 단면도에서는 가능하면 주계단의 종방향 단면이 포함될 수 있도록 단면을 자른다.(그림 08-11) 계단을 횡방향으로 절단하면 작도하기도 힘들고 이상한 표현이 되기 쉽다.
- 단면의 슬래브 부분을 표현할 때는 보의 절단면도 함께 표현한다.
- 주 단면도 작업이 종료되면 스케일을 확대하여 외벽 주 단면도를 그려본다. 이를 통해 구조체와 재료를 포함한 각 구성요소들의 결합상태를 이해할 수 있다.

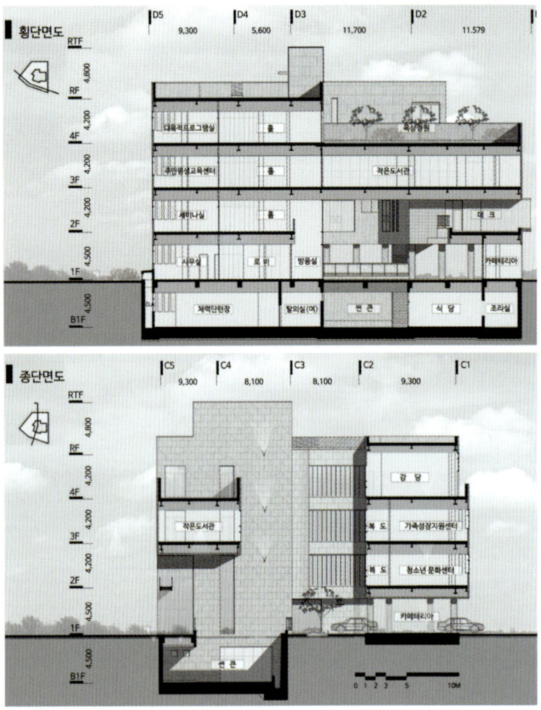

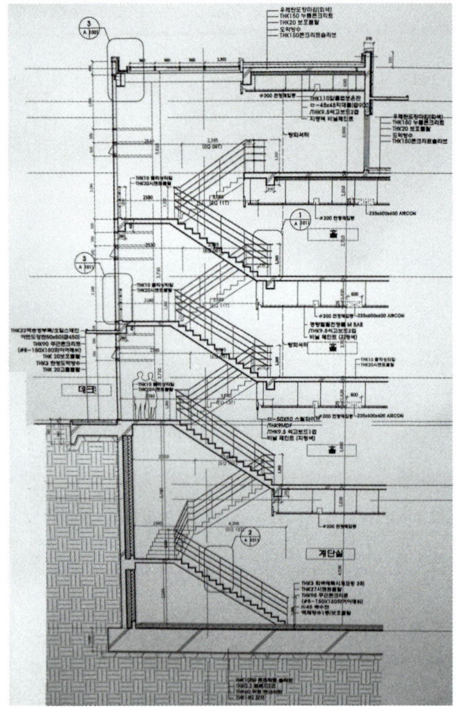

그림 08. 09 (좌) : **단면도의 표현 사례**
(실무건축가의 설계경기 도판 중 발췌)
건물의 가장 특징적인 부분을 단면으로 보여주는 종단면도
계획설계단계에서는 그림과 같이 매트기초로 표현하는 것이 일반적이며, 반자부분과 옥상 파라펫부분도 적절히 표현되어 있다.

그림 08. 10 (우) : **실시설계 수준의 주단면도 표현 사례**
(서울시립대 5년, 건축설계8, 2011)
주단면도는 그림처럼 계단이 절단되어 보이도록 표현하는 것이 일반적이다.

나) 옥상 파라펫과 반자의 표현

학생들이 단면도에서 흔히 빠트리는 부분이 평지붕에서 옥상 파라펫의 단면선과 입면선의 표현이다. 옥상 파라펫은 옥상의 배수와 안전성을 위해 필수적인 요소이다. 따라서 건물의 외벽두께보다는 얇게 하되 높이는 안전성을 고려하여 대개 90cm 이상으로 하여 단면선으로 그려준다. 그리고 뒤쪽으로 보이는 파라펫의 입면선도 빼놓지 않고 그리도록 한다.

천장의 반자선 역시 빠트리는 경우가 많은데, 기능적, 구조적으로 반자가 필요 없는 부분을 제외하면 반자선을 반드시 그려서 천장고와 천장속의 설비공간을 확인할 수 있도록 한다. 옥상 파라펫선과 반자선을 그리면 전시도면에서 도면의 풍부함과 깊이감을 더해주는 효과도 크다.

다) 벽체부분의 표현

외벽과 내벽의 두께를 구분하여 그리고, 외벽의 절단부분은 가능하면 개구부를 포함하는 것이 공간의 구조를 이해하는데 도움이 된다. 이 때 외벽체의 표현을 어느 정도까지 상세히 해야 하는가는 도면의 축척과 용도에 따라 달라진다. 내부벽체도 단면선은 물론, 주요 부분의 벽체 입면을 그려주는 것이 공간의 이해와 표현의 풍부함을 더해준다.

라) 기초부분의 표현

기초부분의 표현은 실시설계도면, 기본설계도면, 계획설계도면, 그리고 전시도판용 도면 등의 용도에 따라 도면의 상세도와 표현방식이 달라진다. 따라서 독립기초, 줄기초, 매트기초 등으로 표현하게 되는데, 계획설계도면의 수준이라 볼 수 있는 과제설계에서는 대개 매트기초로 표현하는 경우가 일반적이다.(좌측 페이지 그림 08-09 및 아래 그림 08-11)

하지만 매트기초로 표현할 때 지면과 기초슬래브, 그리고 1층 바닥슬래브와의 관계를 적절히 표현하지 못하여 얼버무리는 학생들이 많다. 작품전시용 도판에서는 기초부분을 하나의 두꺼운 슬래브로 표현하고 하부의 지면부분은 톤 작업이나 스크래치 표현으로 마무리하기도 한다. 이보다 조금 더 상세한 표현이 필요하면서 지하층이 없을 경우, 기초슬래브와 1층 바닥슬래브 사이에 공간을 둔 2중 슬래브 형태로 표현하는 것이 무난하다.

그림 08. 11 : **학기말 제출도면의 단면 및 입면표현** (영남대 2년, 전시시설과제, 2018)
종 · 횡단면도와 이에 대응하는 입면도의 표현을 2학년의 수준에서는 성실히 완성한 사례이다.
기초부분, 반자와 보의 표현, 계단실의 단면, 옥상 파라펫 단면선과 입면선 등이 누락되지 않고 모두 표현되어있다. 그리고 이를 바탕에 깔고 각각 단면도와 일치하는 방향의 입면도를 완성하였다.

02. 재료와 디테일의 고려

1. 재료에 대한 생각

가) 구조재의 고려

건물의 주요구조재가 무엇인지에 따라 계획설계도면의 단면표현도 달라진다. 대부분의 경우 학생들은 건물의 종류에 관계없이 철근콘크리트조로 처리하는 경향을 보이고 있으나, 이 외에도 목조, 조적조, 경량철골조 등의 여러 구조가 있으므로 건물의 기능과 규모 등에 따라 적절히 선택해보는 것이 설계능력의 향상에 도움이 된다. 그리고 이들 각 구조에 대한 선택에 따라 지붕의 단면형태, 외벽과 각 층 바닥의 두께와 구성 등도 달라지므로 이를 계획설계도면에 어느 정도 수준까지 표현할지를 생각해본다.

나) 단열에 대한 고려

학생들은 과제설계의 주제가 친환경설계인 경우를 제외하면 단열이나 에너지 문제에 대한 고려를 그다지 하지 않는다. 하지만 실제 설계에 직면하면 주거건축은 물론이고 기타의 모든 건물에서 단열과 에너지에 대한 고려는 필수적이고 중요한 사항이다.

단열의 문제는 건물내부의 결로나 환기, 외벽의 두께 및 기타 마감 등과 직결되어 있으므로 학교설계수업에서부터 단열과 연관된 기본적인 개념을 익히는 것이 필요하다. 주거건축의 경우, 기본적으로 내단열과 중단열, 그리고 외단열의 의미와 장 · 단점에 대한 이해를 하고, 이를 설계에도 기본적으로 적용해보는 자세를 지니도록 한다.

2. 상세와 구조

국내의 건축설계교육에서 보완되어야 할 것의 하나는 건축의 구축적인 측면에 대한 교육과 이에 대한 결과물의 표현이 부족하다는 점이다. 즉, 건축설계에 대한 개념적 접근이나 조형성의 표현 등의 측면에서는 우수하지만 건축의 구축적 측면, 즉-구조, 재료, 설비, 시공, 디테일 등의 시스템통합적인 교육은 잘 이루어지지 않고 최종 도면이나 전시물의 표현에도 제대로 나타나지 않는 것이 일반적인 상황이다.

결국 학생들은「건물을 어떻게 디자인 할 것인가?」에 대해서는 잘 알고 있으나「건물을 어떻게 지을 것인가?」에 대해서는 알지 못하는 것이 현실이다. 이를 개선하기 위해서 가능하면 모든 설계과제의 결과물에서 외벽 주단면도나 부분적인 단면모형을 그리거나 만들도록 교육하는 것이 필요하다.

가) 외벽 주단면도 그리기

외벽 주단면도란 어떤 건물의 지붕에서부터 외벽과 기초에 이르는 부분을 집중적으로, 상세하게 표현한 단면도를 말한다. 이를 통해 옥상 파라펫이나 처마를 포함한 지붕의 구조와 재료, 외벽구조 및 재료, 창호의 상세, 바닥 슬래브의 구조와 상세, 바닥층 및 기초부분, 그리고 단열에 대한 처리 등의 주요 정보를 모두 알 수 있게 된다.

하지만 학생들의 수준에서, 더구나 저학년인 경우 이러한 부분들을 이해하고 도면으로 정확히 표현하는 것은 쉽지 않다. 따라서 처음에는 건축의 상세도 관련 서적들의 해당부분을 적절히 인용하고(문헌을 통해 자신의 설계안에 맞는 상세도를 찾는 것도 중요한 설계능력이다.) 이 후 고학년이 되면서 점차 자신의 생각을 추가해나가는 것이 좋다.

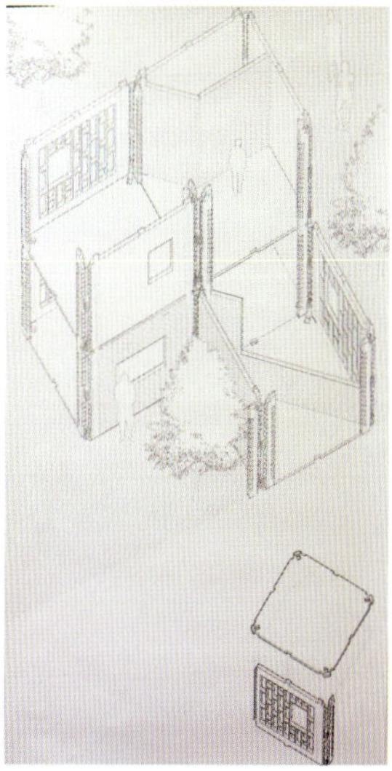

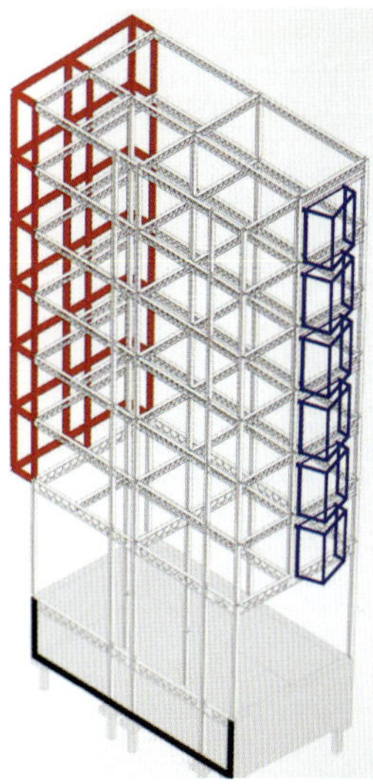

그림 08. 12-1,2 : **건물 상세의 탐구와 실물대 모형제작** (미국, 코넬대 4년, 쿠바 하바나 주거단지계획과제, 2016)

(좌) 조립식 주거의 외벽패널 계획과 조립을 보여주는 투상도
(중) 외벽패널의 모서리 접합부분의 시공성 확인을 위해 제작된 실물크기 모형

그림 08. 13 (우) : 집합주거 주동계획과 구조프레임 검토 (영국, 글래스고우, Strathclyde대 3년 도심지 집합주거과제, 2018)
건물 본체부분과 발코니 부분의 구조시스템을 색상을 달리해서 표현하고 있다.

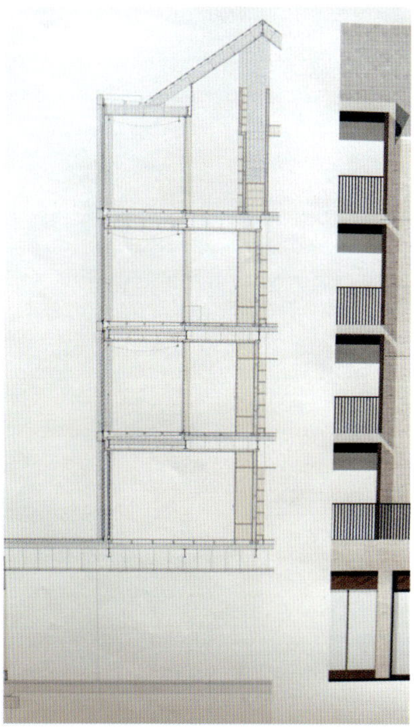

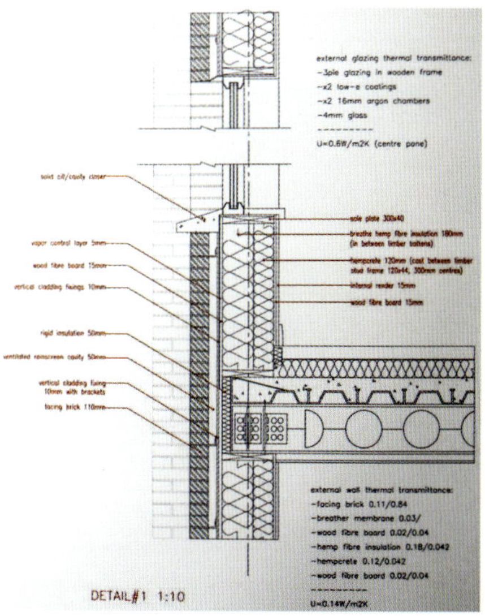

그림 08. 14-1,2 : **건물 외벽 주단면도와 부분상세도** (영국, 글래스고우, Strathclyde대 3년 도심지 집합주거과제, 2018)

(좌) 지붕부터 기초까지 외벽 주단면도를 입면과 연계하여 작성한 도면
(우) 기준층의 외벽과 바닥부분 접합부 단면상세도면

나) 단면 모형 만들기

외벽 주단면도가 건물의 시스템에 대한 2차원적인 표현이라면 단면모형은 이를 입체적으로 표현하는 것이다. 이를 통해 구조, 외피, 설비 및 각종 재료 들이 어떻게 구성되고 상호 연결되는지를 알 수 있다. 제작경비 및 제작 소요시간 등의 한계가 있으므로 건물 전체가 아니라 대개 주요부분에 대한 부분모형으로 만드는 경우가 일반적이다.

• 단면모형의 다양한 사례들

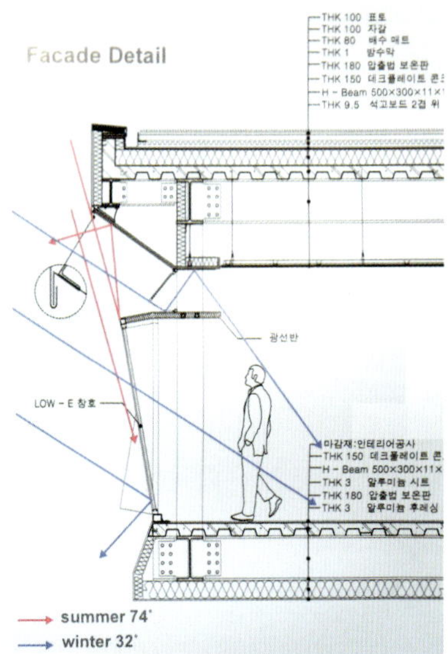

그림 08. 15-1,2 : **외피디자인과 단면상세 및 단면모형** (서울시립대 4년, 이선영교수 친환경건축 스튜디오, 2011)

(좌) 친환경설계를 위한 건물 외피의 디자인과 단면상세
(우) 외피디자인과 단면상세에 따른 부분 단면모형

그림 08. 16 (좌) : **지붕과 창호부분의 단면모형** (미국, 예일대, 2014 봄학기)

그림 08. 17 (우) : **구조모형과 단면모형형** (미국, Univ. of Washington, 대학원 설계과제, 2007)

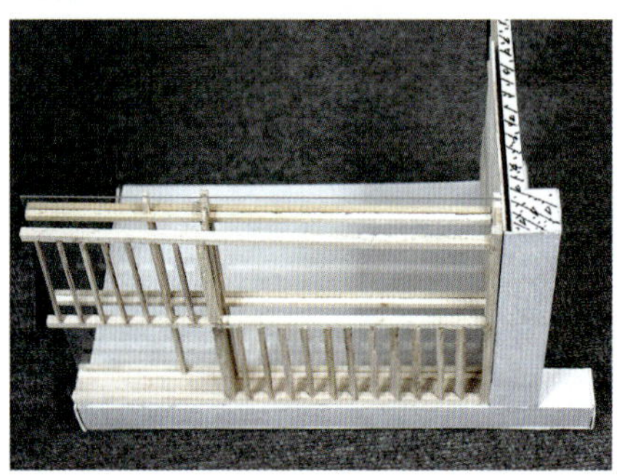

그림 08. 18 (좌) : 외벽재료 및 상세모형 (중국, 남경, 동남대, 2005)

그림 08. 19 (우) : **집합주거 단면모형** (영국, 글래스고우, Strathclyde대, 3년 집합주거과제, 2018)

• 단면 표현의 다양한 사례들 (영국, 런던, Bartlett School of Architecture, 2018 여름 작품전시회)

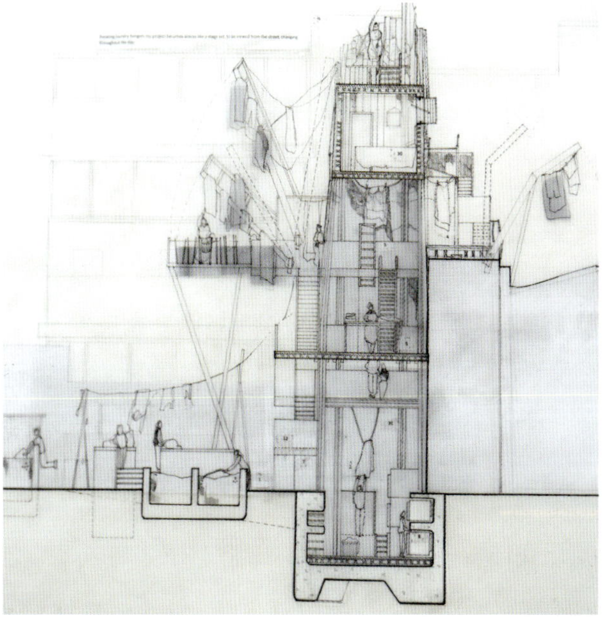

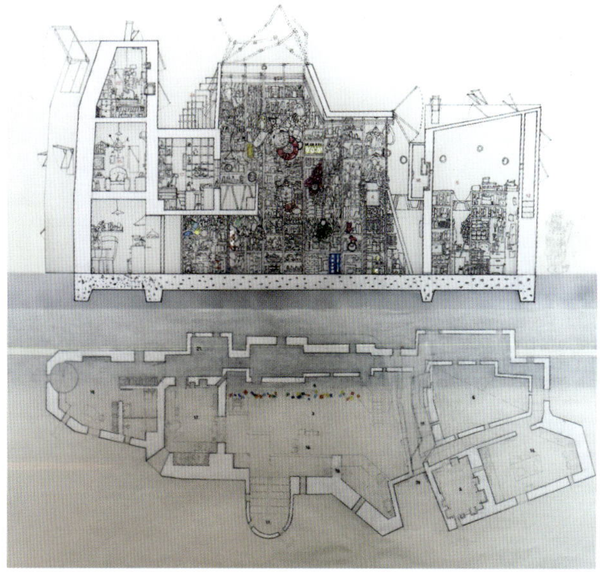

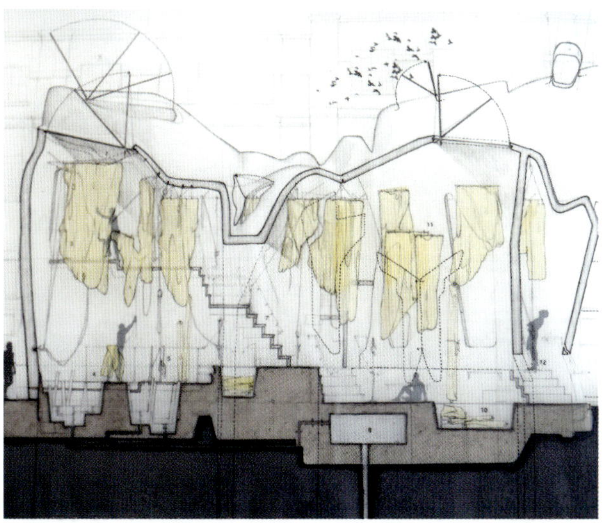

그림 08. 20 (좌상) : Modern Washing Machine (BSc 1학년, 2018)
〈수직 세탁소〉의 개념으로, 외부 수조에서 세탁된 옷이 건물내부로 도르레에 의해 옮겨져 건조된다는 개념으로, 부지는 인도이다.

그림 08. 22 (좌하) : A Home for Silk Printing (BSc 1학년, 2018)
실크 프린팅을 하는 주택으로 유동적인 외관이 특징인 계획안이다.
부지는 인도이다.

그림 08. 21 (우상) : **주택의 단면모형** (BSc 1학년, 2018) 단면속의 내부벽체 입면표현이 자세하게 평면과 함께 표현되어있다.

그림 08. 23 (우하) : Condensed City (UG 6-3학년, 2018)
서로 다른 산업사회에 대응하는 주거-직장의 새로운 유형 모델을 표현하고자 하였다. 여러 장의 종이를 중첩시켜서 표현하는 〈꼴라쥬〉기법에 의한 입 · 단면표현이 특징적이다.

• 단면 표현의 다양한 사례들 (미국 : 컬럼비아대, 예일대, 카네기멜런대, 워싱턴대)

그림 08. 24 : **미술관의 단면표현**
(피츠버그, 카네기멜런대 2년, 2001)

그림 08. 25 : **복합문화시설의 단면표현**
(뉴욕, 컬럼비아대 대학원, 2014)

그림 08. 26 : **학생회관의 단면표현**
(시애틀, 워싱턴대 대학원, 2006)

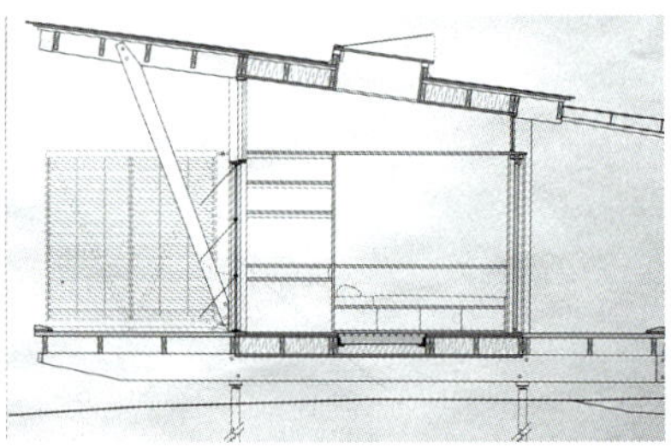

그림 08. 27 (상) : **주택의 단면 표현** (시애틀, 워싱턴대 대학원, 2007)
그림 08. 29 (하) : **단면이 위주가 된 패널 표현** (컬럼비아대, 2014)

그림 08. 28 (상) : **벽체선을 희게 표현한 단면** (예일대 대학원, 2014)
그림 08. 30 (하) : **단면이 위주가 된 패널 표현** (컬럼비아대, 2014)

03. 입면계획

입면계획을 세련되게 하는 것은 경험 많은 실무건축가들에게도 어려운 일이다. 입면계획을 잘하기 위해서는 조형감각과 함께 풍부한 상상력이 필요하기 때문이다. 그리고 입면의 각 요소들은 무엇보다 평면의 기능이나 구조적 요소, 그리고 사용되는 재료의 특성을 근거로 하여 만들어졌을 때 보다 의미 있는 형태가 된다. 이러한 것에 바탕을 두지 않는 입면은 단순히 장식적인 조형효과만을 위한 것이 되고 만다.

1. 입체적 사고와 상상력

가) 면이 아닌 입체로 생각하기

말 그대로 2차원적인 입면에서 곧 바로 세련된 입면디자인을 이끌어 내는 것은 풍부한 설계경험과 조형감각을 지니지 않는 한, 학생들의 과제설계에서 기대하기 쉽지 않다.

다행히 국내 · 외를 막론하고 대부분의 학생들은 설계과정을 통해 꾸준히 스터디 모형작업이나 디지털 모델링 작업을 진행한다. 과제설계시에는 이처럼 3차원의 입체로 먼저 생각한 뒤 이를 2차원의 입면도로 표현하는 것이 보다 효과적이다.

실제로 우리가 건축물을 경험하는 것도 고정된 시점에서 2차원의 면을 보는 것이 아니기 때문이기도 하다. 그리고 지어진 건물은 모형에서는 정확히 느낄 수 없는 재질감, 색상 등이 주는 변화감을 포함하고 있으므로 2차원의 입면도에서 선line적으로 너무 많은 변화를 줄려고 애쓰는 것은 바람직하지 않다. 따라서 학생들의 경우, 스터디 모형을 먼저 만들고 이를 통해 입면을 추출하고 표현하는 것이 좋다. 이렇게 할 때, 입면계획은 선적이고 세부적인 표현보다는 음영tone의 표현에 따른 건물 전체의 입체감을 먼저 생각하고 표현할 수 있게 된다. (10장 2절—입면도의 표현 참조)

나) 입면요소의 분석과 수집

우리가 알지 못하거나 이해되지 않는 것을 디자인으로 표현해내기는 어렵다. 학생들의 경우, 실제 설계의 경험이 거의 없으므로 입면디자인에 필요한 여러 요소들을 순전히 자신의 머릿속에서만 생각해내고 이들을 효과적으로 조합 · 구성하는 것은 어렵다.

따라서 평소에 건축잡지를 비롯하여 각종 자료들을 찾아보고 이들 중 자신이

그림 08. 31(우) : **건축의 요소적 유형** 건축의 각 요소별, 상황별로 가능한 대안들을 보여주는 사례 (Rob Krier, Elements of Architecture, 1983, AD Publication에서 그림 인용)

선호하는 입면 요소 ; -지붕, 벽체, 창문, 출입구, 기단 등과 같은 부분의 다양한 사례-들을 수집하고 정리해두면 필요 시 이를 데이터베이스로 활용할 수 있다. 이는 CG작업 시에 필요한 여러 이미지들을 많이 확보해두는 학생들이 유리한 것과 마찬가지이다.

창의적 발상으로서 새로움이란「무無」에서 만들어지는 것이 아니라, 이미 존재하던 요소들을 새로운 관계로 재구성하거나 변형함으로써 얻어지는 경우가 많으므로 1차적으로는 타인의 작품이나 자료들을 비판적 시각으로 받아들이는 과정이 필요하다.

그림 08. 32 (좌) : **철근콘크리트 라멘조의 골조** -기본적인 뼈대 위에 옷을 입히기 위해서는 많은 경험과 상상력이 필요하다.

그림 08. 33 (우) : **안일하고 평범한 외관(1)** -좌측의 기본 뼈대 위에 가장 단순하고 경제적인 옷을 입힌 사례로서 아쉬움이 많은 결과이다.

그림 08. 34 (좌) : **안일하고 평범한 외관(2)** (캄보디아 씨엠립 사원의 승려관) 골조 위에 가장 단순한 외관으로 마무리 한 또 다른 사례

그림 08. 35 (우) : **상상력이 담긴 외관** (서울 광장동 오피스계획안 초기 스케치, 안병목 설계) 다양한 재료의 유리 외벽을 사용하여 변화감을 준 외관

그림 08. 36 (좌) : **상상력이 담긴 외관** (서울대학교 행정대학원, 민대식 설계) 평범한 건물 외벽을 흥미로운 입면으로 재구성한 사례

그림 08. 37 (우) : **외벽의 디테일 표현** (영국, 런던시청 인근 오피스건물) 멀리언의 재료와 각도를 변화시키면서 차분하면서도 현대적 느낌을 주는 외관

2. 단면을 먼저 그리고 입면을 그린다.

입면을 먼저 그리고 단면을 그리는 학생들을 종종 본다. 가능한 방법이긴 하지만 이는 시행착오적 오류가 발생하기 쉬운 방법이다. 그보다는 먼저 단면을 그리고 입면을 그리는 것이 피드백으로 인한 시간적 낭비를 줄이는 보다 효과적인 방법이다.

일단 단면을 그리면서 층고와 함께 외벽에 면한 보의 높이, 슬래브의 두께, 옥상 파라펫의 높이, 내부의 설비를 위한 최소 공간, 내부의 필수기능에 따른 창대의 높이 등을 어느 정도 설정한 뒤, 그 위에 트레이싱지를 깔고 입면을 그리면 구조적 필수요소와 부가적 요소, 혹은 장식적 요소들 간의 범위를 구분하면서 입면구성을 할 수 있을 것이다. 이는 이어서 설명하는 고정요소(필수요소)와 자유요소(부가적 요소)의 내용과 맥락을 같이한다.

그림 08. 38 (좌) : **내부 기능의 직설적 반영이 항상 좋은 것만은 아닌 사례** (서울, 종로구 연건동)
꺾임계단의 바닥과 계단참 부분의 반층 차이가 나는 창호가 그대로 외부로 표현되었다.

그림 08. 39-1,2 (중, 우) : **단면의 구조요소와 연관된 입면계획**
(영국, 글래스고우, Strathclyde대 3년, 집합주거과제, 2018)
층 슬래브와 보의 위치와 연관된 단면의 표현을 바탕으로(우) 입면이 완성되었다.(중)

3. 기존 요소의 활용

가) 고정요소와 자유요소의 구분

입면을 디자인할 때도 백지상태에서 그냥 시작하지 말고 입면에 영향을 주는 여러 요소들 중 건축가가 자유롭게 변형할 수 있는 부분(자유요소)과 그렇지 않은 부분(고정요소)을 미리 파악해두고, 이 중 자유요소를 중심으로 디자인해 나가는 것이 능률적이다.*

예를 들어 고정요소들로는 보의 높이, 슬래브 두께, 옥상 파라펫 높이 등과 같은 구조요소들과 필요한 반자높이, 펜 코일 유니트, 층별 공조실 위치 등과 같은

* 고정요소라 하더라도 건축가의 역량에 따라 다양하게 변형하거나 극복할 수 있을 것이다. 예를 들어, 보의 높이가 해당 층의 개구부 높이를 확장하는데 장애가 될 경우, Reverse Beam의 방식을 도입하는 경우 등이다.

설비요소들 외에도 건물내부의 필수적 기능에 따른 개구부의 위치, 외벽에 면한 계단이나 발코니의 위치, 법규적 요소 등을 들 수 있다.

나) 구조요소 및 재료의 활용

구조요소는 입면디자인 시에 가장 많은 정보와 실마리를 줄 수 있는 부분의 하나이다. 입면도보다는 단면도를 먼저 그려야하는 이유도 여기에 있다. 라멘구조의 보나 조적조의 창호 상부 테두리보 등은 입면디자인의 일반적인 근거이자 실마리가 된다.

최근에는 건물의 외피envelope디자인이 외관디자인의 주요 주제로 떠오르고 있다. 친환경재료로 사용되는 목재 외에도 다양한 종류의 금속재료를 사용하여 단순하면서도 개성 있는 외관을 표현하는 사례가 점차 늘어나고 있다. 학생들의 과제설계에서는 작은 스케일의 도면과 모형을 위주로 작업하므로 실제와 같은 효과를 이해하고 표현하는 것은 어렵지만 보다 관심을 가지고 CG작업 등을 통해 이러한 요소들의 적용을 적극적으로 시도해보자.

다) 모듈과 그리드의 활용

평면계획 시와 마찬가지로 입면계획을 할 때도 일정한 모듈이나 그리드를 바탕으로 깔고 하는 것이 건물 전체 외관의 통일성과 조화를 주는데 도움이 된다. 바탕 그리드는 주로 층 슬래브의 간격이나 보의 높이 등과 같은 단면상의 구조요소에서, 기본 모듈은 주로 창호의 폭과 높이와 같은 모듈에 맞추는 경우가 많다. 그리고 이러한 그리드와 모듈을 바탕으로 한 치수가 입면에서 반복됨으로써 외관의 일관성은 물론, 시공 상의 경제성도 달성할 수 있다.

• 구조요소의 입면 활용 사례

그림 08. 40 (좌) : **기둥역할을 하는 내력벽이 입면의 핵심요소가 되는 사례**
(일본 동경, 토드 오모토산도 매장, 토요 이토, 2004)
나무의 형상을 유추한 입면요소는 내력벽으로서 기둥의 역할을 함으로써 실내공간은 기둥 없이 구성할 수 있다.

그림 08. 41 (중) : **기둥과 보의 노출된 선이 입면의 구성요소로 활용된 사례**
(미국 볼더, 콜로라도대학 내 건물)
돌로 마감된 외벽에 보와 기둥의 선들이 중요한 입면구성요소로 활용되었다.

그림 08. 42 (우) : **기둥과 보의 노출된 선이 입면의 구성요소로 활용된 사례**
(미국 뉴 헤븐, 예일대학 내 건물)
힘을 받는 부분으로서 보와 기둥, 그리고 힘을 받지 않는 부분으로서 적벽돌면이 명확하게 구분되어 입면을 표현하였다.

• 외피 디자인을 통한 입면의 구성 사례

그림 08. 43-1,2 : **금속판의 가공을 통한 반투명의 질감 표현**
(뉴욕 맨하탄, 신 현대미술관, 2002, SANNA 설계)
가공된 금속판을 이용하여 외피 내부로 빛을 투과시키면서도 거리에 따라 다른 느낌을 주는 질감의 효과를 보여준다.

그림 08. 44-1,2 : **폐공장 외부의 리노베이션 재료로서 반투명 금속판**
(부산 수영구 옛 고려제강건물 리노베이션, 2014, 조병수 설계)
뉴욕의 신 현대미술관과 유사한, 가공된 금속판을 사용하여 옛 공장건물의 외벽을 감싸고 새로운 문화공간의 이미지를 연출하였다.

그림 08. 45-1,2 : **테라코타 타일을 이용한 박스형 건물의 입면디자인**
(독일 뮌헨, Brandhorst미술관, 2009, Sauerbruch Hutton 설계)
단조로운 장방형 입방체의 건물 매스 표면에 다양한 색상을 입힌 속이 빈 길쭉한 테라코타 타일을 부착하였다. 그 결과 보는 거리에 따라 변화감 있는 흥미로운 외관을 연출하였다.

그림 08. 46-1,2 : **동판 펀칭메탈을 이용한 외피디자인**
(미국 샌프란시스코, De Young미술관, 2005, Herzog-DeMeuron설계)
구리로 된 다양한 펀칭메탈을 사용하여 외피의 질감을 표현하였다.

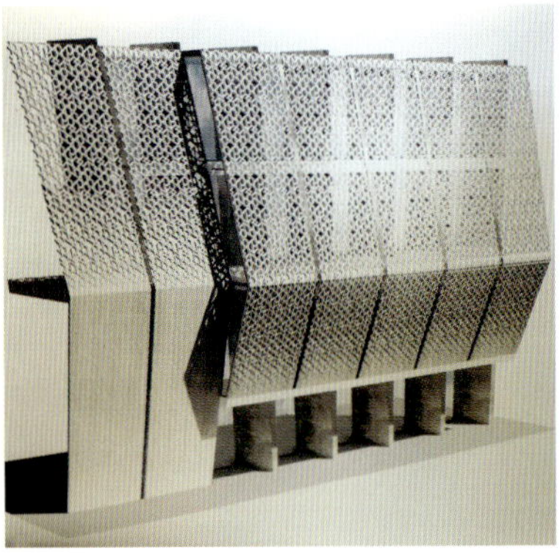

그림 08. 47 : **CG를 통한 건물 외피디자인**
(예일대 Advanced Design 스튜디오, 2014)

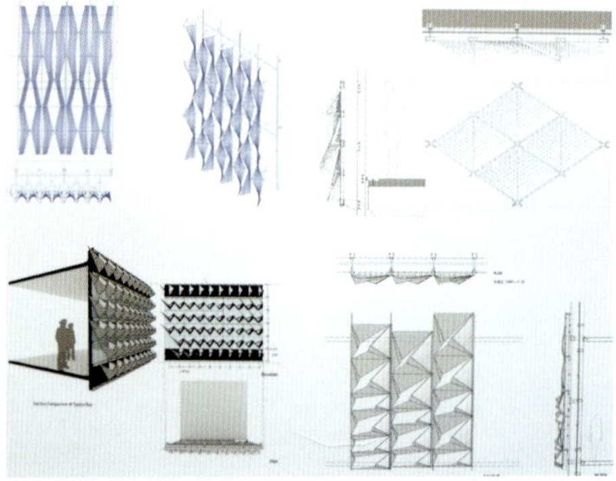

그림 08. 48 : **건물 외피디자인을 위한 상세계획**
(컬럼비아대, 대학원 스튜디오, 2014)

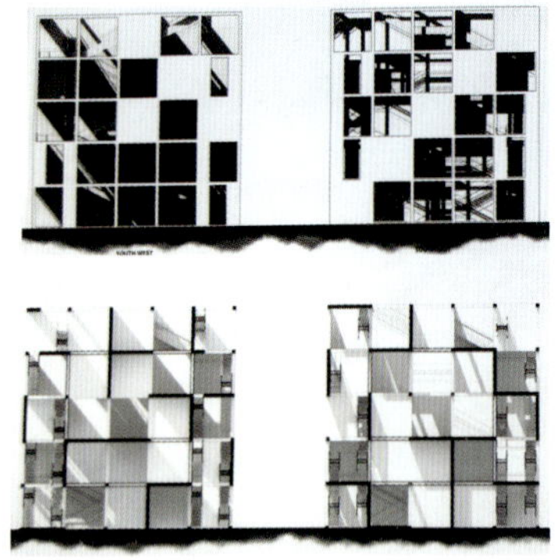

그림 08. 49 : **그리드와 모듈을 활용한 입면계획** (뉴욕 Pratt Institute, 2014)

• **비엔나 WU캠퍼스 건물의 창호 디자인과 외부 덧창을 통한 입면 효과**

그림 08. 50-1,2,3 (상) : WU Teaching Center (2013, BUS Archi. 설계)
그림 08. 51-1,2,3 (하) : WU D4 Building (2013, Estudio Carme Pinos 설계)

그림 08. 52 : **유리 커튼월의 Solid-Void 처리**
(런던 밀레니엄 돔 주변 오피스 건물)

그림 08. 53-1,2 : **유리 커튼월과 칼라 알루미늄판의 조화를 통한 입면 디자인**
(독일 아헨, 아헨공대 캠퍼스내 건물)

그림 08. 54-1,2,3,4 : **알루미늄 Bar를 사용한 입면의 질감 표현** (뉴욕 컬럼비아대 캠퍼스, 코너빌딩, 2010, 라파엘 모네오 설계)
상부재료는 알루미늄, 하부는 화강석이며, 각각 알루미늄 Bar와 표면의 요철을 통해 거리와 시각에 따라 다양한 입체감과 질감을 보여준다.

그림 08. 55-1,2 : **흥미로운 파사드를 통한 입면디자인** (영국 글래스고우, Riverside Museum of Transfort & Tech. 2011. Zaha Hadid 설계)
강변 쪽 남측 파사드(좌), 시내 쪽 북측 파사드(중상)
그림 08. 56-1,2 : **벽돌의 조적방식의 변화를 통한 입면 질감의 표현** (런던, Tate Modern Switch빌딩, 2016, Herzog DeMeuron 설계)

♠ 참고 및 인용문헌

• Rob Krier, Elements of Architecture, 1983, AD Publication

9장. 주차계획

● 도심지의 주차빌딩

(미국 시키고 중심부의 주차빌딩)

차량에 대한 고려가 없이는 설계가 불가능할 정도로
현대에 와서 주차공간의 적절한 확보는 건축설계의 필수조건이다.
하지만 설계스튜디오에서 주차계획에 대한 관심은 미약하다.

Ⅸ. 주차계획

차량에 대한 고려 없이는 건물의 설계가 불가능할 정도로 현대에 와서 주차공간의 적절한 확보는 건축설계의 필수조건이다. 하지만 학생들의 경우, 아직 차량운전에 대한 경험이 없는 경우가 많기 때문에 사람의 움직임과는 다른 차량바퀴의 이동궤적에 대한 이해가 부족하다. 그 결과, 진 · 출입로 및 경사로계획을 비롯한 주차공간 구성 시에 개념상의, 그리고 도면 표기상의 오류를 범하는 사례가 많다.

옥내주차계획에서 중요한 점은 우선 기둥 간격 당 몇 대의 차량을 주차시킬 것인가 하는 적정주차모듈을 설정하는 것이다. 이는 단지 주차공간의 계획뿐만 아니라 건물 전체의 구조모듈로 작용하므로 신중하게 결정되어야 한다. 그리고 옥내주차공간계획은 언제나 건물전체의 코어 및 공간계획과 밀접히 피드백 시켜가면서 진행하여야 한다.

01. 주차모듈과 주차계획

학생들은 평면계획 시 기준모듈로서 기둥간격을 정할 때 무엇을 기준으로, 치수는 어느 정도로 해야 할지 망설이는 경우가 많다. 예를 들어, 철근콘크리트조에서 구조적으로 합리적인 기둥간격을 기준으로 설정한다든가, 또는 초 · 중 · 고등학교 계획 시에 교실크기의 기본모듈로 흔히 사용하는 9.0M×7.5M 또는 8.0M×8.0M를 기둥간격으로 채택하는 경우 등을 들 수 있다.

현대에 와서, 특히 도심지에 건립되는 상업건축물의 경우, 수용가능한 주차대수가 곧 해당 건축사업의 타당성과 직결되는 수가 많기 때문에 낭비되는 공간없이 최대한 많은 차량을 수용할 수 있도록 주차 층 기둥간격을 결정하고 이에 따른 평면계획을 하는 것이 중요하다. 그리고 이러한 부분에서 건축가의 능력이 드러나기도 한다.

1. 주차계획 시의 유의사항

① 옥내주차장의 기둥간격은 해당건물 전체의 기둥간격을 결정하는 모듈이 되므로 건물 상부 층의 기능과 밀접하게 관련지어 신중히 정한다. 즉, 건물 전체의 기능과 주차공간 계획에 모두 적합한 기둥간격을 찾아서 결정한다.

② 차로(차량 통행)부분과 주차부분의 특성을 이해하고 제한된 주차층의 면적 내에서 최대한 효율적이고 많은 주차가 가능하도록 한다. 이 때 차량의 통로부분인 차로 치수는 여유 있게, 주차부분의 치수는 최대한 효율적으로 구성한다.

③ 계단, 엘리베이터, 각종 샤프트와 같은 코어의 구성요소들은 주차부분에 위치해야 하며 차로부분에 배치되어서는 안 된다.

④ 차량의 일반적인 크기인 차폭과 차량 길이에 대한 스케일감을 정확히 익히고 사람의 보행동작과는 다른 차량의 궤적을 이해한다.*

⑤ 기계식 및 반자주식 주차방식을 채택할 경우, 차량 입 · 출고가 원활히 이루어질 수 있도록 진입공간을 여유 있게 계획한다.

⑥ 경사로rampway를 계획할 경우, 지표면에서 주차층까지 이동하는데 필요한 경사로의 길이와 폭, 차량의 회전반경(원형 경사로인 경우)과 단면구조를 이해하여야 한다.

* 사람은 직각으로 진행방향을 꺾을 수 있지만 자동차는 그렇지 못하다. 차량이 직각방향으로 이동하기 위해서는 적절한 회전반경이 필요하며, 이 때 앞바퀴와 뒷바퀴의 이동궤적 또한 다름을 이해하여야 한다.

2. 주차공간에 적합한 기둥간격

가) X 방향

① 먼저 각 기둥간격bay마다 몇 대의 차량을 수용할 것인가를 결정한다. 이 때 차량 1대당 법정 주차 폭과 적정 기둥두께를 기준으로 한다.

② 주어진 면적 내에서 최대의 차량이 효율적으로 주차 가능하도록 주차부분 및 차로계획을 한다.

③ 이 때 X방향의 기둥간격은 2019년 3월부터 개정된 주차법규*에 따르면 차량 3대 주차, 그리고 X방향 기둥 폭 0.6M 기준으로 볼 때, 8.1M 라는 치수가 산정된다.* 이를 기준으로 각 건축물의 설계별 상황에 따라, 주차의 편의성을 고려한 다양한 기둥의 간격과 치수가 가능하다.

나) Y 방향

① 차로부분에는 기둥 및 코어요소들이 침범하지 않도록 한다.

② 주차층의 평면형태 및 크기를 감안하여 가장 효율적으로 주차할 수 있도록 차로와 주차공간의 켜와 위치를 정한다. 예를 들어 차로의 양쪽방향에 모두 주차부분을 두어 주차효율을 높이는 방식으로 주차공간을 계획한다.

③ 8.1M의 간격으로 기둥을 배치할 경우**, 직각주차방식에서 낭비 공간 없이 가장 많은 주차공간을 확보할 수 있으나 이는 어디까지나 하한치일 뿐이다. 따라서 차량통행이 많은 주요 차로부분이나 진 · 출입부 주변은 차로폭을 6M보다 더 넓게(7M 이상) 계획하는 것이 바람직하다.

** 법규 변경 이전의 X방향 기둥간격 7.5M
2019년의 변경된 법규 적용 이전(주차폭 2.3M)의 예를 보면 ;
기둥의 폭을 0.6M로 가정하면 ; 0.6+(2.3M×3대) = 7.5M라는 최소치수도 가능하였다. 하지만 실제로 기둥간격 7.5M는 3대의 차량이 주차하기에 너무 협소하여 불편함이 컸고 접촉사고도 빈번하였으므로 법규를 개정하기에 이르렀다.

●2019년 3월부터「주차장법 시행규칙」주차장 폭 확대

국토부는 '문 콕' 사고방지를 위해 차량 폭의 증가(최대 13cm)와 차량 문의 열림 여유 폭 등을 고려하여 일반형 주차장 폭 최소기준을 기존의 2.3m에서 2.5m로 확대하고, 확장형 주차장도 기존의 2.5m(너비)×5.1m(길이)에서 2.6m(너비)×5.2m(길이)로 확대하는 시행규칙을 마련하여 2019년 3월부터 시행하였다.

●주차장 계획의 법규상 기본 치수●

●차로	: 양방통행 시 최소 5.5M, 일방통행 시 최소 3.5M 소요 천장고 2.3M 이상 확보
●Ramp way	: 경사 구배 1/6 이하 (적정 구배는 1/8 이하)
	소요차로 폭 5.5M 이상 (일방통행 시 3.5M 이상)
	원형 ramp way의 최소반경 5.0M 이상
●직각주차	: 주차면 1대당 2.5M×5.0M, 차로는 6.0M이상 확보

그림 09. 01 (좌하) : • 1주차 구획(Bay) 당 3대 주차인 직각주차방식에서 기본적인 X, Y방향의 기둥간격(각 8.1M)

그림 09. 02 (우하) : 주차구획당 공간의 낭비가 많은 주차모듈

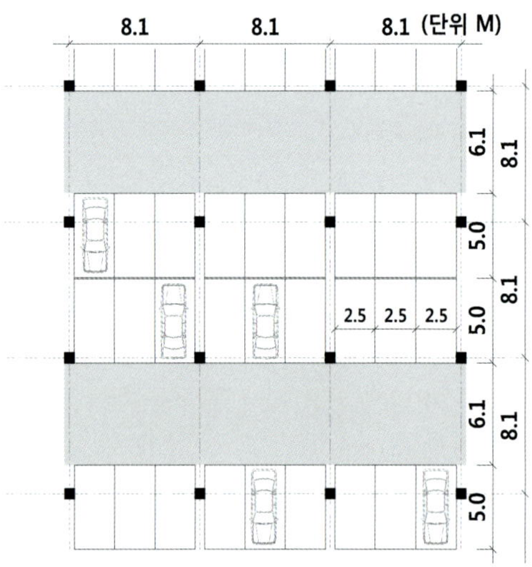

X, Y방향 기둥간격을 각각 8.1M로 설정하면 현행 법규조건에 맞추어 낭비가 없이 차로와 주차공간을 순차적으로 배치할 수 있다. 하지만 실제로 차량 통행이 많은 차로의 폭은 6.0M 보다 넓게 계획하는 것이 좋다.

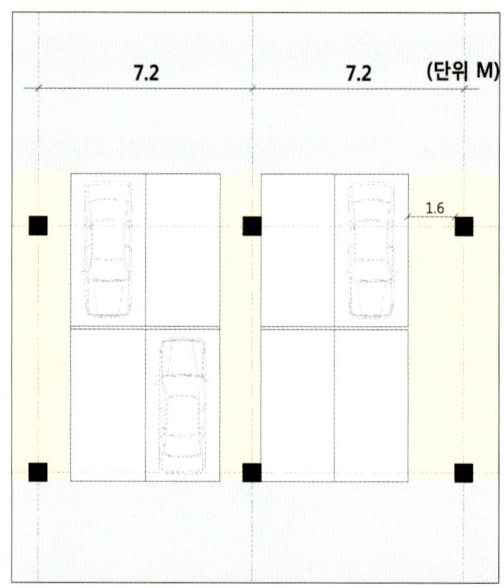

운전자가 주차하기는 용이하지만 건축계획적 측면에서 공간의 낭비가 많은 주차모듈이다. X방향으로 불과 90cm가 부족하여 한 대의 주차를 추가할 수 없게 된다.

3. 주차방식과 주차 유형

주차방식은 여러 기준에 의해 구분할 수 있으나, 최종 주차공간까지 운전자에 의해 주차가 이루어지는지의 여부에 따라 크게 ① 자주식, ② 기계식, ③ 반자주식으로 구분할 수 있다.

가) 자주식 주차방식

주차장으로의 진입에서부터 최종 주차공간의 주차 시까지 운전자에 의해 이루어지는 주차방식으로 일반적인 노상주차방식이 이에 해당한다. ;

- 진 · 출입 시간이 가장 짧으나 차량 1대당 주차 소요면적은 가장 크다.
- 차로, 경사로rampway(이하 램프웨이로 서술) 계획이 중요하고, 대지 규모가어느 정도 이상이 되어야 한다.

나) 기계식 주차방식

진입은 운전자, 최종 주차는 기계에 의해 이루어지는 주차방식으로 ;

- 공간 이용효율이 크고 손쉬운 입 · 출차 관리가 가능하며, 폐쇄공간에 의한 차량의 안정성 확보가 용이하다.
- 차량 입 · 출고 시간이 자주식에 비해 3~10배 길다.
- 초기 설치비용이 많이 들며 차량의 입 · 출구 부분에 원활한 대기차량 공간을 배려해야 한다.
- 가능하면 50여대 이하의 소규모 주차에 사용하는 것이 좋다.

다) 반 자주식 주차방식

진입과 최종 주차는 운전자에 의해, 중간의 수직이동은 기계인 Car Lift에 의해 이루어지는 주차방식으로 ;

- 자주식을 채택하기에는 차량 진 · 출입구 부분의 공간이 불충분하거나, 램프웨이의 확보가 용이하지 않을 경우에 사용한다.
- 차량 진 · 출입부의 정체와 혼잡이 우려되며 50대 이하의 소규모에 적합한 방식이다.

02. 자주식 주차

1. 자주식 주차방식의 유형

가) 평면 자주식

가장 단순하며 단가도 저렴하다. 주차가 용이하며 무인관리가 가능하지만 차량 1대당 주차 소요면적은 최대이다. 따라서 입체 자주식이나 기계식 주차방식과 함께 사용하는 경우가 많다. 이 때 운전자가 먼저 평면 자주식 주차장의 비어 있는 부분을 우선적으로 확인한 후 다른 주차장(입체 자주식, 혹은 기계식)으로 향할 수 있도록 주차동선이나 주차장의 배치를 하는 것이 좋다.

나) 입체 자주식

건물의 지상 또는 지하층에 램프웨이를 이용하여 다층으로 설치하는 자주식 주차방식이다. 층수가 높아질수록 1대당 주차 소요면적은 줄어들므로 대지의 이용효율을 높일 수 있다. 그러나 주차장 규모가 작을 경우 램프웨이의 소요면적이 상대적으로 과다하게 되므로 대지면적이 일정규모 이상일 경우에 채택하는 것이 좋다.

그림 09. 03 (좌) : **평면 자주식**

그림 09. 04 (우) : **입체 자주식**

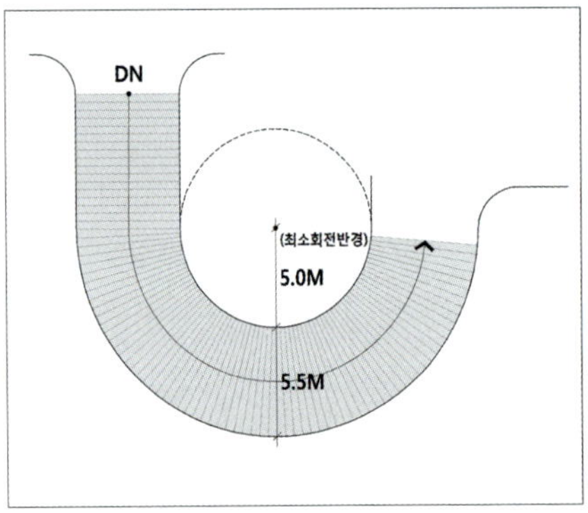

그림 09. 05 : **원형 램프웨이의 치수와 계획**
원형 램프웨이는 곡면부의 내측 최소회전반경이 5.0M 이상이 확보되어야 한다.

※ Ramp way의 계획 시에는 지하주차장의 공간감과 이용자의 심리에 대한 배려가 필요하다. 이는 인간이 이동하는 계단에 대한 여러 공간적, 심리적 배려가 필요한 것과 마찬가지이다.

따라서 원형 ramp way의 경우, 회전에 부담스럽지 않은 치수계획은 물론, 가능할 경우, 적절한 자연채광의 도입 등을 통해 지하로 수개 층을 내려가는데 따른 심리적 부담감을 덜어주는 계획이 필요하다.

2. 자주식 주차공간의 평면 및 램프웨이 단면계획

① 주차공간의 효율적 계획

동일한 평면적 속에서도 코어의 위치와 구성방법, 그리고 기둥간격과 주차모듈의 설정에 따라 수용 가능한 주차대수는 달라진다. 일단 정해진 기둥간격과 주차모듈은 여러 층에 걸쳐 반복하여 적용되는 경우가 많으므로 이 부분에 대한 건축가의 책임은 크다. 따라서 과제설계 시에도 주차의 편의를 도모하되, 최대한 효율적으로 주차공간을 활용하는 방향으로 계획에 임해야 한다.

② 건물 내 주차진입램프웨이의 단면계획

지상에서 지하의 주차층으로 진입하기 위한 램프웨이 부분의 단면계획은 학생들이 어려워하는 부분이자 많이 실수하는 부분이기도 하다. 한 층을 이동하는

데 필요한 램프웨이의 길이를 알기위해서는 다음과 같은 사항을 먼저 설정하여야 한다. ① (지하층)의 층고와 천장고, ② 지하층 슬래브와 보의 두께 및 높이, 그리고 지상면의 포장과 마감 두께, ③ 램프웨이를 직선으로 할 것인지 곡선부분을 포함할 것인지 여부 등이다.

개략적으로 생각해보면 예를 들어 지하 주차층 천장고를 2.7M, 슬래브와 보의 높이를 0.9M, 지상층 포장 두께를 약 0.3M로 가정하면 모두 3.9M가 되므로 필요한 램프웨이의 길이는 직선일 경우, 3.9M × 6 = 23.4M가 된다.(아래 그림)

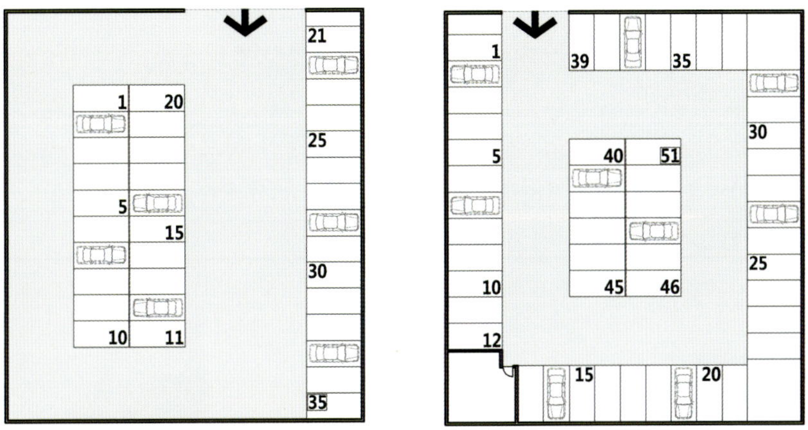

그림 09. 06-1,2 : **동일한 주차층 평면에서 서로 다른 주차계획 개념**
(좌) **비효율적인 개념**
설명을 위하여 다소 과장되게 표현하였으나, 의외로 이러한 개념으로 계획을 하는 학생들이 많다.
물론 원활한 주차 및 통행을 위한 의도겠지만, 이는 학교의 복도 폭을 지나치게 넓게 하는 것과 같은 생각이다.
(우) **효율적인 개념**
통로면적에 비하여 최대한의 주차면수를 확보하였다.

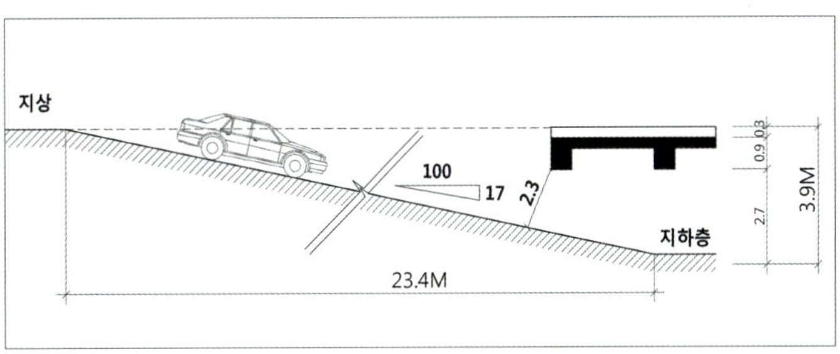

그림 09. 07 : **지하 주차층으로 진입하기위한 직선 램프웨이의 단면 사례**

03. 기계식 주차

기계식 주차방식은 기계장치를 이용한 차량의 입고 및 순환을 ① 수직방향, ② 수평방향, ③ 수평 · 수직의 혼합방향 중 어느 것을 주로 사용하는가에 따라 여러 방식이 있으며, 각 주차설비 제조회사에 따라 구조나 규격, 그리고 명칭이 다양하다.

1. 수직방향 운방방식

수직방향 운반방식은 진입부 위치에 따라, ① 하부 진입형 ② 상부 진입형 ③

중간 진입형이 있으며, 이중 가장 많이 사용되는 하부 진입형을 일반적으로 타워파킹tower parking이라 부른다. 또한 타워파킹은 설치방식에 따라 ① 단독형 ② 연립형, 그리고 자립식, 건축물부착(내장)식 등으로 구분된다.

① 수직 순환식

- 주차공간 이용효율이 크며 설치비도 비교적 저렴하다. (팔레트pallet방식) 소형인 경우, 좁은 부지에도 설치가 용이하다.
- 입 · 출고 시간이 길며 (평균 3분 이내) 유지비가 많이 든다.
- 항상 탑재된 모든 차량이 함께 움직이므로 소음과 진동이 크다.
- 단독형 기준으로 기본 소요면적은 5.9M×6.9M (약 12.4평) 정도이다.

② 승강기 방식

- 승강기를 사용하여 입 · 출고 차량의 수직이동을 하므로 소음과 진동이 상대적으로 적으며 수직 순환식에 비해 입 · 출고 시간도 짧다.
- 팔페트pallet방식보다 설치비는 다소 증가한다.
- 기본 소요면적은 6.2~6.6 M × 7.0~7.3 M (약 13~15평) 정도이다.*

*** 설치에 따른 소요면적은 ;**
1) 독립 철탑형과 건물 내장형
2) 중형과 대형에 따라 다르며,
각 제조회사에 따라 규격이 조금씩 다르다.

그림 09. 08 (좌상) : **팔레트방식의 소형 수직순환식 주차시스템**
좁은 부지에 소규모로 설치한 사례이다.

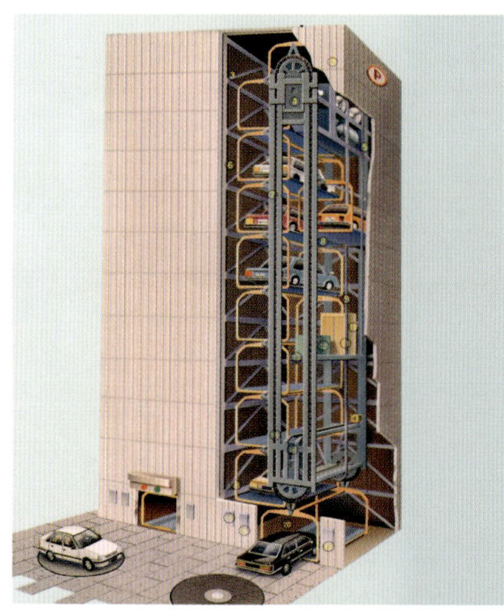

그림 09. 09 (우상) : **팔레트방식의 수직순환식 주차시스템 구성도**
2기 연립형으로 설치한 하부진입형의 사례이다.

그림 09. 10 (우하) : **승강기방식의 수직순환식 주차시스템 내부**
기본원리는 팔레트방식과 동일하나 중앙에 차량운반용 엘리베이터가 있어 보다 효율적으로 차량 이동이 가능하며 소음도 적다.

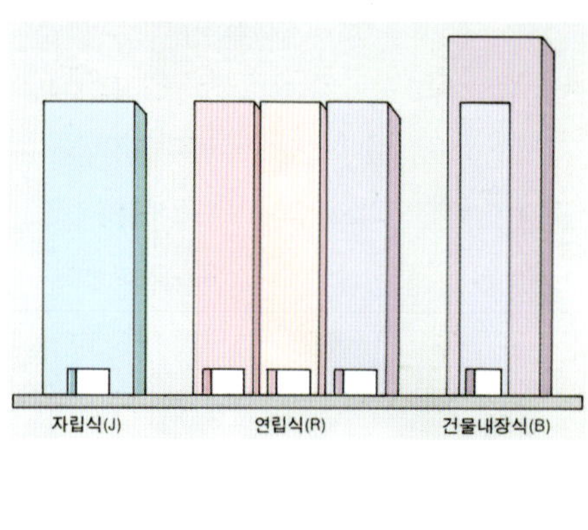

그림 09. 11 (좌하) : **설치방식에 따른 수직순환식 주차시스템**
자립식, 연립식, 건물내장식으로 구분

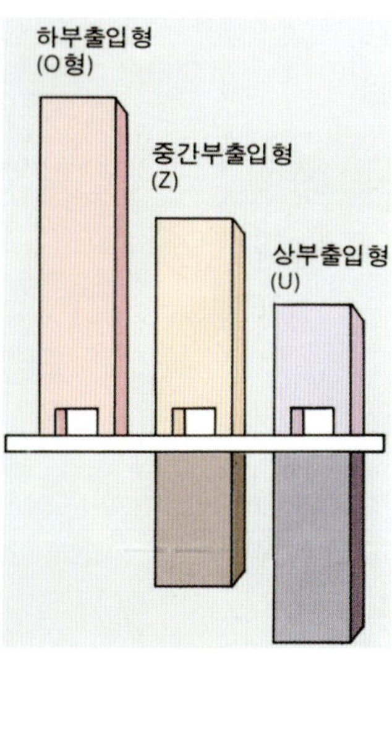

그림 09. 12 (날개) : **진입부 위치 에 따른 수직순환식 주차시스템**
하부출입형, 중간부출입형, 상부출입형으로 구분

2. 수평방향 운반방식

① 수평 순환식

- 수직 순환식을 옆으로 뉘어 수평방향(평면적)으로 적용한 것으로, 단위 주차공간을 평면적으로 순환시키는 방법이다.
- 좁고 긴 부지에 배치하는데 적합하며 평면적인 자동차 수용능력이 향상된다.
- 국내에서는 여러 가지 이유로 실제 사용이 저조하다.

② 다층 순환식

- 수평방향으로 배치된 단위주차공간을 여러 층으로 구성하여 순환시키는 형식으로 중 · 대형건물의 지하공간을 활용하면 2~6단으로 구성이 가능하다.
- 양쪽 끝 부분에서 차량을 순환시키는 형식에 따라 원형 순환방식과 박스Box형 순환방식으로 구분되며 좁고 긴 부지나 평면형에 유리하다.
- 원형 순환방식은 입 · 출고 시간이 짧고 단순하다. 다만, 2단으로 구성되어 있어 수용대수 한계가 있다. (1기에 6~40 여대 수용)
- 박스형 순환방식은 2~6단으로 공간특성에 따라 선택이 가능하며, 공간효율과 다양한 배치가 가능하다.
- 이 때 승강기의 수직 운송기가 각 층에서 수평방향으로도 이동할 수 있는 기능을 첨가한 것을 승강기 슬라이드식이라 한다.

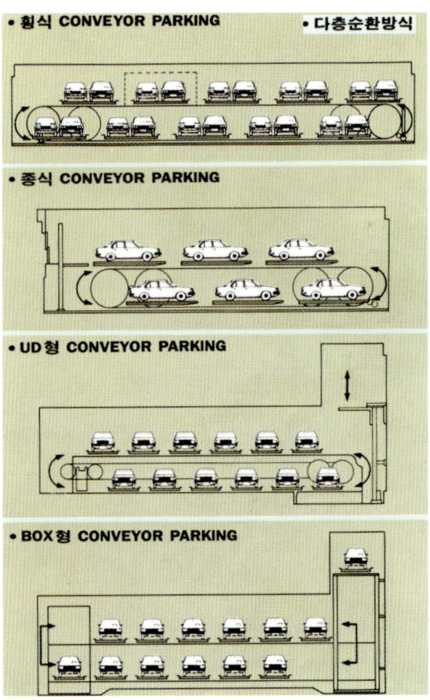

그림 09. 13 (좌) : 다층순환식 주차시스템의 다양한 방식들
주차면의 방향에 따라 횡식과 종식으로, 그리고 양 끝 부분의 차량 순환방식에 따라 원형순환방식과 Box형 순환방식으로 구분한다.

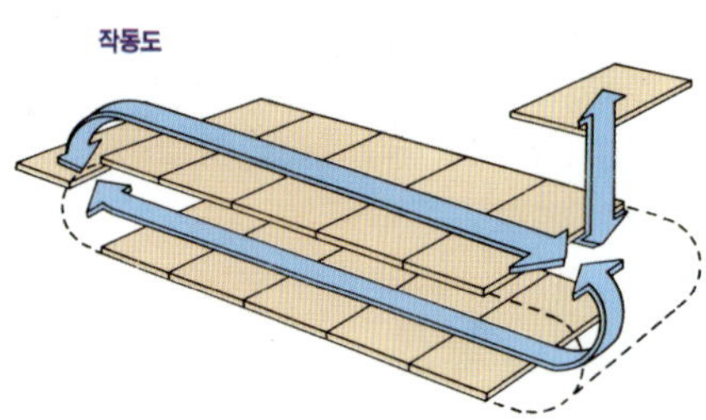

그림 09. 14(우상) (우하) : **수평순환식 주차시스템의 기본개념도**

3. 2단 주차방식 (단순 2단형)

기계식 방식 중 원가가 가장 저렴하고(유압식, 체인식) 조작이 간편하며 지상, 지하를 막론하고 소규모의 공간에도 설치할 수 있는 장점이 있다. 그러나 실제 운용상 발생하는 관리의 어려움, 도난 및 접촉사고 등과 같은 많은 문제점으로 인해 2층 부분은 주차대수 산입에 인정하지 않고 있으며, 대규모로 사용하기에는 부적합한 방식이다.

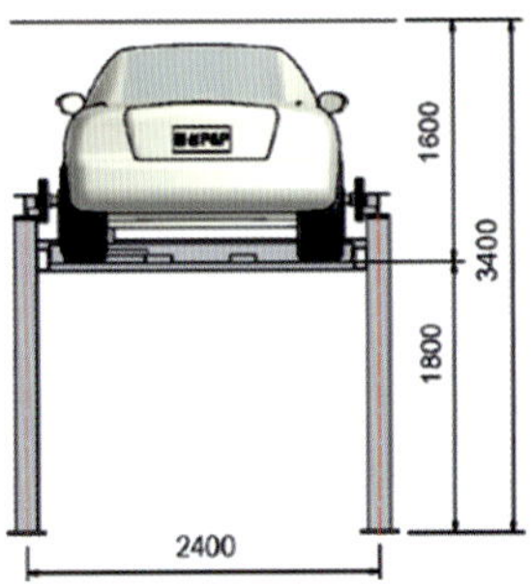

그림 09. 16-1,2,3 : **단순 2단형 주차방식**
(좌) 옥외에 설치한 사례
(중) 기본 폭과 높이
(우) 건물 내부에 설치한 사례

4. 다단식 주차방식 (승강 이동식)

2단식과 유사한 방식이나 주차구획이 3단 이상으로 다단화 되어있다. 이 방식 역시 초기 투자비용이 상대적으로 저렴하고, 종 · 횡 및 상 · 하 방향으로 입체적으로 주차할 수 있으므로 대지면적 당 주차효율이 높다는 장점이 있다.

하지만 주차구획이 상하좌우로 얽혀있는 대규모 방식인 경우 고장 시 응급대처의 어려움과 함께 실제 운용상 관리의 어려움 등 많은 문제점이 있다.

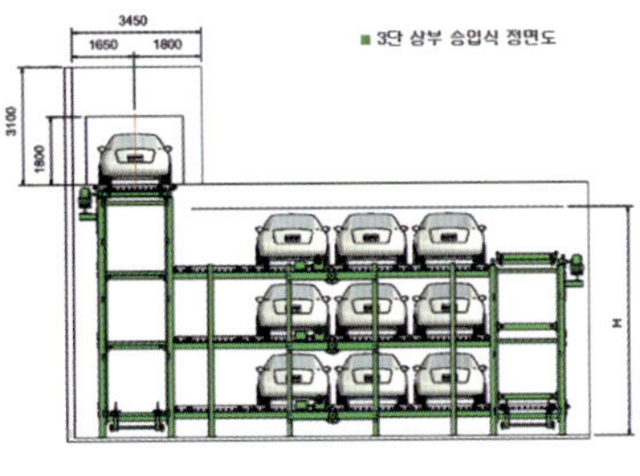

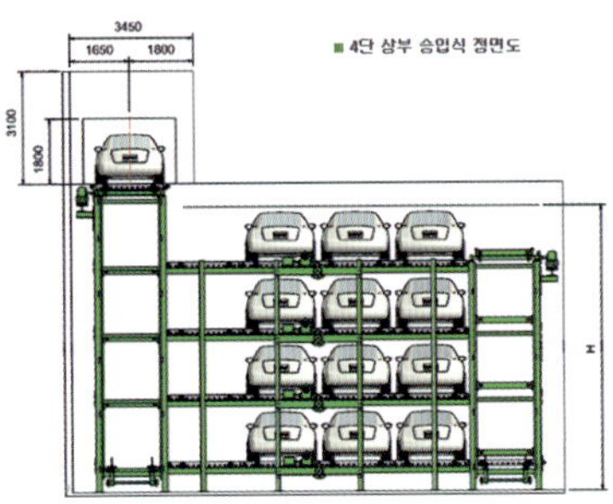

그림 09. 17 (좌) : **다층순환식 주차시스템-상부승입식** (동성주차시스템)
그림 09. 18 (중) : **다단식 퍼즐주차시스템 사례-하부승입식** (동성주차시스템)
그림 09. 19 (우) : **다단식 대형 퍼즐파킹 내부 주차차량의 수직이동 장면** (부산시 남포동 (구)동명주차장)

04. 반 자주식 주차

- 주차공간의 진입에서부터 최종주차 시까지 운전자에 의해 이루어지되, 층간의 수직이동을 기계인 Car Lift(Car Elevator)*에 의존하는 방식이다.
- 주차 층의 공간 확보는 가능하나 이동을 위한 램프웨이의 확보가 어려운 중 · 소규모의 건물에 유용한 방법이다.
- Car Lift 진 · 출입부의 정체가 발생하지 않도록 특히 유의 한다. 따라서 대기차량 등을 위한 진 · 출입부의 적절한 여유공간을 확보하고 자동차용 턴테이블turn table(직경 약 4.0 M)을 설치하는 것이 바람직하다.
- 차량 진 · 출입부의 정체와 혼잡이 우려되므로 50대 이하의 소규모에 적합한 방식이며 원활한 주차를 위해서 가능하면 2기 연립형으로 하는 것이 좋다.

*** 자동차용 lift의 일반 크기**

- Car Lift 내부의 크기
  2.35~2.65 M × 5.5~6.3 M
- Car Lift 승강로의 크기
  3.25~3.55 M × 6.0~6.8 M

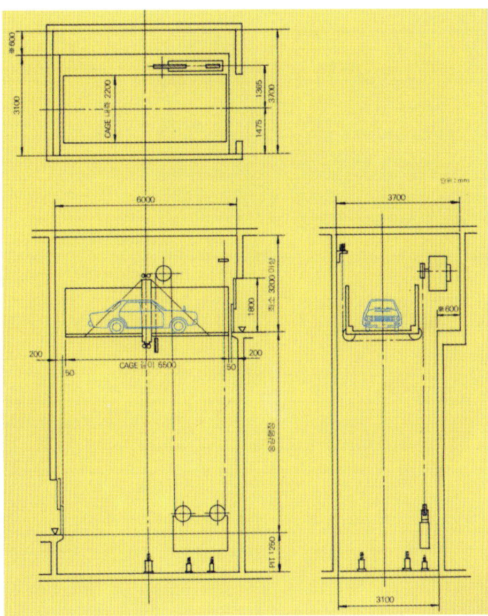

그림 09. 20 (아래 날개) : **반자주식 주차공간 진입구**
여유있는 전면 진입공간이 확보되었으며, 2기 연립형이다.

그림 09. 21-1,2 : 자동차용 엘리베이터
(좌) Car엘리베이터 및 승강로의 평면 및 단면 치수(금성 수송설비 안내책자에서 인용)
(우) Car엘리베이터의 출입구와 내부사진

♠ 참고 및 인용문헌

- 김경호, 이관표, 이성배 편저, 주차장 계획과 설계, 월간 건축문화, 1994
- 동성 P&P 주차시스템 www.jucha.co.kr
- https://commons.wikimedia.org/wiki/file:parking

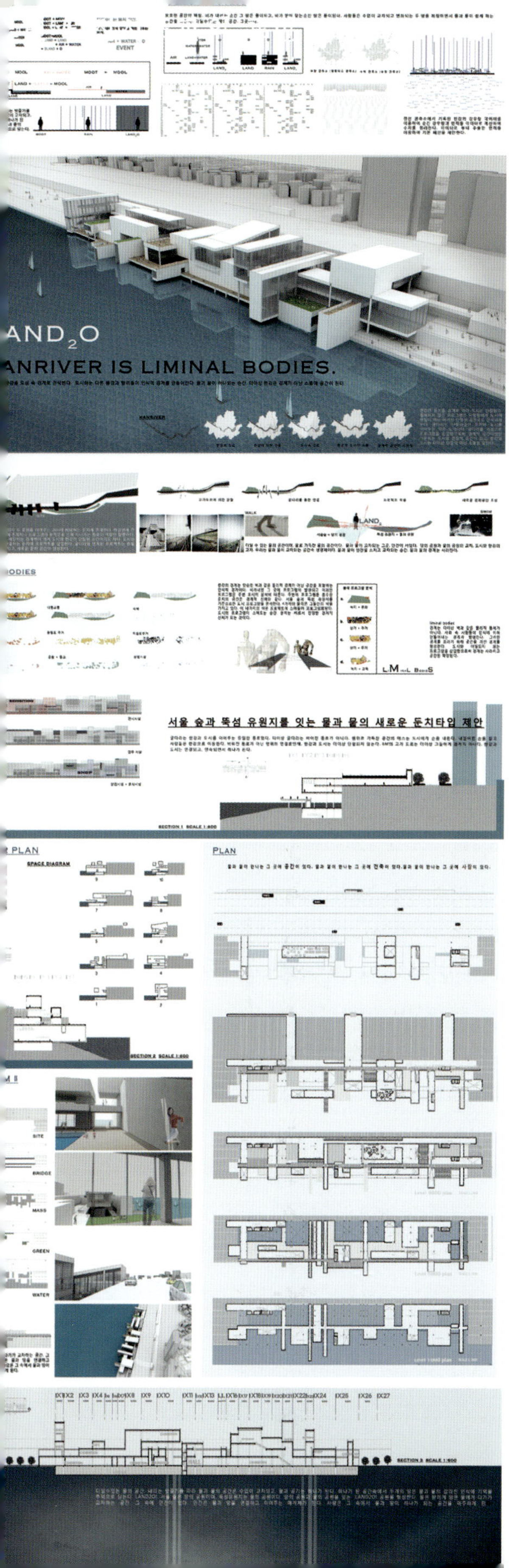

10장. 도면과 전시도판의 표현

● 공모전 제출용 도판

(한강변 문화공간 조성계획, 영남대 5년, 권은경, 2009)

건축설계도면은 시각적 커뮤니케이션의 수단이다.
따라서 의미전달의 정확성과
이해의 용이함이 가장 중요하고,
그 다음은 표현 자체의 창의성과 아름다움이다.

X. 도면과 전시도판의 표현

건축설계도면은 커뮤니케이션의 수단이다.
첫째는 건축가 자신과의, 그 다음은 건축주를 포함한 타인과의 올바르고 정확한 의사전달이 도면작성의 가장 큰 목적이다. 이를 위해서는 정확한 커뮤니케이션을 방해하는 잡음noise은 최대한 제거하고, 전달하고자 하는 의미는 2중, 3중으로 도면에 중복 표기하여 해당내용을 확인시킨다.
도면에 스케일 표시가 되어있음에도 다시 치수선에 치수를 기입한다거나, 벽체의 재료표시기호가 되어 있지만 다시 글로써 재료명칭을 기입하는 것 등은 이런 이유에서이다. 따라서 건축설계도면이 갖추어야 할 첫 번째 조건은 〈정확성〉과 〈의미전달의 용이함〉이다.
학생들이 자주 접하게 되는 학기말, 또는 졸업작품 전시회용 도판이나 설계경기 출품용으로 제작하는 도판의 경우도 그 목적은 기본적으로는 일반적인 설계도면 작성의 원칙과 크게 다르지 않다. 다만 정확한 의사전달이라는 주 목적에더하여 도면과 전시도판의 표현 그 자체가 주는 창의성과 세련됨 역시 보는 사람들에게 중요한 평가대상이 된다.

01. 표현의 중요성

전시된 설계도판이나 모형을 보는 사람들은 그 속에서 크게 두 가지의 사항을 평가한다.

첫째는) 설계안의 내용을 보면서 설계능력을 판단하게 되고,

둘째는) 생각을 담고 표현하는 방법으로서 도면과 모형의 표현을 보면서 또 다른 디자인 능력을 판단하게 된다.

통합적 디자이너total designer서 건축가는 설계안의 내용뿐만 아니라 이를 표현하고 전시하는 방식에서도 자신의 능력을 여실히 보여주게 된다. 더욱이 수많은 작품이 출품되는 국내 · 외 학생공모전의 경우, 심사위원들은 제한된 시간 내에 많은 작품들을 심사해야 하는 까닭에 1차 심사, 혹은 예심에서 한 작품을 보고 평가하는데 소요되는 시간은 매우 짧다. 경우에 따라서는 불과 두 시간도 채 못되는 시간에 수백 개의 출품작들을 1차 심사에서 탈락시키기도 하는데, 이 경우 한 작품을 평가하는데 소요되는 시간을 불과 수십 초에 지나지 않는다.*

*
필자의 경우도 오래 전에 500여개의 건축설계 출품작을 6시간 동안 10여개의 작품으로 압축 · 선발해야 하는 입장에 처한 적이 있었다.
그 당시 1차 심사에서는 2시간 여 동안에 500작품을 살펴보고 그 중 절반가량을 탈락시켜야만 하였다. 이 경우, 1작품을 보고 판단하는데 소요되는 시간은 불과 15초 정도에 지나지 않는다.
당시와는 달리 오늘날에는 이처럼 많은 작품이 출품되는 공모전은 흔하지 않지만, 여전히 심사시간은 부족하기 마련이다.
따라서 각종 공모전에 도판으로 출품하는 학생들은 마무리와 표현에 충분한 시간을 투입하여 작품의 완성도를 높이는 것이 중요하다.

이처럼 짧은 순간에 심사자들이 평가하는 것은 설계개념이나 내용과 함께 도판과 모형의 표현이 큰 비중을 차지한다. 오랜 시간에 걸쳐 노력하여 완성한 타인의 설계안을 불과 수십 초 동안 보고 판단하고 평가한다는 것은 분명 안타까운 일이다. 하지만 앞에서 언급했듯이 응모자의 설계능력에 대한 평가에는 표현의 능력도 중요한 기준으로 작용한다. 그리고 좋은 설계안을 만드는 건축가는 동시에 훌륭하게 하는 표현하는 방법도 알고 있다고 보는 것이다.

이를 바꾸어 말하면, 도판과 모형의 표현이 수준 이하인 작품은 설계안의 내용을 자세히 들여다보아도 역시 수준 이하인 경우가 대부분이라는 의미이다. 따라서 짧은 시간동안 시각적 표현을 위주로 보게 되는 심사경향이 있다 하더라도 거의 대부분의 경우, 설계내용이 부족한 작품을 골라내는 데는 큰 무리가 없는 것이다.

●표현작업에 시간이 많이 소요되고 불확실성이 커지는 이유●

최종 제출용 도면이나 전시를 위한 도판과 모형을 표현, 제작하는 것은 완성품이므로 설계의 중간과정에서 작성하는 도면이나 스터디 모델의 제작과는 다른 부분이 많다.
예를 들어, 최종 제출도면이 전시용 도판형식인 경우, 건축과 내 전산실의 칼라 출력기가 갑자기 멈추게 되는 경우가 종종 발생한다.(한꺼번에 여러 학생들의 작품 출력이 쉴 새 없이 이루어지므로) 이러한 상황은 학생 자신의 의지로 통제할 수 없는 부분이다.
또한 밤샘작업을 하며 모형제작을 하던 중 특정 모형재료가 모자라거나 없어서 애태우는 경우도 적지 않다. 따라서 일정계획 시에는 특히 최종 표현작업에 시간을 여유 있게 배분함으로써 자신의 힘으로는 어찌할 수 없는 이유 등으로 완성도가 떨어지는 허술한 표현이 되어 오랫동안의 노력을 망치거나 심지어는 마감시간을 놓치는 일이 없도록 한다.

1. 커뮤니케이션 수단으로서 설계도면

도면과 전시된 도판, 그리고 모형 등은 모두가 의사전달 수단, 그 중에서도 시각적 의사전달의 수단이다. 따라서 도면을 보는 사람들에게 설계자의 의도와 설계내용이 정확하게 전달되도록 하는 것이 가장 큰 목적이 된다.

그런데 일반도면이 아닌 전시용 도판의 경우, 표현된 도판과 모형은 단순히 설계내용을 기계적, 혹은 기능적으로 전달하는 도구라는 역할에 더하여, 도판과 모형 그 자체가 하나의 디자인 대상물이 되어 그 속에서 미학적이고 창의적인 표현요소가 담겨 있기를 기대하면서 보게 된다.

따라서 전시도판과 모형을 구성하고 표현할 때는 다음의 사항을 포함한 여러 측면을 고려하여야 한다. (아래 내용은 이어지는 10-2에서 구체적으로 다시 설명하기로 한다.)

- 도판 전체의 구성 및 설계주제와 도판 표현과의 연관성
- 각 도면들의 배치와 도면 및 이미지 간의 간격spacing 및 여백의 처리

• 바탕색을 포함한 전체와 부분들의 색채계획,
• 제목의 큰 글자에서 도판의 작은 글자들에 이르는 서체와 크기 및 위치
• 건물과 조경요소 표현상의 조화와 수목의 형태, 크기 및 색채
• 모형 주재료의 색상과 각 부분들의 표현 및 사용재료
• 모형의 주변현황 표현과 트리밍 범위

등의 모든 것이 설계자의 디자인 능력을 보여주는 지표가 된다.

전시도판이 전체적으로 너무 약하고 소극적이어서 어떤 별다른 느낌을 주지 못하는 맥 빠진 표현도 문제이지만, 그 반대로 설계의 본질과 관계없이 불필요하게 과장되거나 눈을 어지럽게 하는 표현 역시 좋지 않은 것이다. 경우에 따라 과도한 표현은 핵심적인 내용을 강조하거나 돋보이게 하는 긍정적 의도가 아니라, 설계내용의 부족함을 얼버무리거나 감추기 위한 가식적인 수단이나 잡음noise으로 보이기 때문이다.

• 도면과 도판의 다양한 표현 사례

그림 10. 01 (좌) : **CG작업을 통한 도판의 표현** (영국 런던, Bartlett건축대 학, UG-6 전시도판 일부, 2018)
평면도, 단면도, 실내투시도 등의 도면이 세련된 방식으로 표현되었다.

그림 10. 02 (우) : **꼴라쥬 작업을 통 한 도판의 표현** (영국 런던, Bartlett 건축대학, UG-6 전시도판 일부, 2018)
배치도, 단면도, 투상도, 부분투시도 등의 여러 도면들이 꼴라쥬방식으로 복합적인 표현을 이루고 있다.

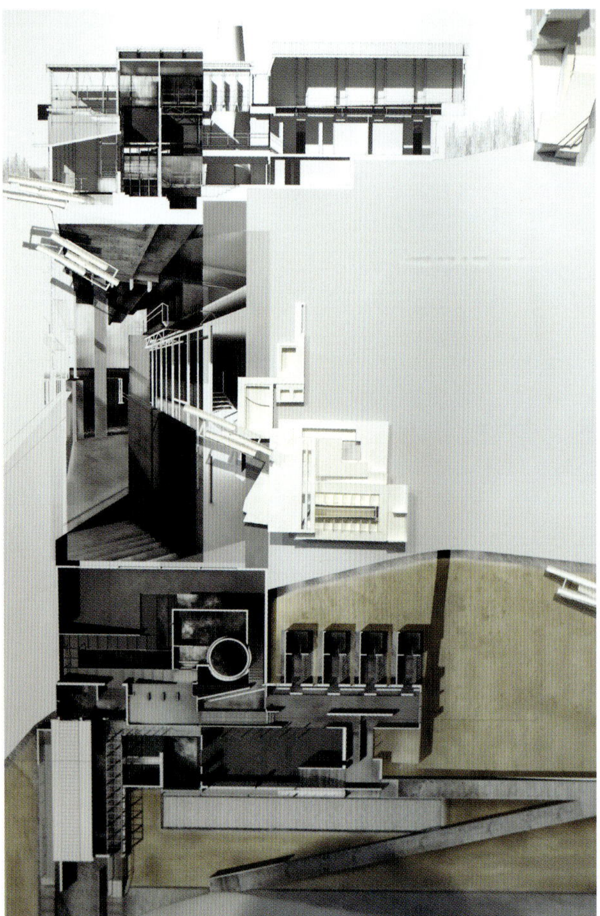

2. 도면 표현방식의 변화

요즘의 학생작품전을 살펴보면, 도면과 전시도판의 표현은 예전과는 비교되지 않을 만큼 변하고 발전해온 것을 느끼게 된다. 1980년대 초·중반까지만 해도 대부분의 도면표현은 수작업에 의해 이루어졌다. 당시의 전시도판 제작과정을 보면, 캔트지를 목재패널 위에 바른 뒤, 지금은 이름조차 들어보기 힘든 소위 「오구鳴口(까마귀 부리처럼 길쭉한 모양이라서)」라는 제도용구에 먹물을 묻혀서 한 줄 한 줄 선을 그어나간 뒤, 흑백의 음영은 제도용 먹물의 농도를 흐리게 하여 붓으로 칠하거나, 스크린 톤screentone을 붙여서 효과를 내었다.

수작업으로 전시도판을 제작하는 과정에서 상당히 처리하기 힘든 것의 하나가 글씨를 쓰는 레터링작업이었다. 작은 글씨는 손으로 직접 쓰는 수밖에 없었으며, 보다 큰 글씨나 제목 등은 한자 한자 자를 대고 작도하였다. 그리고 경제적 여유가 있거나 매우 중요한 전시회에 출품할 경우, 인쇄소에서 실크스크린 작업을 통하여 깨끗한 인쇄체의 레터링을 완성하기도 하였다. 80년대 초까지만 하여도 대학의 설계수업에 컴퓨터를 통한 도면의 작도와 표현은 전무하다시피 하였다.

여기에 비하여 요즈음의 설계도면과 전시도판의 표현은 CAD및 CG작업의 일반화로 70, 80년대와는 비교할 수 없을 만큼 편리해졌고 발전하였다.

• 도면의 표현 자체가 중시된 사례

그림 10. 03 : **평면과 입면의 현란한 표현** (영국 런던, Bartlett건축대학, UG-6 전시도판 일부, 2018)
아마존 관련시설을 위한「Ama-zone」이라는 주제로 설계된 이 작품은 음영의 과장된 표현, 색상, 중첩의 기법 등을 사용한 평면과 입면도의 현란하고 복잡한 표현을 통해 설계의 내용을 넘어 표현 그 자체로 하나의 흥미를 유발하고자 하였다.

이제는 일일이 손으로 도면을 그리지 않아도 될 뿐 아니라 도면의 배치 및 도면크기 조절, 레터링, 색채표현, 이미지 합성, 도면효과 작업 등 예전에는 하나같이 시간과 시행착오적 노력을 요구하던 어려운 작업들이 모니터 상에서 상대적으로 짧은 시간 내에 이루어질 수 있게 되었다.

하지만 현재와 같은 컴퓨터 위주의 설계작업 방식이 학생들의 설계학습에 긍정적인 결과만을 가져온 것은 아니다. 오늘날 건축의 다양한 분야에서 활용되는 컴퓨터의 용도들 중, 도면제작의 목적으로 사용되는 컴퓨터는 결국 예전의 손과 제도기구를 대신하는 것일 뿐이다. 이를 간과한 채 연마된 CAD기법은 종종 기본을 무시한 도면과 표현을 낳기도 한다.

오늘날 적지 않은 설계교수들은 특히 저학년 설계스튜디오에서 과도한 컴퓨터의 사용을 우려하고 있다. 건축의 기본이 되는 선과 기초도면 제작과정을 손과 가슴으로 제대로 느끼고 체득해 보지도 못한 채 단순히 하나의 기술로만 습득되는 CAD작업을 통해 배우고 이루어지는 건축수업이 바람직하기만 한 것인가?*

* 이 점에 대해서는 건축과 교수들도 저마다 견해를 달리한다. 따라서 이 부분에 대한 세계 여러 대학들의 설계교육 방침 또한 각기 다르다.
건축의 CAD분야에서 세계의 어느 대학 못지않게 우수한 대학에서도 학부 2학년 설계수업까지는 대부분의 도면 작도와 표현을 수작업으로 하도록 방침을 세운 곳도 적지 않다.

이러한 우려가 현실로 나타나는 구체적인 사례들을 보자. 우선 건축제도의 기본인 3가지 종류의 선—단면선, 입면선, 그리고 가구 및 보조선—에 대한 구분이 제대로 되지 않게 그려지고 출력된 도면을 자주 본다. 평면도에서 건물의 벽체선과 정원의 바닥패턴을 그린 조경선이 같은 굵기로 출력된 도면, 그리고 집합주거의 단위평면도에서 벽체선과 발코니 바닥타일의 선이 같은 굵기로 출력된 도면 등은 주변에서 흔히 볼 수 있는 사례들이다. 또한 입면선과 단면선이 같은 굵기로 표현되고, 벽체와 창호부분의 구분조차 없는 단선單線 · single line으로 표현된 도면들은 또 얼마나 많은가?

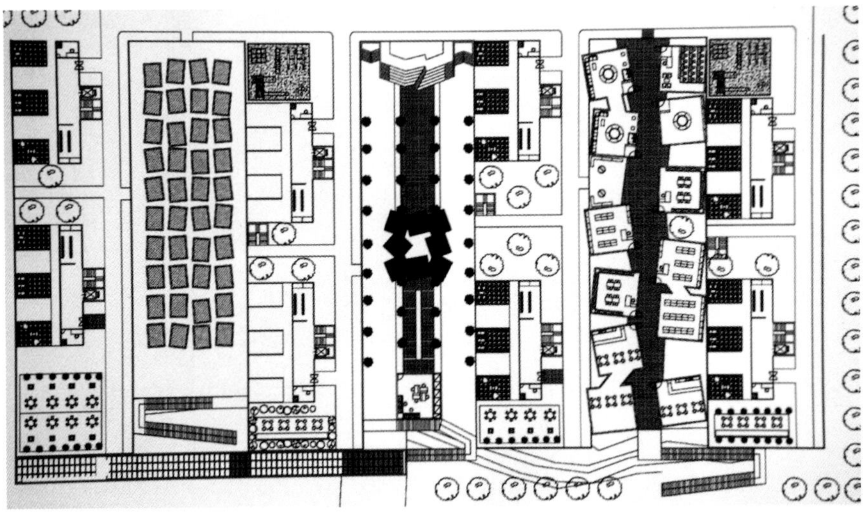

그림 10. 04 : **건물윤곽선, 조경선을 비롯하여 모든 선들이 구분되지 않는 배치도** (영남대 3년 저층집합주거과제, 2008)
각 건물동의 외곽선과 조경선을 비롯한 모든 선들이 같은 굵기와 강도로 출력되었다. 따라서 전혀 판독이 되지 않고 이해하기도 어려운 배치도가 되었다. 이런 경우 많은 학생들의 대답은 다음과 같다.
「제가 CAD작업을 할 때는 분명히 구분하였는데 출력이 이상하게 되어서 그렇습니다.」

02. 도면 표현 시의 유의사항

앞에서 서술했듯이 건축의 설계도면은 기본적으로 시각적인 의사전달의 수단이다. 기본설계 도면은 건축가 자신들 간의, 그리고 건축주와 건축가, 건축가와 공무원들 간의 의사전달을 위해, 실시설계 도면은 건축가와 관련 엔지니어 · 시공기술자들 간의 의사전달을 위한 것이다. 대학의 설계수업시간을 통해 제작되는 도면의 목적 역시 기본적으로는 이와 크게 다르지 않으며 졸업 후 즉시 직면할 건축실무를 위한 훈련이다.

물론 가끔씩 도면의 표현 그 자체만으로도 흥미를 끌고 건축가의 창의성을 보여주는 사례도 있긴 하지만 이 경우도 역시 기본적인 도면의 정상적인 표현이라는 바탕 위에서 이루어져야 할 것이다.

예전과는 달리, 요즘의 설계과제는 트레이싱지 위에 연필이나 로터링으로 작도된 도면을 최종결과물로 제출하는 경우는 일부 저학년 설계과제를 제외하면 점차 줄어드는 추세이다. 그 반면 도면을 프린터로 출력하여 폼 보드나 기타의 패널에 부착한 뒤 전시도판의 형태로 제출하고 전시하는 경우가 일반적이다. 따라서 이러한 도면제작 및 제출방식을 중심으로 하여 도면 제작 시 유의할 점을 살펴보기로 한다.

1. 도면과 전시도판 표현의 기본사항

설계의 결과물은 중간과정을 보여주기 위한 것인가 아니면 최종결과물을 나타내는 것인가에 따라, 그리고 설계담당교수와 학생간의 개별지도를 위한 것인가 공개발표를 위한 것인가 등에 따라 다르게 준비하고 표현된다. 여기서는 개별지도의 경우는 제외하고, 공개발표를 대상으로 하되,

① 간단한 pin-up 방식을 통해 표현하는 경우

(대개 해당 스튜디오 내에서 이루어지는 수시 발표)

② 전시용 도판으로 제작, 출력하여 전시하는 경우

의 두가로 나누어 유의할 점을 살펴보기로 한다. 설계작업의 초기에 전반적인 개념을 설정하여 진행하듯이 도판으로 표현하는 경우에도 전체적인 표현의 주제나 포인트가 있는 것이 보는 사람들에게 설계자의 의도를 전달하는데 도움이 된다. 나아가서는 설계의 주제와 개념이 도판 전체의 표현 이미지와 일치하면 개념−설계안−표현으로 이어지는 전체 과정의 통일성과 함께 설계의 성격도 뚜렷하게 보여줄 수 있다.

수많은 출품작들 중에서 나의 작품 도판이 타인의 것과 어떤 점에서 표현상 차별화 될 수 있을 것인가를 생각한 후에 전체 도판의 기본색채, 강조색, 레터링에서부터 모형의 표현에 이르기까지 전반적인 계획을 세운 후 구체적인 표현작업에 착수한다. 간단한 pin-up을 포함하여 전시나 공모전 출품용 도판 제작을 위한 유의사항을 열거하면 다음과 같다.

가) 소규모 발표를 위한 간단한 Pin-Up

• 흑백으로 일반 A0 복사지 등에 간단히 복사하여 pin-up 하는 경우도 복사한 도면을 그대로 붙인 상태에서 종료하지 않는다. 추가적 마감 손질과 터치가 도면을 훨씬 돋보이고 이해하기 쉽게 해준다.

• 이 때 색연필이나 마카 등을 사용하여 색채효과를 넣을 경우, 꼭 필요한 강조 부분에 악센트 효과로 부분적으로만 하는 것이 실패의 확률이 적다.

• pin-up시 도판을 너무 여러 조각으로 나누어 붙이지 말고 가능하면 1~3 조각 이내로 나누어 처리한다.

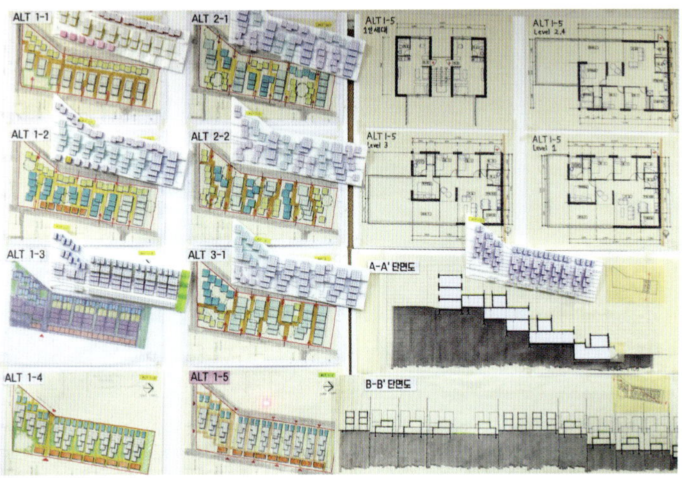

그림 10. 05 (좌) : **중간발표를 위한 Pin-Up전시** (영남대 3년 저층집합주거과제, 2018)
4장의 A0 패널 위에 배치대안과 단면스케치, 단위세대평면 등의 중간과정 도면을 붙이고 발표준비를 하였다.

그림 10. 06 (우) : **스튜디오 내 중간 발표를 위한 미흡한 Pin-Up전시준비** (미국 시애틀, 워싱턴대 3년, 저층집합주거 과제, 2007)
손으로 성의 없이 찢은 트레이싱지를 그대로 패널에 붙였고, 설계안의 내용도 부실한 Pin-Up 전시 준비 사례

나) 전시 도판을 통한 전시

• 도판 전체와 각 부분간의 톤tone의 변화를 생각한다.

• 도판 전체의 균형감을 고려하고, 주가 되는 이미지를 포함하여 이미지의 크기 변화를 준다.

• 도판 속 각 도면과 이미지들의 완성도는 동일하게 한다.

• 배치도와 평면도의 배치는 가능한 동일한 방위로 일관성 있게 한다.

• 각 도면 및 이미지들 간의 간격spacing과 여백의 표현에 유의한다.

–조밀한compact한 부분과 느슨한 부분을 구분하여 배치한다.

–「때로는 비워두는 것도 디자인이다.」는 것을 생각한다.

- 도판 전체의 색조와 악센트 색조를 정한다.
  - 적절한 아이디어가 떠오르지 않을 경우, 백색, 또는 유백색의 바탕 위에 흑백의 단색상mono tone을 기본으로 하고 여기에 적절한 악센트를 부여하는 것도 실패의 확률을 줄이는 방법의 하나이다.
  - 단색상의 표현이라도 추가적인 톤 작업, 또는 연필터치를 통해 적절한 강조색accent color을 넣는다.
- 전시도판에서는 모든 선의 굵기는 다소 굵은 선으로 표현한다. 너무 가늘고 흐린 선은 출력상태가 좋지 않으면 약하게 보이는 경우가 있다.
- 제목 및 글자의 크기, 위치, 활자체에 주의한다.
  - 지나치게 크거나 작은 글자를 사용하거나 동일한 도판 속에 너무 많은 글자체를 사용하는 것은 피한다.
  - 레터링도 도판에서 하나의 악센트 요소로 활용할 수 있다고 생각한다.

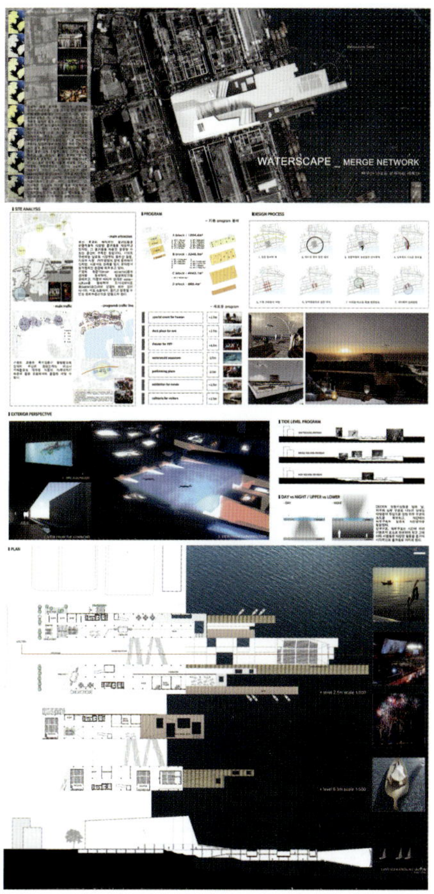

그림 10. 07 (좌) : **적절한 대비감이 고려된 도판** (영남대 5년, 졸업설계 과제 도판, 2009)
도판 전체 톤의 대비, 넓은 면과 좁은 면의 대비가 적절히 이루어졌고 배경으로 비워두는 부분도 고려되었다. 다만 도판 중앙부분의 색상 처리가 다소 부조화를 이룬다.

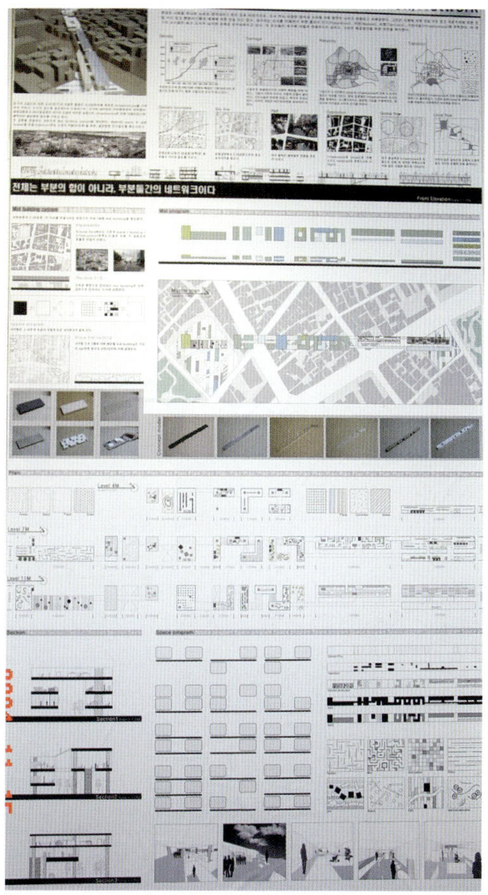

그림 10. 08 (우) : **지나치게 Compact 한 도판** (대구건축대전 출품작,2004)
매우 성실히 계획되고 표현된 도판이다. 하지만 모든 도면과 이미지들의 크기가 너무 작게만 표현되어 있고, 여러모로 대비감이 부족한 도판이다.
「때로는 비워두는 것도 디자인의 좋은 방법이다.」

*
설계보고서에 수록될 것 같은 일상적이고 지나치게 구체적인 내용들, 예를 들면, 통계자료나 그래프, 방위분석 등과 같은 대지분석자료 -등을 패널의 도판 중 설계과정부분에 삽입하는 것은 불필요한 경우가 많다.

**
한글발음은 한글로, 영문발음은 영어로 표현한다.
• 사이트 분석 (×)
→ 대지분석, 또는 Site Analysis
• 설계 컨셉 (×)
→ 설계개념, 또는 Design Concept

그림 11.- 1,2 (맞은편 페이지 윗 줄) :
2학년 설계과제의 최종제출 도판
(영남대 2년, 전시시설과제, 2018)

(좌) 전체 도판
(우) 2학년 수준에서 나름대로 개념 및 설계과정 부분의 과다한 표현을 절제하고 가능하면 단순한 다이어그램으로 표현하고자 노력하였다.

2. 설계개념과 설계과정의 표현

설계개념과 설계과정에 대한 표현도 전시도판에서 중요한 부분이다. 따라서 많은 학생들은 도판의 상부나 중 · 상부에 설계개요, 설계주제 및 개념, 분석의 주요내용, Massing Study과정 등을 표현한다.

하지만 조감도, 배치도, 평면도, 입 · 단면도 등의 기본건축도면에 비해 설계개념과 과정을 표현하는 이미지들은 대개 그 수가 많으며 크기는 작다. 그리고 표현방식도 글, 다이어그램, 표, 그래픽 사인, 사진, 스케치 등으로 매우 다양하다. 그 결과, 일반 건축도면 부분에 비해 당연히 약하고 산만해질 수밖에 없는 조건을 지니고 있다.

따라서 이 부분의 내용과 표현이 너무 복잡하고 산만하게 될 경우, 전시도판 전체의 표현도 어수선해지고 도판의 다른 부분과 균형이 맞지 않는 결과를 초래하므로 특히 유의해야 한다. 이를 구체적으로 살펴보면,

- 일상적인 분석내용은 도판의 표현에서 과감히 생략한다.*****
  (어떤 학생들은 막대그래프와 같은 통계자료도 표현한다.)
- 지나치게 섬세하고 약한 표현보다는 함축적이고 강한 표현으로 한다.
  (단순 · 명확한 표현이 건축도면과 조화를 이룬다.)
- 길고 복잡한 글보다는 다이어그램 등의 시각적 표현 위주로 한다.
  (레터링 부분도 하나의 블록으로 된 이미지로 본다.)
- 사진 등의 매체를 합성하여 효과적으로 표현한다.
- 설계개요 역시 되도록 압축하여 간단히 표현한다. (집합주거계획의 경우, 세대수, 거주자 특성, 주차대수 등 기입)
- 영문과 한글 표기에 주의한다.******

그림 10. 09 : **이미지 크기와 색상의 대비 및 조화가 적절히 이루어진 개념 표현** (대한민국 건축대전 대상 수상작, 2003년)

그림 10. 10 : **개념부분의 표현요소인 글자와 이미지가 많아서 다소 복잡해 보이는 사례** (대구건축대전 입상작, 2004년)

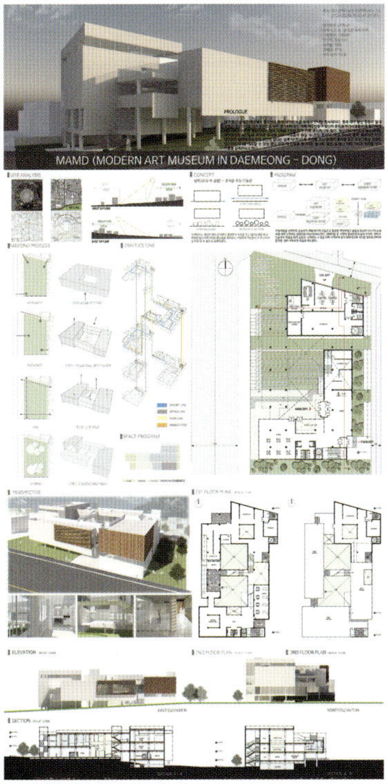

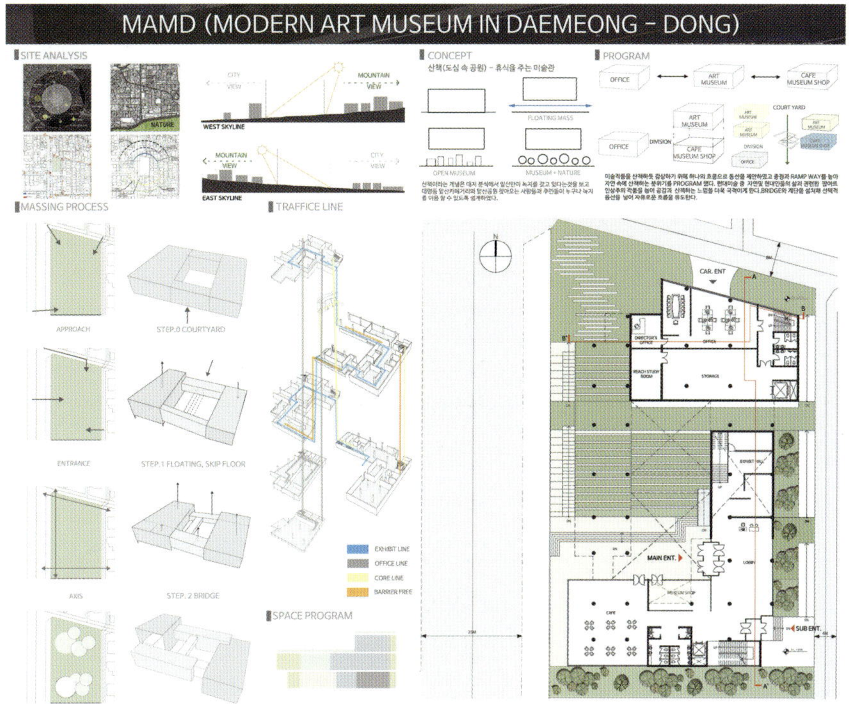

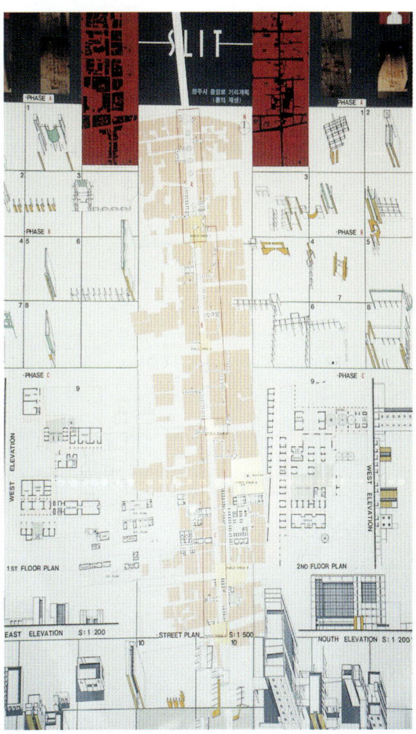

그림 10. 12 : **개념부분을 최대한 생략한 표현**
(제 11회 대한민국 건축대전 우수상)

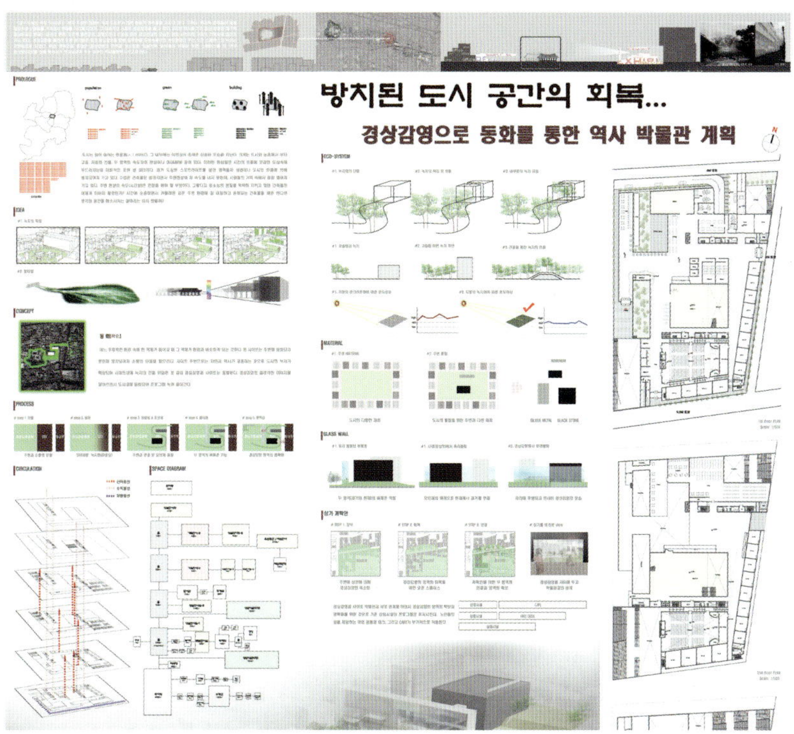

그림 10. 13 : **개념부분의 요소가 많은 사례** (영남대 졸업설계 최종도판 일부, 2009)
개념의 표현요소 각각은 우수하나 너무 많은 이미지가 수평방향의 분절이 없이 도입되었다.

03. 배치도 · 평면도 · 단면도 · 입면도의 표현

1. 배치도의 표현

가) 실무도면과 전시용 도판의 배치도 표현

6장에서 설명한 것과 같이 실무도면에서 배치도는 건축뿐만 아니라 도시, 교통, 토목, 조경, 설비 등과 관련된 다양한 내용과 정보를 담고 있는 종합적인 도면이다. 배치도는 특히 대지경계선이나 건축선과의 관계, 주차진입과 주차공간 등 법규적 측면을 가장 많이 보여주는 도면이므로 건축허가 및 심의와 관련하여 핵심적인 도면이다. 따라서 각종 치수 및 법규에 근거하여 정확하게 표현하는 것이 무엇보다 중요하다. 그래서 실무도면 작성 시에 배치도는 가장 노련한 사람이 그려야 한다는 말도 나온다.

그 반면 학생들의 설계도면이나 전시용 도판에서 배치도는 다른 도면에 비해 상대적으로 가볍게 여겨져 왔다. 배치도는 가장 나중에, 남는 시간에 그리는 도면이라는 인식도 적지 않다. 이는 전시도판에 표현되는 배치도의 위치와 크기, 그리고 표현방식을 보면 알 수 있는 것이다.

학생들의 과제설계 시에는 실무설계도면에서처럼 배치도에 법규개념, 면적개념을 비롯한 치수개념 등을 엄격히 요구하지는 않지만 배치도의 의의나 중요성을 잊어서는 안 된다. 여기에 더하여 배치도를 그리고 표현하는 방법에서도 많은 오류나 소홀함이 나타나고 있으므로 각 항목별로 과제설계 시의 배치도 표현방법에 대해 주의할 사항을 살펴보면 다음과 같다.

나) 도면 방위와 주 진입부 표기

① 배치도의 배열 방법

도면 배치의 원칙은 북측이 위로 향하게 하는 것이다. 하지만 도면을 보는 사람의 입장에서 생각하면 대지로의 주진입부나 건물의 주출입구가 도면의 아래쪽에 있으면 실제로 건물을 방문하는 느낌 그대로 건물의 진입과정과 배치를 이해할 수 있으므로(특히 경사부지에서 주진입부가 낮은 쪽에 있을 경우) 아래의 3가지 방법 중 하나를 대지 상황에 맞게 선택하도록 한다.

- 북측이 도면의 위로 오도록 배치한다.*
- 대지 주진입부가 아래쪽으로 오도록 배치한다.
- 주 도로(가장 큰 도로)가 위로 오도록 배치한다.
- 배치도의 방위와 평면도의 방위는 동일하게 배치한다.
- 배치도에 방위 및 축척을 표시하는 것을 잊지 않는다.

*
도면의 기본적인 배치원칙은 북쪽이 위로 오도록 하는 것이다.
지적도나 항측도, 그리고 일상적으로 접하는 인터넷 지도 등을 보면 모두 북쪽이 위를 향하도록 편집되어있다. 따라서 별다른 단서조항이 없으면 지도나 도면을 볼 때 북쪽이 위로 가도록 배치하는 것이 자연스러운 것이다.

② 주변도로와의 관계 및 차량 · 보행자의 진입부

- 보행자 주진입부–건물 주출입구–부(보조)출입구 등을 표기한다.
- 차량 주진입부–외부주차공간–지하(실내)주차장 진입구를 표기한다.

또한 서비스 차량을 위한 별도의 주차진입공간이 있을 경우, 표기한다.

다) 건물 윤곽선과 옥상 파라펫의 표현

배치도에서 건물 외벽의 윤곽선은 다른 선들 보다 뚜렷하고 강하게 표현해야 한다. 그리고 여러 층으로 구성된 건물이나, 단층이라 하더라고 서로 높이가 다른 여러 부분으로 구성된 건물의 입체감을 2차원의 도면에 어느 정도까지는 표현하는 것이 좋다. 이를 위해 ;

- 옥상 파라펫 선을 포함하여 건물 매스mass의 음영표현을 한다.
  (이 때 음영부분의 두께는 건물의 높이에 비례하여 조절한다.)
- 옥상 파라펫 선은 반드시 두께를 주고 이중선으로 그린 후 음영을 함께 표현하여 입체감을 준다.

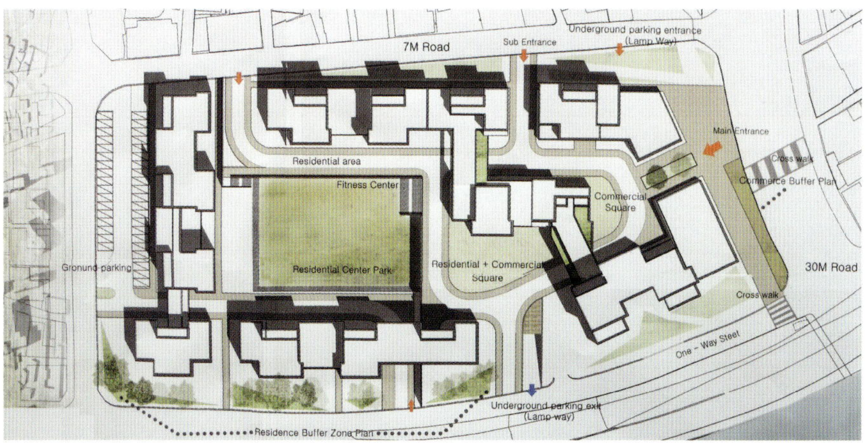

그림 10. 14 : **건물윤곽선과 옥상 파라펫의 충실한 표현** (영남대 3년, 저층집합주거과제, 2015)
각 건물동의 옥상 파라펫선을 2줄로 정확히 그리고 음영을 넣어 건물부분의 입체감을 적절히 표현하였다.

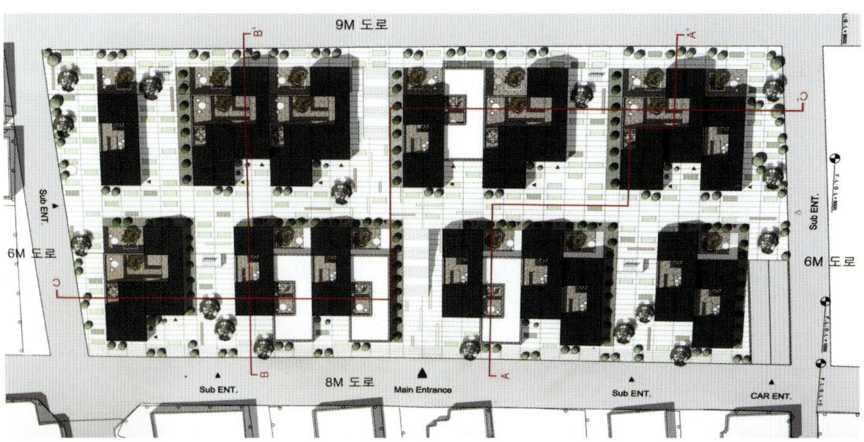

그림 10. 15 : **건물부분의 명확한 표현** (영남대 3년, 저층집합주거과제, 2016)
박공지붕부분과 평지붕부분을 구분하여 적절히 표현하고, 각 층의 테라스부분을 세부적으로 묘사함으로써 바닥패턴의 표현과 함께 도면의 정밀함을 더해주었다.

라) 조경의 표현

- 조경선은 자연을 의미하므로 곡선으로 해야 한다는 선입관을 버린다.
  (조경선도 건축물의 윤곽선 및 배치와 가능하면 조화되게 한다.)
- 외부공간이나 조경의 계획과 표현은 건물부분과 동시에 진행한다.
- 수공간이나 물의 표현 시 형태와 색상에 유의한다.*
- 바닥패턴이나 파골라 등을 너무 상세하게, 또렷하게 표현하지 않는다.
- 화단이나 잔디밭 부분을 그릴 때는 너무 분절되게 그리지 않는다. 분절되게 표현하면 전체적인 배치도가 통합되어 보이지 않고 산만해진다.
- 평소에 내가 좋아하는 수목의 평면과 입면유형을 몇 가지 선정하여 나만의 도구로 활용한다. (잎이 있는 나무와 없는 나무 등)
- 외부공간이 표현된 1층(지층) 평면도를 크게 표현할 경우, 배치도는 상대적으로 작게 표현한다.

• 조경표현의 유의사항

*

학생들의 설계내용을 보면,「건축=인공물, 외부공간=자연」이라는 등식에 사로잡혀 외부공간설계 시에 최대한 부정형이나 자유곡선을 많이 사용해야 한다는 강박관념을 지니는 경우가 많다. 그 자체가 잘못된 생각은 아니지만 이런 방식이 자칫 건물부분과 외부공간을 이질적인 요소로 분리시키는 결과를 낳는 수가 많다.

수공간은 형태 자체가 곡선이나 사선으로 표현되기 쉽다. 여기에 더하여 수공간의 색상을 명도가 높은 청색 등으로 표현하면 배치도 전체에서 수공간이 너무 강조되어 어색한 표현이 되기 쉽다.

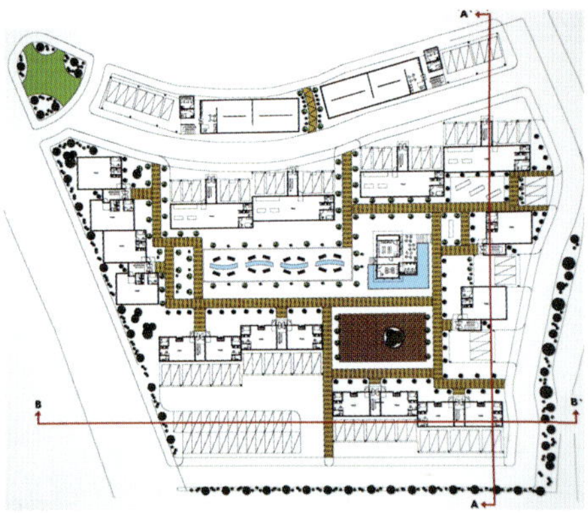

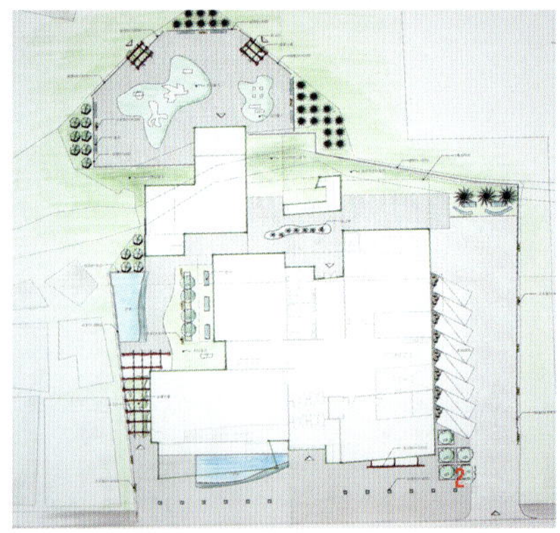

• 배치도의 조경표현이 잘못된 사례들

그림 10. 16 (좌) : **보도 및 조경의 일부 요소만 강조된 표현** (영남대 3년 저층집합주거과제, 2008)
광장, 보도 및 수공간과 일부 녹지부분만 강조되고 건물 및 기타부분과의 톤 및 색상표현의 조화가 부족한 사례

그림 10. 17 (우) : **설계 중간과정의 조경표현 도면** (영남대 3년 저층집합 주거과제, 2003)
배치도 곳곳에 표현된 수공간의 형태와 수목의 표현이 건물부분과 조화를 이루지 못한 사례

그림 10. 18 (좌) : **도로와 보도부분의 표현이 잘못된 도면** (영남대 3년 저층집합주거과제, 2008)
도로와 보도부분의 색상표현, 특히 오솔길 폭 부분 표현이 잘못된 사례이다. 오솔길이라 하더라도 도로의 폭은 균일하게 표현하는 것이 정리되어 보인다.

그림 10. 19 (우) : **화단부분의 조각난 표현** (영남대 3년 저층집합주거과제, 2008)
화단과 광장부분의 표현이 기하학적인 도형으로 분리되어 보임으로써 조경부분의 표현 전체가 배치도에 자연스럽게 통합되어 보이지 않는 사례

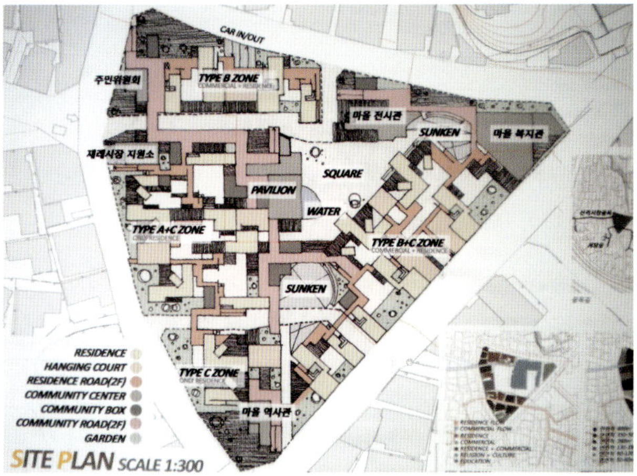

그림 10. 20 : **우수한 계획안이나 건물과 외부공간, 조경부분이 구분되지 않는 표현** (대구건축 대전 입상작, 2009)

그림 10. 21 : **조경선의 과다한 표현** (영남대 3년, 저층집합주거과제, 2008) 전반적으로 우수한 표현이나 조경선의 표현이 강한 사례

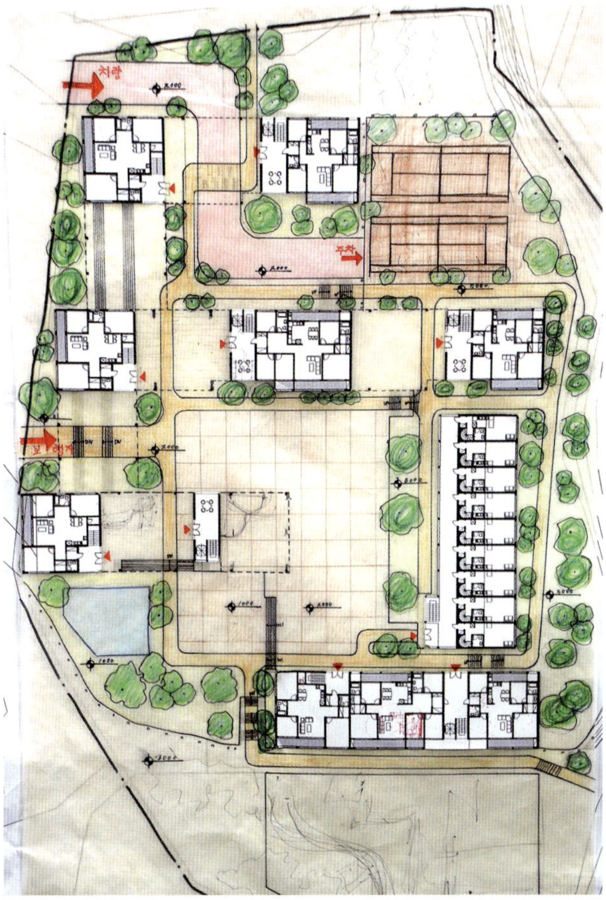

그림 10. 22 : **설계중간과정에서 외부공간 계획의 검토** (영남대 3년 집합주거과제, 2008) 주동 배치안에 외부공간계획을 넣어보는 과정

그림 10. 23 : **완성도가 높은 조경표현** (영남대 3년, 저층집합주거 과제, 2008) 녹지, 보도, 수공간 등의 표현이 성실히 이루어진 사례

2. 평면도의 표현

평면도는 단면도와 함께 건축의 가장 중요한 도면이다.

하지만 학생들의 전시도판을 보면 설계의 분석과정, 개념의 표현, 투시도와 조감도 등에는 큰 면적을 할애하면서, 막상 도판의 주인공인 평면도는 아주 작은 크기로 표현하거나 소홀히 취급하는 경우를 자주 본다.

특별한 의도가 있는 경우가 아니라면 비록 아무리 전시용 도판이라 하더라도 평면도와 단면도와 같은 주요도면은 다른 도면들 보다 확실히 표현하는 것이 무엇보다도 중요하다. 왜냐하면 이들 도면 속에 설계의 가장 중요한 개념과 3차원적인 표현 등이 모두 담겨져 있기 때문이다.

따라서 필자는 평면도와 단면도와 같은 주요도면을 소홀히 취급하는 전시도판은 설계의 기본을 무시하는 것이라고 판단하고 평가한다. 평면도의 표현 시에 유의할 점을 살펴보면 다음과 같다. (7장의 평면계획 및 표현 시의 유의사항 참조)

- 도면의 축척에 상응하는 상세를 표현한다.
- 벽체와 개구부(창, 문)는 반드시 구분하여 표현한다.(오른쪽 박스부분 참조)
- 평면도를 사선oblique형태로, 또는 일그러뜨려 표현하지 않는다.
- 해당 층의 윗 층과 아래층의 상황을 알 수 있도록 표현한다.
  - 상부층의 돌출부분은 점선으로, 하부층은 실선(입면선)으로 표현한다.
  - 뚫린void공간의 상하부분을 정확히 표시한다.
- 외벽과 내벽의 두께를 구분하여 표현한다.
- 주요 실들에는 가능하면 가구배치를 한다.
  - 가구배치를 통해 평면 각 실의 크기와 형태가 올바로 계획되었는지 스스로 검증해 볼 수 있다.
- 특히 현관과 코어core부분은 시각적으로 잘 드러나도록 표현한다.
- 계단과 경사로 표기의 정확성에 유의한다.(UP, DN 표시 포함)
- 실의 명칭은 가능한 해당 평면도 속으로 넣어 기입한다.
- 전시용 도판의 경우, 평면도에도 적절한 톤tone작업이 필요하다. 다만, 평면에 과도한 채색을 할 경우, 평면 자체에 대한 이해에 혼란이 가지 않도록 유의한다.
- 부분적인 강조부분accent처리(중정, 광정, 수목, 출입구 표시 등)를 하면 평면의 구성을 이해하는데 도움이 된다.
- 전시 도판의 공간적 여유가 없을 경우, 1층 평면도와 배치도를 결합하여 큰 축척으로 그리는 것도 하나의 방법이다.

● 평면도에서 벽체와 개구부를 반드시 구분한다.

• 평면도의 축척이 작다는 이유 등으로 평면도의 벽체부분과 창문을 포함한 개구부를 구분하지 않고 막힌 벽체선으로 평면의 외벽선을 모두 표현하는 경우를 자주 본다. 건축의 본질 중 하나는 내부공간성이며, 내부공간감은 빛(자연광선)이 어떻게 들어오는지에 따라 좌우된다. 따라서 개구부를 표시하지 않은 평면도는 평면도라고 할 수 없는 것이다. 심지어는 건축공모전의 출품작에서도 평면의 외벽선을 모두 벽체선으로 표현하는 사례를 많이 보는데 이는 매우 잘못된 습관이다.

● 평면을 일그러뜨려 표현하지 않는다.

• 특별한 이유 없이 평면도를 비스듬하게(oblique) 평행사변형 꼴로 표현하는 것은 피해야 한다. 아마도 이렇게 하는 것이 멋있는 표현이라고 오해하는 듯하지만, 이러한 표현은 기능도나 동선도 등을 표현할 때 보조적인 다이어그램의 개념으로 사용하는 것이며, 일반 평면도를 그릴 때는 사용해서는 안 되는 표현방법이다.

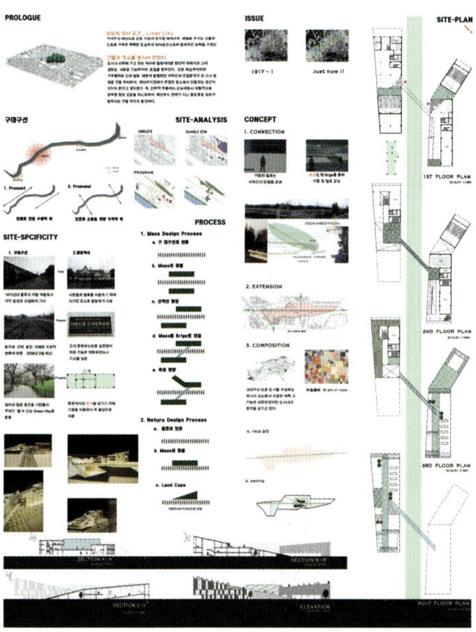

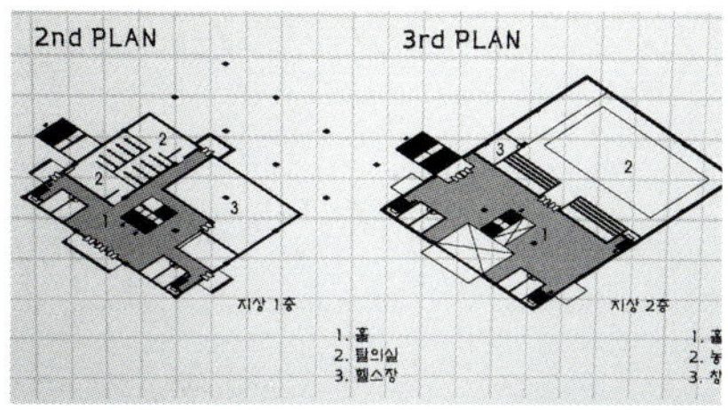

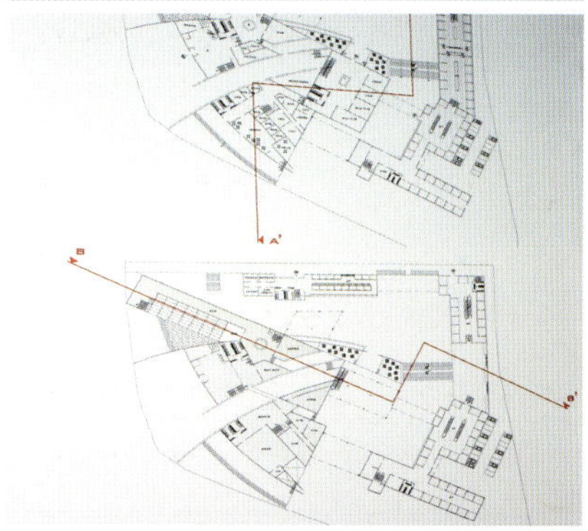

그림 10. 24 (좌) : **평면도가 너무 작게 표현된 사례** (영남대 5년, 졸업 설계전 시도판 중 일부, 2009)
좌측과 중앙의 개념부분에 비해 평면도와 단면도의 크기가 지나치게 축소되어 있다.

그림 10. 25 (우상), 10. 26(우중) : (대구건축대전 출품작 도판 일부, 2003년, 2004년)
특별한 이유 없이 평면을 일그러뜨린 사례

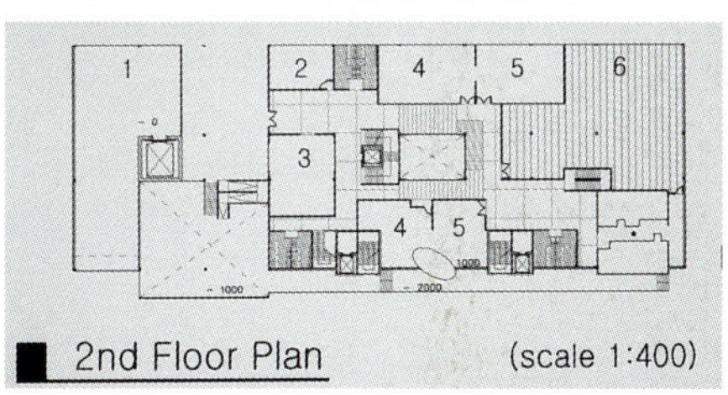

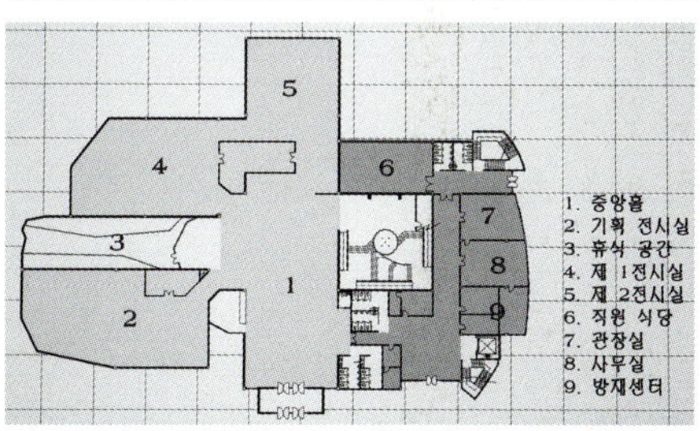

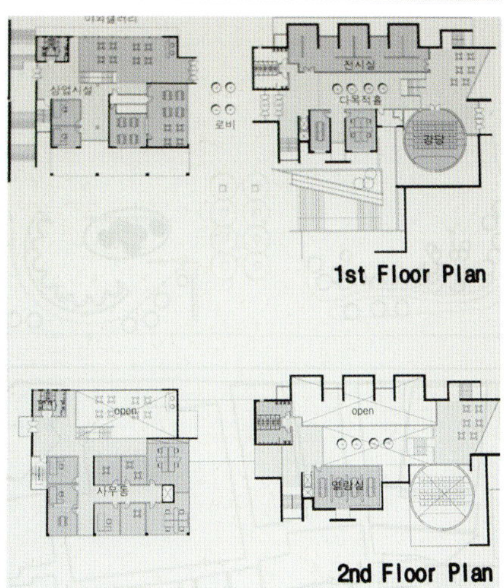

그림 10. 27 (좌상), 10. 28 (좌하) : **평면도 속에 실명이 아닌 번호를 기입한 사례** (대구건축대전 출품작 중 일부, 2003년, 2004년)

그림 10. 29 (우) : **평면도 속에 실명을 정상적으로 기입한 사례** (대구 건축대전 출품작 중 일부, 2003년)

그림 10. 30- 1,2,3 : **성실히 작도하고 정확히 표현된 미술관의 1, 2, 3층 평면도** (영남대 2년, 전시시설과제, 2013) 구조모듈의 이해와 램프 웨이 및 계단의 표현, 주요 실의 가구배치, 톤 작업, 아래층과 윗 층의 외곽선 표시, 심지어는 외부 가로수의 층별 표현까지 잘 이루어졌다.

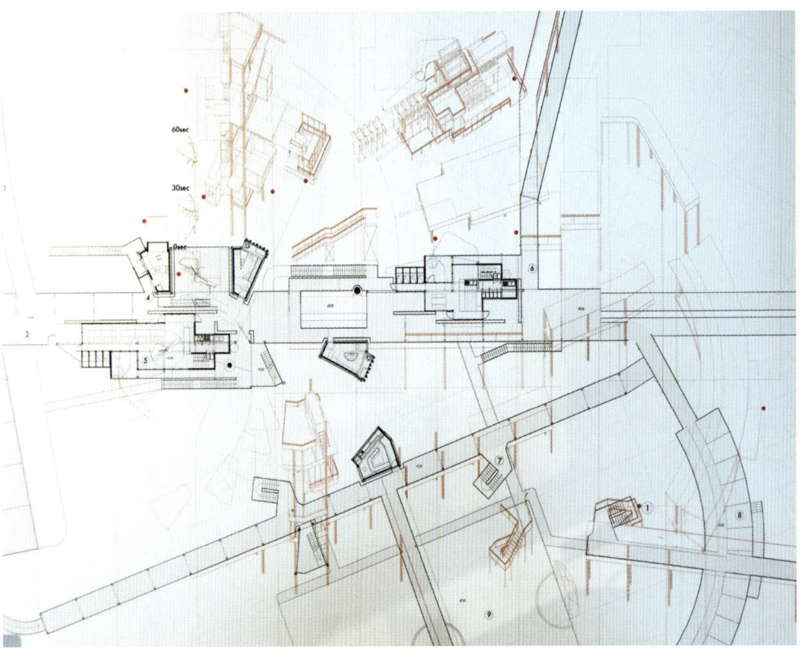

그림 10. 31 : **평면과 투상도를 중첩시킨 복합적 표현** (영국 런던, Bartlett건축대학, UG-6, 2018) 평면도의 주요동선 부분에 투상도를 중첩시켜 입체적인 이해도를 높이고자 하였다.

그림 10. 32 : **집합주거 Unit평면의 표현** (영국 글래스고우, Strathclyde대, 3학년)

3. 단면도의 표현

대부분의 학생들을 설계의 초기단계에서 여러 번의 평면스케치를 하는 동안 단면 스케치는 하지 않거나 소홀히 하는 경향이 있다. 바꾸어 말하면 학생들은 부지 속에 건물을 어떻게 배치할 것인가와 관련하여 2차원적인 건물의 형태를 흥미롭게 만드는데 관심이 집중되어 있다. 이처럼 설계 초기에 평면적 형태에만 치중하는 학생들일수록 설계의 후반부에 이르러 건물의 입면과 단면은 그냥 책을 쌓아둔 것처럼 평평하고 밋밋하게 처리하는 것이 일반적인 경향이다.

실제로 건물의 창의적이고 흥미로운 부분은 평면보다는 오히려 상 · 하공간의 재미있는 연결에서 비롯되는 경우가 많다. 즉, 평면은 기능을, 단면은 공간감을 나타낸다. 따라서 단면도가 흥미로운 건물의 평면이 재미없을 수가 없는 것이다.

그리고 설계도면을 그릴 때 단면도를 먼저 그리고 입면도를 그리는 습관을 저학년 때부터 들여야 한다. 단면도를 먼저 그린 뒤 그 위에 트레이싱지를 깔고 입면도를 그리게 되면 슬래브와 보의 두께 등을 포함한 구조적 요소가 자연스럽게 개구부(창호부분) 등 입면의 각 요소들을 결정하는데 근거로서 역할을 하게 된다. 단면의 표현에 유의할 사항을 보면 다음과 같다.

- 단면도를 먼저 그린 후 입면도를 그린다.
- 옥상 파라펫 부분의 단면선 및 입면선 표현을 잊지 않는다.
- 천장의 반자선을 표시하고 톤 작업을 한다.
- 지붕의 형태는 평지붕 뿐인가? 많은 학생들이 습관적으로 평지붕으로 마무리하는데 이는 게으르고 단면에 대한 관심이 부족하기 때문이다.
- 기초부분 표시방법에 유의한다. 학생들이 일반적으로 그리는 단면도는 계획설계 수준의 도면이므로 실시설계수준의 정밀한 기초표현을 할 필요는 없다. 특히 전시용 도판에서는 더욱 그러하다.
- 전시용 도면에서 지반선(G.L.)의 표현은 외벽체 두께의 3-4배 정도로 두껍게 하고 펜 터치로 효과를 내는 방법도 고려한다.
- 단면부분과 입면부분을 톤이나 색채작업 등으로 구분하여 표현하면 효과적이다.
- 1층 평면도에 단면 표시선을 그리는 것을 빠트리지 않는다.
- 단면도의 다양한 표현방법을 배우자. 때로는 투시형 단면도로 표현하거나 두께가 얇은 단면모형으로 도판에 붙여 입체감을 주기도 한다.

그림 10. 33-1,2 : **집합주거의 개성있는 입 · 단면 표현** (영남대 3년, 저층집합주거과제, 2016) 서정적인 입 · 단면과 단면모형의 표현 사례

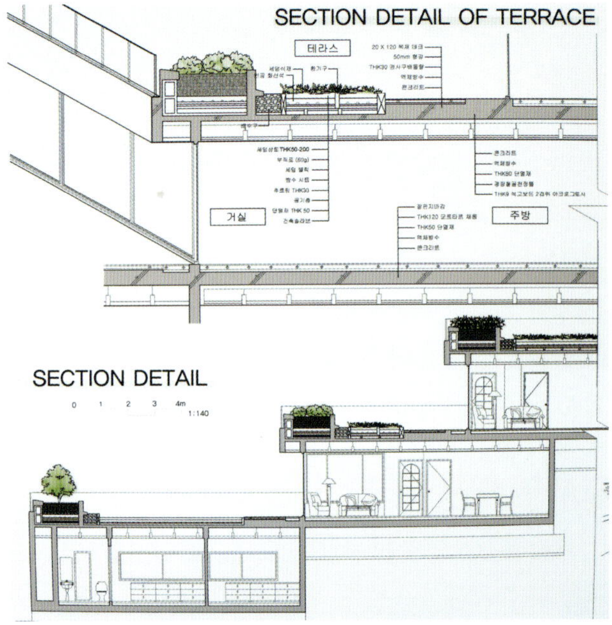

그림 10. 34 : **테라스하우스의 단면 및 단면상세 표현** (영남대 3년, 집합주거과제, 2015) 옥상정원 부분의 단면상세 표현 사례

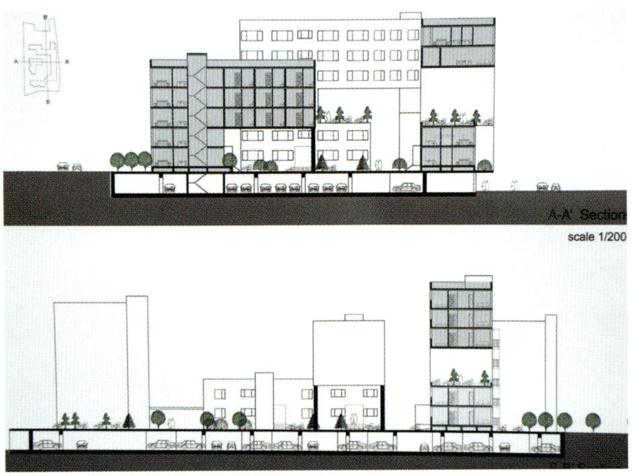

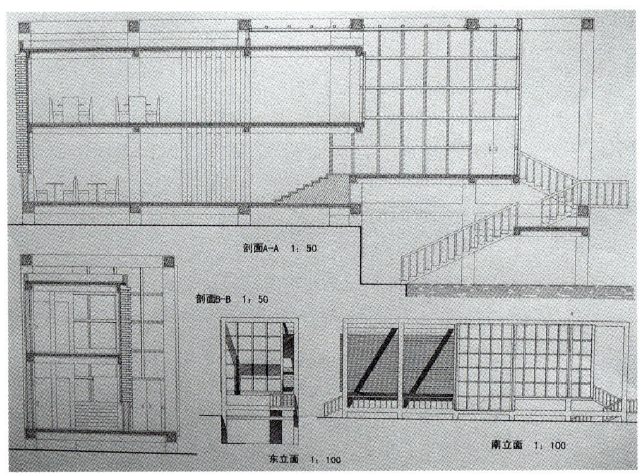

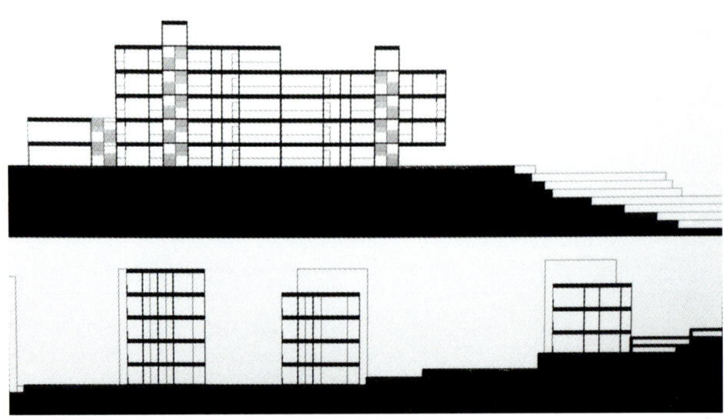

그림 10. 35 (좌상) : **집합주거의 단면표현** (영남대 3년, 저층집합주거 과제, 2008) 단면부분을 톤으로 처리하여 전체 스카이라인에서 단면의 위치와 상황을 표현한 사례

그림 10. 36 (우상) : **수작업으로 이루어진 단면표현** (중국 동남대, 2005) 수작업을 통해 단면의 세부적 요소까지 표현한 사례

그림 10. 37 (우) : **정보와 의미가 부족한 단면표현** (영남대 3년, 저층집합주거과제, 2008) 단면도를 통해 알 수 있는 것은 층수에 관한 정보뿐이다. 내용과 표현 모두에 걸쳐 부족한 단면 표현 사례

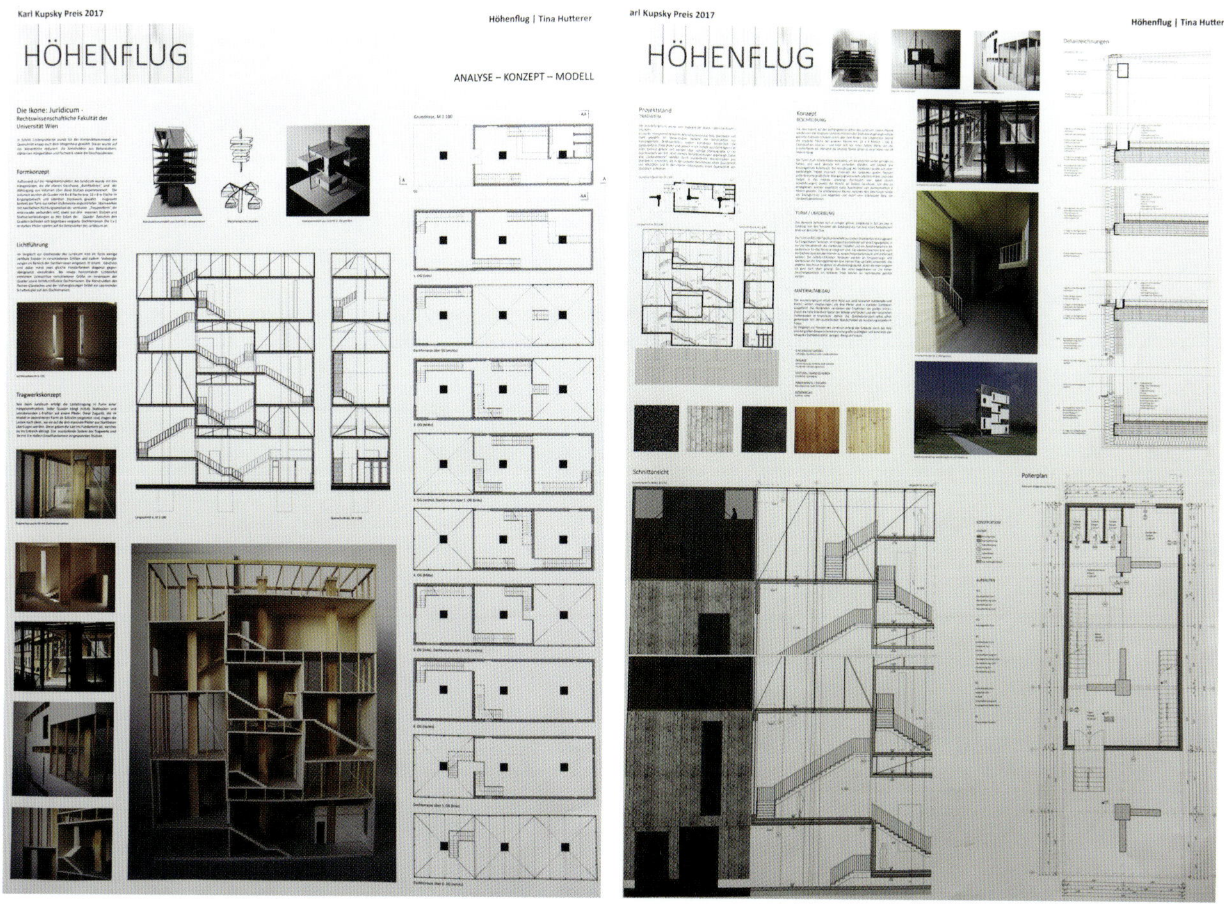

그림 10. 38-1,2 : **단면의 탐구와 표현이 중심인 전시도판** (오스트리아 Wien공대, 2017년 Karl Kupsky상 수상작) 개념-분석-모형-단면도에 이르는 모든 내용이 단면에 초점이 맞추어진 사례로서, 우측 도판에서는 계단상세, 외벽단면상세, 외벽재료 등을 집중적으로 표현하였다.

4. 입면도의 표현

입면도 자체는 그리기가 어렵지 않지만 전시도판에서 입면도를 효과적으로 잘 그리는 것은 생각보다 어려운 일이다. 때로는 평면이나 단면을 계획할 때는 미처 생각하지 못했던 장식적인 요소들도 머릿속에 떠올리고 표현해야 하므로 입면을 흥미롭게 디자인하기 위해서는 훌륭한 조형감각과 함께 수많은 설계경험과 지식을 바탕으로 한 상상력을 필요로 한다. 따라서 아직 설계경험이 거의 없는 저학년 학생들이 건물의 입면을 창의적으로 생각하고 표현하는 것은 매우 어렵다. (8장 단면과 입면계획내용 참조)

학생들이 이러한 점을 보완하기 위해서는 무엇보다 부지런히 기존 작품을 접하고 많은 책을 봄으로써 간접경험을 쌓는 것이 최선일 것이다. 그리고 실시설계도면이 아닌, 전시를 위한 계획설계도면에서 입면의 표현방법을 잘 이해하여야 한다. 8장의 내용에 추가하여 전시도판의 입면표현을 위한 유의사항을 소개하면 다음과 같다.

- 선線·line적이고 세부적인 표현보다는 음영tone의 표현에 따른 건물 전체의 입체감을 먼저 생각한다.
  - 입면에서 앞부분의 매스와 뒷부분의 매스를 면의 톤(shade)과 그림자(shadow)로 표현하여 입체감을 준다.
  - 재료의 마감선, 표시선 등을 과도하게 표현하면 혼란스러운 선적인 표현이 된다.
- 유리, 아트리움 등 보이드void한 부분의 표현에 유의한다.
  - 벽체와 유리부분은 서로 다른 톤으로 처리한다.
  - 벽면창과 천창의 프레임 등은 적절한 수준까지 표현한다.
- 입면도에도 나무 등 조경표현을 적절히 병행하여 풍부함을 준다.
- 모형사진 등의 매체도 전환하여 입면도로 적극 활용하는 등, 입면표현의 다양한 방식을 공부한다.

그림 10. 39 (상) : **투시도 형태로 자유롭게 표현한 입면** (영남대 3년, 저층집합주거과제, 2008)
전시용 도판에서는 경우에 따라서 정면이 아닌 방향에서 표현된 입면도 가능하다.

그림 10. 40- 1,2 (하) : **모형사진을 흑백으로 변환하여 표현한 입면** (대한민국 건축대전 입상작, 1994년)
(우) 정밀하게 제작된 모형
(좌) 모형사진을 흑백사진으로 변환하여 입면으로 사용

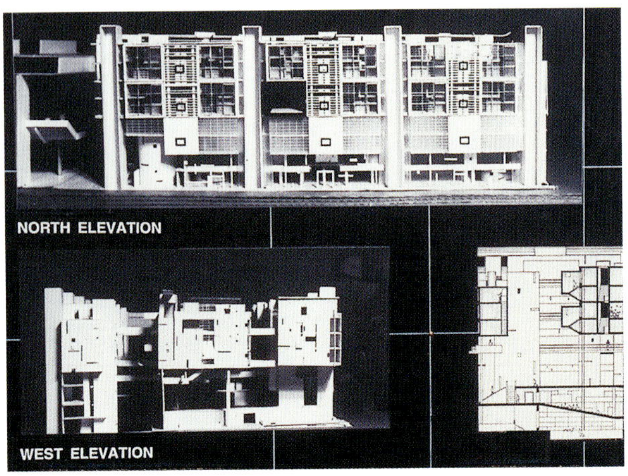

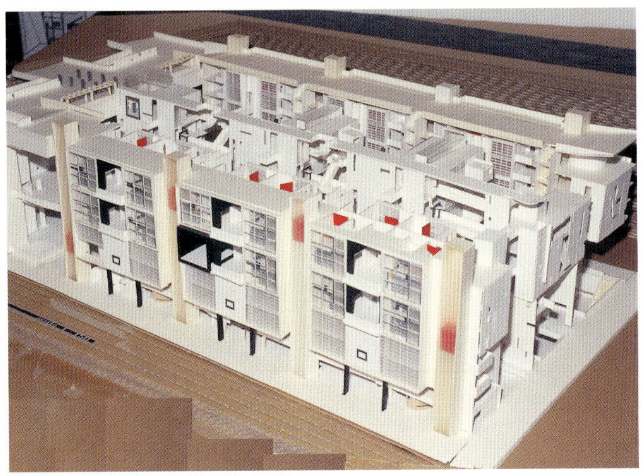

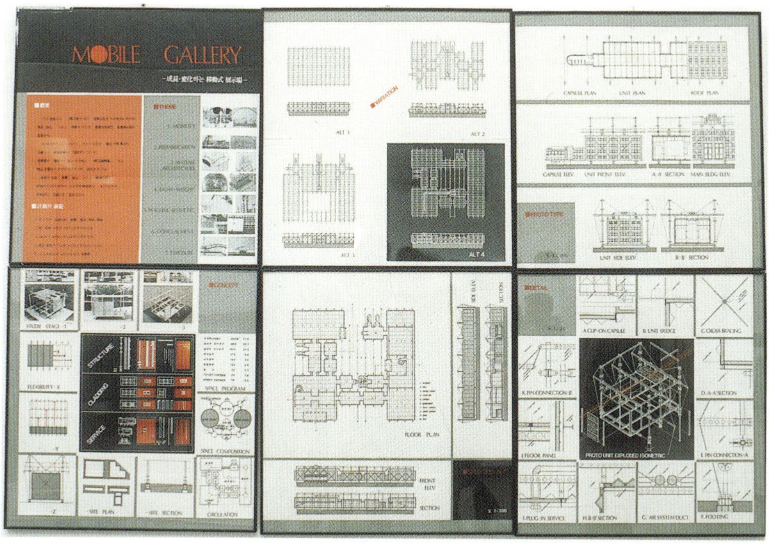

• 다양한 전시도판의 구성 사례

그림 10. 41 (좌) : **설계주제와 도판구성의 조화**
(대한민국건축대전 입상작, 1987년)「Mobil Gallery」라는 설계 주제와 일치하는 도판의 구성방식

그림 10. 42 (좌하) : **배링해협 국제공모전 수상작 도판**
(영남대 5학년, 2010년) 폐기된 잠수함들을 이용한 베링해협 문화공간 조성안을 담은 개념 위주의 표현

그림 10. 43 (우하) : **세로로 긴 도판의 적절한 분절**
(대한민국건축대전 출품작 영남대 5학년, 2009)

상,하 단부의 짙은 톤 처리를 비롯하여 복잡한 도판의 이미지들을 세로방향으로 적절히 모듈과 톤을 조절하여 전체적으로 균형감을 이룬 표현 사례

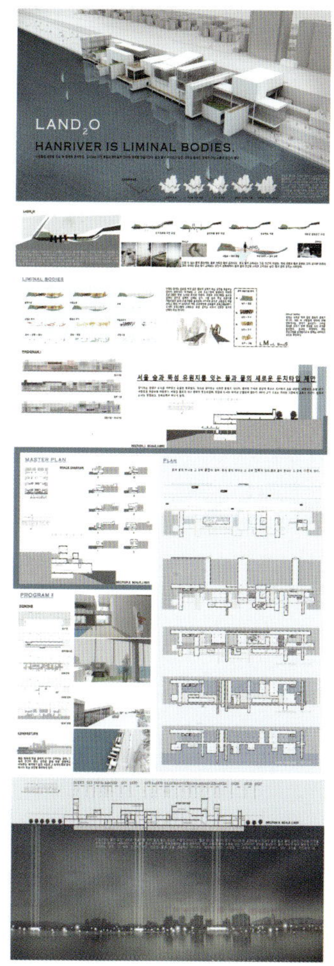

♠ 참고 및 인용문헌

• Bartlett School of Architecture, Bartlett Summer Show 2018, UCL

11장. 모형의 표현

● 모형작업 중인 개인 테이블
(예일대학교 2014년 여름학기)

어떠한 건축도면도 모형만큼
그 사실성과 즉각적인 시각효과라는 측면에서
보는 사람을 잘 이해시켜주는 것은 없다.

XI. 모형의 표현

3차원의 입체인 모형은 보는 사람이 즉시 시각적 형태로 이해할 수 있게 함으로써 곧 바로 피드백을 가능하게 해주는, 설계안 탐구의 강력한 수단이다. 이집트와 그리스-로마시대 부터 하나의 상징으로 만들어졌던 모형은 보자르식 건축교육이 활발하던 시대에는 철저하게 도면으로 대체되기도 하였으나, 바우하우스를 포함한 여러 건축학교들과 르 꼬르뷔제를 비롯한 많은 건축가들은 모형을 건축교육과 실무의 주요부분으로 포함시켜왔고 이러한 전통은 오늘에도 변함이 없다.

학생들의 과제설계 시에도 각 설계단계에 맞는 적절한 모형작업을 통해 설계작업을 보다 효과적으로 진행시켜나갈 수 있다. 이를 위해서는 우선, 설계의 각 단계별로 사용되는 다양한 모형의 종류를 이해하여야 한다. 그리고 모형제작에 사용되는 재료와 제작기법의 이해는 물론, 각 단계별, 용도별, 축척별로 건물부분과 조경을 포함한 외부공간의 표현수준과 상세함의 정도를 알고 실행할 수 있어야 한다.

01. 기본사항

평면도는 추상적인 도면이므로 대부분의 건축주와 일반인은 이를 제대로 이해하지 못한다. 그리고 입면도, 엑소노메트릭, 투시도의 순서로 갈수록 보다 이해하기 쉬운 시각적 표현이 된다. 물론 오늘날은 CG기술의 발전으로 모형 이상의 사실적이고 현실적인 장면을 보여주지만 이를 위해서는 일련의 장비가 필요하다. 따라서 어떠한 것도 모형만큼 그 사실성과 즉각적인 시각효과라는 측면에서 보는 사람을 잘 이해시켜주는 것은 없다.

설계스튜디오에서 학생들이 주로 다루는 건축모형은 크게 스터디모형(design study model)과 최종모형(presentation model)의 두 가지 유형으로 구분된다. 아무리 개념적인 것이라 하더라도 모형은 어느 수준까지는 정확하게 만들어야 하며 그렇지 못할 경우, 크기나 비례, 그리고 공간과 매스의 연결이라는 측면에서 왜곡되어질 수 있다. 그래서 모형은 설계자가 직접 만들 때 가장 효과적으로 표현되기 마련이다. 그리고 건축모형은 언제, 어떤 목적으로 만들어지는가에 따라 그 특성과 용도가 달라진다.*

* Fuller Moore, Modelbuilder's Notebook, MGH,1990 p.1~3

1. 용도와 단계별 모형의 종류

모형의 제작 시점과 단계의 측면에서 보면 최종모형은 설계가 완성된 시점에 제작되는 것인데 비해 스터디모형은 그 상태가 어떠하던 간에 차후의 탐구와 발전을 위해 열려있는 것이다. 모형을 용도나 표현영역의 측면에서 보면 기본모형(primary model)과 부차적 모형(secondary model)으로 다음과 같이 구분할 수 있다.*

* Criss B. Mills, Designing with Models, J-Wiley, 2011 pp. 2-26

가) 기본모형 (Primary Models)

설계의 각 단계별로 부각되는 다양한 이슈(focus)나 주제에 대해 탐구하기 위해 사용되며 초기의 스케치모형에서 최종모형에 이르는 다양한 유형이 있다.

① **스케치모형** (Sketch Model)

스터디모형 중에서도 초기에 속하는 것으로 3차원의 드로잉이나 스케치와 같이 신속하며 가볍게 만드는 것이다. 따라서 너무 자세히, 잘 만들려 하지말고 공간을 재빨리 시각화하는 것에 중점을 두어야 한다. 스케치모형은 칩보드나 얇은 우드락 같은 값싼 재료를 사용하여 상대적으로 작은 스케일로 만드는 것이 일반적이다.

② **다이어그램모형** (Diagram Model)

다이어그램모형은 스케치모형 및 개념모형과 연계되어있다. 그리고 다이어그램이 지니는 2차원적 속성을 반영하여 프로그램이라는 추상적 이슈와 구조, 동선, 그리고 부지와의 관련성 등을 주로 나타낸다.

③ **개념모형** (Concept Model)

설계의 초기단계에서 설정한 개념의 특성을 표현하고 탐구하기 위해 만들며, 스케치모형의 특별한 경우라고 할 수 있다. 그리고 설계개념이 그러하듯이 다양한 수단을 통해 비유적으로 변환, 표현된다. 예를 들어 빛과 그림자로 아이디어를 탐구하거나, 고정된 재료 속에 물의 추상적 특성을 표현하거나, 빛의 특성과 재료와의 관련성을 표현하는 개념모형 등을 들 수 있다.

④ **매스모형** (Massing Model)

설계의 초기단계에서 학생들이 가장 많이 제작하는 모형으로, 건물의 볼륨이나 매스를 나타내는 단순한 모형이다. 매스모형은 그 특성상 개구부 등 자세한 부분을 묘사하지 않으므로 대개 작은 스케일로 제작되며 설계의 초기단계에서 건물의 크기와 매스감, 비례감과 균형감 등을 신속히 파악할 수 있게 해준다.

⑤ **발전모형** (Development Model)

설계의 초기과정을 통해 중요한 사항들이 어느 정도 결정된 후, 다음 단계의 탐구를 위해 만드는 모형이다. 발전모형을 통해 외벽의 처리를 변경해본다거나 비례를 재구성하는 등의 작업을 하기도 한다. 발전모형은 일반적으로 스케일을 크게 만들므로 최종모형과 유사하게 보일 경우도 있지만 아직까지 수정 및 발전의 여지를 남겨두고 있다는 점이 다르다.

• 기본모형의 종류

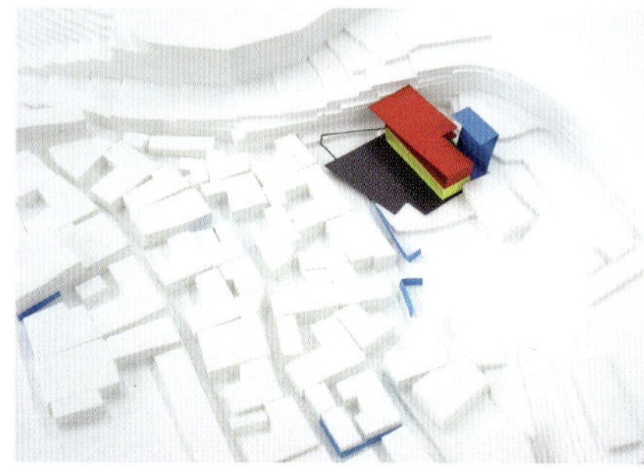

그림 11. 01 (좌) : **스케치모형 (1)**
(영남대 3년 전시시설과제, 2008)

그림 11. 02 (우) : **스케치모형 (2)**
(영남대 2년 단독주택과제, 2005)

그림 11. 03 (좌) : **다이어그램모형 (1)**
(영남대 디자인대학원, 도심 복합문화시설과제,2005)

그림 11. 04 (우) : **다이어그램모형 (2)**
(영남대 3년 전시시설과제, 2004)

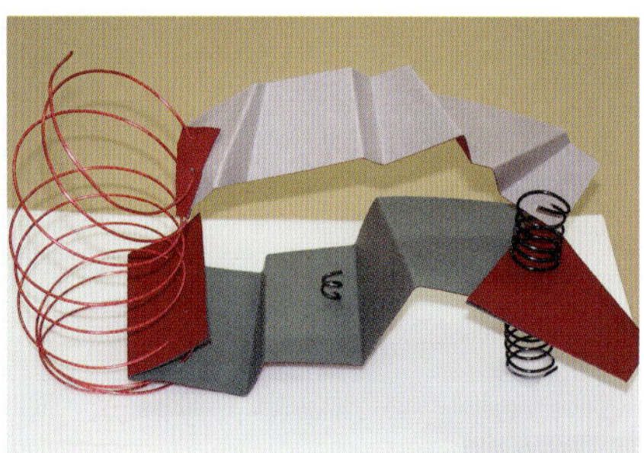
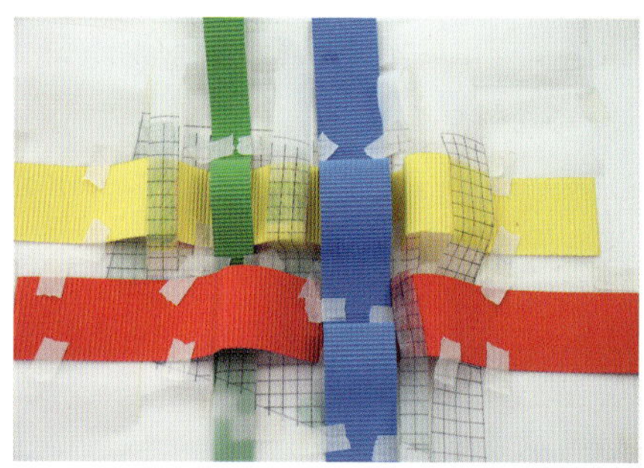

그림 11. 05 (좌) : **개념모형 (1)**
(영남대 3년 전시시설과제, 2004)

그림 11. 06 (우) : **개념모형 (2)**
(영남대 3년 전시시설과제, 2008)

그림 11. 07 (좌) : **매스모형 (1)**
(영남대 3년 전시시설과제, 2008)

그림 11. 08 (우) : **매스모형 (2)**
(영남대 3년 전시시설과제, 2008)

⑥ **최종모형** (Presentation · Finish Model)

완성된 설계를 표현하는 모형이므로 보다 정성을 들여 정밀하게 만들어 설계의 최종안을 눈으로 확인하는 것인 동시에 아직까지도 설계안을 완전히 이해하고 있지 못하는 건축주를 위한 것이기도 하다. 최종모형은 일반적으로 단일재료, 단일색상으로 만드는데, 이는 추상적인 단일색상을 사용함으로써 여러 색상이나 재료를 사용하는데서 비롯되는 잠재적인 산만함과 혼란을 방지하기 위함이다.

나) 용도별 모형 (Secondary Models)

용도별 모형은 건물이나 부지의 특정한 측면을 보기위해 사용된다.

① 대지 등고모형 (Site Contour Model)

대지모형, 혹은 등고모형은 지형이나 건물과 대지의 관련성을 파악하기 위해 제작한다. 치수가 일정한 재료를 여러 켜로 쌓으면서 대지의 경사를 재구성하여 보여준다.

② **대지 주변환경모형** (Site Context · Urban Model)

주변환경모형은 대지주변의 건물들을 보여주기 위한 것이다. 즉, 내가 설계하는 건물이 기존의 주변건물들의 매스 및 특징과 어떻게 관련되는가를 파악하는 것으로 때로는 전체 도시의 차원으로 확대되기도 한다.

주변환경모형에서 기존건물들은 중성적인neutral색상을 사용하여 매스로 표현함으로써 설계하고자 하는 건물과 대비시킨다. 그리고 때때로 여러 가지의 설계안을 대입하여 볼 수 있도록 해당 설계부지에 구멍을 내는 방식으로도 제작한다.

③ **도시모형** (Urban Model)

대지 주변환경모형과는 달리 도시모형은 기존건물들만을 표현하며, 부지가 속한 블록이 주변지역, 혹은 전체 도시와 어떤 관계를 지니는지를 보여준다.

④ **인테리어모형** (Interior Model)

앞의 기본모형 ⑤에서 설명한 발전모형의 일종이며 건물의 내부공간과 가구 등을 표현한다. 그리고 내부공간을 잘 볼 수 있도록 다양한 방법을 동원한다. 내부를 내려다보기 위해 지붕이 제거되기도 하고, 단면모형처럼 측벽을 제거하기도 한다. 때로는 위로 쳐다보는 공간감을 보기위해 바닥부분에 구멍을 내기도 한다.

⑤ 단면모형 (Section Model)

2차원적 스케치 등으로 이해하기 힘든 공간들 간의 복합적인 구성을 파악하기 위해 원하는 지점에서 공간을 수직적으로 잘라내어 제작한다. 잘라지는 부분

• 용도별 모형의 종류

그림 11. 09 (좌상) : **대지등고모형**
(미국 시애틀, 워싱턴대학, 2008)

그림 11. 10 (우상) : **대지주변환경모형**
(미국 보스턴, 하바드대학원, 2011)

그림 11. 11 (좌하) : **도시모형**
(독일 아헨공대, 대학원과제, 2017)

그림 11. 12 (우하) : **인테리어모형**
(영남대 2년 컨테이너주택과제, 2012)

• **맞은 페이지 그림 설명**
그림 11. 13 (첫째줄 좌) : **단면모형(1)**
(캐나다, 토론토대 건축학부)

그림 11. 14 (첫째줄 우) : **단면모형(2)**
(서울대학교 5년 졸업설계과제, 2016)

은 여러 가지의 중요한 공간적 상호작용이 이루어지는 복잡한 부분을 택한다. 단면모형은 내부공간을 드러낸다는 점에서 내부모형과 연관되어 있지만 내부모형과 다른 가장 큰 특징은 그 수직적 표현에 있다.

⑥ **파사드모형** (Facade Model)

특정한 입면을 독립적으로 검토, 발전시키기 위해 만든다. 전형적으로는 연속된 가로변에 어떤 건물을 끼워 넣으려고 할 때 해당 건물의 이미지를 연구하기 위해 사용되기도 한다.

⑦ **구조모형** (Framing · Structure Model)

공간속에서 프레임과 구조시스템과의 관련성을 시각화하기 위해 상세모형과 연관하여 사용한다. 보의 정확한 위치, 하중의 전달, 이 외의 기술적 고려사항 등이 결정된다. 구조모형은 교량이나 트러스 디자인과 같이 구조적으로 특별한 디자인을 탐구하기 위해 사용되기도 하며 어느 정도 큰 스케일로 제작한다.

⑧ **상세모형** (Detail · Connections Model)

형태의 분절 및 결합부에 관한 이해를 돕기 위해 보다 큰 스케일로 제작되며 구조접합부, 창호부분, 레일링 등과 같이 내 · 외부의 상세를 표현하기 위해 만든다.

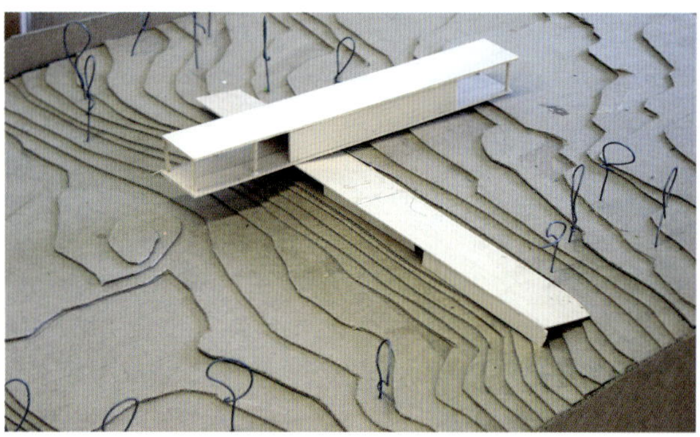

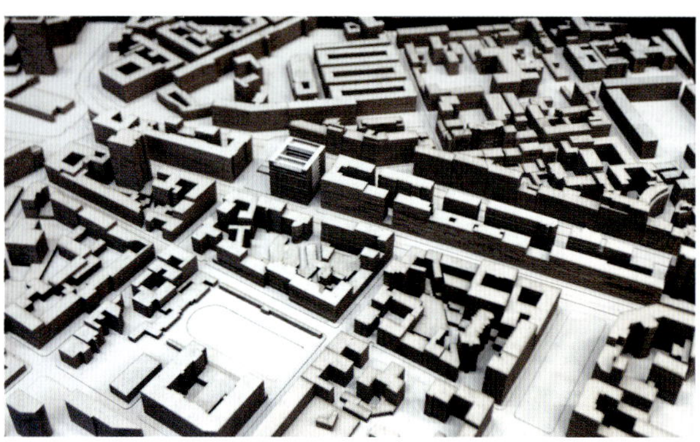

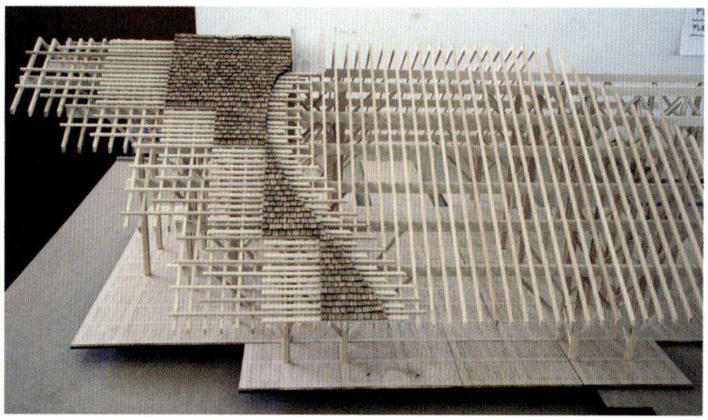

그림 11. 15 (둘째줄 좌) : **구조모형 (1)**
(미국 카네기멜런대 3년 교량설계과제, 2007)
그림 11. 16 (둘째줄 우) : **구조모형 (2)**
(영국 글래스고우 Strathclyde대, 2년 도서관과제, 2018)

그림 11. 17 (셋째줄 좌) : **상세모형 (1)**
(중국 남경, 동남대 설계과제, 2005)
그림 11. 18 (셋째줄 우) : **상세모형 (2)**
(미국 시카고, I.I.T, 목조지붕 상세모형, 2011)

그림 11. 19 (넷째줄 좌) : **실물크기모형**
(미국 카네기멜런대 3년, 공간감 체험을 위한 실물대 모형 , 2011)

그림 11. 20 (좌하) : **다양한 종이류와 발포 플라스틱 시트류를 사용한 모형제작** (독일 뮌헨공대 설계실, 2017)
크래프트지, 하드보드, 골판지, 우드락 등의 다양한 재료를 사용한 모델제작 과정

그림 11. 21 (우하) : **바스우드를 사용한 모형제작 과정**(미국 예일대 대학원, 2011) 다양한 두께의 바스우드를 사용하여 실내부터 외부까지 모형을 제작중인 과정

• 맞은 페이지 그림 설명

그림 11. 22 (첫째줄 좌) : **목재, 금속재, 시멘트를 사용한 모형** (영국 런던 AA스쿨, Unit-11, 2012)
목재, 금속판 및 시멘트 등의 다양한 재료를 혼합하여 제작된 모형

그림 11. 23 (둘째줄 좌) : **다양한 질감의 목재와 철선을 사용한 모형** (영국 런던 AA스쿨, 2012)
다양한 형태의 목재와 철선 등을 사용하여 제작된 배치도 겸 개념모형

그림 11. 24 (첫째줄 우) : **금속판을 사용한 모형** (영국 런던 Bartlett건축대학, UG-8, 2018)
다양한 두께와 표면의 철판과 아크릴을 사용한 모형

그림 11. 25 (둘째줄 우) : **금속판과 다양한 물품을 사용한 모형** (영국 런던 AA스쿨, INT-3, 2018)

2. 재료의 선택과 색채의 사용

가) 모형에 사용되는 재료

모형에 사용되는 재료는 다양하며 크게; ① 종이류, ② 발포 플라스틱류, ③ 목재류, ④ 석고 및 점토류, ⑤ 아크릴 수지류, ⑥ 금속류, ⑦ 기타 조경용 재료 등으로 구분할 수 있다.

이중 국내의 학생들이 많이 사용하는 재료는 크래프트craft지, 라이싱지 등의 종이류와 우드락woodlac-polystyrene foam, 폼보드foam board등의 발포 플라스틱 쉬트류, 그리고 발사balsa쉬트, 바스우드basswood쉬트 등의 목재류 등과 아크릴 판 등이다. 이들 재료는 각각의 특성이 있으므로 모형의 제작목적과 제작단계, 그리고 사용부위에 맞게 적절하게 선택한다.

압축 스티로폼이나 아이소 핑크와 같이 두꺼운 재료는 매스모형을 만들기에 적합하다. 그리고 폼보드는 우드락에 비해 힘이 있고 양면에 종이가 붙어있어 마감의 효과를 높여주지만 우드락보다 단면부분의 연속성이 부족한 단점이 있어 정밀성이 떨어진다.

크래프트지는 그동안 미국 등의 해외에서 많이 사용되어온 기본적인 모형재료였으나 최근에는 국내에서도 널리 사용되고 있다. 백색의 우드락에 비해 모형의 무게감과 세련된 느낌을 더해주는 차분한 갈색 및 회갈색의 색상과 종이류의 독특한 질감이 특징이다. 그리고 다양한 두께로 생산되어 등고선이 있는 지형모형을 제작할 때나 주변지역 건물모형과 도시모형은 물론 본 건물의 모형에도 널리 사용된다. 바스우드는 발사보다 입자가 더 조밀하므로 건물모형을 만드는데 보다 세밀한 표현이 가능하며 마감도 더 손쉽게 이루어지는 재료이다.

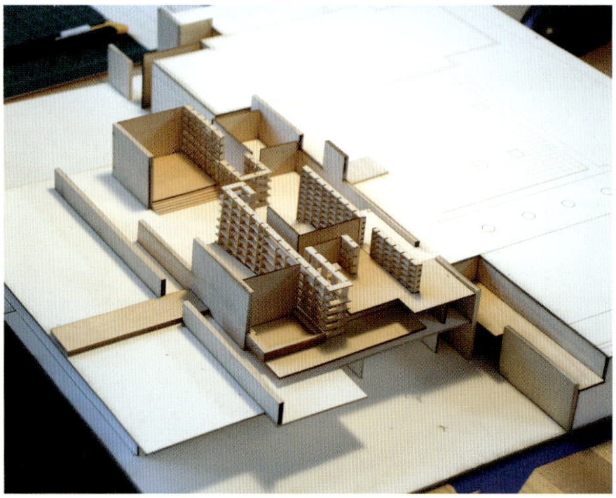

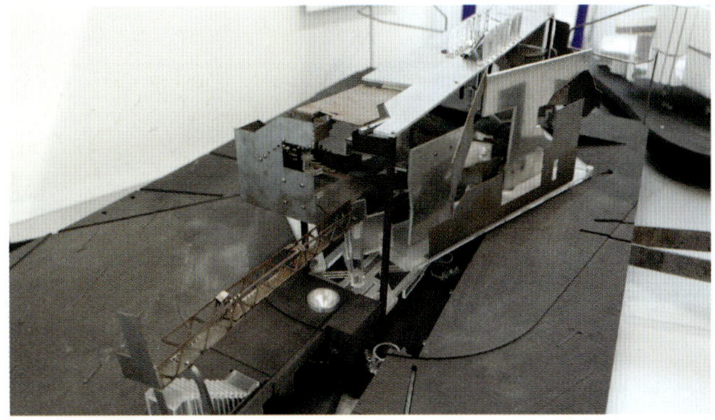

• 다양한 재료를 가공하기 위한 Work Shop들 디지털Lab(넷째줄 좌)

그림 11. 26, 27, 28 : (미국 코넬대, 2016) **금속공작실** (셋째줄 좌), **목공실** (셋째줄 우),
그림 11. 29 (넷째줄 우) : **금속공작실** (런던 AA스쿨, 2012)

나) 모형의 색채와 질감

모형의 색채는 모형재료가 지니는 고유한 색상과 질감을 그대로 드러내는 것이 일반적이다. 일반적으로 사용되는 모형재료는 백색, 유백색, 회색, 핑크색 또는 갈색계열의 색상을 지니므로 대부분의 경우 이들 모형재료의 색상은 그대로 모형의 색채가 된다.

매스모형을 비롯하여 학생들이 설계과정에서 제작하는 스터디모형은 대개 단일재료로 만드는데 그 결과, 모형은 단일색상mono-tone으로 표현된다. 단일색상의 모형은 다양하고 화려한 색채가 섞여있는 모형이 주는 시각적 혼란함에서 벗어나 순전히 건물의 매스와 볼륨, 그리고 내부공간에 집중할 수 있게 해주는 장점이 있다.

따라서 다양한 색채나 특별한 색상이 강조되어야 하는 경우를 제외한다면 건물의 모형은 재료가 지닌 색상과 질감을 그대로 살린 단일 톤tone으로 표현하는 것이 가장 무난하다. 여기에 필요하면 코어나 각 매스의 절점joint 부분에 약간 다른 색상의 재료나 투명한 아크릴판 등을 첨가하여 건물을 적절히 분절시켜 표현하는 것도 좋다.

• **모노톤으로 제작된 모형 사례**

그림 11. 30 (좌상) : **모노톤의 건물모형** (영남대 2년 전시시설과제, 2013)
백색의 모노톤으로 제작된 최종모형에서 수목부분에 약간의 색상을 부가하였다.

그림 11. 31 (우상) : **강한 색상의 모형** (영남대 디자인대학원 과제, 2008)

초등학교계획안이라는 주제에 맞추어 강한 원색을 사용한 사례이다. 이러한 모형에서는 공간감보다는 색채가 먼저 눈에 들어오므로 주의하여 사용한다.

• **배경과 조화되는 건물의 색상처리**

그림 11. 32-1,2 : **연구소건물의 스터디모형과 최종모형 색상** (영남대 5년, 개인과제, 2008)
(좌하) 스터디모형은 회갈색의 톤으로 구성하였다.
(우하) 최종모형은 녹색의 톤에 적합한 재료와 색상으로 구성하였다.

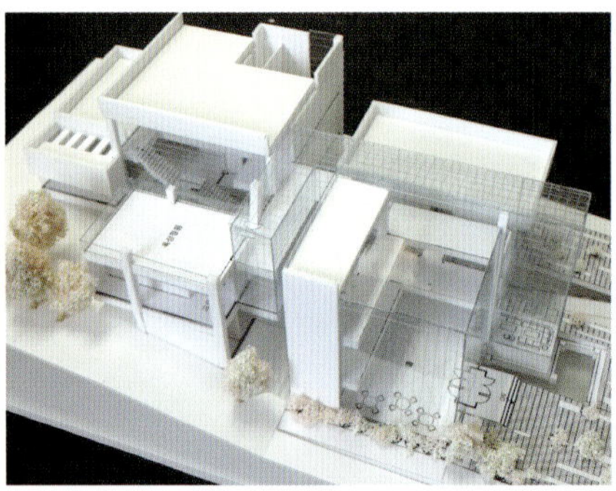

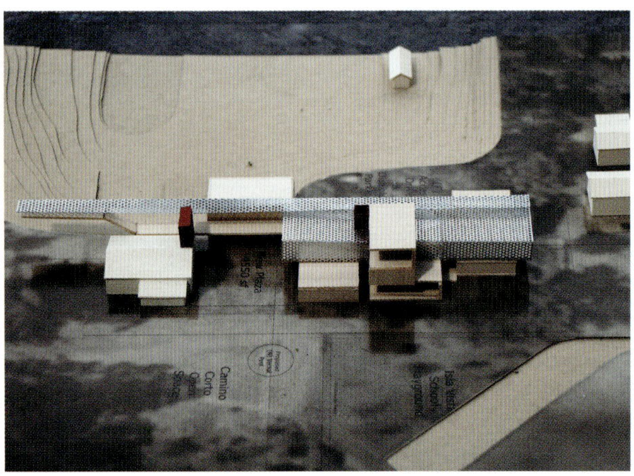

다) 색채의 표현과 채색

여러 가지 이유로 모형에 색채를 넣을 경우도 많다. 예를 들어 친환경건축물의 옥상과 테라스에 특별히 녹색의 표현을 한다거나 팝아트Pop Art미술관의 파사드에 다양한 색채를 표현하는 경우 등을 들 수 있다. 그렇지만 색채를 넣을 때도 건물을 완성했을 때의 실제 색채를 모형에 그대로 표현하는 것은 색채가 너무 강조되어 다른 요소들과 잘 어울리지 않게 된다.

이런 현상은 모형의 외부공간에서 조경의 표현 등에서 특히 두드러진다. 조경요소의 실제 색상을 그대로 모형에 사용하면 너무 강한 표현이 되므로, 다른 색을 섞어 부드럽고 채도가 다소 낮은 색상으로 변환, 표현하는 것이 필요하다. 예를 들어 나무의 경우, 녹색이 아니라 갈색을 섞은 올리브 그린 색상을 사용한다.

모형의 바닥판 색채는 건물과 너무 대비가 되는 짙은 색상이나 건물과 동일한 색상을 사용하지 말고 적절히 색상과 톤의 변화를 주는 것이 좋다. 모형 바닥판으로 흑색이나 짙은 청색 또는 짙은 갈색 등과 같이 건물이나 다른 부분과 대비가 심한 색상을 사용할 경우, 모든 외부공간요소나 조경요소들이 지나치게 또렷이 드러나므로 조경표현이 그만큼 부담스러워진다. 그리고 모형제작의 편의성과 전체적인 통일감을 위해서 모형재료의 채색이나 질감 넣기 작업은 절단하기 전에 이루어져야 한다.

• 절단면의 채색(Coloring Cut Edges)

모형의 모든 조각들을 절단하고 나면, 절단된 모서리 면의 모든 흰 부분을 마카 등을 사용하여 다른 부분과 동일하게 색칠한다. 접착제를 바르기 전에 이 작업을 하는 것이 중요하다.

3. 대지와 건물의 배치

모형제작에서 중요한 것의 하나는 주변의 트리밍trimming이다. 건물주위의 상황을 불필요할 정도로 광범위하게 포함시켜 막상 주제가 되는 건물이 볼품없이 작아 보이게 하거나, 또는 그 반대로 부지 인근상황을 과도하게 생략하고 거의 단일건물만을 표현함으로써 대지와 인접한 주변상황을 전혀 알 수 없는 경우도 자주 본다.

즉, 설계의 개념과 건물의 특성에 따라 주변의 도시상황을 적절히 트리밍 하되, 건물 주변의 도로상황이나 중요한 인근 환경은 포함시키도록 한다. 주변도로의 폭이 특별하게 넓지 않은 경우라면 대개 주변도로와 함께 도로 반대편의 건물블록 한 열 혹은 두 열의 정도가 포함될 수 있도록 모형제작의 범위를 정하면 무난하다.

대지가 평지라면 건물 하부의 밑판을 굳이 파내지 않더라도 대지에 건물을 적절히 부착할 수 있지만 경사지인 경우, 건물과 지면이 만나는 부분은 평지와 달리 복잡해진다. 대개는 경사지면 부분을 건물의 아랫부분에 맞게 다듬는 것이 그 반대로 건물의 하부를 지면에 맞추어 제작하는 것 보다 훨씬 쉽다. 이 때 지면 아래로 들어가는 부분을 고려하여 건물의 높이를 더 높게 해야 하는 것은 물론이다.

4. 렌더링과 스케일감

모형재료에 렌더링 작업을 하기 전에 그 모형의 축적과 렌더링의 상세도가 잘 맞는지 생각해보아야 한다. 예를 들어, 벽돌 벽의 줄눈을 어느 정도까지 상세하게 표현하는 것이 작업하고자 하는 모형의 크기와 어울리는지를 판단해야 한다. 수직방향의 벽돌 줄눈 등과 같은 세부를 너무 자세하게 표현할 경우, 오히려 모형의 전체적인 주요 특징을 파악하는데 혼란을 주기도 한다. 때문에 수평방향의 벽돌 줄눈 질감만을 마카 등을 사용해서 넣는 것이 보다 효과적일 경우가 많다.

또한 렌더링 시에 스케일의 정확성에 유의하는 것은 매우 중요한 사항이다. 예를 들어, 벽돌의 수평줄눈 질감을 넣을 때, 이들 간격을 너무 넓게 하면 전체적인 건물의 크기는 훨씬 작아 보인다. 같은 이유로, 자동차나 사람크기, 외부계단과 핸드레일, 옥외주차장의 주차구획선 등도 정확하게 표현하여야 모형 전체의 스케일감이 올바로 전달된다.

• 모형 외벽의 렌더링과 질감표현 사례

그림 11. 33 (좌) : **벽돌패턴의 표현** (독일 뮌헨공대, 2017 여름학기) 외벽의 상세와 함께 실제의 비례에 맞는 벽돌무의 시트를 발라 질감을 표현

그림 11. 34 (우상) : **벽돌패턴의 표현** (영남대 3년, 저층집합주거과제, 2017) 외벽에 붉은색 벽돌패턴과 창문 하부 인방보를 넣어 질감을 표현

그림 11. 35 (우하) : **노출콘크리트의 표현** (영남대 2년, 전시시설과제, 2016) 은색의 시트와 렌더링을 통해 노출콘크리트 외벽을 표현

02. 건물의 표현

1. 축척에 따른 모형의 상세

모형의 적절한 크기는 ① 설계과제의 규모(project size), ② 작업의 수준(level of study), ③ 상세함의 수준 (level of detail) 등에 따라 결정된다. 모형의 크기를 증가시키는 주된 이유는 보다 상세한 표현을 담기 위함이다. 대개 모형을 통한 설계작업이 진전되면서 건물 각 요소들 간의 일반적인 관계성을 보여주는 정도에서부터 디테일을 보여주는 수준에 이르기까지 모형의 크기를 점차 크게 하는 것이 일반적이다. 하지만 상세함이 증가되지 않고 단지 크기만 키운 모형은 의미가 없다.

작은 축척이면서도 어느 정도 세부적 표현이 필요할 경우, 만일 입면도가 있으면 이를 축소 복사하여 모형의 입면에 부착하는 방법이 효과적일 때가 있다. 그리고 외벽 등의 깊이감을 표현하고자 할 때는 두꺼운 하드보드 두 장을 준비하고 그 중 한 장 위에 입면을 부착하여 창호나 입구 등의 개구부를 오려내고 나머지 한 장을 뒷면에 겹쳐 붙이면 입면의 입체감과 깊이감을 줄 수 있다.

설계안의 발전과정에 이루어진 중요한 디자인 요소들을 어느 정도까지 표현해 주기 위해서는 중간축척 이상의 크기로 제작하게 된다. 이러한 크기의 모형에서는 보다 다양한 기법과 재료가 사용되며, 제작하고자 하는 축척에 적합한 표현의 상세가 이루어져야 할 것이다. 세부적인 내용은 이어서 설명하기로 한다.

2. 내부공간의 표현 수준

건물내부를 어느 정도까지 보여줄 것인가에 따라 모형을 만드는 방법도 달라진다. 내부를 완전히 보여주고자 한다면 모형을 제작하는 시간은 두 배가 소요된다. 대부분의 경우, 외부모형에 적합한 축척의 모형에서는 모형자체의 크기가 작기 때문에 내부를 보여준다 해도 중요한 내부의 간벽이나 아주 큰 가구 정도만 표현하게 된다.

만일 2층으로 된 건물의 내부를 보여줄 경우, 지붕과 2층 바닥(내부 간벽을 포함)을 들어낼 수 있게 표현하고 1, 2층의 외벽은 연속적으로 고정시켜 만드는 것이 좋다. 이렇게 함으로써 외부벽체에서 1, 2층 사이의 제거하기가 곤란한 이음매 부분을 처리하거나 손질하는 수고를 줄일 수 있다.

• 모형작업의 발전과정 사례 (영남대 4년-복합문화 · 상업시설과제, 권상우, 2006)

그림 11. 36-1,2,3,4,5,6,7,8,9,10,11(첫째 줄부터 좌에서 우로, 넷째 줄까지) : 색상지를 이용한 스케치모형-아이소핑크를 사용한 매스모형-목재를 이용한 매스모형의 발전-색상지를 이용한 Solid & Void모형-스티로폼을 사용한 매스모형의 발전-으로 이어지는 연속적인 과정을 보여준다.

• 모형작업을 통한 주호 및 주동계획
(영남대 3년, 저층집합주거과제,
권상우, 2005)

그림 11. 37-1,2,3,4,5,6 (좌) :
매스모형을 통한 주호의 결합방식 탐구-4개의 서로 다른 주호유형이 가장 단순한 입방체로 결합될 수 있는 방안을 탐구하는 과정

그림 11. 38-1,2,3 :
(좌하, 중하) **매스모형을 통해 설정된 각 주호유형을 평면으로 전환**
(우하) **최종적으로 완성된 평면유형 3가지**

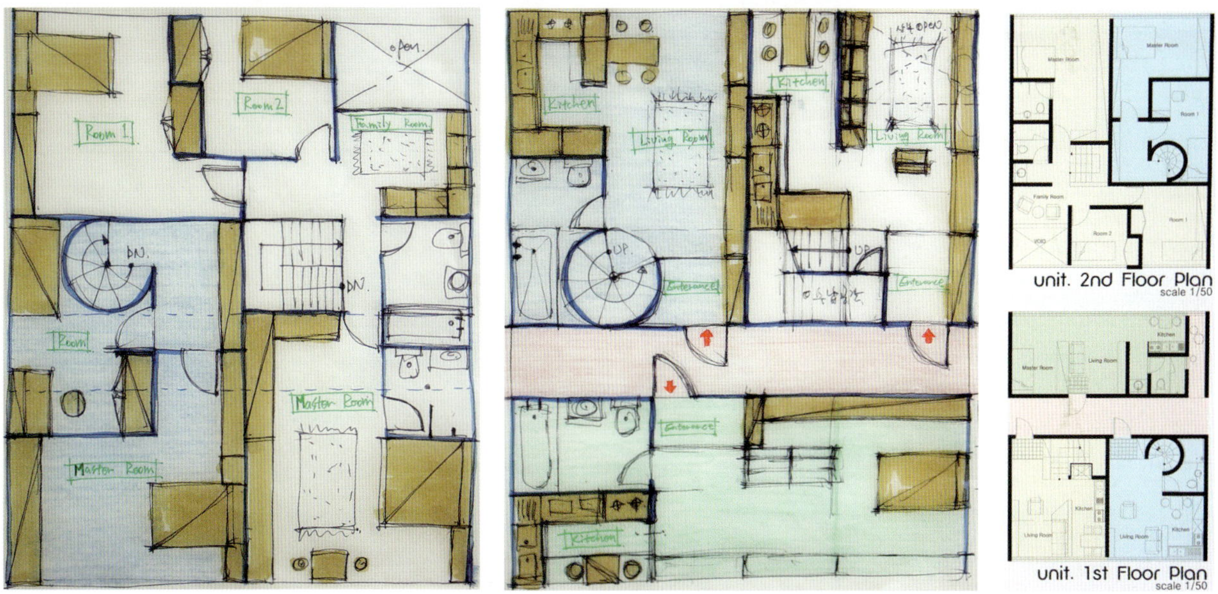

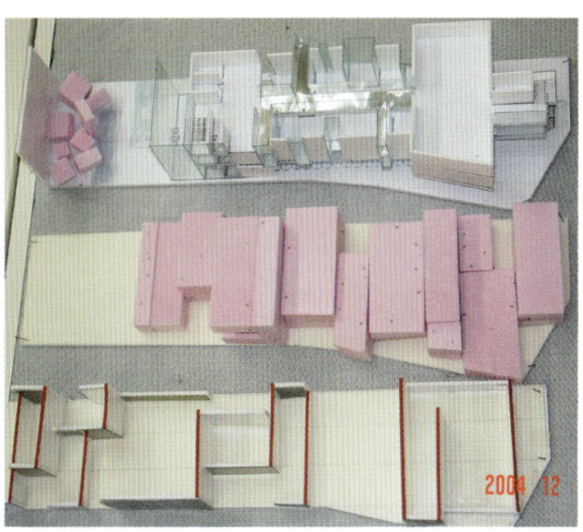

그림 11. 39 (좌) : **모형의 발전과정**
(영남대 3년, 전시시설과제, 2004)
벽체선을 강조한 면 모형-매스모형-발전모형으로 이어지는 모형제작과정

그림 11. 40 (우) : **모형을 통안 다양한 대한의 모색** (영남대 3년 전시시설과제, 2006)
부정형 매스 구성의 다양한 대안을 탐구하는 과정과 최종안(아래 부분) 모형

3. 건물 주요부분의 표현

가) 벽체의 두께와 건물의 입체감

완성되어 전시된 모형은 대부분 위에서 바라보게 된다. 따라서 어느 정도 두꺼운 재료를 사용하여 벽체를 만드는 것이 완성된 모형에 힘과 생동감을 더해준다. 특히 위에서 내려다 본 건물옥상 파라펫선의 두께는 전체 모형의 입체감에 큰 영향을 미친다. 물론 벽체의 두께는 모형제작의 정확성 및 소요시간과 관련이 있다. 제작시간을 절약하고 모형작업의 용이함을 위해 벽체를 얇게 표현하려 한다면 다음과 같은 경우에 적용하는 것이 좋다.

- 건물 내부를 보여주지 않을 경우
- 벽체의 두께가 중요한 디자인 요소로 작용하지 않는 경우
- 창호부분의 깊이감을 충분히 표현하지 않아도 되는 경우, 하지만 평지붕인 경우, 옥상 파라펫선의 표현에 유의하여 제작한다.

나) 재료의 적절한 변화를 통한 분절

완성된 최종모형의 경우, 단일 톤의 표현으로도 충분한 경우가 많다. 하지만 설계의 초・중기단계에서 제작되는 스터디 모형의 경우, 단일 색상의 우드락을 잘라서 전체 매스가 단조롭게 보이도록 하지 말고 건물 중간 중간에 적절히 재료와 색상의 변화를 주는 것이 매스의 구성개념을 이해하고 생동감과 분절감을 나타내는데 도움이 된다.

예를 들어 계단실과 같은 코어부분이나 보이드void부분에 투명한 재료를 사용하고, 기타 분절이 필요한 부분에는 색상이 다른 스티로폼을 사용한다면 보다 변화감과 생동감이 있는 표현이 될 것이다. 비슷한 매스가 반복되는 집합주거계획 등에서 코어부분의 분절된 표현은 특히 중요하다.

• 계단실 등의 분절점에 색채를 넣어 모형에 리듬감을 부여한 사례

그림 11. 41 (좌) : **계단부분의 색상과 리듬감(1)** (영남대 3년 저층집합주거과제, 2006)
세부적으로는 재료와 색상의 섬세한 변화가 있으나 전체적으로는 모노톤인 모형에서 계단실 부분을 강조색으로 처리하여 리듬감을 부여한 사례

그림 11. 42 (우) : **계단부분의 색상과 리듬감(2)** (영남대 3년 저층집합주거과제, 2008)
매스 스터디모형 단계에서도 계단실 부분에 색상과 재료의 변화를 주어 각 주호들의 위치와 리듬감을 부여한 사례

그림 11. 43 : **얇은 재료로 인한 입체감의 부족** (영남대 3년 전시시설 과제, 1999) 너무 얇은 라이싱지를 사용하여 입체감이 부족한 모형

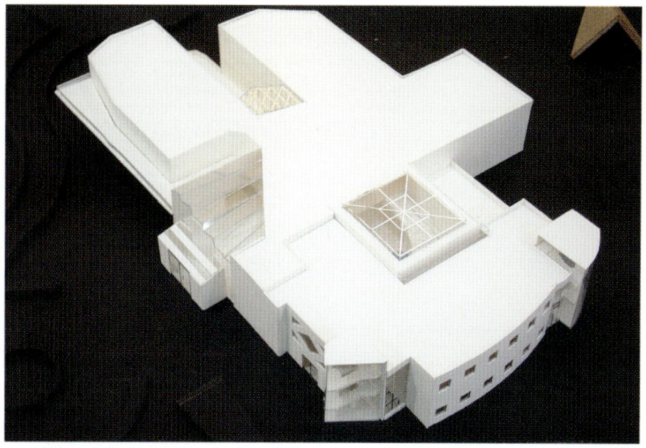

그림 11. 44 : **모형을 보는 시각에 대한 고려가 부족한 사례** (대구건축 대전 출품작, 2004) 위에서 내려다 봤을 때 입체감과 분절감의 부족

그림 11. 45, 46 : **두꺼운 재료를 사용하여 입체감과 힘이 있는 모형** (영남대 3년 전시시설과제, 2006) 모형은 대부분 위에서 내려 보는 경우가 많다. 따라서 이처럼 두꺼운 재료를 사용하여 옥상 파라펫 선을 힘 있게 표현하고, 특히 천창과 같은 유리면을 정밀하게 표현하는 것이 중요하다.

그림 11. 47-1,2 : **동일한 모형을, ① 옥상 파라펫을 생략하고 얇은 재료로 표현한 경우**(좌)와 **두꺼운 재료를 사용하여 옥상 파라펫을 표현한 경우**(우) (영남대 디자인대학원 전시시설계획안, 2004) 재료의 두께와 옥상 파라펫 유무를 포함하여 위에서 내려 보았을 때의 요소에 대한 표현의 차이

다) 창호와 유리면*

창호와 유리면은 모형제작의 정밀도를 느끼게 해주는 중요한 부분으로 다양한 방식으로 표현될 수 있다. 소형 및 중간 크기의 모형에서 내부가 보이지 않고 창호의 크기가 작을 경우, 그냥 불투명하게 처리하는 것이 가장 간편한 방법이다. 이 경우 어두운 색상의 재료가 무난한데, 왜냐하면 외부와 비교했을 때 실내는 어둡기 때문이다. 그리고 창호부분의 어두운 색과 주변 벽체 색상의 대비는 창호가 원래 지니고 있는 보이드void한 특징을 잘 표현하는 것이기도 하다.

창호표현의 다음 단계는 외벽에서 창호부분을 오려내는 것인데, 외벽에 채색을 할 경우, 잘라진 단면 부분도에 채색을 하는 것이 바람직하다. 모형의 축척이나 창호부분이 보다 커지고 유리부분이 전체 건물의 디자인에서 주요 요소로 작용하게 되면, 유리면의 상태나 반사가 중요하게 된다. 아주 작은 창호부분을 제외하고는 모형의 창호에서 플라스틱부분이 일그러져서 반사되지 않도록 단단 부착해야 한다. 일그러진 플라스틱 재료로 창호를 만드는 것 보다는 차라리 이 재료를 끼우지 않는 것이 더 낫다.*

유리부분이 더욱 커지고 건물의 코너부분이 유리로 되는 경우, 아크릴 판과 같이 두께가 있고 단단한 재료를 사용하여 반사를 깨끗하게 하도록 함은 물론, 건물외관이 힘 있게 보이도록 해야 한다. 이 경우 아크릴판은 일그러진 반사를 막는 것과 함께 모형을 지지하는 구조적 역할도 하게 된다.

• 천창과 넓은 유리면의 표현

대부분의 모형은 위에서 내려다보게 되므로 천창이나 고창부분의 표현은 모형 전체에 대한 이미지를 좌우하는 중요한 요소가 된다.* 특히 고창부분 창살(프레임)의 표현을 섬세하고 정확하게 하는 것이 중요한데, 약간 가늘고 섬세한 라인테이프line tape로 휘지 않게 정확한 굵기와 간격으로 붙이는 것이 중요하다. 천창의 프레임을 굵고 투박하게 절단된 라인테이프로 간격이 맞지 않거나 삐뚤게 붙이게 되면 오랫동안 힘들여 제작한 모형 전체의 이미지를 순식간에 망가뜨리게 된다.

유리면이 주가 되는 건물의 경우, 건물의 벽체를 투명한 아크릴로 만들고 여기에 기둥과 멀리언mullian을 나타내는 수평띠strip를 바르는 것이 좋다. 이 때 라인테이프를 정밀하게 붙일 자신이 없다면, 칼 등으로 아크릴 표면에 자를 대고 정확하게 홈을 판 뒤, 여기에 물감이나 색을 집어넣으면 깨끗하고 세밀한 프레임의 표현이 가능해진다.

*
Fuller Moore, Modelbuilder's Notebook, MGH,1990 pp.66~67

*
창호부분의 투명재료를 일그러지게 만들면 모형 자체의 사실감이 떨어지게 된다.

*
대부분의 모형은 위에서 내려다본다.
따라서 다음과 같은 요소가 모형의 건물부분 이미지를 결정하는 중요한 사항이 된다.
- 천창부분의 유리면과 프레임의 정밀한 표현
- 옥상 파라펫의 두께와 표현
- 옥상 파라펫 절단면의 정밀도

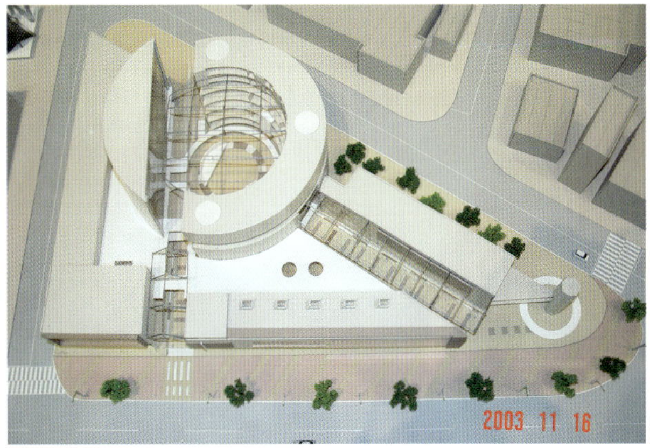

그림 11. 48-1,2 : **외벽 창호부분(좌)과 천창(우)부분의 표현이 섬세하게 표현된 사례** (대구건축대전 입상작, 2003)
외벽창호의 창살부분과(좌) 천창 및 지붕부분의 표현이 섬세하여 위에서 내려다 본 모형의 효과가 좋은 모형 사례

그림 11. 49 : **아크릴 재료 위에 홈을 파서 창호를 표현한 사례**
(영남대 3년 전시시설과제, 2004)

그림 11. 50 : **라인테이프를 정밀하게 부착하여 유리부분을 표현한 사례**
(영남대 3년 전시시설과제, 2004)

그림 11. 51 : **두꺼운 라이싱지를 사용하여 정밀하게 천창부분을 오려내어 표현한 사례** (영남대 3년 전시시설과제, 2006)

그림 11. 52 : **외벽을 2겹, 3겹으로 붙여 창호부분의 입체감을 표현한 사례**
(독일 뮌헨공대, 2017 여름학기)

03. 조경의 표현

1. 건물과 어울리는 조경 표현

배치도에서 조경부분을 잘 그리는 것이 쉽지 않듯이 모형에서 조경부분을 표현하는 일도 신중을 기해야 하는 작업이다. 더욱이 건물 위주로 모형제작 작업을 진행해오다보면 마감시간을 앞두고 외부공간과 조경부분을 제대로 표현할 수 있는 여유가 없는 경우가 많다.

시간이 너무 없을 경우, 배치도면을 그대로 칼라 복사하여 모형의 밑판에 붙이고 그 위에 건물을 올린 뒤, 조경은 최소한의 부분만 반 입체, 혹은 입체의 형태로 올리는 방법도 있다. 하지만 설계과제의 진행을 통해 건물의 도면과 모형제작법을 배우는 것이 중요하듯이 외부공간과 조경에 대한 디자인과 표현을 배우는 것도 이에 못지않게 중요하다.

외부공간과 조경부분의 표현이 제대로 되지 않았거나 미완성인 설계작품을 보면, 그 학생이 설계의 마무리 작업단계에서 시간 관리를 잘 못하였다는 것을 짐작하게 된다. 따라서 조경의 계획과 표현도 중요한 학습목표의 하나임을 인식하고 시간과 정성을 들여 완성시켜 나가야 한다. 건물부분이 시각적인 주제로서 Positive Form이라면 조경부분은 이를 돋보이게 해주는 배경으로서 Negative Form이기 때문이다.

조경부분을 표현 할 때는 수목, 지면과 광장, 도로, 수공간 등의 각 요소들이 그 형태와 재료, 질감, 색채, 그리고 스케일감의 측면에서 건물부분을 포함한 모형의 전체적인 표현과 잘 조화되는가를 염두에 두어야 한다.

2. 적절히 추상화된 표현

대부분이 직선으로 이루어진 건축물의 형태는 자연에서는 찾아보기 힘든 기하학적 추상물이라 할 수 있으며, 이를 단순화시켜 만든 축소모형 역시 추상적인 표현물이다. 따라서 건물과 함께 표현되는 조경부분 역시 너무 사실적이고 구체적으로 표현하기 보다는 어느 정도 추상화, 단순화시키는 것이 건물을 포함한 모형 전체의 조화를 위해 필요하다.

따라서 모형의 조경부분에 실제의 나뭇가지나 나뭇잎을 사용한다든지(여기에 색을 칠한다 하더라도 크게 달라지지 않는다.) 실제의 돌조각을 붙이게 되면 건물부분과 이질감이 발생하게 되어 어색한 조경표현이 되기 쉬우므로 피하는 것이 좋다.

그림 11. 53-1,2 : **단순한 조경계획이 아니라 외부공간 전체계획의 차원에서 생각한 단계적 표현 (1) (2)** (영남대 5년 졸업설계과제, 2009)
(좌) 스터디모형에서 녹지공간, 데크공간, 외부통로 등을 표현 (우) 최종모형에서 이를 구체적인 디자인으로 표현(녹지, 수공간, 데크, 통로 등)

그림 11. 54 : **섬세한 외부공간의 표현 사례** (영남대 3년 저층집합주거과제, 2011) 수목 외에 광장, 보도, 데크 등의 표현이 잘 이루어진 사례

그림 11. 55 : **부지 전체가 통합되어 보이는 모노 톤의 표현** (영남대 3년 저층집합주거과제, 2016) 부지,건물,조경의 톤이 잘 조화된 사례

그림 11. 56 : 부족한 외부공간의 표현 (영남대 3년 전시시설과제, 2006) 몇 그루의 식재가 외부공간 설계의 전부는 아닐 것이다.

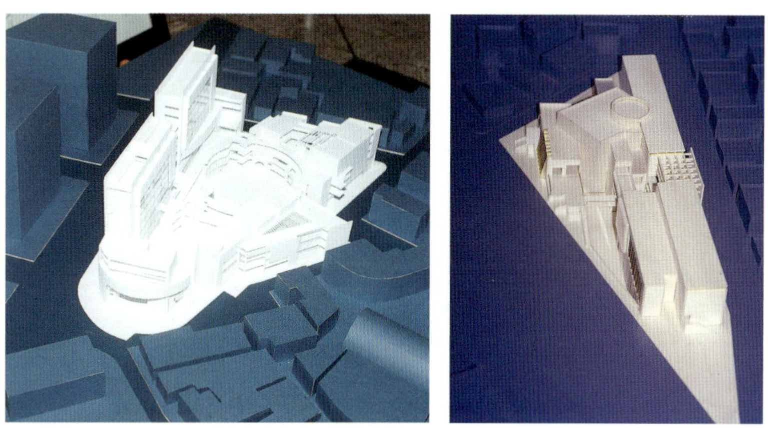

그림 11. 57, 58 : **외부공간의 표현이 누락된 사례** (좌) 대한민국건축대전 대상작의 1차 모형, 1982, (우) 부산건축대전 출품작 - 두 작품 모두 건물부분에만 표현이 집중되어 있고 외부공간과 주변환경과의 관련성에 대한 표현이 누락된 사례이다.

3. 수목의 표현

수목의 표현을 위해 사용되는 재료와 표현기법은 매우 다양하다. 하지만 이러한 모든 표현은 건물부분을 비롯한 다른 외부공간 요소들과 형태와 색상, 그리고 질감 등의 측면에서 조화되어야 한다.

녹색이나 연두색, 노랑색 등과 같이 너무 강하고 뚜렷한 색상보다는 백색, 회색, 옅은 갈색 또는 올리브 그린처럼 채도가 낮고 중성적인 색상이 무난하게 어울릴 때가 많다.

그리고 다양한 수목형태의 나무모형 재료들이 판매되고 있지만 값비싼 완성품 형태의 나무를 사용하는 것 보다는 적절한 색상의 스폰지 잎 뭉치 등의 원재료를 구입하여 원하는 형태로 완성시켜 보거나, 종이류를 사용하여 직접 만들어서 비용을 줄이는 방법도 생각한다. 발포 폴리스티렌 볼이나 우든 볼wooden ball 같은 재료는 잘못 사용하면 현실감이 떨어지거나 무성의한 표현으로 인식되기 쉬우므로 주의하여 사용한다.

4. 수공간 및 기타 부분의 표현

• 수공간의 표현

수공간의 색채표현은 늘 주의해야 할 부분으로, 많은 학생들이 수공간의 색상을 채도가 너무 높은 밝은 청색으로 처리하여 주변요소들과 이질감을 초래하는 실수를 범하고 있다. 따라서 가능하면 채도가 낮은 혼합색을 사용하여 모형의 다른 부분과 조화가 되도록 해야 한다.

반사되는 풀pool 등은 아크릴 같은 투명한 플라스틱판을 사용하고 아크릴의 밑면은 채도가 낮은 색상으로 어둡게 칠하여 설치한다. 그리고 흐르는 물은 튜브에 든 투명한 풀을 짜서 효과를 내며 돌의 표현은 플라스터 반죽 등을 사용하여 표현한다.

• 광장 및 인도의 표현

모형에서 광장이나 인도부분을 정밀하게 표현하기가 어려우면 배치도 작성시에 그려두었던 바닥패턴을 칼라로 인쇄하여 모형에 부착하면 쉽게 해결할 수 있다. 이 때 색상은 너무 어두운 색 보다는 화사한 벽돌색상 등을 사용하는 것이 전체적인 배경을 밝아 보이게 한다.

• 도로와 가로등 및 자동차의 표현

많은 학생들이 넓은 도로를 차선 표시도 없이 밋밋하게 방치한 채로 모형을 마무리 한다. 모형제작의 마지막 순간에 시간이 부족한 때문이겠지만 도로 중앙선과 각 차선의 표시를 하고, 가로등과 몇 대의 자동차를 표현하는 것이 모형의 스케일감을 인식하는데 큰 도움을 준다. 이러한 작업은 수목부분 등의 표현처럼 별다른 비용이 드는 부분도 아니면서 모형의 정밀성을 높여주는데 도움이 된다.

• 독일 뮌헨공대의 조경모형 사례 (2017년 봄 학기)

그림 11. 59 (좌) : **회갈색의 모노톤으로 제작된 조경모형**

그림 11. 60 (우상) : **작업 중인 주변 환경모형**-크래프트지의 색상에 맞추어 나무의 색상과 질감을 표현하였다.

그림 11. 61 (우하) : **주변환경모형**

그림 11. 62 : **주변환경모형**
건물부분과 대지, 수목과 호수, 그리고 보트하우스부분까지 모두 회갈색의 모노톤으로 처리하여 차분하고 고풍스러운 풍경화와 같은 느낌을 주는 모형 표현

• 모형에서 수목의 표현 사례

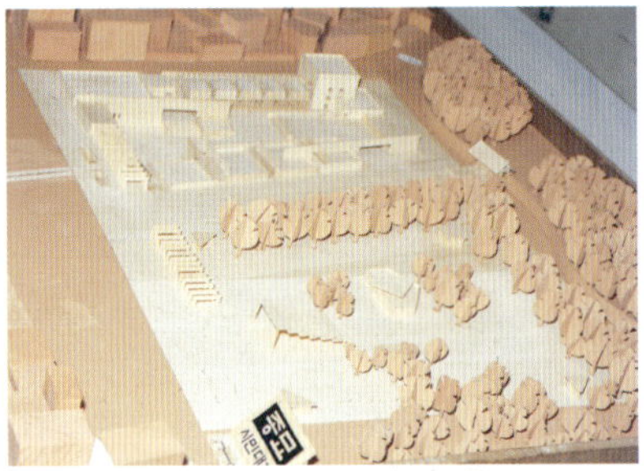

그림 11. 63 : 하드보드 위에 도색한 수목

그림 11. 64 : 라이싱지를 오려서 만든 수목

그림 11. 65 : 스폰지에 채색한 수목형태

그림 11. 66 : 잔디조각을 접착하여 채색

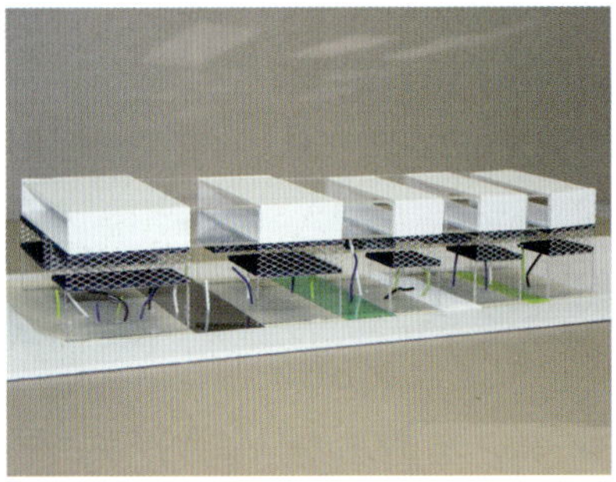

그림 11. 67 : 코팅된 철선을 이용한 수목

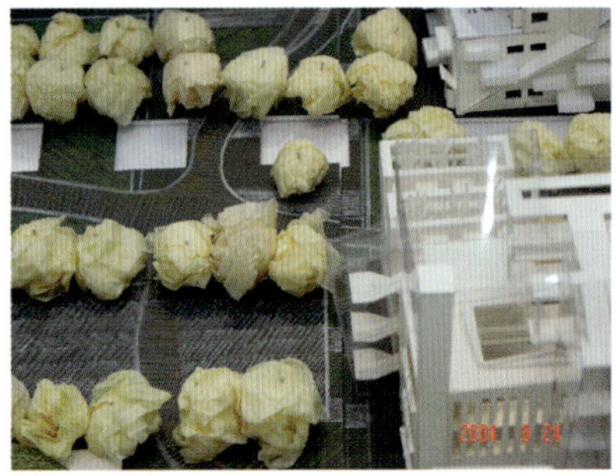

그림 11. 68 : 엘로페이퍼를 뭉쳐 만든 수목

• 모형에서 수목 및 조경요소의 표현이 바람직하지 않은 사례

그림 11. 69, 70 : (좌) 명도와 채도가 너무 높은 수목표현 (우) 건물과의 조화가 쉽지 않은 수목표현 (미국 시애틀 워싱턴대 조경학부 과제) -건축을 배제한 조경전공의 표현

그림 11. 71 : (좌) 채도가 너무 높은 수목의 색채 (우) 현실감이 떨어져 보이는 목재봉의 수목 표현

그림 11. 73 : 세부적 요소(놀이기구)의 설명이 너무 구체적이어서 어색한 모형 표현

그림 11. 74 : 실제의 잔자갈을 사용하여 추상적인 건물과 조화되지 않는 모형 표현

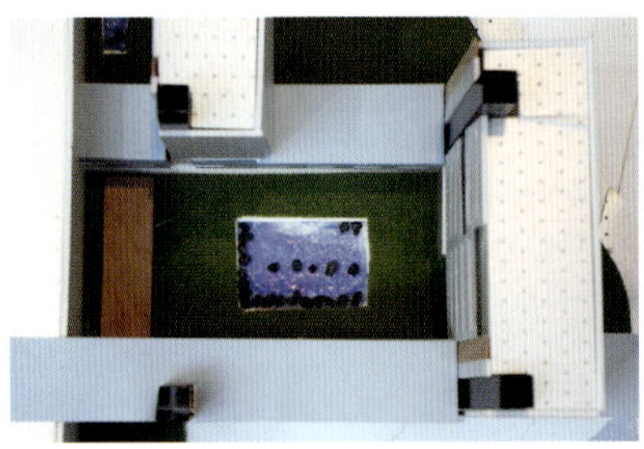

그림 11. 75 : 수공간의 재료와 색상이 모두 부적절하게 표현된 모형

• 외부공간과 조경부분의 다양한 표현 사례

그림 11. 76-1,2 : **모형작업의 발전과정에 대응하는 수목의 표현** (영남대 3년 전시시설과제, 1999) (좌) 초기스터디모형의 수목 (우) 최종모형의 수목

그림 11. 77 : **면의 색상표현을 통한 개략적인 조경** (영남대 5년 졸업설계, 2015) 녹색과 청색의 면으로 조경을 개략적으로 표현

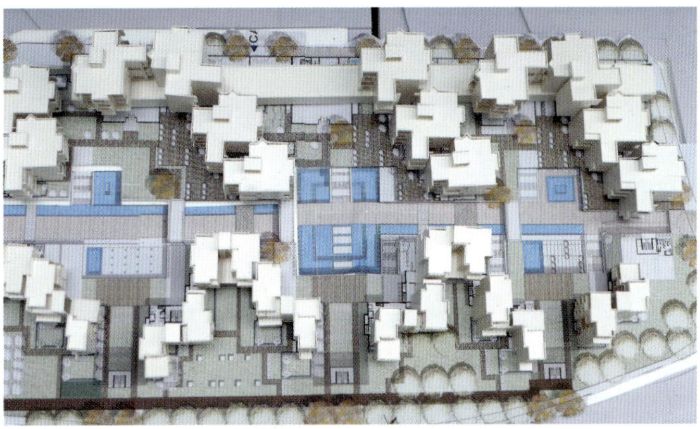

그림 11. 78, 79 : **외부공간 및 조경의 평면적 표현 사례** (영남대 3년 저층집합주거과제, 2014) (좌) CAD로 작성된 외부공간도면을 칼라 출력하여 모형의 바탕도면으로 활용한 사례 (우) 엘로 페이퍼에 프리핸드로 스케치한 후 모형의 바탕도면으로 활용한 사례 (제작시간 부족 시의 임시적 방편)

그림 11. 80 : **낙후지역 재개발계획의 모형** (서울대 4년, 2016) 주변지역의 기존 상황과 계획부분을 색상으로 선명하게 대비시키면서도 현실감을 잘 표현한 사례

그림 11. 81 : **중첩과 꼴라쥬 기법을 사용한 배치모형의 표현** (영국 런던 Bartlett 건축대학 UG-6, 2018)

♠ 참고 및 인용문헌

- Criss B. Mills, Designing with Models, J-Wiley, 2011
- Fuller Moore, Modelbuilder's Notebook, M.G.H. 1990
- Lorraine Farrelly etc., Representational Techniques for Architecture, Bloomsbury, 2015
- Megan Werner, Model Making, Princeton Architectural Press, NewYork, 2011
- Nick Dunn, Architectural Model Making, Laurence King Publishing, 2013
- Wolfgang Knoll, etc. Architectural Models, B. T. Bastford, 1990

12장. 개별지도와 공개발표

● **워싱턴대 건축학부 공개발표수업**

(2007년 가을학기 4학년 Winery설계과제)

공개발표는 개별지도와 함께 설계수업의 핵심적인 방식이다.
청중의 구성이나 규모가 어떠하든 간에
여러 사람 앞에서 자신의 작업내용과 생각을 발표하는 것은
설계와 마찬가지로 배우고 연습해야 할 중요한 사항이다.

XII. 개별지도와 공개발표

건축설계수업의 특성을 가장 보여주는 것이 개별지도와 공개발표라는 독특한 수업방식이다. 20세기 중반 이후 정착되기 시작한 공개적인 발표와 비평을 통한 설계수업방식은 전통적인 개별지도방식과 함께 오늘날 설계교육과 설계과정의 기본적인 틀이자 특징이 되었다.
두 가지 방식 모두 학생이 작업한 결과물에 대해 지도교수가 평가와 비평을 하는 것이 핵심이다. 따라서 학생의 입장에서는 자신의 생각과 작업내용을 효과적으로 표현하여 발표하고, 지도교수의 입장에서는 학생의 의도를 정확히 파악하고 차후 설계안의 개선과 발전을 위한 방향에 대해 학생이 이해하고 수긍할 수 있도록 적절히 제시해 주어야 한다.

01. 설계수업의 특성으로서 비평과 발표

1. 비평과 발표를 통한 수업

건축설계수업은 개별지도, 공개발표, 강의, 사례조사 및 답사, 그룹 토의 등 다양한 형태로 이루어진다. 학생들의 입장에서 볼 때 설계수업에서 시간적으로 가장 많은 비중을 차지하는 부분은 혼자서 생각하거나 표현하고 도면을 그리는 작업일 것이다.

반면에 설계지도교수의 입장에서 볼 때 설계수업의 가장 중요한 부분은, ① 학생들과의 개별 또는 그룹지도, ② 발표를 통한 비평 및 평가, ③ 강의 등으로 구성되어있다. 이 중 ③의 강의를 제외하면 설계스튜디오 내에서 담당교수의 설계지도는 크게 개별지도(desk crits)와 발표수업(open review)의 두 가지 방식으로 이루어진다.

원래 전통적인 설계수업의 기본방식은 개별지도였으나, 20세기 중반 이후 정착되어온 공개적인 발표와 초청비평가의 비평을 통한 설계수업의 방식이 활성화되면서 이 두 가지 방식은 오늘날 설계교육의 기본적인 틀이자 특징이 되었다. 그리고 이 두 방식을 기본으로 하되, 앞에서 예시한 기타의 다양한 수업형식을 어떻게 조합하고, 어느 부분에 비중을 두는가의 여부는 설계수업의 특징을 결정하고 수업에 대한 학생들의 흥미를 유발하는 주요 요인이 된다.

1장에서 언급한 바와 같이 개별지도와 공개발표는 모두 학생들이 작업한 결과물에 대해 지도교수가 비평, 평가하고 학생들이 이를 검토, 수용하는 것이 바탕이 되므로 무엇보다 학생과 교수간의 정확하고 효과적인 의사전달이 필수적이다. 또한 지도교수의 비평과 지적을 학생이 진심으로 받아들일 수 있기 위해서는 교수에 대한 학생의 신뢰가 전제되어야 한다.*

* 개별지도(desk crit)라는 형식은 지도교수가 어떤 특정한 설계과제나 문제에 대해 어떻게 설계하고 대응할지를 알고 있다 것을 전제로 한다.
이런 전제가 어떤 지도교수에게는 옳기도 하지만 또 다른 지도교수들의 경우, 해당 과제의 건물설계를 실제로 체험하지 못한 까닭에 그저 종이건축가(paper architect)로서 이론적으로 지도한 것일 뿐이기도 하다.

2. 개별지도와 공개발표 수업 현황

개별지도와 공개발표 수업방식의 조합은 각 나라마다, 대학마다 동일하지 않으며 지도교수의 성향에 따라, 그리고 설계과제의 특성에 따라 달라진다. 이와 관련하여 필자가 국내의 50개 주요대학을 대상으로 조사한 연구결과**를 보면 ;

지도교수의 입장에서는 개별지도와 발표수업의 비율을 7 : 3 정도로 구성하여 진행하는 경우가 37.3%로 가장 많았으며, 8 : 2의 비율이13.7%, 그리고 5 : 5의 비율이 11.8%의 순으로 나타났다. 그 반면 학생들의 경우는 발표에 따른 부담감 때문에 개별지도를 더 선호하는 것으로 나타났다.

** **구본덕, 개별지도와 발표수업방식을 중심으로 본 건축설계교육**, 대한건축학회논문집, 2011. 1
- 이 연구는 국내의 50개 대학 53명의 설계교수를 대상으로 한 설문조사를 중심으로 진행되었다.

그리고 중요한 것은 개별지도와 발표수업의 장점은 최대화하고, 단점은 최소화할 수 있도록 각 방식의 세부내용과 의의에 대해 교수와 학생 모두가 잘 인식하고 대처하는 것이다. 예를 들어 자신의 지도나 발표시간이 지나면 다른 학생들의 차례에 자리를 비우거나 딴전을 피움으로써 전체적인 수업분위기가 느슨해지는 것을 방지하는 것이 설계스튜디오에서는 늘 중요한 과제의 하나이다.

• 거장 건축가들의 아뜰리에와 설계교육

그림 12. 01 : **1950년대 르 꼬르뷔제와 파리의 설계사무실**
거장 건축가의 아뜰리에는 설계교육이 이루어지는 장소이기도 하다.
(Le Corbusier le Grand, Phaidon, 2008 p. 364 에서 사진 인용)

그림 12. 02 : **1930년대 후반의 프랭크 로이드 라이트와 제자들**
존슨 왁스빌딩이 설계되던 무렵, 제자들과 도면을 검토하는 모습
(J. Lipman, Johnson Wax Bldg, 1986, Rizzoli, p.4 에서 사진 인용)

02. 개별지도 (desk crits)

필자가 설계교육을 받던 70년대를 포함한 과거에는 교수의 설계지도 시, 말보다는 시각적 표현과 전달이 지금보다 더 중요하였다. 학생들이 일주일동안 작업을 해오면* 지도교수는 연필이나 마카 등으로 도면 위에 수정되어야 할 내용을 스케치하거나 심지어는 학생이 해야 할 일인 새로운 설계안을 친절하게 그려주기까지 하였다.

* 5년제 설계교육이 보편화된 지금과는 달리, 당시에는 설계수업이 일주일에 하루 동안만 이루어졌다.

이러한 경향은 스케치에 자신이 있는 교수일수록 강하게 나타났는데, 교수의 입장에서 보면 긴 시간을 들여가며 학생들을 논리적으로 하나하나 설득하고 이해시키는 과정 없이도 학생들의 계획안과 도면에 나타난 문제점을 가장 즉각적으로 해결하고 보여주는 방법이기도 하였다.

이 같은 지도방식은 예전만큼은 아니지만 현재에도 적지 않게 사용되며 필자 역시 학생들이 지도내용을 반복적으로 이해하지 못하거나 설계작업이 정체상태에 빠져 헤매고 있을 때 가끔씩 사용하는 방식이다. 하지만 이같이 소위「그려주는」방식은 학생들이 해야 할 생각과 표현을 교수가 대신해주는 것이므로 학생들의 사고능력과 창의력의 개발이라는 측면에서 좋지 못한 영향을 미친다.

이는 학생들에게 어떤 결과만을 보여줄 뿐 그 결과에 이르기까지 사고하는 방법을 깨닫고 배우게 해주는 것은 아니며 최악의 경우, 지도교수의 방식과 취향을 학생을 통해 대리 실행시키는 것에 지나지 않으므로 가능한 피해야하는 지도방식이다.*

* 하지만 일부 학생들은 설계교수의 이러한 〈그려주기〉방식의 지도를 은근히 바라거나 즐기기도 한다. 그 결과는 설계학점과도 바로 연결되기 때문이다.

1. 개별지도 수업의 장 · 단점과 유의사항

가) 학생의 입장에서 본 장 · 단점

학생입장에서 볼 때 개별지도의 가장 큰 장점은 타 학생들에 대한 자신의 프라이버시를 어느 정도 유지하면서 지도교수에게 자기생각이나 계획안에 대해 보다 구체적이고 충분히 설명할 수 있는 여건이 마련된다는 점이다. 경우에 따라서는 이 기회를 통해 설계과제 이외의 개인적인 어려움이나 기타 공개발표 시에 말하기 힘든 부분을 토로하고 의논할 수도 있다.

그 반면 자기 차례가 되기 전, 혹은 자신이 지도를 받은 후 나머지 학생들이 지도받는 시간을 적절히 활용하지 못하면 자신의 지도시간 이 외의 긴 설계수업시간을 지도교수의 눈치나 살피고 그럭저럭 때우며 낭비하게 되는 경우가 많다. 이러한 경향은 특히 설계작업의 중요한 부분을 조용한 야간시간에 개별적으로 하거나, 자신의 집과 같은 자신만의 공간에서 하는 것에 익숙해진 학생들에게 두드러지게 나타난다.

나) 교수의 입장에서 본 장 · 단점

교수의 입장에서 보아도 개별지도의 가장 큰 장점은 역시 보다 세부적인 사항에 걸쳐 학생들의 생각을 파악할 수 있다는 것과 공개적인 방식으로는 파악하기 힘든 학생들의 설계작업에 대한 숨겨진 문제점을 알아볼 수도 있다는 점이다.

하지만 비슷한 내용의 지적사항*을 여러 학생들에게 반복적으로 설명하고 이해시켜야 한다는 점이 소모적이라고 느껴질 때가 많으며, 특정 학생에 대한 중요한 지도내용이 타 학생들에게는 제대로 전달되지 않는 점 역시 아쉬운 부분이다. 이를 보완하기위해 개별지도 시 담당교수는 제 3자인 기록을 담당하는 학생을 옆에 두고 지도내용을 하나하나 기록시키고 이들 내용 중 중요한 부분이나 공통적으로 나타났던 사항들을 정리, 요약하여 그 스튜디오의 학생들을 모두 모아놓고 다시 언급하는 방식을 사용하기도 한다.

*** 비슷하거나 같은 지적의 반복**
각각 설계부지도 다르고 개념도 다른 안들을 계획하지만, 개별지도를 하다보면 의외로 비슷하거나 같은 내용의 지적을 반복적으로 하게되는 경우가 많다. 그 이유는 다음과 같이 생각할 수 있다.
(첫째) 실제로 각 학생들마다 비슷한 부분에 대해 공통적으로 잘 모르거나 오류를 범하는 경우가 많기 때문이다.
(둘째) 각 지도교수들이 지니고 있는 자신만의 관점과 잣대로 학생들의 과제를 바라보기 때문이다.

2. 개별지도를 받기 위한 준비와 자세

개별지도의 준비는 기본적으로 공개발표의 준비와 크게 다르지 않으나 다음과 같은 사항을 염두에 두고 효과적으로 준비하도록 한다.

① 나의 생각과 설계목표, 그리고 내가 하고 싶은 것을 간결하고 분명하게 설명한다.

내가 설정한 설계목표와 개념을 핵심부터 간결하게 설명한다. 자칫 배경설명이 장황해질 경우, 초점이 흐려지게 되고 지도교수에게 나의 의도가 모호하게 전달되면 내가 원하지 않는 방향으로 설계가 바뀌게 되는 경우가 발생한다.

② 말이 아니라 시각적 자료로 보여주면서 설명한다.

가능한 짧은 시간에 나의 생각을 정확하게 전달하기 위해서는 스케치나 도면, 스터디 모형, 또는 나의 생각을 대변해 줄 수 있는 타 건축가의 작품 등, 시각적 자료를 반드시 함께 준비한다. 기본적으로는 대화를 통한 의사전달이 중요하지만, 시각적 자료는 그 자체로 또 다른 대안과 암시를 무궁무진하게 끌어내줄 수 있는 실마리로서 중요하다.

③ 이전의 작업이나 지도받은 내용을 항상 함께 놓고 변화 및 발전된 사항을 설명한다.

개별지도 시에는 항상 이전에 지도받은 내용과 결과물을 함께 놓고 지난번의 지도 이후 무엇이 어떻게 달라졌는지 지도교수가 빠른 시간 내에 파악할 수 있

• 그룹단위의 개별지도 사례

그림 12. 03 : **대학원의 그룹단위 설계지도** (미국 시애틀, 워싱턴대학 대학원, 샤론 서튼 교수 스튜디오의 이디오피아 학교건축 실제 건립과제, 2007)

개별지도라 하더라도 참여학생의 범위에 따라 단독지도, 그룹지도 등의 여러 형태가 있을 수 있다.

도록 한다. 스케치나 도면에는 가능하면 모서리에 날짜와 시간을 기재해 두고, 매 주, 그리고 매 단계의 스터디 모형은 과제가 끝나고 포트폴리오의 제작이 완결될 때까지 훼손되지 않게 유지 · 보관한다.

④ 나의 작업방식과 스튜디오의 전체적 진행일정이 상이할 때나 개인적으로 더 시간이 필요할 때는 미리 양해를 구한다.

설계의 작업방식은 개인별로 다양하며, 같은 학생의 경우라도 설계과제의 종류에 따라(예를 들어, 단독과제인지 팀별과제인지 등) 접근방식은 물론 작업방식도 많이 달라지기도 한다. 하지만 지도교수의 입장에서는 항상 스튜디오 전체에 대한 강의계획과 지도일정에 따라 매주 학생들이 해야 할 작업내용과 진도를 조절할 수밖에 없다.

따라서 나의 불가피한 일정에 따라 스튜디오 내에서의 지도 일정을 맞출 수 없을 경우, 사전에 미리 양해를 구하는 것이 좋다. 그리하여 매번 약속을 지키지 않는 게으른 학생이라는 이미지를 주지 않도록 한다.*

⑤ 많은 자료를 보고 열심히 하는 학생임을 보여준다. 필요 시 내가 참고한 도서도 함께 보여주고 이에 대한 의견을 구한다.**

학생들이 수업시간에 펼쳐놓는 결과물은 실제로 학생자신이 지난 한 주, 혹은 여러 주 동안 조사한 자료와 탐구한 내용의 일부에 지나지 않는 경우가 많다.

이럴 경우, 비록 정리된 형태는 아니지만 자신이 참조하고 수집한 원래의 자료나 도서를 함께 열거하면서 그 자료의 가치와 적절성 여부에 대한 의견을 구하는 것도 좋다. 또 이렇게 함으로써 실제로 정리된 결과물 외에 자신이 열심히 하고 있는 학생임을 간접적으로 보여줄 수 있기도 하다.

⑥ 지도교수를 신뢰하는 태도를 보인다. 타 교수나 타인의 지도내용이나 조언을 우선시 하는 태도를 보여서는 안 된다.

학기 초에 과제가 주어지고 2개월 정도의 시간이 지난 뒤 구체적인 설계안이 확정되어야 할 시점에서 학생과 지도교수 간에 예를 들어 다음과 같은 대화가 오고 간다고 가정해 보자.

(교수) "지난주에 그처럼 강조했는데도 자네 설계안의 코어부분의 처리에 왜 여태 아무런 변화도 없지?"

(학생) "......교수님, 실은 며칠 전 제가 야간작업을 하고 있을 때 OO교수님께서 지나던 길에 보시더니 저의 계획안은 근본적으로 잘 못되었고 말도 안 되는 것이

*
그렇다고 하더라도 이러한 양해를 자주 구하는 것은 좋지 않다. 과거와는 달리 오늘날의 설계는 대부분 팀작업에 의해 이루어지는 경우가 많으므로 여러 사람이 합의한 일정에 따라 자신의 설계일정과 작업방식을 맞추어나가는 훈련을 학교에서 적절히 해두어야 졸업 후의 실무작업에서 차질을 빚지 않게 된다.

**
설계지도를 하다보면 일부 학생들의 경우,「과연 이 학생이 도서실에서 지금 진행하고 있는 설계주제와 관련된 책을 단 한권이라도 읽은 적이 있는지」의심이 갈 정도로 성과물이 수준이 미흡한 경우를 보게 된다.
하지만 학생들의 경우, 실제로는 몇 권인가의 관련서적을 읽었을 수도 있지만, 표현력의 부족과 정리의 미비함으로 인해 그러한 인식을 줄 수도 있는 것이다.
따라서 지도교수에게 보여줄 만한 그 무엇을 표현하고 정리하지 못하였다면 최소한 지금 보고 있는 책이나 자료라도 내어 놓고 자신이 현재 관심을 갖고 있거나 고심하고 있는 부분이 어떠한 것인가 정도라도 알려줄 수 있어야 할 것이다.

라고 하시던데요. 그 이후로 며칠간 저는 아무 것도 할 수가 없었습니다......"

(교수) "......"

공개발표 시에도 유사한 사례가 종종 발생하지만 위와 같은 경우, 지도교수와 학생 간의 신뢰는 깨어지고 만다. 설계과제가 시작된 지 수개월이 지난 후 만들어지는 결과물은 학생 개인의 작업이기도 하지만 한편으로는 지도교수의 지도 결과물이기도 한 것이다. 지도교수도 나름대로의 감정과 자존심을 지닌 한 사람의 평범한 인간일 뿐임을 잊어서는 안 된다.

03. 공개발표(open review)

어떤 사람이 자신의 연구결과나 작업내용을 여러 사람 앞에서 발표하며 설득하는 것은 고대로부터 내려오는 방식이다. 건축교육에서 설계과제를 만들고 평가하는 방식은 1890년대 파리의 에꼴 데 보자르의 설계교육에서부터 정착되어 왔다. 당시의 설계비평은 요즈음과 같이 공개된 장소에서 학생들을 모아놓고 교육적 차원에서 실시하는 것이 아니라, 문을 걸어 잠근 채 학생들의 출입을 막고 설계교수진들에 의해서만 이루어졌다.* 이 후, 20세기 중반에 들어오면서부터 이 과정은 여러 사람이 참여하는 공개적인 방식으로 바뀌게 되었고, 이는 오늘날 설계교육과 설계과정의 기본적인 부분이 되었다. 여기서는 설계교육에서 공개발표의 의의와 유의사항에 대해 캐서린 안토니Kathryn Anthony의 저서*와 찰스 도지Charles Doidge의 저서*를 기본으로 하여 서술하기로 한다.

*
외국의 경우 1940년 후반에서 1950년 초반까지, 그리고 어떤 대학에서는 1960년대 초반까지 설계평가는 비공개로 진행되었다. 학생들은 모서리 부분에 설계점수가 적힌 자신의 도면을 돌려받았으며, 일부는 메모가 적혀있기도 하였다. 그리고 평가의 결과인 점수에 대한 이유를 설명하거나 토론하는 경우는 거의 없었다.

*
Kathryn H. Anthony, Design Juries on Trial, VNR, 1991

*
Charles Doidge etc. Editor, The Crit, Architectural Press, 2000

1. 발표수업의 의의와 단계

가) 발표수업의 의의

오랫동안 설계교육의 초점은 대부분 시각적 의사전달에 맞추어져 왔다. 그 결과, 말을 통한 의사전달기술의 교육은 누락되거나 아주 미미한 수준에 머무른 채 설계안의 시각적 표현에 대해서만 몰두하게끔 되어, 여러 사람 앞에서 발표를 해야 할 경우에는 그저 학생들이 알아서 잘하기를 바랄 뿐인 상태로 설계교육이 이루어져왔다.

대부분의 사람들은 대중 앞에 나서고 말하는 것을 꺼려하며 심지어는 공포심을 가지기도 한다. 그리고 대중 앞에서 말하는 능력은 타고나는 것이며 학습될 수 있는 것이 아니라고 생각하기도 한다. 하지만 몇 명의 친구 앞에서든 수많은 대중 앞에서든 여러 사람 앞에서 이야기하는 것 역시 공부하고 연습하며 완성시켜나가야 할 기술이다.

설계분야에서 최고경영자의 위치까지 승진하고 리더십을 가진 사람들 중에는 디자인능력 외에도 타인들 앞에서 말하고 발표하는 능력이 뛰어난 경우가 많다. 이와는 반대로 무대공포증으로 전전긍긍하여 여러 사람들 앞에서 설계 작업 내용을 발표하는 것을 두려워하는 사람은 결국 평생을 제도판 밑으로 움츠려들고 마는 것이다.*

* Charles Doidge, PP. 6-13

또 한 가지 염두에 두어야 할 것은 자신의 발표를 듣는 청중들로부터 질문을 받을 때, 그 내용을 올바로, 정확히 듣는 기술 또한 마찬가지로 중요하다는 점이다. 하나의 의사전달행위로서 설계작업을 생각해볼 때, 자신의 생각을 정확히 전달하고 타인의 의견을 제대로 이해하는 것은 설계작업 그 자체만큼이나 중요한 것이다.

화이트E.T.White는 저서*를 통해 발표를 통한 표현의 어려움은 드로잉 능력이나 서투른 모형 제작능력, 또는 어눌한 말씨가 원인이 아니라, 표현전략의 빈약함 또는 사고의 부족에서 비롯된다고 말한다. 그리고 학교에서든 설계실무에서든 모든 건축적 발표의 상황은;

- 무엇을 발표하는가?
- 누구에게 발표하는가?
- 왜 발표하는가?
- 언제 발표하는가?
- 어디서 발표하는가? 를 포함한다.

* E.T.White, Presentation Strategies in Architecture, Archi. Mediia p.3~13

〈White가 말하는 잘못된 표현전략의 예를 들면〉;
- 마감시간에 도저히 맞출 수 없는 렌더링 방식을 선택하여 낭패를 보았던 경험
- 최종 결과물을 제출해야하는 날 한밤중에 모형재료가 바닥난 경험
- 내가 준비한 결과물을 발표현장에서 제대로 배치하기 힘들어 낭패를 보았던 경험 등을 들 수 있다.

이들 5가지 W(what, whom, why, when, where)는 비록 그 중요성이 모두 동일하지는 않지만 이들 중 하나라도 빠지면 발표를 할 수 없게 된다.

나) 설계발표수업의 단계

발표수업은 설계의 진행상황에 따라 크게 3가지로 구분할 수 있다.

①초기단계 발표 (Initial Stage Crits)

대개 설계스튜디오별로, 혹은 소그룹별로 진행되며 초기의 설계개념 설정과 프로그래밍에 관한 내용을 위주로 발표하게 된다. 설계과제의 초기단계는 다소 느슨하게 진행되는 경향이 있는데, 지도교수는 이러한 초기단계 발표를 개인지도방식과 적절히 혼용함으로써 학생들의 작업내용과 일정을 함께 독려하는 수단으로 활용한다. 또한 같은 스튜디오내의 타 학생들은 설계의 초기단계에서 다

른 사람들이 어떤 생각과 방향으로 설계에 접근해 가는지를 알 수 있게 된다.

② **중간단계발표** (Intermediate Stage Review)

대부분의 학생들이 설계발표의 의미를 가장 실감하게 되는 경우가 중간단계발표이다. 중간발표의 준비과정을 통해 학생들은 그때까지 자신이 한 작업을 스스로 정리하여 볼 수 있다. 또한 발표를 통해 다른 학생들이나 여러 교수들로부터 다양한 의견을 들을 수 있게 되며 그 과정에서 어떤 착상을 하거나 영감을 떠올리기도 하고 앞으로 설계안을 어떻게 발전시켜야 할지에 대한 전환점을 마련하기도 한다.

중간발표의 주요 목적은 평가가 아니라 학생들에게 보다 다양한 아이디어와 방향을 제시해주는데 있으므로 학생의 입장에서는 이를 최대한 활용할 수 있도록 자신의 설계목표와 방향, 그리고 개념을 정확히 전달하는 것이 중요하다.

③ **최종발표** (Final Review)

최종발표는 그 이전의 발표단계보다 더 격식을 갖추어 진행된다. 최종발표가 심한 스트레스를 주는 것은 바로 이러한 이유 때문이며, 이때에 설계채점이 동시에 이루어질 경우 학생들의 부담은 더욱 커진다. 경우에 따라 어떠한 구두 발표도 없이 작품의 전시로써 최종발표가 대체되는 경우도 있다. 최종발표의 목적은 설계과제의 마감과 평가에 있으므로 중간발표와는 달리 설계의 내용은 물론, 도면과 모형의 표현에도 빈틈이 없어야 한다.*

* The Crits, P.6

다) 발표와 평가

실제로 많은 발표는 학습의 의미와 채점의 의미를 혼합하는 경우가 많다. 국내 · 외를 막론하고 대부분의 대학에서는 학기말이 되어 모든 것을 평가할 수 있을 때까지 전체적인 채점을 미루지만, 어떤 학교에서는 발표수업을 할 때마다 매번 채점을 하기도 한다.

학생들의 입장에서 보면 채점은 과도한 스트레스를 주는 원인이 되기도 한다. 특히 중간발표 시에 채점이 이루어지면 학생들은 좋은 점수를 받기 위해서 자신의 설계가 지니는 어려운 부분에 대해서는 함구하게 되며, 그 결과 설계의 문제점이나 어려운 부분은 여전히 해결되지 않은 채 남아있게 된다.

또한 발표에 참석하는 청중으로서 동료학생들은 자신들의 질문이나 언급이 평가교수의 채점에 영향을 줄 수 있음을 염려하여 질문을 꺼리게 되고 발표자도 동료학생들의 질문을 달가워하지 않게 된다. 따라서 채점은 학생들의 참여를 방해함으로써 발표와 토론을 통한 학습의 잠재력을 감소시키게 되는 경향이 있다.

* 발표 당일의 무단결석

발표준비의 미흡으로 인해 발표 당일 아무 말 없이 결석하는 학생이 드물게 나마 발생한다.
지도교수를 볼 면목이 없고 다른 학생들이 발표하는 것을 뒷자리에서 씁쓸하게 보고만 있는 것도 불편하여 차라리 발표장에 나타나지 않는 것이 마음 편하다고 생각하는 것이다.

가장 큰 문제점은, 발표장에 불참함으로써 다른 학생들의 수많은 발표와 이에 대한 평가교수들의 다양한 조언과 비평을 통해 나의 설계안이 지니고 있는 문제점에 대해 배울 수 있는 소중한 간접경험의 기회를 놓치게 된다는 점이다.
또 수시발표나 중간발표의 경우, 무단결석은 다음 설계수업에 해야 할 내용과 관련된 교수의 강의나 설명까지 들을 수 없게 되므로 그 다음 수업에 까지 연쇄적으로 악 영향을 미치게 된다.

그럼에도 불구하고 발표 때마다 채점을 하는 이유는 채점을 함으로써 학생들이 발표에 대해 보다 진지하게 임하고 최선을 다하도록 유도하기 위해서이다. 그리고 준비의 부족을 이유로 종종 발표 그 자체에 불참하거나 결석하는 학생들을* 통제하기 위한 수단으로 사용하기 때문이다.

발표 및 평가와 관련하여 생각해보아야 할 또 다른 문제는, 다른 대부분의 학문분야에서는 익명성의 보장이 의무사항인 경우가 많은데 비하여 건축설계의 발표는 전혀 익명적이지가 않다.

따라서 교수들과 학생들 간의 인간관계와 개인적인 의견들, 그리고 성격들이 설계작품의 평가에 무심코 영향을 미치는 경우도 적지 않다. 하지만 세상의 모든 영역에서와 마찬가지로 건축설계분야에서도 건축적 재능에 못지않게 타인에게 호감을 줄 수 있는 인성이 중요하며 이를 바탕으로 한 인간관계가 한 학생으로서의 평가뿐만 아니라 훌륭한 건축가로서, 그리고 사업가로서의 성장에 핵심적인 사항임을 깨닫는 것도 필요하다.

• 공개발표수업의 다양한 형태

그림 12. 04 : **학기말 최종발표** (미국 예일대 대학원 3년 과정, Pier Vittorio Aureli교수 스튜디오의 집합주거 과제, 2014)
지도교수를 포함하여 무려 11명의 교수진들이 크리티에 참여하고 있다. 사진첫째줄 우측에 학장인 Robert A.M. Stern, 둘째줄 좌단에 Peter Eisenman 교수도 참석하여 발표를 경청하고 있다.
발표자는 주요 도면을 출력하여 모두 붙여놓고, 설계과정이나 개념의 발전과정 등은 우측의 모니터를 통해 발표하는 것이 일반적이다.

그림 12. 05 : **전시도판 부착 직전의 발표** (영남대 3년 저층집합주거 과제, 2003) 여러 학년의 설계담당교수들이 함께 참석한 가운데 진행

그림 12. 06 : **전시도판 부착 후의 약식 평가회** (영남대 3년 저층집합주거 과제, 2006) 전시완료 후 지도교수들이 행하는 간단한 작품 평가회

그림 12. 07 : **12주 과제의 최종발표** (미국 카네기멜런대 2년, 미술관 과제, 2007) 핵심도면은 흑백으로 출력하고, 모형은 큰 축척으로 제작하였다.

그림 12. 08 : **스튜디오별 소규모 최종발표** (미국 워싱턴대 조경학과, 2007) 유모차를 끌고 아기를 안고 크리틱을 하는 광경이 이채롭다.

그림 12. 09 : **공모전의 최종 공개발표** (대구건축대전 최종심사, 2005) 상위입상자 10여명에 대한 공개발표를 거쳐 최종입상작을 선별하는 모습

그림 12. 10 : **Unit의 과제설명회 겸 발표회** (영국 런던 AA스쿨, 2012) 학기말 Review 및 과제설명회

* C. Doidge, The Crit, pp. 8~13

2. 발표수업의 장 · 단점과 문제점

발표수업이 바람직하게 진행되었을 경우와 잘 못 되었을 경우 각각 다음과 같은 의의와 문제점을 지니게 된다고 찰스 도지*는 소개하고 있다.

가) 바람직한 발표수업

①나의 설계 작업을 평가해볼 기회이다.

발표는 단순히 채점을 하기 위한 것이 아니다. 발표를 통해 다른 학생들의 작품에 비추어 나의 작품을 되돌아 볼 수 있는 기회를 가지게 되며, 타 학생의 진도에 대비한 나의 작업진행 정도를 가늠해 볼 수 있다.

② 과제의 목표를 보완한다.

발표는 설계 작업을 진행하는 동안에 설정한 자신만의 설계목표를 타인들에게 설명할 기회가 되며, 또한 이를 어떻게 달성하였는지를 보여주는 기회가 된다. 만일 내가 설정한 목표를 확실히 인식시켜주지 못할 경우, 발표를 듣는 청중(교수와 학생)들의 목표에 따라 나의 설계안이 판단되고 평가된다.

③ 피드백의 기회를 제공해 준다.

발표를 통해 나의 설계안의 장점과 약점에 대해 파악할 수 있으며, 잘 된 부분과 놓친 부분을 알 수 있다.

④ 실제 사회가 아닌 안전한 환경에서 실무에 대한 연습의 기회가 된다.

대중들 앞에서 발표를 하고, 타인의 발표를 들으며 질문을 준비하는 것 등은 졸업 후 건축실무에서 필수적인 사항이다. 학교사회는 나의 생각을 대중 앞에서 실험해볼 수 있는 환경을 제공해 주지만 실제사회와 달리 결과에 따른 책임이나 위험부담은 적다.

⑤ 비판적인 사고력을 키울 수 있다.

타 학생의 발표에 대해 청중의 한사람으로서 나는 그저 막연한 느낌 밖에 지니지 못한데 비해 타인들은 어떻게 비판하고 핵심적인 장 · 단점을 지적하는 가를 경청함으로써 설계에 대한 비판적인 사고력을 키울 수 있게 된다.

⑥ 설계작업 일정상의 초점이다.

설계발표란 그 때까지 약속된 만큼의 진도를 끝내야 한다는 것을 의미한다. 즉 설계발표란「시간의 운영」이라는 측면에서 어느 작품이 잘 된 것인지를 보여주는 마감시한deadline이기도 하다.

나) 잘못된 발표수업

그 반면, 발표수업이 잘못 운용될 경우, 다음과 같은 부정적인 문제점들이 나타나게 된다.

①나의 설계안을 청중들이 이해하지 못한다.

잘못된 발표준비나 발표자세로 인해 나와 청중들 간의 이해와 연결의 고리가 끊어졌을 때, 청중들은 나의 말과 설계안에 대해 귀와 눈을 닫아버리는 방관자가 된다.

② 평가교수들에게 참담하게 당하는 시간일 뿐이다.

학생들의 작품에 대한 잘못이나 실수만을 지적하며 부정적인 태도를 보이는 평가교수들이 발표를 이끄는 경우, 학생들은 발표 그 자체에 대해 피해의식을 갖게 된다.

③ 평가교수들은 자신들의 관심사에 대해서만 이야기할 뿐이다.

교수들은 종종 자신만의 제한된 시야를 가지고 학생들의 기본적인 전제사항들을 무시하는 경향이 있다. 하지만 학생들도 이미 20년이 넘는 삶을 살아오는 동안 사물을 보는 나름대로의 시각을 가지고 있음을 알아야 한다.

④ 설계발표를 듣는 학생들의 입장에서는 지루하고 밑도 끝도 없는 시간일 뿐이다.

발표자는 청중의 반응과 이해를 전혀 고려하지 않고, 평가교수들은 학생들과 함께하는 것이 아니라 자기들끼리만 이야기하는 경우가 많다. 이러한 경우 발표수업은 청중인 학생들에게 지루한 시간이 되며 휴대폰을 들여다보거나 잡지를 뒤적이는 등 딴전을 피울 기회가 될 뿐이다.

⑤ 학생들은 모두 꿀 먹은 벙어리가 되어 아무도 토론에 참여치 않는다.

국내 · 외를 막론하고 발표장에서 평가교수가 아닌 학생이 의견을 제시하고 발표자의 설계안에 대한 비평을 하는 경우는 드물다. 결국 청중으로서 학생들은 국외자 또는 방관자가 되어 수시로 발표장을 드나들며 산만해지기 마련이다. 따라서 평가교수는 의도적으로 학생들을 토론에 참여시키는 방안을 적극적으로 마련하는 것이 바람직하다.

• 바람직한 청중으로서 학생의 모습들

그림 12. 11 (좌) : **발표자의 발표에 집중하는 모습** (영남대 2년 형태구성수업, 2006)
모든 학생들이 발표자의 유머 섞인 발표에 집중하는 모습

그림 12. 12 (우) : **열심히 메모하면서 발표를 경청하는 모습** (미국 예일대 건축학부의 스케치과제, 2014)
지도교수의 방침에 따라 학생들은 발표자의 발표내용에 대한 각자의 느낌과 의견을 메모하고 있다.
이런 방법은 청중인 학생들이 보다 발표에 집중할 수 있는 분위기를 조성해준다.

다) 지도교수의 역할

발표를 통한 설계수업이 의미 있고 유용한 기회가 되기 위해서는 우선 학생들이 발표준비를 성실히 해야 하고 동료학생들 또한 훌륭한 청중이 되어야하지만, 발표의 과정을 이끌어 나가는 평가교수진이나 초청비평가들의 올바른 자세 또한 핵심적인 사항이다.

평가교수들은 무엇보다도 기본적으로 긍정적인 관점에서 학생들의 작품을 보아야 하며 학생들의 새로운 아이디어에 대해 마음의 문을 열고 공정하게 들어주며, 도움이 될 수 있는 제안과 조언을 해주는 자세가 필요하다.

하지만 이런 역할이 결코 말처럼 쉬운 것은 아니다. 지도교수들은 여러 시간 동안 학생들의 발표를 하나도 놓치지 않고 집중하여 듣고 그 중 핵심사항들을 추출하여 적절한 조언과 올바른 비평을 해 주어야 한다.

그리고 학생들뿐만 아니라, 지도교수들 역시 자신들의 그간의 지도능력, 혹은 발표장에서 평가교수로서의 비평능력을 검증받고 있다는 생각이 여러 측면에서 들기도 한다. 대부분의 교수들은 학생들을 위해 최선을 다하려고 하는 헌신적인 생각을 지닌 교육자이지만, 한편으로는 일반인들과 똑 같은 감정과 생각을 지닌 그저 한 사람의 인간일 뿐이라는 점을 알아야 한다.

• 지도교수의 권위와 역할

그림 12. 13 (좌) : **발표 전 지도교수의 배경설명** (미국 예일대대학원, 프랭크 게리 스튜디오, Barbican센터 계획과제, 2014)
학생들의 학기말 발표에 앞서 지도교수인 프랭크 게리가 초청크리틱 들에게 과제의 배경설명을 하고 있다.
지도교수, 초청 크리틱 모두가 현대건축의 대가들인 만큼 학생들은 그 권위에 알게 모르게 압도당하기도 한다.

그림 12. 14 (우) : **학생들에 의한 자체 평가 메모** (미국 시애틀, 워싱턴대 조경학과 최종발표회 후 전시패널에 부착된 학생들의 평가 메모, 2007)
지도교수는 단순히 권위로서만이 아니라, 다양한 아이디어를 내어 학생들이 발표에 보다 적극적으로 동참할 수 있도록 역할을 해야 한다.

3. 발표의 준비와 유의사항*

가) 시간계획

설계작업을 하는데 있어서 시간 관리는 어렵다. 건축가들은 시간이 허락하는 한 최종적인 디자인결정을 미루고 보다 나은 대안을 끝까지 모색하는 특성이 있기 때문에 마감시간이 임박해오면 늘 시간에 쫓기게 되고 밤을 새우는 일이 잦아진다.* 그리고 마지막 순간에 이루어지는 설계의 변화는 다른 모든 작업에 연

*
Kathryn H. Anthony, Design Juries on Trial, VNR, 1991 pp. 45-50.
Charles Doidge, PP. 32-37

쇄적인 파급효과를 미치기 때문에 마무리를 위한 시간은 언제나 부족하기 마련이다. 따라서 다음과 같은 사항에 유의하면서 발표를 위한, 또는 설계작업 전체를 위한 효과적인 시간계획을 짜고 시행착오를 줄이도록 한다.

①마감시한부터 거꾸로 거슬러 생각하여 작업한다.

일반적으로 현재의 시점에서 예측하기 쉽지 않은 일정표나 시간계획을 짤 때에는 그 일의 최종 마감시점부터 현재까지 거꾸로 작업계획을 짜 보면 앞으로 주어진 시간을 어떻게 순차적으로 활용해야 할지에 대한 생각이 정리된다. (D-day, D-1, D-2, ... 등) 그 결과, 당장 이 순간부터 우선적으로 해야 할 일이 무엇인지도 알 수 있게 된다.

건축 설계작업이나 발표준비를 위해 시간계획을 짤 때에도 최종 제출일이나 발표일로 부터 거꾸로, 예를 들어, 발표 당일의 준비－모형작업－각종 도면그리기－개념과 설계목표 정리－프로그래밍의 핵심사항 요약, 정리－등으로 이어지는 작업의 내용과 이에 소요되는 시간을 산정할 수 있을 것이다. 여기서 중요한 것은 이러한 작업에 실제로 소요되는 시간은 내가 생각하는 것보다 훨씬 더 많이 걸린다는 것을 전제로 하고 여유시간을 더하여 계획을 짜야 한다는 것이다.

② 우선순위를 정하고 부차적인 일에 매달리지 않는다.

꼭 해야 할 일부터, 중요한 일부터 먼저 한다. 그리고 경우에 따라 생략해도 무방한 부분들은 시간이 남을 때 하도록 한다. 이는 매우 당연하고 평범한 말이지만, 실제의 경우 많은 학생들이 설계작업 도중에 빠지기 쉬운 자기도취나 완벽주의적 습관 때문에 시급하지 않은 일에 시간을 소비하느라 막상 중요한 작업에 필요한 시간을 놓치는 경향이 있다. 주택의 다른 부분에 대한 계획을 제대로 하지도 않은 프리핸드 스케치 상황에서 욕실바닥의 타일패턴을 빼놓지 않고 그리거나 계단의 디딤판을 하나하나 그리는 등의 경우가 그러한 예이다.

③ 작업의 동료를 만들어 둔다.

현재의 작업내용과 진도, 그리고 앞으로 해야 할 일들에 대해 정기적으로 서로 토론하고 의견을 나눌 수 있는 친구를 만들어 둠으로써 서로 격려를 할 수 있고, 다른 시각에서 보는 조언을 수시로 얻을 수 있게 된다.

④ 예비시간을 할애해 둔다.

스스로 정하는 마감시한은 실제의 마감시한보다 적어도 하루정도 더 앞당겨 잡는다. 이렇게 함으로써 갑자기 몸이 아프거나 기타의 예기치 않은 시간적 손실이 발생하는 경우에 대처할 수 있게 된다.*

*
설계를 하는 학생들이나 건축가가 마감일 전에 흔히 밤샘작업을 하는 이유

이는 디자이너와 분석가의 작업방식의 차이점이기도 하다.

건축가는 시간이 허락하는 한 최대한 많은 대안을 만들고, 더 나은 개선안을 위해 최종 결정을 미루는 경향이 있다. 그리고 최종적인 대안은 의외로 시간에 쫓기는 마지막 순간에 떠오르는 경우도 많다.
그 결과, 최종 결정안을 표현하고 그리는 시간이 부족하여 마감 전날에는 늘 밤을 새우는 상황이 벌어진다.

* 바쁠 때 생기는 난감한 일들

절친한 옛 친구의 갑작스런 방문이나, 집안의 큰 일들은 나의 설계 마감시간과는 무관하게 언제든지 일어날 수 있다.

⑤ 우선 시작부터 하고 본다.

설계과정에서 가장 어려운 부분의 하나는 그날의 설계작업을 시작하는 것이다. 일단 가장 가볍고 쉬우며 흥미있는 작업부터 착수하여 점차 복잡하고 큰 작업에 이르도록 한다. 지나친 완벽주의는 시작을 망설이게 하고 설계작업에 정체와 지연을 초래하는 큰 원인이 된다.「반드시 완벽해야 할 필요는 없다. 완성시켜 나가는 것이 중요하다.」는 말을 되새겨 볼 필요가 있다.

그리고 그날의 설계작업을 마칠 때는 가장 하기 싫거나 어려운 작업을 할 때가 아니라 흥미롭고 재미있는 작업을 하는 도중에 마치는 것이 다음날의 작업을 시작하는데 도움이 된다.

나) 발표를 위한 줄거리 구성

대부분의 설계발표에서 개인별로 주어지는 시간은 5분에서 길어야 10분 이내이다. 이 짧은 시간동안 나의 생각과 결과물을 효과적으로 말하고 보여주기 위해서는 전략이 필요하다. 즉, 작업한 내용들을 논리적으로 연속된 흐름 속에 배열하고 설명해서 나의 의도대로 발표를 주도해 나가야 하며, 듣는 사람들이 나의 발표흐름에서 벗어나 비약하여 생각해야만 하도록 만들면 안 된다.

이를 위해 우선, 내가 이미 해 놓은 작업들을 살펴보고 내 생각의 핵심사항을 표현하는데 가장 적합한 것들을 골라낸다. 그리고 이러한 것들에 대한 설명을 강화하기 위해 무엇을 추가로 해야 할 것인가를 생각한다. 예를 들어 자신의 생각을 제대로 표현하기 위해서 조경부분은 모두 색칠을 하는 것이 좋은지를 생각해 보는 것 등이다. 그리고 다음의 사항에 유의한다.

① 개인적으로「반드시 이야기해야 할 것」을 적어놓되, 문어체가 아닌 구어체로 적는다.

② 발표의 시작과 중간, 그리고 끝을 특징적으로 표현할 수 있도록 계획한다.

설명의 시작부분은 청중들의 주의력이 최고조에 달해있으므로 일단 나를 소개한 후에는 곧바로 나의 핵심적인 생각부터 말한다. 그리고 발표의 중간부분에서는 각각의 핵심사항들에 대해 보다 확장하여 설명한다. 마지막으로 발표의 맨 끝 부분에 가서 핵심사항을 다시 한 번 반복하여 얘기한다.「사람들은 설명의 중간부분에서 보다는 시작할 때와 끝날 때 더 많은 것들을 기억한다.」는 점을 염두에 둔다.

③ 시각적 정보전달을 주로 하는 전문가들의 의사전달방식을 배운다.

예를 들어, TV뉴스의 일기예보관은 화면을 통해 보는 기상도와 같은 시각적 자료에 주로 의존하고 이를 언급하지만, 시선은 시청자들과 강하게 연결하면서 효과적으로 정보를 전달한다.

④ 수위가 건물을 안내하듯 설계과제를 설명하지 않도록 한다.

"건물을 들어서게 되면, 현관홀이 있고, 그 다음은…" "오른쪽에는 무엇이 있고 왼쪽에는 무엇이 있습니다. 그리고 2층에는 또 무엇이 있습니다…"등과 같이 설명하는 것은 피한다. 전시된 도면을 보면 설명을 듣지 않아도 이미 알 수 있는 내용들이기 때문이다.

다) 설계목표의 정리

설계의 목표를 명확히 설정한다. 내가 달성하고자 하는 것은 정확히 무엇인가? 내가 설정한 가장 중요한 이슈는 무엇인가? 이러한 사항들을 3~5가지 기록한 뒤, 이들 설계목표를 가장 중요한 것에서부터 순서대로 정리해 본다. 단, 이러한 목표들을 발표 전에 급조하여서는 안 된다. 그리고 발표 시에는 먼저 이러한 목표들에 대한 전반적인 언급을 하고(단순히 이 목표들을 읽는 것만으로도 충분하다.) 그 다음 이들 목표 하나하나에 대해 그것이 어떻게 달성되었는지 자세히 설명한다. 이어서 이러한 각각의 이슈들이 도면과 모형에서 어떻게 해결되었는지를 보여준다.

그림 12.15 : **미흡한 발표준비**
여러 장의 트레이싱지를 포개어 발표함으로써 겹침효과로 도면이 선명하게 보이지 않는다.
또한 발표자는 착석한 청중들이 도면과 발표내용을 잘 볼 수 있도록 자신의 적절한 자세와 위치를 정해야 한다.

라) 도면과 모형의 준비

많은 학생들은 평가나 발표전날 밤에서야 그동안 작업한 내용들을 허둥지둥 끌어 모으는 일을 반복하고 있다. 그 결과, 표현은 엉성하고 빈약하게 되기 마련이고 표현의 일관성이라는 중요한 부분 또한 놓치게 된다.

중간발표이든 최종전시회이든 간에 설계의 표현은 언제나 그 내용만큼이나 중요하다. 평가를 위한 효과적인 시각적 표현물의 준비를 위해 다음과 같은 사항에 유의한다.

① 준비한 결과물을 언제 어떻게 보여줄 것인지 계획한다.

대부분의 학생들은 모든 도판과 모형들을 평가교수들 앞에 한꺼번에 늘어놓는데 이는 가장 일반적이고 무난한 방법이며 최종발표와 같이 완성된 성과물들을 한꺼번에 보여주는 의미가 필요할 때 더욱 효과적이다.

하지만 이런 방식의 결함은 전시해놓은 수많은 도면과 모형들이 청중들을 산만하게 하고 발표자의 설명에 집중하지 않도록 하는 경향이 있다는 점이다. 즉, 청중들의 눈과 귀를 발표자의 의도대로 통제하고 조정할 수 없다는 것이다. 이러한 상태에서 발표를 시작하면 앞줄에 자리한 평가교수진이나 청중들은 발표자가 전시한 많은 내용들을 이해하기 위해 분주하게 눈을 이리저리 움직이게 된다. 때로 어떤 평가교수들은 도판과 모형들을 더 가까이에서 보기 위해 자리에서 일어나서 앞으로 나오기도 하는데 이는 발표자의 발표행위를 어렵게 만들고 다른 청중들에게도 방해가 된다.

이러한 문제점을 피하기 위한 방법의 하나는 자신의 작업내용을 순서대로 보여주는 것이다. 즉 처음에는 서론부의 도입에 적절한 도판을 보여주고, 그 다음에 설명의 진행상황에 맞추어 다른 도면들을 보여주는 것이다. 그렇게 하여 최종적으로는 그 때까지 설명한 도면들이 모두 전시되도록 하는 것이다. 이러한 방식은 다소 준비가 필요하며 번거로운 까닭에 일반적으로 사용할 수 있는 방법은 아니지만 평가교수들과 청중들로 하여금 발표자가 설명하는 몇 가지 부분에 집중할 수 있도록 해주는 장점이 있다.

② 무엇을 어떤 순서로 보여줄 것인가를 숙고한다.

예를 들어, 배치도, 2개 층의 주요평면도, 단면 그리고 입면의 표현이 요구되었다면 어떤 층을 선택할 것인가? 어느 부분에서 단면을 잘라 보여줄 것인가? 어느 쪽 입면을 보여 줄 것인가 등을 신중히 생각해야 한다.

③ 설명을 하지 않아도 알 수 있도록 표현한다.

모든 도면과 모형들은 그 자체로서 설명적이어야 한다. 설계안의 발표 시에도 구두에 의한 설명은 어디까지나 표현된 도판의 내용을 보충하는 역할을 하도록 한다. 따라서 어떠한 경우에도 도판의 표현은 쉽게 이해할 수 있도록 되어야 한다. 특히 일반전시나 설계경기 등에서의 수상작을 선정할 경우, 설계자는 자신의 작품을 설명하거나 옹호할 기회가 없으며 단지 전시된 도판과 모형을 통해서만 평가받기 때문에 더욱 그러하다.

④ 중요한 도면을 가장 잘 보이는 위치에 배치한다.*

발표용 도면은 청중석의 맨 뒷줄에서도 잘 보고 이해할 수 있도록 강하고 명확하게, 그리고 쉽게 표현해야 하는 것이 기본이다. 또한 가장 중요하고 핵심적인 도면이 발표용 도판의 가장 잘 보이는 곳에 배치되도록 신경을 쓰는 것이 중요하다.

그러나 많은 학생들은 그저 자신이 작업한 순서, 혹은 설명의 순서에 따라서만 도판을 배치한다. 그 결과 통상적인 설계개요나 대지분석내용들만 가장 보기 좋은 위쪽에 배치되고, 정작 건축적으로 중요한 도면인 배치대안이나 평면, 단면 등의 도판은 잘 보이지 않는 발표용 도판의 아래쪽에 배치하는 경우가 많다.

⑤ 모형은 청중들의 시각에서 어떻게 보일지를 고려하여 배치한다.

중간발표 시에 학생들은 자기 차례가 오면 여러 개의 스터디 모형들을 그저 테이블 위에 별생각 없이 늘어놓는데 만 급급한 경우가 많다. 그 결과, 바로 앞좌석에 앉아있는 평가교수들 조차도 모형을 위에서는 볼 수 없으며, 그나마도 뒷좌석에 앉아있는 학생들은 앞자리의 학생들에게 가려서 모형자체가 보이지

• 발표 시 도판과 모형의 연출

건축을 잘 모르는 일반인들을 대상으로 도판들과 완성된 모형을 함께 늘어놓고 발표나 설명회를 가질 경우, 일반인들은 건축가의 설명과 도판보다는 이해하기 쉬운 모형에 주로 시선이 머무르게 된다.
이럴 경우, 일단 도판에 대한 설명을 마친 후, 모형을 보여주면 청중들의 주의를 발표자가 원하는 바대로 한데 모을 수가 있다.

않는 경우가 많다.

따라서 발표자는 서서 아래로 굽어보는 자기의 시야가 아니라, 앉아있는 평가교수들이나 동료학생들의 낮은 시점에서 자신의 모형들이 어떻게 보일지를 생각하여, 필요하면 받침대 등을 활용하여 모형을 기울이거나 세워서 윗부분을 포함한 다양한 부분이 보일 수 있도록 배려하여야 한다.*

마) 전형적인 실수와 유의사항

①발표의 시작부분에서 가장 기본적인 사항부터 먼저 설명한다.

설계부지가 어느 곳인지, 무슨 용도의 건물을 설계하는지도 모르는, 외부평가교수들 앞에서 자신의 졸업설계과제에 대한 중간발표를 다음과 같이 시작하는 학생들을 자주 본다.

(학생) "현대에 와서 도시환경은 더욱 황폐해지고 개인화의 경향은 점차 커져가고 있습니다......서울이라는 도시도 그 양적인 팽창에 비해서 진정으로 시민들이 휴식을 취하고 문화를 즐길 수 있는 공간은......(중략)......때문에 앞으로의 건축은 이러한 문제들을 해결하고......(중략)......각각의 계층을 감싸줄 수 있는 방향으로......"

(교수) "도대체 자네가 하려는 것이 무엇이지?" 참다못해 한마디 한다.

(학생) "그게 무슨......?"

(교수) "자네가 설계하려는 것이 도대체 무엇을 하는 건물인가 말이네"

(학생) "아 ! 예......복합문화시설입니다."

(교수) "복합문화시설이라니? 무슨 복합? 무슨 문화시설 말인가?"

(학생) "저......공연장을 중심으로 전시시설 등 몇 가지 부수적인 시설들입니다."

(교수) "그런데 설계부지는 어디인가?"

(학생) "예. 설계부지는 동숭동 대학로 주변입니다."

(교수) "......"

*
중간발표의 경우, 학생별 발표시간은 대개 7~8분 내외이다. (나머지 10분 정도는 평가교수진들의 비평시간이다.) 이 때 많은 학생들이 시간안배를 잘 못하여, 대지분석 결과에 대부분의 시간을 소비하고 최종 배치대안이나 평면 및 단면개념도 등은 제대로 설명을 못하고 마치게 된다.
더 안타까운 점은, 평면이나 단면도 등의 주요도판들이 발표패널의 아래쪽에 배치되는 까닭에 모형전시 테이블에 가려져서 잘 보이지도 않는 경우가 많다는 점이다.
따라서 발표 시에는 전체 도판을 균등하게 설명할 수 있도록 시간의 안배에 신경을 쓰는 것은 물론, 주요도판들이 테이블 등에 가려서 잘 보이지 않는 일이 발생하지 않도록 세심한 주의를 기울여야 한다.

*
여러 개의 Study Model을 발표용 테이블 위에 늘어놓을 때, 모형이 만들어진 순서대로 놓는 것은 대부분의 학생들이 잘 인지하고 있다.

하지만 작은 모형들이 평평한 테이블 위에 그냥 놓여 있으면 청중들의 눈에는 그저 모형의 옆면만 보일 뿐이다.

따라서 발표 시에 중요한 모형은 청중들이 다양한 각도에서 모형을 볼 수 있도록 직접 손으로 들고 기울여 가면서 설명을 하는 것이 좋다.

배치모형의 다양한 대안들은 필요 시 발표용 패널에 도판과 함께 붙이는 것도 하나의 방법이다.

좌측의 사례와 같이 핵심적인 설명부터 하지 않게 되면, 듣는 사람들은 기본적인 사항에 대한 궁금증 때문에 발표자가 이야기 하는 부분에 집중하여 듣지 못하게 되는 문제도 있다.

발표의 시작이 이런 식으로 된다면 계획안의 좋고 나쁨을 떠나 평가교수나 청중들에게 첫인상을 좋게 주기는 어려울 것이다. 한마디로 듣는 사람의 궁금증을 해소해주고 가려운 곳을 먼저 긁어주는 발표와는 거리가 먼 답답한 설명의 전형적 사례이다.

「제가 설계하고자 하는 것은 청소년을 위한 연극공연장이며, 부지는 동숭동 아트센터 뒤쪽 주거지입니다.」라고 가장 기본적인 사항부터 말하는 것이 당연한 순서이다. 그 다음에 계획의 배경이나 설계개념 등이 나오게 될 것이다. 예를 들어 어떤 사람에 대해 우리가 설명을 할 경우, 그 사람이 남자인지 여자인지부터 설명해야지 눈이 크다든지 얼굴이 희다든지 하는 세부적 이야기나 설명부터 해서는 듣는 사람을 계속 궁금하고 답답하게 만들 뿐이다.

② 모든 도면들은 제목, 축척, 방위 등이 일정하게 표기되어야 한다.*

일반적으로 모든 도면은 북쪽이 위로 향하도록 배치하는 것이 관례이다. 물론 설계부지의 형태가 남북으로 특별히 길다든지 하는 예외적인 경우도 가끔씩 있으며, 보행자의 주 진입을 아래쪽으로 두고 배치방법도 있으나, 그 어떤 기준을 적용하던 간에 모든 도면의 방위는 일관성이 있어야 한다. 그리고 각 도면들의 축척도 빠트리지 않고 기입한다.

③ 모든 도판들은 가능한 완성도가 유사하도록 표현한다.*

각 도판들의 최종 표현이 균일하지 않게 마감되었을 경우, 어떤 부분이 미완성인지 금방 드러나게 되어 잘 마무리된 다른 부분들에 대한 평가까지 손상시킨다. 따라서 각 도판의 작도방식, 채색여부, 레터링 등에 이르기까지 최대한 마감수준을 균일하게 유지하도록 한다.

④ 도면에서 부주의하게 보이는 것은 모두 제거한다.*

발표도면에 나타난 부주의함은 평가교수들로 하여금 그 학생의 설계 자체에 대한 인식 또한 부주의할 것이라는 생각을 갖게 한다. 말끔히 단장하고 정장을 갖추어 입은 신사의 얼굴에 작은 티가 묻어있으면 그 사람 전체가 우스꽝스러워 보이는 것과 동일하다.

예를 들어, 도판에서 글자는 도면만큼이나 중요하다. 실제로 많은 학생들이 너무 자주 기본적인 철자법을 틀리고 있다. 영어 단어는 물론, 한글로 된 단어도 틀리는 경우를 자주 본다. 더욱이 이러한 틀린 글씨가 도판의 제목과 같은 큰 글씨일 경우에는 자기의 부주의함을 널리 광고하는 것이 되고 만다.

*
모든 도면의 제목, 축척, 방위 등이 명시되어야 한다는 것은 기본적인 사항이다. 하지만 이러한 단순한 표시들이 너무 자주 무시되어 평가교수들과 청중들을 혼란스럽게 한다.
어떤 도면은 북쪽이 위로 놓이고 또 다른 도면은 북쪽이 아래로 배치되는 것과 같은 실수는 전형적인 것이며 가장 혼란을 일으키는 실수 중의 하나이다.

*
멋지고 창의적인 표현은 즉각적으로 보는 이들의 눈길을 사로잡는다. 그 다음은 일관성이다.
어느 한 부분만 잘 되어있고 나머지는 엉성하게 표현되어서는 안 된다. 미스코리아 선발대회를 생각해보면 쉽게 이해할 수 있을 것이다.

*
엉성하게 날려 쓴 레터링, 너무 크거나 작게 쓰인 제목, 성의 없이 급하고 굵게 표현된 스크레치 등의 톤 작업
- 이러한 모든 것들이 오랜 시간을 공들여 작성한 도면까지도 평가절하 하게끔 만든다.

4. 발표현장*

발표라는 것이 대개가 그렇듯이 대중 앞에서 이야기하는 형태의 하나이므로 상당히 신경이 곤두서는 일인 것은 당연하다. 대중 앞의 발표에 처음부터 익숙한 사람은 소수에 지나지 않으므로 이미 언급한 바와 같이 발표의 방법과 습관도 배우고 몸에 익혀야 하는 것이며 이는 건축가로서의 성장에 중요한 요소의 하나가 된다. 발표에 대한 준비와 계획이 잘 이루어졌다면 발표의 순간에는 다음의 사항에 유의하도록 한다.

*
Kathryn Anthony, pp. 71-75
Charles Doidge, pp. 45-68

가) 발표의 자세와 태도

①신체언어(body language)에 주의한다.

발표자가 자신의 생각과 설계내용을 청중에게 성공적으로 전달하기 위해서는 훌륭한 설계내용 외에도 발표자의 모습과 몸동작, 음성과 말투 등의 신체적, 심리적 요소도 매우 중요하다. 따라서 다음과 같은 사항에 유의한다.

• 조금 전까지 자다가 나온 사람 같은 옷차림은 피한다.* : 학생의 설계작품이 정보를 전달하는 것처럼 옷차림 역시 평가자들이나 청중들에게 어떤 형태로든 메시지를 전달한다. 너무 화려하게 입을 필요는 없지만 성실하고 단정한 느낌을 줄 수 있도록 입는다.

*
발표자의 옷차림

도판과 모형이 발표자의 설계내용과 함께 성격을 보여주듯, 발표자의 옷차림 역시 청중들에게 어떤 형태로든 의미를 전달한다.
단정하고 산뜻한 옷차림의 발표자는 적절한 시간관리를 통해 이미 발표준비를 제대로 하였음을 간접적으로 보여주는 표시이다.
그 반면 맨발에 슬리퍼를 신고 반바지를 대충 걸치거나 트레이닝복 차림으로 발표에 임하는 학생을 보면 매사에 무성의하고 예의바르지 못할 것이라는 느낌과 함께, 시간관리를 제대로 못해서 밤을 꼬박 세우고 허둥지둥하며 하루 종일 식사도 못하였을 학생의 모습이 머릿속에 떠오르게 된다.

• 고개를 떨어뜨리지 않는다. : 고개를 숙이면 목소리도 함께 떨어뜨리게 되므로 청중과 얼굴을 마주보고, 눈을 마주치며 자신감 있는 태도로 발표한다. 설계스튜디오가 아닌 실제상황에서 건축가가 자신 없는 태도를 보인다면 어떤 건축주가 선뜻 수억 원의 재산이 걸린 설계안을 수용하겠는가.

• 도면과 모형만을 쳐다보고 말해서는 안 된다. : 발표자들의 상당수가 청중이 아닌 도면과 모형을 보며 발표하는 경향을 지닌다. 물론 평가교수들이나 청중들을 바라보는 것 보다는 자신의 설계작품을 바라보며 이야기하는 것이 마음은 편하겠지만, 청중들과 눈을 마주치지 못하면 그만큼 발표의 효과와 집중력은 약해진다. 청중을 향해 서고, 눈을 계속하여 맞추도록 한다.

그림 12. 16 : **감정의 조절도 필요**
(영남대 2년, 형태구성 2주 과제 발표, 2006) 순박한 학생의 웃음도 통제가 안될 경우, 발표장의 분위기를 어색하게 만드는 수가 있다. 발표장에서 감정의 통제를 위한 연습도 필요하다.

• 손의 처리에 신경을 쓴다. : 손으로 입을 가리게 되면 말의 신뢰성에 의문이 생기게 되고 손을 만지작거리면 주의가 산만해 보인다. 그리고 바지주머니에 손을 넣을 경우, 무언가 숨기는 듯하며 예의 없는 사람으로 보인다. 손은 편안한 자세로 내려두고 도판이나 모형의 필요한 부분을 가리키거나 구두설명을 강조하는 제스처를 쓰는 수단으로 활용한다.

② 몸동작과 얼굴표정을 활용한다.

훌륭한 발표자는 긴장을 풀고 열려있는 자세를 취하면서 강조할 부분에 이르러서는 활발히 제스처를 쓰는 등, 발표의 무대공간을 넓게 활용한다. 그리고 발표자의 얼굴에 활력이 있을수록 청중의 주의를 더 끌어들일 수 있고 긍정적 반응을 얻게 되므로 가능하면 긴장을 풀고 환한 얼굴, 웃는 얼굴로 발표를 하도록 노력한다.

• 당당한 발표 자세와 몸가짐

그림 12. 17 (좌) : **최종발표의 사례**
(미국 예일대대학원, 프랭크 게리 스튜디오, Barbican센터 계획과제, 2014)

자신감 있고 당당한 자세의 한국유학생의 발표에 세계적인 건축가들도 호감을 갖고 경청하고 있다.
(좌) 그렉 린, (한사람 건너)프랭크 게리
(우) 스탠리 타이거맨

그림 12. 18 (우) : **중간발표의 사례**
(영남대 3년 저층집합주거과제, 2018)

충분한 발표준비와 단정한 옷차림, 청중을 배려한 모형의 배치와 자신감 있는 발표자세 등이 잘 갖추어진 모습이다.

③ 목소리와 말투에 유의한다.

발표자의 목소리가 지루하게 들리면 청중은 발표자의 설계작품에도 흥미를 잃기 마련이다. 따라서 목소리의 장단과 리듬을 살려 활기차게 정열적으로 발표한다.

• 속삭이듯 힘없이 말하지 않는다. : 작은 목소리로 속삭이듯 말하면 평가교수진이나 학생들 모두가 발표를 지루하게 생각한다. 맨 뒤에 앉아있는 청중들도 또렷하게 알아들을 수 있을 정도의 목소리로 말한다.

• 너무 빨리 말하지 않는다. : 대부분의 학생들은 너무 빨리, 급하게 말하는 경향이 있는데, 이는 듣는 사람이 발표를 한쪽 귀로 듣고 다른 쪽 귀로 흘려버리게 만드는 원인이 된다. 천천히 말할수록 청중은 더 잘 알아듣고 전달하고자 하는 메시지도 명확해진다.

• 너무 가볍고 경솔하게 말하지 않는다. : 의외로 많은 학생들이 평가교수들 앞에서 발표할 때 마치 자기 친구와 잡담을 하듯이 이야기하는 것을 본다. 예를 들어, 〈 ~ 있잖아요.〉 등의 말투는 사석에서 가볍게 쓰는 것이지 공식적인 발표장에서 사용할 것은 아니다.

나) 말의 관리

①사과하는 말로 발표를 시작하지 않는다.

사과부터 하면서 발표를 시작해서는 안 된다. 다음과 같은 말로 발표를 시작하는 학생들이 적지 않다.

① "아직 작업이 미완성이라서 죄송합니다만......"

② "도판의 표현이 부족하여 내용들을 잘 알아볼 수 없으시겠지만......"

③ "저의 설계안과 비슷한 것을 이미 여러 개 보셨겠지만......"

• 좌측의 말들이 필요 없는 이유

①→ 자신의 설계안이 미완성임을 대중들 앞에서 스스로 공표하는 것임

②→ 도판의 표현이 제대로 준비되지 않았음을 스스로 인정하는 것임

③→ 자신의 설계안에 대한 존재의미를 스스로 깎아 내리는 것임

이러한 말들은 차후에 자신이 말하는 모든 것에 신뢰감을 떨어뜨리게 된다. 필요가 없는 말들이다. 비록 발표준비는 다소 미흡하다고 여기더라도 발표의 순간에는 확신을 가지고 당당하게 임해야 한다.

② 긴 문장의 말은 피하고 발표시간을 억지로 채우려 하지 않는다.

가능하면 짧은 문장으로 말하도록 한다. 그리고 더 이상 발표할 내용이 없으면 그냥 발표를 마치도록 한다. 어떤 목표나 방향성도 없이 지루하게 이야기하는 것 보다는 짧게 발표를 마치는 것이 훨씬 효과적이다.

③ 약점이나 자신 없는 부분에서 발표를 마치거나, 단순히 사라지듯 발표를 마치지 않는다.

발표의 끝은 꺼져가는 것이 아니라 마침표를 찍는 것이다. 따라서 발표를 시작할 때와 마찬가지로 효과적이고 힘차게 발표를 마치도록 한다. 그리고「고맙습니다.」라고 끝을 맺으면 좋을 것이다.

④ 질문에 효과적으로 대응한다. (듣는 가운데 배운다.)

이상과 같은 발표의 유의사항들을 숙지하고 준비한다 해도 평가교수들의 예기치 않은 질문에 접하면 곤란을 겪거나 발표의 전체 리듬이 무너지기도 한다. 즉, 아무리 발표준비를 많이 한다 해도 발표자가 통제할 수 없는 질문-답변의 단계는 여전히 걱정거리이다. 따라서 다음에 유의한다.

• 평가교수나 건축주의 질문을 예상하고 미리 일련의 답변을 준비한다. : 가까운 친구들을 대상으로 연습발표를 통해 나의 발표와 주관적인 해결안에 대해 다른 사람들은 어떻게 생각하고 반응하는지를 사전에 파악해 본다. 그리고 대답하기에 가장 어렵거나 곤란한 질문을 예상하고 그에 대한 답을 미리 준비해 둔다.

• 만일 대답할 수 없는 질문을 받으면 솔직하게 "그것은 잘 모르겠습니다."라고 답한다. : 나의 부족한 부분을 솔직히 밝히는 것이 다듬어지지 않은 생각을 즉흥적으로 말하는 것 보다 낫다. 즉흥적 대답은 자칫하면 사태를 예기치 않은 방향으로 몰고 갈 수도 있다.

• 발표가 중간에 잘릴 경우를 대비한다. : 종종 평가교수들은 발표의 중간에

말을 끊는 경우가 있는데, 대개 이때부터 그 학생의 발표는 곧바로 내리막길을 걷게 되는 수가 많다. 이 경우 제대로 준비가 안 된 학생들은 당황하여 횡설수설하게 된다. 때문에 자신의 발표가 중간에 잘렸을 경우 어떻게 해야 할지를 준비해두어야 한다.

이러한 상황이 오면 공손하게 "일단 제가 발표를 모두 마칠 때까지 질문을 잠시 미루어주시면 고맙겠습니다." 혹은, "질문 해주셔서 감사합니다. 하지만 조금 더 이야기하여 발표를 마친 후 그 질문에 다시 대답할 수 있도록 해주시면 고맙겠습니다." 등으로 대응하면 무난하다.

⑤ 감정적이고 불공정한 평가를 받았다고 생각이 드는 경우

불행하게도 발표 도중에 평가교수가 감정을 폭발시키는 것을 가끔 보게 되는데, 이럴 때 발표자는 몹시도 부담스러워진다. 이런 경우, 학생이 취할 수 있는 효과적인 방법의 하나는 일단은 아무런 대꾸 없이 그냥 조용히 듣고만 있는 것이다. 평가교수가 나중에 터트릴 감정이 더 이상 남아있지 않도록 마지막 한마디까지 다 말하도록 인내하며 기다린다.

그리고 숨을 가다듬으면서 스스로에게 물어본다. "내가 지금 들은 내용들 중에 쓸 만한 것들이 있는가?" 만일 있다면 여태까지 들은 비평을 대꾸 없이 그냥 받아들이도록 한다. 그런데 만일 그렇지 않고 쓸 만한 비평이 정말로 전혀 없었다고 생각한다면 앞으로 한발 나가서 조용하게 그리고 천천히 다음과 같이 말한다.

"죄송합니다만, 이 부분에 대해서는 제 설계안이 잘못 평가되고 있다고 저는 생각합니다."

나의 생각을 굳건히 하고 나의 주관을 합리적으로 주장하는 것과 어떤 희생을 치르더라도 나의 생각을 철저히 방어하겠다는 자세는 다른 것이다. 그 구별이 핵심이다.

• 발표자와 평가자, 청중

그림 12. 19(좌) : **수 많은 청중을 대상으로 한 발표**(미국 시애틀, Univ. of Washington, 조경학과, 2007) 대외 공모전 출품작을 선정하기 위한 공개발표.

그림 12. 20(우) : **지도교수와 소수의 청중을 대상으로 한 발표** (독일 아헨공대 대학원 학기말 최종발표, 2017)

• 학기말 전시의 준비와 전시도판의 설치

그림 12. 21 : **학기말 최종발표와 전시를 위한 막바지 준비과정**
(영남대 3년, 저층집합주거과제, 2018)

그림 12. 22 : **해당 설계스튜디오 내에 학기말 전시공간을 만드는 과정**
(영남대 2년, 전시시설과제, 2017)

• 해외대학 학기말 전시장의 구성 사례들

그림 12. 23 : **흥미롭게 구성된 학기말 전시공간과 도판들 (1)**
(미국 뉴욕, 컬럼비아대학원 2014년 봄학기 최종전시회)

그림 12. 24 : 흥미롭게 구성된 학기말 전시공간과 도판들 (2)
(영국 런던, Bartlett건축대학 2017-18 Summer Show) **Unit 13 전시장** (좌), **Unit 22 전시장** (우)

♠ 참고 및 인용문헌

- Charles Doidge, Rachel Sara & Rosie Parnell, editor, The Crit, An Architectural Students' Handbook, Architectural Press, 2000
- Ed Marquand, Graphic Design Presentations, 1986, VNR
- E.T.White, Presentation Strategies in Architecture, Archi. Mediia
- Jonathan Lipman, Johnson Wax Bldg, Rizzoli, 1986
- Kathryn H. Anthony, Design Juries on Trial, VNR, 1991
- Le Corbusier le Grand, Phaidon, 2008

13장. 포트폴리오 만들기

● **과제설계 포트폴리오**

(영국 옥스퍼드 브룩스대학 최종학년 Design Diary)

건축과 학생들에게 포트폴리오는 두 가지 유형이 있다. 개별 설계과제에 대한 Design Diary로서 과제설계 포트폴리오와 취업 및 진학 등을 위한 포트폴리오가 그것이다.

XIII. 포트폴리오 만들기

대학의 설계수업에서는 결과만큼이나 과정도 중요하다.
학생들은 매학기의 설계수업을 통해 훌륭한 결과물을 이루어내는 것을 목표로 하지만, 그런 결과를 이끌어내기까지 거쳐 왔던 수많은 생각과 중간과정들을 기록하고 정리하는 것도 중요하다.
안타깝게도 국내의 설계수업에서는 설계의 과정을 보존, 정리하는 것에는 상대적으로 소홀하다. 그 결과, 한 학기동안 학생들의 노력은 최종 제출도면이나 도판에 표현되어있을 뿐, 나머지의 흔적들은 산만하게 흩어져 있거나 알게 모르게 사라져 버린다.
따라서 설계노트, 혹은 Design Diary라는 개념의 포트폴리오가 설계과제의 종료시, 설계도면 및 도판과 함께 제작되어 보관되는 것이 바람직하다. 그리고 매 학기의 과제설계 포트폴리오들 중 핵심부분을 추출하여 최종 학년에서 취업이나 진학에 필수적인 자기소개용 포트폴리오로 변환, 발전되는 것이다.
포트폴리오는 그 사람의 설계작업과 과정에 대한 모든 것을 담고 기록한 발자취이자 기록물인 동시에 인간적인 성실함과 섬세함을 보여주는 또 다른 지표이기도 하다.
일반적으로 디자인 포트폴리오 속에는 그 사람의 설계능력 외에도 성격, 대인관계, 성장배경 뿐 만 아니라 사업가로서의 자질이나 실용적인 건실함 등 모든 것이 알게 모르게 담겨져 있어 이를 보고 평가하는 사람들에게 읽혀지는 것이다.
따라서 다른 모든 디자인 분야에서와 마찬가지로 건축설계분야에서도 포트폴리오의 중요성은 점차 커지고 있다.

01. 포트폴리오의 의미와 종류

1. 포트폴리오의 의미와 특성

가) 포트폴리오(Portfolio)의 의미

포트폴리오란 전공분야를 막론하고 여러 가지 목적을 위해 자신의 능력과 실적을 보여주는 기록물이자 증명서이다. 특히 건축학을 전공하는 학생들에게 디자인 포트폴리오design portfolio란 디자인 분야에 대한 자신의 재능과 업적을 그래픽작업으로 기록해놓은 발자취이다.

따라서 학생과 실무건축가를 막론하고 자신이 작업한 설계의 내용과 과정을

• 시각적 의사전달의 도구

학생들의 포트폴리오 외에도 각종 공모전이나 수상을 위한 작품제출서, 건축주를 위한 사무소의 안내서 등 모든 것들이 시각적 자료만으로 의사전달을 해야 하는 사례들이다.

기록, 보존하는 것과 취업, 진학, 수상, 일의 수주 등을 위해 이를 효과적으로 정리하여 압축된 포트폴리오로 구성하는 것은 중요한 일이다.

이를 위해 대학 입학 후 저학년 때부터 자신이 실행한 설계의 전 과정에서 생성되었던 결과물들을 잘 정리하고 보존하는 습관을 들이는 것이 선행되어야 한다. 하지만 의외로 자료의 보존·구성 및 포트폴리오의 제작방법에 대해 많은 학생들이 신경을 미처 쓰지 못하여 놓치고 있는 부분이 많은 것이 현실이다.

나) 포트폴리오의 중요성

포트폴리오의 중요성은 우선 자신이 이루어놓은 작업 및 업적에 대한 시각적인 기록이라는 점이다. 이 기록은 반드시 우수한 결과물에 대한 것만을 의미하지는 않는다. 중간과정이나 설계 도중에 미처 채택되지 못했던 여러 대안들, 그리고 서툴렀던 저학년의 결과물*들 모두가 나름대로 보존되어야 할 소중한 자료들이다.

그 다음은, 대면하지 않은 상대방에게 나의 생각과 작업내용을 간접적으로 설명해주는 역할을 하며, 대면하기 전에 나를 상대방에게 알리고 첫 인상을 심어주는 가장 중요한 매체라는 점이다.

취업 및 진학용 포트폴리오의 경우, 대부분의 전문가들은 지원자를 실제로 면담하기 전에 우편 등을 통해 사전에 전달된 포트폴리오를 먼저 보고자 한다. 따라서 포트폴리오를 작성한 당사자가 말이나 기타의 어떤 형태로든 보충설명을 할 기회가 없는 가운데 오직 그 속에 담겨진 시각적 표현만으로 상대방에 전달하고자 하는 모든 것을 담아야 한다. 만일 포트폴리오의 내용이 부실하면 면담의 기회조차도 사라져 버리는 것이다.

* 저학년의 미흡한 결과물들도 적절히 보존함으로써 이후 고학년에 가서 자신의 설계능력이 그동안 얼마나, 어떻게 발전되어 왔는지를 피드백해 볼 수 있는 좋은 자료로 활용할 수 있다.

2. 포트폴리오의 종류

「포트폴리오」라는 용어 자체는 여러 분야*에서 다양한 의미로 사용된다. 건축설계분야에서도 설계과제를 요약·정리한 설계노트로서, 취업과 진학을 위한 자기소개서로서, 일의 수주를 위한 상업용 경력증명서로서 다양하게 사용된다. 이 책에서는 학생들의 입장에서 포트폴리오를 크게 ;

① 설계노트, 혹은 Design Diary로서「과제설계 포트폴리오」

② 취업 및 진학을 위한 자기소개용 「포트폴리오」

의 두 가지로 구분하여 서술하고자 한다. 국내에서 학생들이 일반적으로 이해하는 포트폴리오는 위의 ②에 해당하는 것이지만, 설계수업의 정리와 피드백을 통한 발전이라는 측면에서는 ①의 내용도 중요하기 때문이다.

* 주식투자 분야에서도 위험을 줄이고 투자수익을 극대화하기 위해 여러 종목에 분산 투자하는 방법으로 사용되는 용어이다.

02. 과제설계 포트폴리오

포트폴리오 작업의 첫 번째 단계는 자료를 잘 기록하고 보존하는 것이다. 그리고 학생들의 입장에서 자료의 기록 · 보존은 매학기 이루어지는 설계과제의 수행과정과 결과를 정리하는 작업이 핵심이다. 이것이 「과제설계 포트폴리오」이다.

● 「과제설계 포트폴리오」와 자기소개용 「포트폴리오」

과제설계의 과정과 결과물을 한 권으로 묶어서 종합하는 것은 다음과 같은 여러 가지 명칭으로 불리어질 수 있다.

- 「과제설계 포트폴리오」
- 「디자인 다이어리 (Design Diary)」
- 「설계노트 (Design Note)」

이 3가지는 모두 사용 가능한 표현이지만 혼돈을 피하기 위해 이 책에서는 「과제설계 포트폴리오」라는 용어로 통일하여 서술하기로 한다. 그 반면, 졸업학년이 되어서 취업이나 진학 등의 용도로 만들게 되는 것을 과제설계 포트폴리오와 구분하여 이 책에서는 자기소개용 「포트폴리오」로 구분하기로 한다.
「과제설계 포트폴리오」와 자기소개용 「포트폴리오」는 학생들의 설계작업을 기록해놓은 것이라는 점에서 동일한 것이지만 그 차이는 「기록의 범위」와 「상세함」에 있다.
즉, 「자기소개용 포트폴리오」가 학생이 재학기간 중에 행하였던 모든 설계작업과 기타 활동 등을 대상으로 그 최종결과물을 중심으로 정리한 것인데 비하여,
「과제설계 포트폴리오」는 특정 학기의 특정 설계과제만을 대상으로 설계의 과정과 각 단계별 결과물들을 구체적이고 자세하게 기록, 정리한 것이라는 차이가 있다.

1. 설계과제 기록 · 보존의 중요성

가) 전시도판에 모든 결과물을 표현하는 방식

현재 국내의 많은 대학에서 일반적으로 이루어지고 있는 과제설계의 최종작업을 보면 다음과 같다.

• 최종 결과물은 설계도판의 형태로 제작하여 모형과 함께 전시하거나, 일반도면의 상태로 제작하여 제출하고 평가를 받는다.

• 한 학기의 설계를 진행하는 과정에서 제작된 모든 스케치나 대안, 도면, 스터디 모형사진 등은 A3 혹은 A2 규격의 클리어파일에 넣어 보관하거나 기타 개인적인 방식으로 보관한다.

• 건축학인증을 받는 프로그램인 경우, 최종도판 파일과 모형사진을 CD 등에 담아서 지도교수에게 제출한다.

이렇게 될 경우, 학생들이 졸업 시까지 최종적으로 보관하게 되는 것은 대부분 최종설계 도판사진, 모형사진, 그리고 각종 C.G.작업파일 등이다.

나) 전시도판에 모든 결과물을 표현하는 방식의 문제점

이상 설명한 도판위주의 결과물 표현방식의 문제는 다음과 같다.

① 디지털 화 되지 않은 자료 보관의 어려움

포토 샵이나 CAD로 작업하지 않은 스케치나 설계대안의 표현 등과 같은 많은 수작업 결과물들은 시간이 지나면서 분실하거나 훼손되는 경우가 대부분이다. 특히 모형사진은 제대로 된 촬영기기와 조명을 활용하여 촬영하고 보관하는 학생들이 의외로 적다.

그 결과, 학생들은 한 학기동안의 작업내용들 중 디지털 화 된 주요 이미지만 개인 컴퓨터에 단편적으로 분산하여 저장하고 수작업 결과물들은 제대로 스캔하거나 촬영하여 기록, 보존하지 않고 있다. 이에 따라 자료 전체가 연속적이고 체계적으로 구성, 보관되지 않는다는 문제가 있다.

• 국내대학의 일반적인 학기말 전시

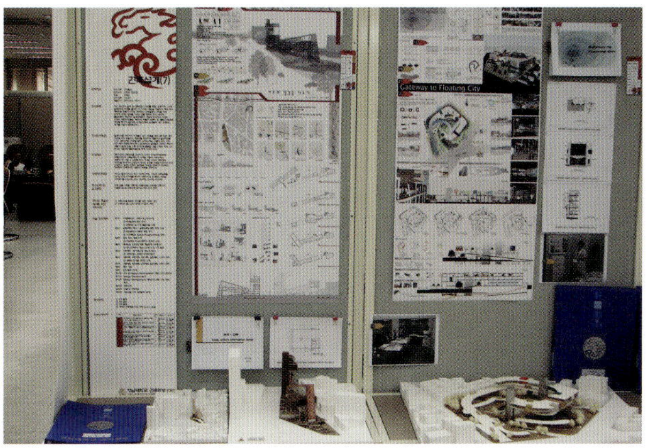

그림 13. 01 (좌) : **인증실사를 위한 작품의 전시** (영남대 1차 인증실사, 2007) 평상시의 학기말 과제설계전시에서도 이와 거의 유사한 방식으로 도판, 모형, 설계노트(클리어파일) 등을 나열하게 된다.

그림 13. 02 (우) : **전시 종료 후의 처리** -전시가 종료되면 전시도판과 모형은 폐기되고, 설계노트인 포트폴리오는 파일 속에 조각조각인 상태로 들어있지만 많은 학생들이 방치하거나 분실하는 사례가 발생한다.

② 최종전시도판에서 설계과정에 대한 과다한 표현

학기말 전시를 통해 과제설계 포트폴리오 없이 전시도판만으로* 한 학기에 작업한 모든 것을 표현하는 방식에서는 ;

첫째) 전체 도판에서 설계과정이나 개념부분에 대한 표현이 과다해지는 경향이 발생하고,

둘째) 그 결과, 상대적으로 도판 전체에서 평면도, 단면도 등의 주요도면이 차지하는 비중이나 도면의 축척이 지나치게 축소된다.

상당수 국내대학 건축과의 학기말 전시도판을 보면, 학년의 구분 없이 대부분이 설계의 분석내용, 설계개념, Massing Study과정, 각종 도면 등의 수많은 내용들로 한정된 전시도판을 빼곡하게 채우고 있다. 이러한 방식 역시 설계교육 및 결과물 표현을 위한 방법의 하나이지만, 주요 도면 위주로 전시를 하는 것과는 다른 방식이다. (다음 페이지 그림 참조)

* 많은 대학에서는 위의 그림 13-01, 02와 같이 설계의 과정을 담은 내용을 클리어파일에 넣어 과제설계 포트폴리오 개념으로 함께 전시한다.

해외대학의 경우도, 과제설계 포트폴리오를 어느 수준까지 어떻게 만드는가의 문제는 각 대학과 설계지도교수의 지도방침에 따라 다르다.
해외대학에서도 과제설계 포트폴리오를 만들지 않는 곳은 많다.

다) 과제설계 포트폴리오 제작의 어려움

국내에서 과제설계 포트폴리오를 일반 포트폴리오와 같은 형태로 제작하는 데는 다음과 같은 어려움이 있다.

• 설계의 중간작업과정도 어느 정도 디지털 화 되어야 한다는 점

이를 위해서는 개별지도와 공개발표 시에 모니터를 통한 발표와 지도가 어느 정도까지 가능한 환경이 마련되어야 한다.

• 촉박한 일정에 따른 시간의 부족

한 학기동안 1~2개의 설계과제를 수행하는 국내의 설계교육현실에서 학생들이 제대로 된 과제설계 포트폴리오를 제작할 수 있는 시간이 부족한 점

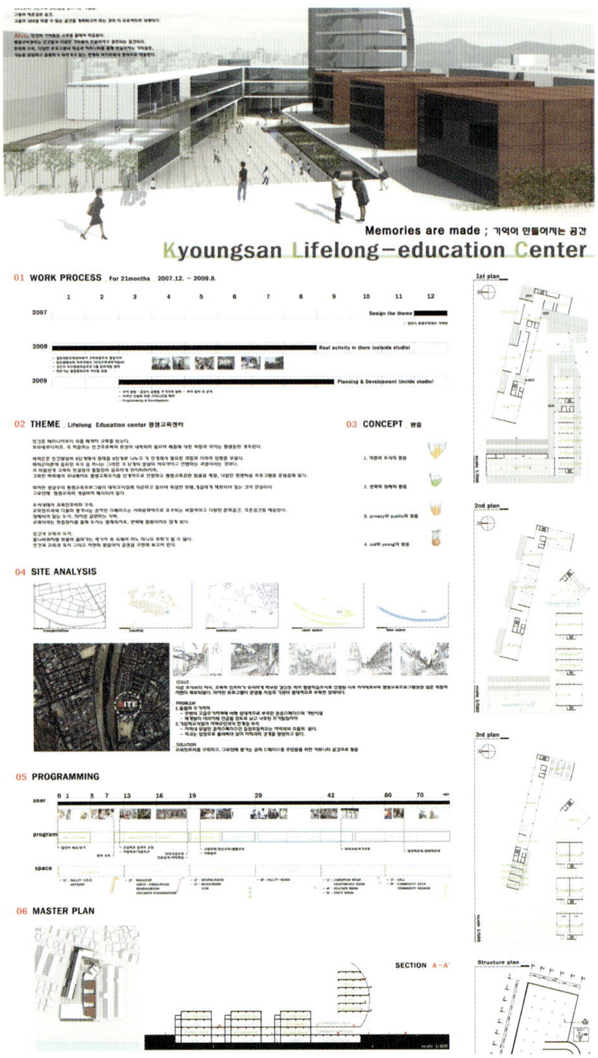

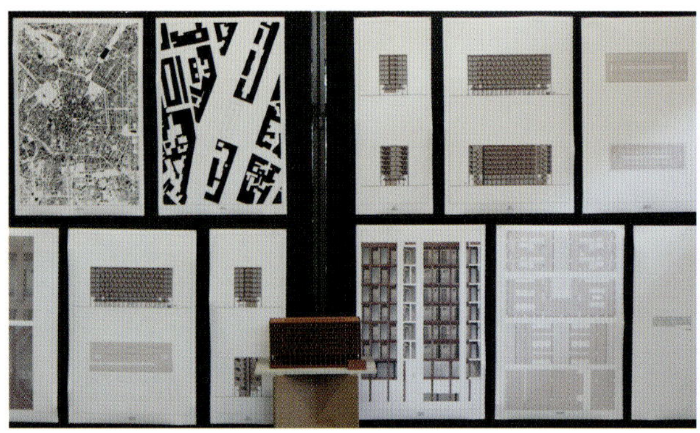

• 최종 전시패널 표현내용의 차이

그림 13. 03 (좌) : **설계과정과 개념에 대한 과다한 표현 사례**
(영남대 5년, 졸업설계 패널 부분, 2009) 상대적으로 주요 건축도면은 축소 표현되어있다.
그림 13. 04, 05 : **주요건축도면 위주로 전시, 발표하는 사례**
(우상) (미국 예일대 대학원 최종발표 준비과정, 2014) 평면, 입면, 단면과 투상도를 중심으로 전시 및 발표준비를 하고 있다.
(우하) (독일 아헨공대 대학원 최종전시도판)

• 건축학 인증에서 설계 지도과정에 대한 표기의 요구

현행 건축학 인증에서는 각각의 SPC항목이 설계과정에서 제대로 지도되었는가를 확인하는 방법의 하나로 설계중간과정의 도면에 대한 지도 흔적을 살펴보는 경우가 많다. 따라서 책자 형태보다는 실제의 도면자료를 클리어파일속에 보관, 전시하는 방식을 택하는 것이 일반화되어있다.

• 제작경비의 문제

수십 페이지 분량의 설계과정과 결과물들을 칼라로 인쇄하고 링 바인더로 제본하는 비용의 부담

라) 과제설계 포트폴리오의 장점

그럼에도 불구하고 과제설계 포트폴리오를 만드는 것은 다음과 같은 의의와 장점이 있다.

• 설계의 과정process에 대한 관심을 키우고, 각 과정에서 생성되는 결과물의 표현과 정리가 개선될 수 있다.

• 자신의 설계작업 전반에 걸친 체계적인 피드백 자료를 확보 할 수 있다.

• 과제설계의 결과물을 도판으로 전시할 경우, 설계설명서의 기능을 한다.

• 학기말 전시도판은 건축도면 위주로 보다 전문적인 표현을 할 수 있다.

• 이후의 자기소개용 포트폴리오의 핵심자료를 미리 확보할 수 있다.

• 자기소개용 포트폴리오의 제작을 위한 연습의 기회를 확대할 수 있다.

이를 위해 수작업을 통해 생성되는 중간결과물이나 표현들도 곧 바로 스캔하여 디지털 화된 자료로 보관하는 습관을 키우는 것이 필요하다. 또한 각 설계과제의 초기에 행해지는 분석작업의 표현과 발표방식 역시 점차 모니터를 사용한 방식으로 개선하는 교육환경이 필요하다.

아래의 그림 13-06, 07, 08은 영국 3개 대학의 학부와 대학원 설계수업의 학기말 전시장에서 도판과 함께 전시된 과제설계 포트폴리오의 사례들이다.

• 영국대학들의 과제설계 포트폴리오

그림 13. 06 (좌) : 2학년 과제설계의 Design Diary (영국 옥스포드, Oxford Brookes대 2년, 2018) 학생들 마다 서로 다양한 규격과 제본방식으로 제작한 디자인 다이어리

그림 13. 07 (중) : **과제설계 Portfolio** (영국 글래스고우, Strathclyde대 2년, 2018) 도서관과제의 모형과 디자인 다이어리

그림 13. 08 (우) : **과제설계 Portfolio** (영국 런던 AA스쿨, Diploma과정 Unit-4, 2018) 두꺼운 책자형태로 된 과제설계의 보고서 겸 포트폴리오

2. 과제설계 포트폴리오의 내용과 사례

가) 과제설계 포트폴리오의 구성 내용

과제설계 포트폴리오의 제작방법도 일반 포트폴리오의 제작방법과 크게 다르지 않으며, 이에 대해서는 이어지는 03절에서 구체적으로 설명하기로 한다. 다만, 자기소개용 포트폴리오의 경우 자유로운 제작이 가능하지만 과제설계 포트폴리오는 해당학기 설계교육의 연장선상에서 내용 및 형식에 대해 설계지도 교수의 일정한 제작 지침이 있을 수 있다.

또한 과제설계 포트폴리오에는 설계과정에서 생성된 모든 내용들을 빠짐없이 구체적으로 수록하는 것이 필요하다. 이에 비해 자기소개용 포트폴리오에서는 이들 내용 중 자신의 특징을 잘 나타낼 수 있도록 선별, 압축되어야 한다.

일반적으로 과제설계 포트폴리오에는 다음과 같은 내용들이 설계과제의 종류와 학년에 따라 선택적으로 포함될 수 있다.

- 설계개요
- 대지분석
- 프로그램
- 사례조사(답사여행 포함)
- 설계개념
- 설계목표와 전략
- 재료 및 외피계획
- 구조 및 설비
- 인테리어계획(필요 시)
- 기본도면(배치도, 평면도, 단면도, 입면도)
- 각종 스케치
- 부분투시도 및 각종 C.G.이미지
- 스터디모형 및 최종모형 사진

이러한 내용들을 차례로 담게 되면 대체로 40~100페이지 정도의 분량에 이르게 된다.

나) 과제설계 포토폴리오의 사례

오른쪽 페이지에 소개하는 사례들은 영국 옥스퍼드에 위치한 Oxford Brookes대학교 건축학부의 2학년 및 졸업반 과제설계 포트폴리오(졸업설계논문 포함)의 일부이다. 각각 1년에 걸쳐 진행된 과제의 수행내용이나 포트폴리오의 형식과 분량이 모두 충실한 사례로서, 예시한 사진들은 각 포트폴리오의 일부를 발췌한 내용이다.

• 맞은 편 페이지 사례(1) 그림 설명

그림 13. 09-1,2 (첫째 줄) : **2학년 과제설계의 Design Diary 목차** (영국 옥스포드, Oxford Brookes대 2년, 2017-2018)
(좌) 표지
(우) 목차페이지

1년이라는 기간 동안 진행된 이 과제에 대해 총 220여 페이지 분량의 과제설계 포트폴리오를 작성하였으며, 내용 중에는,
-건축주에 대한 조사
-콤페 관련 내용
-시공에 관한 사항
-과제설계 도중에 있었던 스페인 견학여행 등이 포함되어있다.

• 맞은 편 페이지 사례(2) 그림 설명

그림 13. 10-1,2,3,4,5,6 (둘째 줄 ~넷째 줄) : **최종학년 졸업설계의 포트폴리오 및 설계논문** (영국 옥스포드, Oxford Brookes대 2017-2018)

비록 주택규모의 Maggie Center라는 소규모의 과제이지만「재료에 대한 탐구」를 비롯한 다양한 관점에서 접근한 깊이 있는 연구와 실험이 병행된 과제로 졸업설계논문이기도 하다.
(둘째 줄에서 넷째 줄까지 좌에서 우로)
(1) 전시도판 및 모형과 함께 전시된 3권의 과제설계 포트폴리오(졸업설계논문 포함)
(2) 벽체재료의 두께, 형상과 내구성의 실험
(3) 입지분석
(4) 공동식당 부분의 투시도
(5) 건축가 Herzog de Meuron의 미술관 설계에서 아이디어를 얻은 내벽의 동판 디테일
(6) 평면도와 벽체 분해도

• (사례 1) 2학년의 1년 기간(2017~2018)에 걸쳐 수행한 과제설계의 포트폴리오(Design Diary)

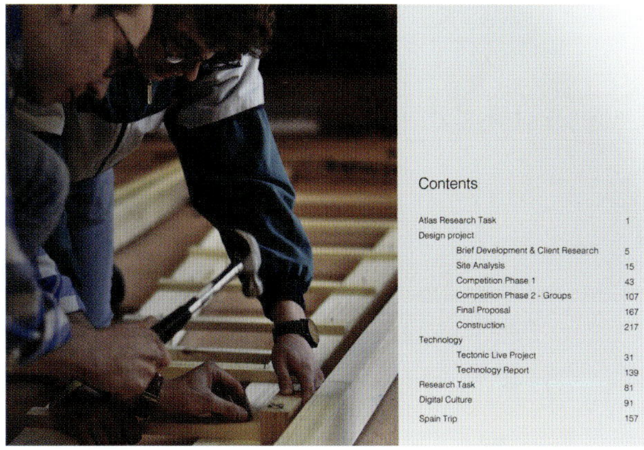

• (사례 2) 졸업학년의 과제설계(2017~2018) 포트폴리오

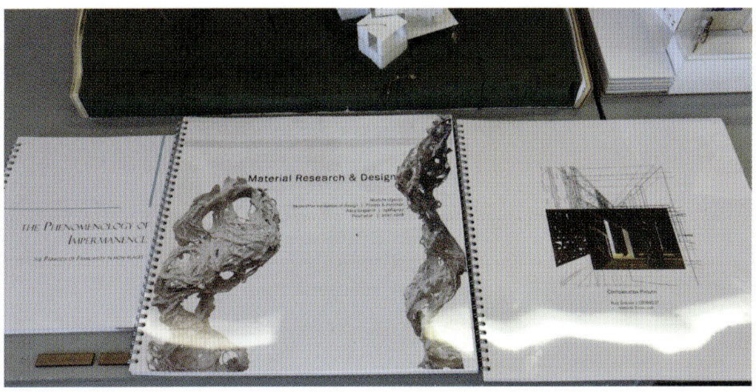

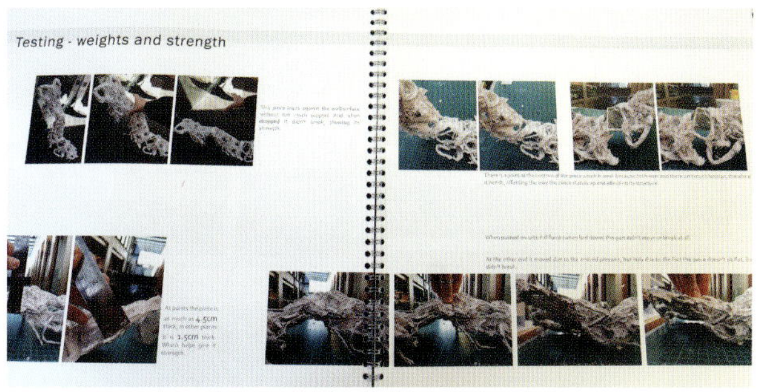

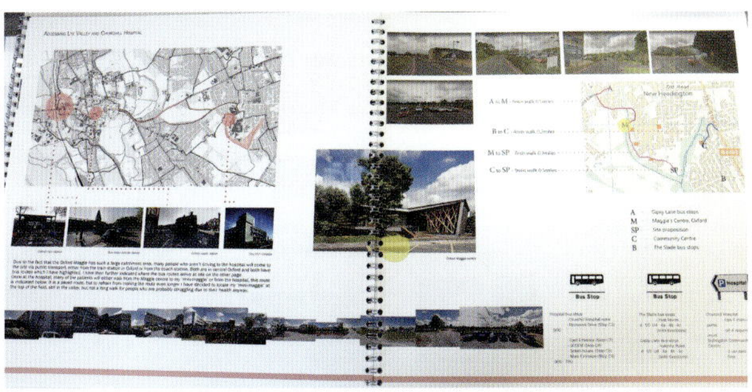

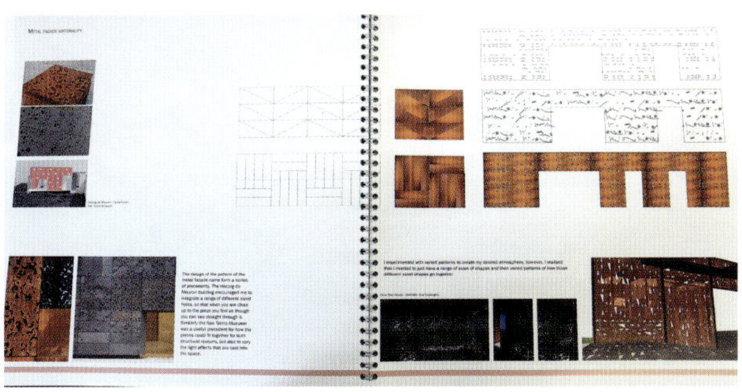

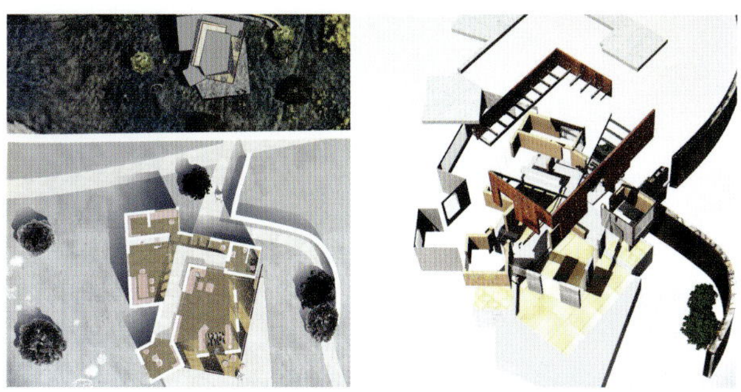

03. 자기소개용 포트폴리오

앞에서 설명한 과제설계 포트폴리오와는 달리 취업 및 진학을 위해 제작하는 자기소개용 포트폴리오는 보다 압축되고 전문적이어야 한다. 그리고 나의 설계작품들이 다른 사람들의 것과 어떻게 다른가를 보여주기 위해 나의 특징과 강점을 부각시켜야 한다.

즉, 과제설계 포트폴리오가 상대적으로 교과서적인 설계의 과정과 탐구에 중점을 두었다면 자기소개용 포트폴리오(이하「포트폴리오」로 서술)는 결과와 개성을 보다 부각시킬 수 있어야 한다.

그리고 과제설계 포트폴리오가 자신의 설계작업에 대한 기록과 보존의 목적이 강한 반면, 자기소개용 포트폴리오는 경쟁을 통한 선발을 목적으로 하므로, 포트폴리오를 보는 사람이 무엇을 보고 평가할 것인가에 초점을 맞추어야 한다.

1. 포트폴리오를 통해 평가하는 내용

• 이하 03절의 내용은 해럴드 린턴(Harold Linton)의 저서「Portpolio Design」과 아이거 마리자노빅(Igor Marijanovic)의 저서「The Portpolio」외 다수의 문헌들을 참조하여 서술하였다.

*
Harold Linton, *Portpolio Design*, W. W. Norton & Company, 2000.

* Igor Marjanovice, The Portpolio, Architectural Press, 2003

가) 무엇을 평가하는가?

포트폴리오는 그 속에 담겨진 내용뿐만 아니라 포트폴리오 자체도 중요한 평가의 대상이다. 예를 들면 ;

- 선정된 작품이나 이미지들은 어떤 것인가?
- 이들 이미지들은 각 페이지에 어떻게 배열되었는가?
- 각 이미지들의 설명(캡션)은 어떻게 디자인되었는가?
- 글자체와 종이 색상, 표지디자인은 어떻게 되었는가?

등을 포함한 많은 사항들이 평가의 대상이 된다. 노련한 평가자들은 포트폴리오를 통해 그 사람의 디자인 능력 외에도 세상을 보는 관점, 성실함을 포함한 성격, 대인관계, 성장배경을 비롯한 많은 것들을 아울러 파악한다.

따라서 포트폴리오가 의도하는 목적을 효과적으로 달성하기 위해서는 예리한 구성감각과 함께 짧은 시간동안에 전달하고자 하는 내용을 시각적으로 적절히 표현하되, 전체적인 표현을 통해 일관된 초점과 주제를 유지하는 능력을 지녀야 한다.

나) 평가자의 입장에서 본 포트폴리오

지원자가 많은 인기 있는 설계사무소나 회사에는 공채기간동안 수많은 지원자들의 포트폴리오가 접수된다. 대형사무소에서는 서류와 포트폴리오를 통해 1차적으로 선별, 압축한 뒤 이어서 면접, 시험, 공개발표 등의 과정을 2차, 혹은 3

차에 걸쳐 실시한 후 최종인원을 선발한다.

이 중 1차 단계의 평가는 소수의 임원들이 한편으로는 자신의 일상적인 업무를 처리하면서 동시에 지원자들의 포트폴리오를 검토한다. 따라서 검토해야 할 포트폴리오가 수십 권이 넘게 되면 이를 평가하는데 할애되는 시간은 그만큼 짧아진다. 경우에 따라서는 하나의 포트폴리오를 보는데 30초 이내의 시간만 소요되기도 한다. 물론 중간 중간 관심이 가는 포트폴리오를 접하면 보다 많은 시간을 투입하여 꼼꼼히 살펴본다. 결국 검토하는 시간이 30초 이내인 포트폴리오는 자연히 1차 심사를 통과하기 어렵고 반송함에 던져지게 될 것이다.

따라서 극히 짧은 검토의 시간동안 평가자의 눈을 끌 수 있는 그 무엇이(내용이건 표현이건) 담겨져 있어야 한다. 그것은 남다른 편집디자인일 수도 있고 강한 주제의식이 드러나는 이미지일수도, 아니면 또 다른 그 무엇일 수도 있다.

2. 자료의 보존과 관리

포트폴리오를 준비하는 첫 번째 원칙은;*

- 건축을 시작할 때부터,
- 자신의 모든 작업 결과물과 과정들을,
- 모든 시각에서,
- 모든 단계에 대해서,
- 주의 깊게 기록하고 보존하는 것이다.

가) 자료의 기록과 보존 원칙

이제 건축을 막 시작하는 학생들이 3년 후, 혹은 5년 후에 어떤 자료가 필요하게 될지는 예측하기 어렵다. 따라서 초기단계의 스케치에서부터 조형연습 작품에 이르기까지 모든 결과물을 보존하도록 한다. 그리고 가능하면 작품의 완료시점에서 곧바로 기록, 보존하여 선명한 상태로 유지하도록 한다. 자료의 중간기록과 보존은 정기적으로 하되, 대체로 중간발표, 그리고 최종발표 및 전시가 끝난 직후는 반드시 하는 것이 좋다. 과제설계 포트폴리오를 매 학기 작성하는 것이 필요한 이유이기도 하다.

나) 도면과 도판자료의 보존

대부분의 포트폴리오는 원래의 도면보다 크기가 작으므로 재작성을 위한 적절한 방법을 찾아야 한다. 대개는 원도를 축소하는 방법을 사용한다. 일반적인 방법은 사진촬영, 밀착인화, 사진복사 등이 있으며, 원도의 특성과 비용을 고려하여 이 중 적절한 방법을 선택한다. 그리고 적절히 스캔하여 보관한다. 이 때

* Harold Linton, 같은 책 P.51

• 컴퓨터에 저장해 둔 작업파일들에 문제가 생겨서 학생들이 자신의 기록을 허무하게 잃어버리는 경우는 국내와 외국의 대학을 막론하고 종종 발생하는 일이다.

따라서 자신의 작업을 디지털 파일로 저장하였을 경우, 반드시 백업파일을 만들어서 컴퓨터의 외부에 별도로 저장해두어야 한다.

* 도판은 해상도 300dpi이상으로 스캔, 저장한다.(jpg파일 기준)

저장된 도판을 포토폴리오 제작용이나 기타의 용도로 인쇄할 경우, 적어도 300dpi이상의 해상도로 저장해야 기본적인 인쇄의 선명도를 유지할 수 있다.

* 선도(line drawing)는 해상도 600dpi이상으로 스캔, 저장한다.(tif파일 기준)

평면도나 입면도, 단면도 등과 같이 흑백의 선으로 표현된 도면이 CAD가 아닌 연필, 혹은 잉크로 그려졌을 경우는 jpg파일이 아닌 tif파일로 저장하되, 해상도는 600dpi 이상으로 한다.
만일 흑백의 선도를 jpg파일로 스캔, 저장하게 되면, 흑색의 선은 여러개의 점으로 표현되어 선의 날카로움이 없어진, 뭉개진 선으로 인쇄된다.

일반적인 칼라이미지는 적어도 해상도 300dpi 이상으로 저장해야 하고, 연필이나 잉크로 그려진 흑백의 선도線圖-line drawing일 경우는 600dpi이상의 tiff파일로 저장해야 한다.*

요즈음은 컴퓨터를 사용한 도면의 작성과 표현이 일반화 되어있는 까닭에 도면자료의 기록과 보관은 비교적 효과적으로 이루어지고 있는 경우가 많다. 다만, CAD나 포토샵으로 작성된 도면과 도판은 반드시 복사본을 만들어 두는 것을 잊어서는 안 된다.

다) 모형자료의 보존

모형은 특히 부서지거나 훼손되기 쉬우므로 사진촬영을 통하여 기록해둔다. 근래에 와서 대부분의 설계도면이 디지털작업을 통해 제작 · 기록되는데 비해 모형의 제작만은 여전히 수작업으로 이루어지고 있다.

따라서 다른 자료보다 모형은 제작 후 가능한 빠른 기간 내에 우선적으로 촬영하여 기록해 둔다. 그리고 모형의 생동감과 입체감을 잘 표현하기 위해서는 다양한 각도로 광선을 조절할 수 있는 스튜디오에서 삼각대로 고정된 카메라를 사용하고, 전문가의 도움을 적절히 받도록 한다.

● 모형자료의 촬영과 보존

설계안에 관한 입체적인 표현이 주로 CG등으로 이루어지다보니 모형의 이미지 확보와 보존에 대한 학생들의 주의력과 애착심이 예전보다 흐려져 있는 것이 현실이다. 그러다보니 모형사진을 휴대폰으로 대충 찍어서 보존하는 학생들도 많다.

모형은 접착제를 사용, 제작하기 때문에 완성 직후부터 이내 접착부가 들뜨거나 색이 바래고 먼지 등이 쌓이게 된다. 따라서 가능하면 빠른 시일 내에 성능이 좋은 카메라로 촬영하되, 실내의 스튜디오에서 조명을 사용하여 제대로 촬영하는 것이 중요하다.
모형사진은 조명(음영), 주변상황(하늘 및 주변건물), 관찰자의 시각 등을 조절함으로써 현실감을 높일 수 있다. 옥외촬영의 경우, 날씨와 주변배경의 영향을 많이 받지만 직사광선에 의한 예리한 음영을 얻을 수 있다.

● 모형의 실내촬영과 조명

실내촬영은 수시로 통제된 조건하에서 촬영할 수 있지만 실제와 같은 촬영효과를 내기 위해서는 어느 정도의 장비가 필요하다. 조명장치를 보면, 우선 직사광선과 같은 음영을 표현하기 위해서는 500W 이상의 강한 광선이 필요한데 빈 슬라이드 프로젝트(환등기)를 사용할 수도 있다. 형광등은 빛의 색상과 불명확한 음영 때문에 좋지 않다.
인접한 두면이 보이게 되는 전형적인 3/4각도의 three-quarter exterior view 사진을 얻기 위해서는 카메라의 방향과 직각으로 하여 모형의 약간 뒤쪽에 조명을 배치한다. 이렇게 하면 출입구 등의 주요부분을 밝게 강조하여 나타내고 상대적으로 덜 중요한 면을 그늘지게 하여 입체감을 줄 수가 있다.
건물 지붕면이 보이는 조감사진은 건물의 3면(지붕면과 두 입면)이 확실히 구분되도록 조명의 높이를 조절해야 하며, 특히 흑백 톤의 모형사진에서 이 점이 중요하다.
(Fuller Moore, Modelbuilder' s Notebook, MGH, 1990 pp.90~96에서 발췌 인용)

라) 제작목적의 분석*

포트폴리오의 디자인은 제작목적을 명확히 하는 것에서부터 시작된다. 일반적으로 볼 때, 대학원 진학용은 자신의 다양한 관심사와 도전적 아이디어, 그리고 비일상적인 형태를 통해 자신의 창의력을 강조하는 것도 하나의 방법이다.

설계사무소 취업용도 기본적으로는 마찬가지이지만 때로는 해당 설계사무소의 특정한 설계경향이나 특성에 대한 고려가 추가될 필요가 있다.

한가지, 늘 염두에 두어야 할 사항은 앞에서도 언급하였지만 설계사무소의 전문가이건 대학교수이건 간에 평가자들은 수많은 포트폴리오를 매우 짧은 시간동안 보고 판단해야 할 때가 많다는 점이다.

* Harold Linton, 같은 책 P.64

3. 자료의 검색과 편집

포트폴리오를 만드는데 있어서 중요한 것은 버려야 할 것이 무엇인지를 아는 것이다. 포트폴리오란 과제설계 포트폴리오처럼 내가 그동안 해 온 모든 작업들을 단순히 모아두는 기록철이 아니다. 그리고 이를 보게 될 사람들도 역시 그 많은 작업들을 모두 볼 만큼 시간이 많지가 않다. 따라서 편집은 포트폴리오에 포함되어야 할 것과 제외시킬 것을 구상하는 과정이기도 하다. 그리고 ;

- 각 작품들에 대해 어느 정도의 페이지를 할애할 것인가
- 각 작품들을 설명하는데 어떤 표현을 넣을 것인가
- 이들 표현을 위해 어떤 방식으로 다시 표현을 정리해야 할 것인가
- 전체 포트폴리오 속에서 각 설계작품의 배열순서는 어떻게 할 것인가

등을 정하는 것이다. 일반적인 포트폴리오는 적어도 20-40 페이지(단면 또는 양면인쇄에 따라 달라짐)의 분량에 3-5개의 작품을 담는다. 너무 많거나 적은 량의 포트폴리오는 좋지 않다.

가) 작품의 배열방식

① 최상의 작품을 맨 앞에 배치한다.

최상의 작품을 가장 앞세워 포트폴리오의 시작을 장식함으로써 첫 인상을 좋게 한다. 그 결과, 평가자가 관심을 가지고 끝까지 보고 싶은 생각이 들도록 만든다. 그리고 이보다 덜 중요한 작품은 중간에 배치한다.

② 마지막에도 우수한 작품을 배치한다.

맨 마지막의 인상은 맨 처음 인상만큼이나 중요하다. 더욱이 어떤 평가자들은 거꾸로 맨 뒤에서부터 듬성듬성 앞쪽으로 보기도 한다. 이 경우 마지막 작품이 바로 시작이 되는 것이다. 나머지 작품들은 이 들 중요한 주제작품들의 징검

다리 역할을 한다고 보면 된다.

수록될 작품의 수가 충분하다면, 2-3개의 강력한 작품으로 시작하고 맨 마지막에도 동등한 작품을 하나 배치하는 방식이다. 그리고 상대적으로 덜 중요한 작품들은 그 사이에 배치한다. 핵심은 최상의 작품에 대부분의 지면을 할애하는 것이다.

③ 미흡한 작품은 과감히 삭제한다.

잘된 작품을 포트폴리오의 특정위치에 배치시킨다는 말은 미흡하거나 형편없는 작품을 이들 사이에 끼워 넣어도 좋다는 말은 아니다. 미흡한 작품은 과감히 치워버린다. 포트폴리오 속에는 사과하거나 변명해야할 내용이 있어서는 안되며 보는 사람으로 하여금 왜 있는지 의아해할 내용이 포함되어서도 안 된다.

④ 각 작품들의 최대 장점에 초점을 맞추고 각 작품들 간의 차별성을 부각시킨다.

나) 작품배열과 편집 시의 일반적 오류

① 저학년 작품부터 연대기 순으로 배치하지 않는다.

1학년, 2학년, 3학년, 4학년, 졸업작품 등과 같이 무심코 저학년부터 고학년에 이르기까지 학년 순서별로 배열하는 경우를 가끔씩 본다. 이는 앞에서 말한 배열의 방식에 비추어 볼 때 현명하지 못한 방식이다. 이렇게 되면 가장 미숙한 작품인 저학년의 첫 번째 작품이 가장 앞에 배열되므로 피해야 한다. 굳이 제작 년도별로 배열하고 싶다면 오히려 고학년 작품부터 저학년 작품의 순서로 거꾸로 배열하는 것이 효과적이다.

② 평균수준의 많은 작품을 지루하게 배치하지 않는다.

고작 평균수준 밖에 되지 않는 너무 많은 작품들을 수록하는 방식 또한 흔히 범하는 오류이다. 이 경우, 평가자의 주의력은 산만해져서 포트폴리오를 건성으로 훑어보고 지나치게 된다.

다) 문장 및 캡션부분

• 포트폴리오에 수록되는 문장과 글은 그 내용만큼이나 시각적 형태도 중요하다. 따라서 매 페이지의 글이 들어가는 부분을 하나의 사진이나 이미지의 틀로 생각하고 글이나 문장의 블록을 모듈에 맞추어 배치하는 것이 좋다.

표지, 목차, 작품제목, 설계개요, 도판명칭, 도판설명, 각주, 범례 등과 같이 글로써 표현되어야 할 부분의 위치나 형식에 대해서도 작품의 배열 및 편집 시에 함께 고려해야 한다. 글은 그래픽 이미지 못지않게 포트폴리오의 구성에서 중요한 역할을 하며 그 자체로서도 디자인의 핵심요소가 된다.

따라서 문장은 글자인 동시에 나의 아이디어를 명확하게 해주기 위한 그림 즉, 이미지의 하나로 생각한다. 또한 많은 문장을 넣는 것은 피하고 각 작품의 핵심적 설명을 위한 용도로만 최대한 절제하여 사용하는 것이 좋다.

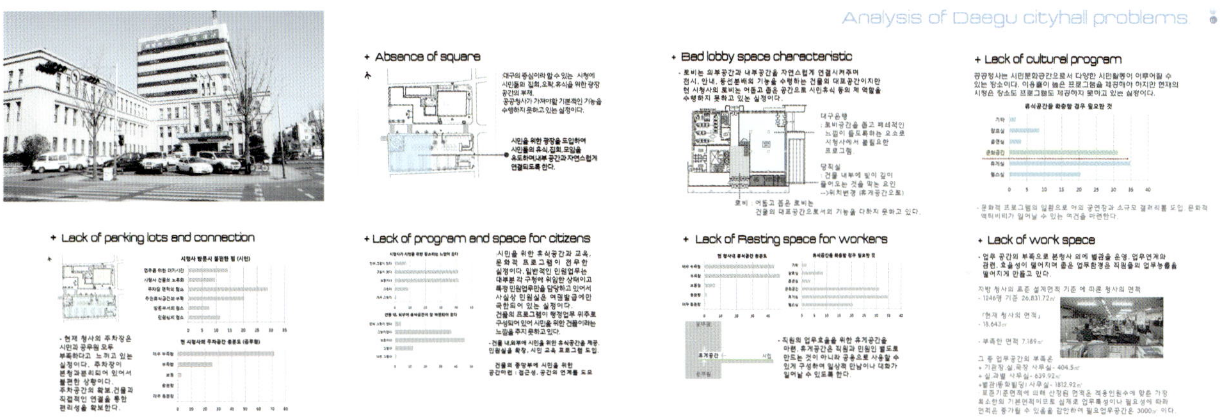

4. 지면 규격과 제본방식

수록될 자료의 내용과 분량 등과 같은 기본적 사항이 어느 정도 결정되면 이들 자료를 어떻게 묶거나 제본할 것인가를 정해야 하며, 동시에 지면의 크기와 가로 세로의 방향성, 그리고 종이의 색상과 재질 등에 대해서도 생각해야 한다.

가) 포트폴리오의 크기와 방향

① 지면의 방향

수록될 전반적인 작품들의 크기와 형태를 생각해서 가로방향, 세로방향, 또는 정방향 등 어떤 형태의 종이를 사용하는 것이 배열에 가장 자유로운지를 결정한다. 일반적으로 가로방향으로 장방형인 종이형태가 도면과 이미지를 표현하는데 무난하게 사용된다.

그리고 어떤 페이지는 수평방향으로, 또 어떤 페이지는 수직방향으로 배열할

• 문장 및 캡션부분의 처리가 아쉬운 사례

그림 13. 11 (상) : **과다한 문장 및 줄 간격의 느슨함** (영남대 5년, 포트 폴리오 일부 발췌, 2009)
흑백의 대비감을 살려서 적절히 디자인 하였으나, 문장부분이 많으며 더욱이 문장의 줄 간격이 너무 넓어서 전체 페이지가 느슨하게 짜임새 없이 보이는 원인이 되었다.

그림 13. 12 (하) : **과다한 문장과 약한 표현** (영남대 5년, 포트 폴리오 일부 발췌, 2009)
막대그래프 등을 포함한 문장부분의 삽입이 과다하여 페이지 디자인에서 강한 이미지를 주지 못하고 있다.

수도 있다는 생각을 가지고 종이의 방향을 결정해서는 안 된다.*

② 지면의 크기

종이의 규격이 너무 크거나 작은 것은 특별한 경우가 아니면 피하는 것이 좋다. 가능하면 표준규격이나 이에 가까운 크기를 사용하는 것이 여러모로 유리하다.

어떤 자료는 전체적 윤곽을 보여주고자 특별히 큰 지면을 필요로 하기도 하는데, 이때는 종이를 접어서 수록하기도 한다. 그리고 낱장이나 보드 형태로 제출하는 것은 특별한 경우를 제외하고는 좋은 방법이라 할 수 없다.

가끔씩 아주 작은 규격으로 포트폴리오를 만드는 학생들이 있는데 이는 결코 좋은 방법이 아니다. 평가자들은 디테일을 잃어버린 축소판을 보고싶어하지 않으므로 축소판을 만드는 시간낭비는 하지 않는 것이 좋다.*

③ **종이의 재질 및 색상**

가장 많이 쓰이는 재료는 역시 흰색의 종이이다. 그리고 상아색과 옅은 회색조, 또는 검은색 등의 중성적 색상의 종이도 사용할 수 있다. 흰색과 검은색 종이를 섞어서 사용하면 색상이 주는 대비효과로 인해 강하고 산뜻한 느낌을 줄 수가 있지만 큰 규격의 지면일 경우, 너무 부담스러울 수가 있으며 검은색 바탕에 흰 글씨는 알아보기 힘든 경우도 많다.

종이의 두께나 질감 등도 포트폴리오의 특성과 자신의 선호에 따라 다양하게 선택할 수 있지만 불필요하게 두꺼운 재질의 종이를 사용하면서 절단면의 제본이 매끈하게 이루어지지 않은 경우, 오히려 조잡한 느낌을 주기 쉽다.

나) 표지 및 제본방식

제본방식은 단순하고 안정감이 있으며 튼튼한 것이 좋다. 보는 도중 낱장이 떨어지거나 펼치기에 어렵게 제본되어 있는 포트폴리오의 인상이 좋을 리 없다. 제출한 포트폴리오는 여러 사람이 돌려볼 수도 있으며 이 과정에서 때로는 거칠게 다루어질 수도 있다. 따라서 항상 자연스럽게 펼칠 수 있고 또 편안하게 볼 수 있는 방식이 좋으므로 세련된 제본을 위해서는 어느 정도의 비용을 투자하는 것이 좋다.

5. 도면과 이미지의 배치*

포트폴리오의 수록내용, 전체적인 양식, 종이 규격, 그리고 제본방식 등이 결정되면 그 다음엔 각 페이지를 디자인하고 각 도판(그림 혹은 이미지)들의 크기와 페이지 내의 위치를 정한다. 또한 글자체를 디자인하고 표지, 목차, 설계개요,

* 종 · 횡 방향의 혼합 배치

하나의 포트폴리오 속에 도면을 종 · 횡 방향으로 섞어서 배치하는 것은 좋지 않다. 왜냐하면 보는 사람이 포트폴리오를 제대로 읽기 위해 끊임없이 이리저리 돌리도록 해서는 안 되기 때문이다.
포트폴리오를 만들 때는 언제나 이것을 보는 사람의 입장이 되어 생각해보는 것이 중요하다.

* Cath Caldwell, 포트폴리오 이렇게 만든다.(김윤경, 윤성은 역), 디자인하우스, 2012 p.19

• 포트폴리오의 제본과 포장

포트폴리오를 어떻게 제본하고 어디에 담아서 보내는가에 따라서 포트폴리오에 대한 첫인상이 상당히 달라진다.

제본된 포트폴리오의 표지디자인, 재질, 창의성 등의 여러 내용이 이러한 첫인상에 영향을 주게 되는 것이다.
너저분하게 제본되거나 절단면이 깨끗하지 않게 처리된 포트폴리오를 보면 내용을 펼쳐보기 이전에 그 사람의 세심하지 못한 성격을 먼저 떠올리게 된다.
학교 내의 복사실이나 주변의 인쇄실에서 약간의 비용을 들여 제본하면 보다 세련되게 포트폴리오를 마무리할 수 있다.

*
Harold Linton, 같은 책 P.85

이력서, 각 도판의 캡션 등의 글귀 요소를 만들며 각 설계 작품들 사이의 전환공간 디자인 등이 포함된 배치디자인layout이라는 보다 세부적이고 복잡한 문제에 접하게 된다.

가) 그래픽 디자인과 페이지 디자인

그래픽 디자인이란, 건축적 개념들을 어떻게 하면 인쇄된 종이 위에 이해하기 쉬운 방식으로 변환시키는가 하는 것이다. 가능한 글을 적게 쓰거나, 쓰지 않고도 전하고자 하는 의미를 표현하는 것이 좋다. 그리고 여백공간도 인쇄된 부분 못지않게 효과적으로 활용된다. 여백부분은 바탕과 배경으로서 그림 부분의 중요성과 이미지를 강조해 주는 역할을 하기 때문이다.

• 바탕 그리드와 모듈의 설정

그리고 포트폴리오 전체와 각 페이지의 배치디자인에 일관성과 통일감을 주기 위해서는 바탕에 그리드를 깔거나 보조선을 사용하여 일정한 비례와 모듈을 설정하는 것이 좋다.

• 바탕 그리드와 편집모듈을 설정하여 각 페이지의 기본틀을 디자인

그림 13. 13 : **페이지의 편집모듈 설정을 위한 개략적 스케치** -수평 및 수직방향의 배치에 따른 개략적인 모듈의 스케치 (Harold Linton, Portfolio Design, p.75에서 그림 인용)

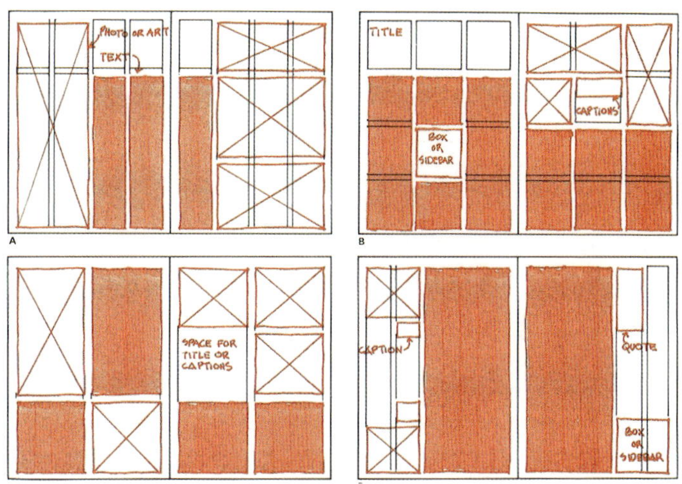

그림 13. 14 : **세로방향의 도서편집 에 사용되는 그리드 사례** -각 페이지를 수직, 수평방향으로 다양하게 분절하여 그림과 글자부분을 배열하는 모듈을 설정 (Stephen Kliment, Creative Communication~에서 그림 인용)

나) 글자체 디자인

글자는 도판과 마찬가지로 또 다른 형태의 디자인 요소이다. 포트폴리오 전체를 통하여, 그리고 각 페이지 및 도판을 통하여 어떤 종류의 서체를 어느 정도 크기로 사용하는가는 디자이너의 역량을 잘 나타내주는 사항이다.

• 우선 전체의 기본 서체를 명조, 또는 고딕(세리프체 또는 산세리프체) 중 어느 계열로 할 것인가를 정하고 여기에 다른 서체를 적절히 조합하여 변화를 준다.

• 한 페이지 속에 너무 많은 서체를 사용하는 것은 혼란을 주므로 피하는 것

• 글자체의 크기와 디자인

일반적으로 포트폴리오에는 1~2가지의, 글자체만을 사용하는 것이 좋다. 그리고 내용의 위계에 맞추어 글자체의 크기를 순차적으로 설정하는 것도 필요하다. 예를 들어 작품의 제목, 작품의 설명, 각 도면이나 이미지의 제목 등으로 구분하여 글자의 크기를 점차 줄여나간다.
대개의 건축가들은 이미지를 보조하기 위해 문장을 사용하며, 글자 그 자체의 특징에 주의가 가도록 하지는 않는다. 따라서 많은 건축가들은 시각적으로 중성적neutral인 글자체를 선호한다.

이 좋다. 건축 포트폴리오에서 문장은 대개 이미지를 보조하는 역할을 하므로 너무 많은 글자체를 사용하여 주의를 끄는 것은 혼란을 주게 된다.

• 글자의 크기는 너무 작아서도 안 되지만 필요 이상으로 큰 글자는 도판을 포함한 전체적인 포트폴리오의 스케일감에 영향을 준다. 학생들의 경우, 대개는 글자를 필요 이상으로 크게하는 경향이 있다.

• 한 페이지 내에서 글씨가 들어가는 부분은 가능하면 집중 배치하여 산만해지지 않도록 한다.

• 글자와 함께 줄 간격도 중요하다. 줄 간격을 너무 넓게 하면 페이지가 허술해 보이고, 반대로 너무 좁게 하면 답답하게 보인다. 줄 간격을 적절히 선택하는 것도 디자인 능력의 하나로 평가된다.

• 이력서는 포트폴리오의 앞부분, 혹은 뒷부분에 반드시 수록하도록 한다. 그리고 자신의 이름, 전화번호, 주소 등을 적는 것을 반드시 확인한다.

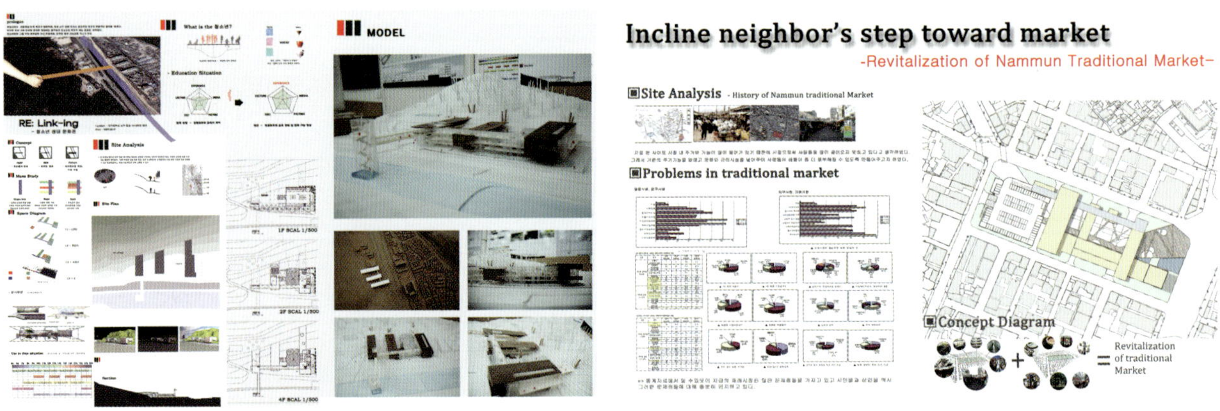

• 이미지 요소가 과다하고 여백이 없는 경우 그림 13. 15-1,2 : (영남대 5년, 포트폴리오, 2009)
(좌) 너무 많은 이미지 요소들이 두 페이지에 수록되었다. (우) 좌측의 그래프 등은 삭제하고 주제 이미지를 보다 강하게 부각시켜야 한다.

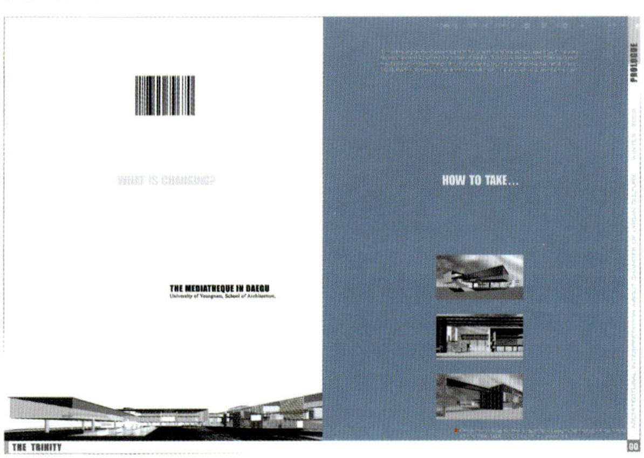

그림 13. 16 : **여백의 표현 사례**(영남대 5년, 포트폴리오, 2004)
여백을 충분히 두어 오히려 작은 이미지에 집중하도록 하였다.

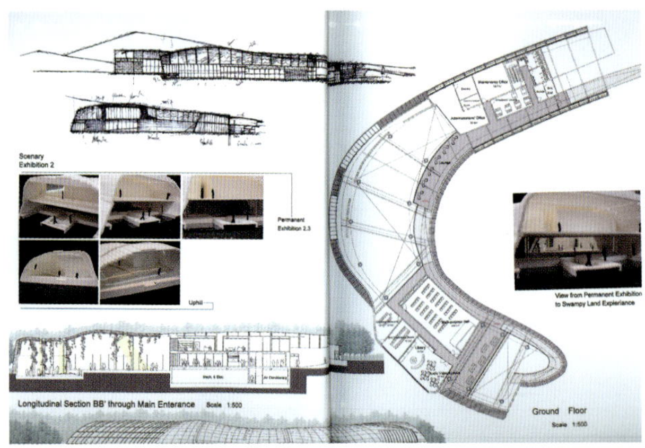

그림 13. 17 : **불필요한 글자와 캡션을 최소화 한 사례**
(영남대 5년, 포트폴리오, 2004)

다) 이미지의 연결*

보는 이에게 가장 효과적인 인상을 주기 위해 각 그림(이미지)들을 최선의 방식으로 연결sequencing시키는 것은 매우 중요하다. 포트폴리오를 만드는 나는 자신의 작품을 이미 잘 알고 있으므로 수록된 각 작품들 간의 전환과 구분은 명확하다.

하지만 소개되는 각 작품들 간의 확실한 구분이나 표시가 없다면 포트폴리오를 처음 접하는 타인에게는 두 작품의 내용이 혼동될 수 있다. 따라서 이러한 연결은 두 단계에서 고려되어져야 한다. 즉;

① 각 작품들 간의 순서와 전환공간에 대한 연결과,

② 한 작품 내에서의 각 도판(이미지)들 간의 연결이 그것이다.

한 작품이 끝나고 다음 작품이 시작되는 부분을 명확하게 처리하지 못하여 발생하는 혼돈은 사진, 도면, 스케치, 다이어그램 등과 같이 다양한 표현방법을 함께 섞어 사용할 때 특히 자주 발생한다.

각 작품들 간의 구분을 명확히 해주기 위한 방법의 하나는 각 페이지의 윗부분이나 아래에 해당 작품을 식별할 수 있게 해주는 연속되는 머리글head을 배열하는 것이다. (아래그림 13-19 참조) 그리고 이러한 연결에는 어떠한 논리나 이유가 있어야 한다.

일반적으로 설계의 조건과 이슈를 나열하는 스케치에서 시작하여 최종의 해결에 이르는 과정을 나타내는 다양한 표현물을 보여주는 방식 등이 있다. 현실적으로는 포트폴리오 작성에 관한 사전준비와 기록물이 철저하지 않을 경우, 대부분 설계개요－대지상황 분석－설계개념－도면 및 투시도 등과 같이 설계작업의 진행에 따른 결과물을 순차적으로 보여주는 것이 일반적이다.

*
Harold Linton, 같은 책 P.103~105

• 목차구성과 머리글을 사용한 이미지의 연결 사례

그림 13. 18 (좌) : **명확하게 정리된 목차 페이지** (영남대 5년, 포트폴리오, 2003)
특별히 기교를 부리지 않고 기능적으로 수록된 작품의 학년과 내용을 명확하게 보여주는 목차의 구성 (수록 페이지까지 표기된다면 더욱 효과적임)

그림 13. 19 (우) : **머리글을 사용한 작품들 간의 명확한 구분** (현 H종합건축사사무소 이승우, 2004년도 포트폴리오 일부)
페이지 우측 상단에 주황색의 머리글을 배치하여 각 작품들 간의 혼동이 발생하지 않도록 배려하였다.

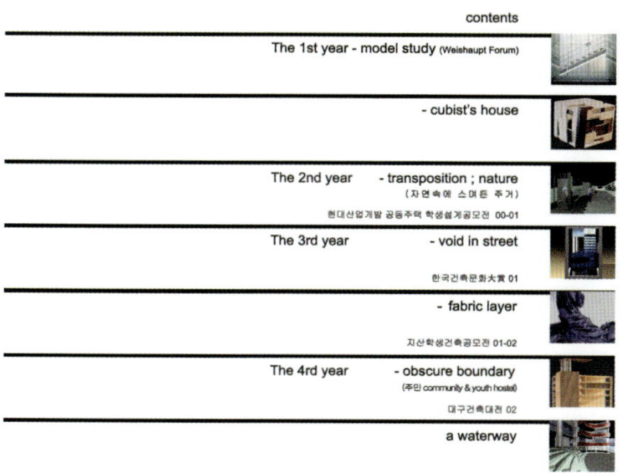

● 이력서 쓰기

- 개인정보 - 휴대폰, 이메일 주소 등의 연락처 정보
- 자기소개 - 내가 지원하는 직종에 맞추어 쓰고, 나의 목표에 대해 짧고 분명하게 서술
- 교육과 자격증 - 다닌 학교와 자격증 취득연도 등을 역시간 순으로 나열
- 경력 - 인턴경험을 한 기간과 회사에 대한 설명, 그리고 자신이 어떤 부분에 기여했는지 서술
- 다른 능력 - I.T. 기술, 언어능력, 그리고 숙련기술 등
- 관심분야와 취미활동 - 전시회 관람, 영화관람, 그림 그리기, 음악감상 등
- 추천인 - 필요시 사용

– 문법, 맞춤법 오류 확인, 한 페이지 내에 가능한 기입, 가장 최근부터 순서대로 경력 기입 -
(Cath Caldwell, 포트폴리오 이렇게 만든다, 김윤경, 윤성은 역, 디자인하우스, 2012 p.120에서 발췌 인용)

* Harold Linton, 같은 책 P.113~139

6. 디지털 포트폴리오*

가) 디지털 포트폴리오의 특성

컴퓨터가 포트폴리오 작성에 미친 두 가지 중요한 영향은 다음과 같다. 첫째는), 컴퓨터로 인해 포트폴리오의 디자인과 제작이 훨씬 쉬워졌다는 점이다. 이는 자료의 수집, 조작, 이미지의 생성, 문장, 그래픽 등의 모든 측면에 해당되는 것이다.

둘째는), 전자기술의 발달로 인해 CD-ROM, 웹 페이지, 비디오 시연 등으로 포트폴리오의 전달수단이 다양화되었다는 점이다.

하지만 컴퓨터를 사용한 드로잉이란, 종전의 수작업이 아주 복합적인 연필로 바뀌었을 뿐 인 것이며 이를 잘 활용하기 위해서는 고도의 감각과 기술이 필요하다.

또한 포트폴리오를 CD나 Web상으로, 혹은 단순히 파일로 만들어 이메일로 보낼 때 중요한 것은 쉽게 열어서 읽고, 찾아보고, 다루기 용이하게 만들어야 한다는 것이다. 디지털 포트폴리오를 읽는 사람은 때로 컴퓨터를 다루는데 능숙하지 못한 경우도 있음을 염두에 두어야 한다.

나) 컴퓨터를 사용한 이미지의 제작

① **자료의 스캐닝, 축소, 재작성** (Scanning, Reducing, Reproducing)

작업한 내용들을 적절한 크기와 해상도로 스캐닝하는 것은 포트폴리오의 제작과정에서 매우 중요한 작업이다. 특히 컴퓨터 드로잉이 아닌, 손으로 그린 도면이나 스케치 등을 원래의 선이 지닌 특징이 제대로 표현되도록 스캔하는 것은 중요한 일이다. 도면의 경우, 스캔을 하게 되면 디지털 카메라로 촬영하는 것보다 훨씬 더 우수한 이미지를 얻을 수 있다.

② **해상도** (Resolution : dpi로 표시)

일반적으로 서적에 수록되는 사진을 스캔할 때 사용하는 이미지의 최소 해상도는 300 dpi이므로 이를 기준으로 한다. 그리고 이미지를 스캔하기 전에 포트폴리오에 배치될 이미지의 실제 크기를 어느 정도 예상하여 이 크기에 적절한 해상도로 스캔하도록 한다. 사용될 크기의 예상이 불확실하고 스캔하려는 이미지가 포트폴리오에 실제로 배치될 크기보다 크다면 단순하게 300 dpi정도로 스캔하면 무난하다.

③ JPG파일과 TIFF파일 EPS파일

수록되는 이미지들 중 모형사진이나 일반적인 칼라사진, 칼라로 된 스케치, 다이어그램, 복합적인 도면 등은 jpg파일로 스캔하면 무난하지만, 흑백으로 정밀하게 작도된 평면도, 단면도 등의 도면은 tiff 파일이나 EPS파일로 저장하는 것이 좋다.

④ 프린터와 인쇄용지

선명한 색상의 출력을 위해서는 컴퓨터가 할 수 있는 것과 프린터가 할 수 있는 것의 한계를 잘 파악해야 한다. 종종 기대했던 수준만큼 출력이 되지 않는 경우가 있으므로 항상 테스트 프린트과정이 필요하다. 만일 도면을 크게, 혹은 작게 출력하고 싶으면 이에 맞추어 디테일이나 해상도를 조절해야 할 것이다.

그리고 가장 뚜렷하게 인쇄의 질에 영향을 미치지만 자주 간과되는 것 중의 하나는 인쇄종이의 선택이다. 각각의 인쇄방식에 잘 맞는 수많은 종이들 중에 적절한 것을 선택해야 한다.

다) 디지털 포트폴리오의 구성과 전달

컴퓨터의 표현기술에 매료된 나머지 포트폴리오의 편집과 구성을 지나치게 복잡하고 현란하게 하는 경향이 있는데, 이러한 점은 디지털 포트폴리오의 위험성 중의 하나이다. 디지털 포트폴리오 역시 내용보다 형식이 지나치게 강하지 않도록 하는 것이 중요하며, 가능하면 편하게 열어볼 수 있고 포트폴리오의 전・후로 쉽게, 그리고 신속히 이동할 수 있도록 만들어야 한다.

많은 실무건축가들은 비록 컴퓨터 디스켓 속에 포트폴리오가 수록되어있다하더라도 실제로 인쇄된 포트폴리오를 보는 것을 여전히 선호한다. 실제의 포트폴리오가 보기에 더 편리하고 신속하기 때문이라는 점 외에도 종이를 직접 만지고 느끼며 모든 것을 한꺼번에 직접 보는 것을 좋아하는 것이 디자이너들의 속성이기 때문이다.

• 슬라이드로 촬영된 자료의 스캐닝

최근에는 디지털 카메라의 일반화로 예전처럼 슬라이드 필름으로 자료를 촬영하는 경우는 드물다. 만일 슬라이드로 보관된 자료를 스캔하고자 할 때는 슬라이드 전용스캐너를 사용하되 적어도 해상도를 300 dpi 이상으로 한다. 그리고 보다 선명한 스캔을 원할 경우, 전문현상소에서 드럼스캔Drum Scan을 하는 것이 좋다.

♠ 참고 및 인용문헌

- Andreas Luescher, The Architect' s Portfolio, Routledge, 2010
- Fuller Moore, Modelbuilder' s Notebook, MGH, 1990
- Harold Linton, Portpolio Design, W. W. Norton & Company, 2000
- Igor Marjanovice, The Portpolio, Architectural Press, 2003
- Cath Caldwell, Sell Yourself : For Graphic Designers (포트폴리오-이렇게 만든다.) 김윤경, 윤성은 역, 디자인하우스, 2012
- 정철오, Portfolio.alterego, CA Press Publishing, 2005

참고 및 인용문헌

- 구본덕, 『건축의 이해』, 문운당, 2018
- 구본덕, 「건축디자인 방법론을 통해 본 형태도출의 과정 및 관련기법에 관한 연구」, 한양대 박사학위논문, 1989
- 구본덕, 「과제설계 시 건축설계개념의 유형과 특성에 관한 연구」, 대한건축학회 논문집 22권 5호 2006
- 구본덕, 「과제설계 시 건축설계개념의 발전 및 변환과정에 관한 연구」, 대한건축학회 논문집 22권 5호 2006
- 김경호, 이관표, 이성배 편저, 『주차장 계획과 설계』, 월간건축문화, 1994
- 김영대 외, 『조경설계론』, 기문당, 1999
- 김대웅, 김동현, 『가로계획』, 형설출판사, 2005
- 김봉주, 『개념학』, 한신문화사, 1992
- 대한건축사협회 부설 건축연구소, 『건축설계 Manual』, 1998, 대한건축사협회
- 이상헌, 「근대적 건축설계교육의 기원과 형성에 대한 연구」, 대한건축학회 논문집 22권 3호, 2006년
- 이상헌, 「건축설계스튜디오 교육의 방법론과 이론에 관한 연구」, 한국연구재단 연구결과보고서, 2005년
- 이성호, 『교수방법론』, 학지사, 2006
- 최찬환, 최기원, 김문일, 『건축법규』, 세진사, 2018
- Albert Ferre, etc., *The Yokohama Project*, Actar, 2002
- Andrew Pressman, *Designing Architecture*, Routledge, 2012
- A. Papadakis, *Deconstruction*, Rizzoli, 1989
- Anthony Di Mari, *Conditional Design*, BIS Publishers, 2014
- Alexander Tying, Beginnings, J-Wiley, 1984
- Ashraf Salama, *New Trends in Architectural Education*, Tailored Text & Unlimited Potentail Publishing, 1995
- Andreas Luescher, *The Architect's Portfolio*, Routledge, 2010
- Andy Pressman, Professional Practice 101, John Wiley, 1997
- A+U 200. 5 OMA
- Bartlett School of Architecture, *Bartlett Summer Show 2018*, UCL
- C. Alexander, S. Chermayeff, *Community and Privacy*, Anchor Books, 1965
- Catherine Croft, *Concrete Architecture*, Gibbs Smith Pub. 2004
- Charles Doidge, Rachel Sara & Rosie Parnell, editor, *The Crit-An Architectural*

Students' Handbook, Architectural Press, 2000
- Criss B. Mills, *Designing with Models*, J-Wiley, 2011
- David Stevens, *Small Space Garden*, 2006
- Denis Cosgrove, editor, *Mappings*, Reaktion Books, 1999
- Design Report, *Typological Study of Museum*, Univ. of Washington, 501 Studio, 2006
- Donna P. Duerk, *Architectural Programming*, J-Wiley, 1993
- Ed Marquand, *Graphic Design Presentations*, VNR, 1986
- Edward T. White, *Site Analysis*, Architectural Media, 1983
- E. F. Sekler et al, *Le Corbusier at Work*, Harvard, 1967
- E. T. White, *Presentation Strategies in Architecture*, Archi. Mediia
- Fuller Moore, *Modelbuilder's Notebook*, M.G.H. 1990
- Geoffrey Broadbent, *Design in Architecture*, 1988, Adlard & Son
- Geoffery Broadbent, edit, *Design Methods in Architecture*, Lund Humphries, 1965
- G. T. Moore, *Emerging Methods in Environmental Design and Planning*, MIT, 1970
- Harold Linton, *Portpolio Design*, W. W. Norton & Company, 2000
- Heinrich Klotz, *Vision der Moderne*, Prestel Verlag, 1986
- Henry Sanoff, *Visual Research Methods in Design*, VNR, 1991
- Hilary French, *New Urban Housing*, Yale Univ. Press, 2006
- Igor Marjanovice, *The Portpolio*, Architectural Press, 2003
- James A. LaGRO, *Site Analysis*, J-Wiley, 2001
- James P. Cramer, Scott Simpson, *The Next Architect*. 2007, Greenway Communications
- J. N. L. Durand, *Precis of the Lectures on Architecture*, Text & Document, 2000
- J. O. Simons, *Landscape Architecture*, M.G.H. 1961
- J. W. Wade, *Architecture, Problem & Purpose*, J-Wiley, 1977
- Jonathan Lipman, *Johnson Wax Bldg*, Rizzoli, 1986
- Joyce Wycoff, *Mindmapping*, Berkley Books, 1991
- Kathryn H. Anthony, *Design Juries on Trial*, VNR, 1991
- Kevin Lynch, *Site Planning*, MIT Press, 1972
- L' Arca Edizioni, Canyon Lake House, 2003
- *Le Corbusier le Grand*, Phaidon, 2008
- Lorraine Farrelly etc., *Representational Techniques for Architecture*, Bloomsbury, 2015
- Martin Pearce, editor, *Educating Architecture*, Academy Editions, 1995

- M. A. Palmer, *The Architect's Guide to Facility Programming*, AIA, 1981
- Megan Werner, *Model Making*, Princeton Architectural Press, NewYork, 2011
- Nick Dunn, *Architectural Model Making*, Laurence King Publishing, 2013
- Peter Buchanan, *(What is Wrong with Architectural Education?)*, Architectural Review, July 1989
- Peter G. Rowe, *Design Thinking*, MIT, 1987
- Richard Meier, *Richard Meier Architect*, Rizzoli, 1984
- Rob Krier, *Elements of Architecture*, AD Publication, 1983
- Robert G. Hershberger, *Architectural Programming*, M.G.H, 1999
- The Architectural Research 1999. 9
- Thomas A. Dutton, *Voices in Architectural Education*, Bergin & Garvey, 1991
- William Kirby Locard, *Design Drawing*, Pepper Publishing, 1982
- William Pena, *Problem Seeking*, AIA Press, 1987
- Wolfgang Knoll, etc. *Architectural Models*, B. T. Bastford, 1990
- 太田利彦, 『설계방법론』 (강병희, 유길준 역), 기문당, 1985
- Andy Pressman, 『건축디자인 스튜디오 101』, 이경훈, 김은중 역, 국제출판사, 2000
- Cath Caldwell, Sell Yourself : 『*For Graphic Designers* (포트폴리오-이렇게 만든다.)』 김윤경, 윤성은 역, 디자인하우스, 2012
- Cherry, 『*Programming for Design*, 건축설계 프로그래밍』(김수인 역), 기문당, 2009
- I. Bently, et al, 『*Responsive Environments*, 건축환경설계방법론』(하재명 역), 기문당, 1997
- Roger K. Lewis, 『디자이너로 자라기』, (김현중 역), 국제출판사, 2000
- UN Studio, *Activity Diagrams* (강윤경 외 역), Damdi, 2006
- William Wayne Caudil, *Architecture by Team*(편집부 역), 국제출판사, 1987
- Joseph A. Demkin, editor, 『*The Architect's Handbook of Professional Practice* 건축설계실무 핸드북』 (이상준 외 역), 대가출판, 2006

인용 사진 및 그림 출처

- 그림 02. 02 - 1,2,3 : J. Christopher etc, Community and Privacy, Anchor Books, 1965 p.163
- 그림 02. 14 : Anthony Di Mari, Conditional Design, BIS Publishers, 2014
- 그림 02. 15 : Geoffery Broadbent, edt, Design Methods in Architecture, Lund Humphries, 1965 p.194
- 그림 02. 16 : Geoffery Broadbent, edt, Design Methods in Architecture, Lund Humphries, 1965 p.195
- 표 02. 06 : G. J. Wade, Architecture, Problems and Purposes, J-Wiley, 1977, p.83
- 표 02. 09 : M. A. Palmer, The Architect's Guide to Facility Programming, AIA, 1981 p.45
- 그림 02. 17 : William Kirby Lockard, Design Drawing, Pepper Publishing, 1982 p.244
- 그림 03. 17 : Henry Sanoff, Visual Research Methods in Design, VNR, 1991 p.80
- 그림 03. 19 : Denis Cosgrove, editor, Mappings, Reaktion Books, 1999 p.219
- 그림 03. 24 : A. Papadakis, Deconstruction, Rizzoli, 1989 p.243
- 그림 04. (장 표지그림) : William Kirby Locard, Design Drawing, Pepper Publishing, 1982 p.207
- 그림 04. 09 : UN Studio, Activity Diagrams (강윤경 외 역), Damdi, 2006 p.246, 249, The Architectural Research 1999. 9, p.50, 51
- 그림 05. 15 : William Kirby Lockard, Design Drawing, Pepper Publishing, 1982 p.215
- 그림 05. 22 : Donna P. Deurk, Architectural Programming, J-Wiley, 1993 p.66
- 그림 05. 36 : Albert Ferre, etc., The Yokohama Project, Actar, 2002, 표지사진
- 그림 05. 40 : E. F. Sekler et al, Le Corbusier at Work, Harvard, 1967 p.56
- 그림 06. 31 : David Stevens, Small Space Garden, p.179
- 그림 07. 08 : L' Arca Edizioni, Canyon Lake House, 2003
- 그림 07. 19 : J. N. L. Durand, Precis of the Lectures on Architecture, Text & Document, 2000 p.16
- 그림 08. 31 : Rob Krier, Elements of Architecture, 1983, AD Publication
- 그림 09. (장 표지 사진): https://commons.wikimedia.org/wiki/File:Parking_Chicago_View_From_the_Willis_Tower. jpg
- 그림 09. 08,17,18 : 동성 P&P 주차시스템 www.jucha.co.kr
- 그림 12. 01 : Le Corbusier le Grand, Phaidon, 2008 p.364
- 그림 12. 02 : Jonathan Lipman, Johnson Wax Bldg, 1986, Rizzoli p.4
- 그림 13. 13 : Harold Linton, Portpolio Design, W. W. Norton & Company, 2000 p.75
- 그림 13. 14 : Stephen Klement, Creative Communications